PPT
达人炼成记
人人都能学会的 100 个幻灯片秘诀

梅红 / 编著

人 民 邮 电 出 版 社
北 京

图书在版编目（CIP）数据

PPT达人炼成记 : 人人都能学会的100个幻灯片秘诀 / 梅红编著. -- 北京 : 人民邮电出版社, 2022.8
ISBN 978-7-115-58774-9

Ⅰ. ①P… Ⅱ. ①梅… Ⅲ. ①图形软件 Ⅳ. ①TP391.412

中国版本图书馆CIP数据核字(2022)第037629号

内 容 提 要

PPT 是较常用的办公软件之一，多数使用者不需要完全掌握其每项功能，只需快速查找和解决某个使用问题。

本书从实际应用场景出发，将 PPT 的功能要点和应用问题拆解为 100 个知识点，并分为新手篇、强化篇、高手篇和案例篇，由易到难地进行分析与讲解。本书内容不局限于 PPT 的文字、图片、形状、表格、配色、排版、动画与音频等功能操作，还包含应用中所需的 PPT 插件、Photoshop、Illustrator 等辅助特效、美化工具的用法等，以及多种常见类型 PPT 的制作案例解析，从多角度帮助读者厘清 PPT 设计与制作思路。

本书既可作为系统学习 PowerPoint 软件操作的教程，也可作为有一定 PPT 制作经验的职场人士和 PPT 设计师的案头疑难速查手册。

◆ 编　　著　梅　红
责任编辑　张玉兰
责任印制　马振武

◆ 人民邮电出版社出版发行　北京市丰台区成寿寺路 11 号
邮编　100164　电子邮件　315@ptpress.com.cn
网址　http://www.ptpress.com.cn
北京九州迅驰传媒文化有限公司印刷

◆ 开本：787×1092　1/16
印张：15.5　　2022 年 8 月第 1 版
字数：516 千字　　2025 年 3 月北京第 12 次印刷

定价：99.00 元

读者服务热线：(010)81055410　印装质量热线：(010)81055316
反盗版热线：(010)81055315

◎ 为什么要学PPT

一句吐槽“干活的干不过写PPT的”，道出了无数职场人对PPT的“爱恨情仇”。其实，PPT本身只是一个工具，一个帮助我们表达和沟通的工具。

无论是工作汇报，还是商务演示，又或者是讲师授课，再或者是学生答辩，甚至是小学生作业，都开始越来越多地使用PPT了。不得不说，作为装机常备的Office系列办公软件的组件之一，PPT正成为我们学习、工作的好帮手。

那么，为什么要学习PPT呢？

所谓“始于颜值，陷于才华”。首先，PPT做得够漂亮才能吸引人去看，就像见客户之前需要化一个优雅的淡妆；其次，漂亮的PPT版式和内容相得益彰，能让人一眼就看明白你要讲什么，可提高沟通效率；更重要的是，PPT展现的是你清晰的逻辑、内容提炼和演示表达能力，能够提高你演讲的说服力！

如果你是职场新人，学好PPT能帮你提高工作效率！

如果你是商务高管，学好PPT能为你的演讲增色，更好、更快地搞定客户！

如果你是课程讲师，学好PPT能帮你快速制作更有趣的课件，学生更爱听你讲课！

如果你是在校学生，学好PPT能让你考试答辩脱颖而出！

如果你是“斜杠青年”，学好PPT还能兼职接单，利用业余时间赚零花钱！

……

咱们先一起准备，开始学习啦！

◎ 学习PPT需要做哪些准备

准备好工具，整理好心情，出发啦！

· 软件准备

PPT全称为PowerPoint，是Office系列办公软件的组件之一。此外，人们还习惯将用PowerPoint制作出的演示文稿称为PPT。学习PPT需要先安装Office办公软件。

许多计算机会预装Office系列办公软件。打开“开始”菜单，查看一下你的计算机中有没有安装PowerPoint软件。如果有，可以直接打开使用；如果没有，需要下载安装。

本书案例使用的版本是Microsoft 365。如果你的计算机中安装的Office软件低于2016版本，建议更新到最新版本。因为新版软件功能更齐全，操作也更方便。

· 时间准备

每天用10分钟左右的零碎时间弄懂一个小问题，学会一个新技能，坚持100天，让自己从PPT新手变成PPT高手！

· 心态准备

许多工作多年的朋友问我，现在学PPT还来得及吗？当然来得及。只要你愿意开始，并且坚持做，就一定能学会，并且能学好，这会为你今后的学习和工作节省大量的时间。相信我，难在开始，赢在坚持！来吧，我们一起玩转PPT！

资源与支持

本书由“数艺设”出品，“数艺设”社区平台（www.shuyishe.com）为您提供后续服务。

◎ 配套资源

效果文件： 常用风格和形式的PPT模板。

视频教程： 书中所有实例的演示操作过程。

资源获取请扫码

“数艺设”社区平台，为艺术设计从业者提供专业的教育产品。

◎ 与我们联系

我们的联系邮箱是 szys@ptpress.com.cn。如果您对本书有任何疑问或建议，请您发邮件给我们，并请在邮件标题中注明本书书名及ISBN，以便我们更高效地做出反馈。

如果您有兴趣出版图书、录制教学课程，或者参与技术审校等工作，可以发邮件给我们。如果学校、培训机构或企业想批量购买本书或“数艺设”出版的其他图书，也可以发邮件联系我们。

如果您在网上发现针对“数艺设”出品图书的各种形式的盗版行为，包括对图书全部或部分内容的非授权传播，请您将怀疑有侵权行为的链接通过邮件发给我们。您的这一举动是对作者权益的保护，也是我们持续为您提供有价值的内容的动力之源。

◎ 关于“数艺设”

人民邮电出版社有限公司旗下品牌“数艺设”，专注于专业艺术设计类图书出版，为艺术设计从业者提供专业的图书、视频电子书、课程等教育产品。出版领域涉及平面、三维、影视、摄影与后期等数字艺术门类，字体设计、品牌设计、色彩设计等设计理论与应用门类，UI设计、电商设计、新媒体设计、游戏设计、交互设计、原型设计等互联网设计门类，环艺设计手绘、插画设计手绘、工业设计手绘等设计手绘门类。更多服务请访问“数艺设”社区平台www.shuyishe.com。我们将提供及时、准确、专业的学习服务。

目录

一 新手篇 Hi，很高兴认识你 011

二 强化篇 小技巧解决大问题 033

CHAPTER 3

四 案例篇 来吧！你一定比我做得更好 223

附录 248

CHAPTER 1

一

新手篇

Hi，很高兴认识你

001 认识界面

安装好PowerPoint软件（以下简称PPT），我们就正式开学啦！打开软件，看看它都有哪些功能吧！

新建与保存PPT文件

先学习新建和保存PPT文件。这里提醒初学者，养成随手保存的好习惯很重要哦！

◎ 新建PPT文件

在计算机桌面上双击图标打开PowerPoint软件，在界面中选择“空白演示文稿”选项，即可新建一个PPT文件，其默认名称为“演示文稿1”。

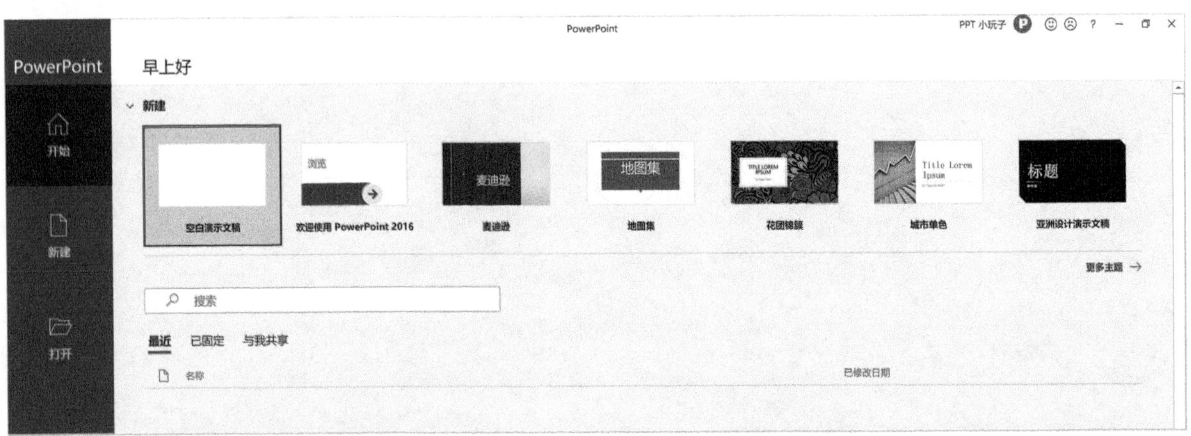

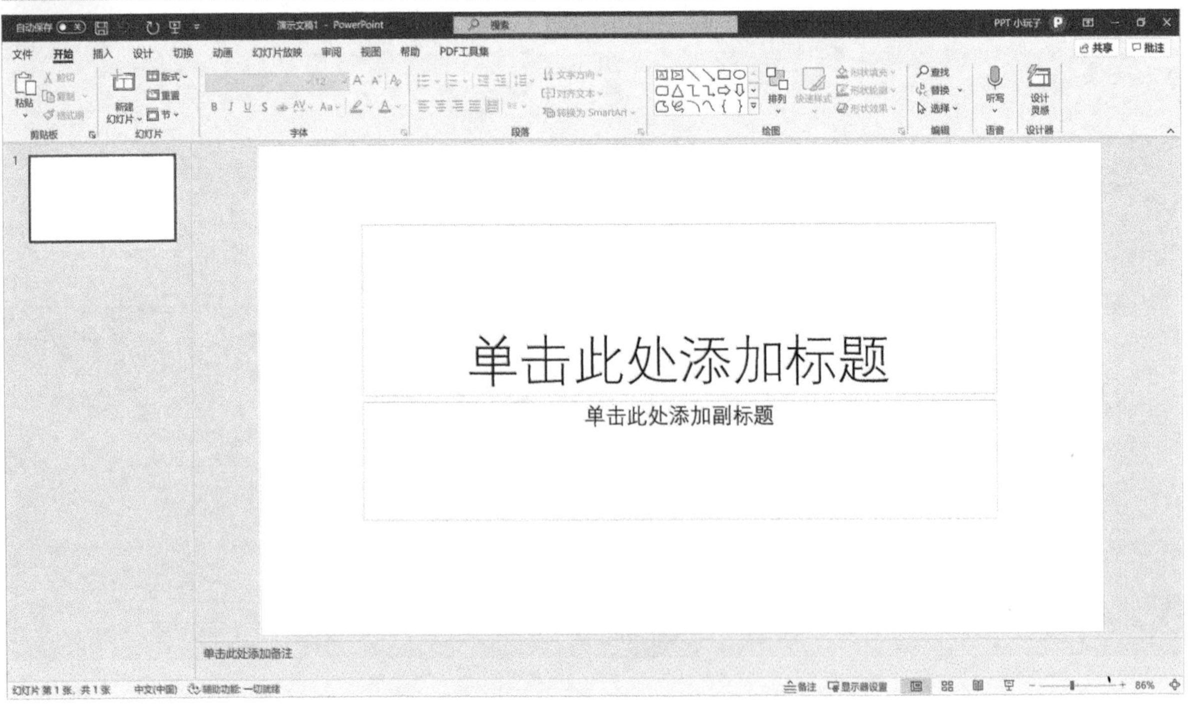

> **提示**
> 本书中提到的“单击”“双击”均指鼠标左键操作。

◎ 保存PPT文件

执行“文件>另存为”命令，在“另存为”窗口中设置保存位置为“这台电脑”，输入文件名，单击“保存”按钮，即可保存PPT文件。也可以按快捷键Ctrl+S快速保存PPT文件。

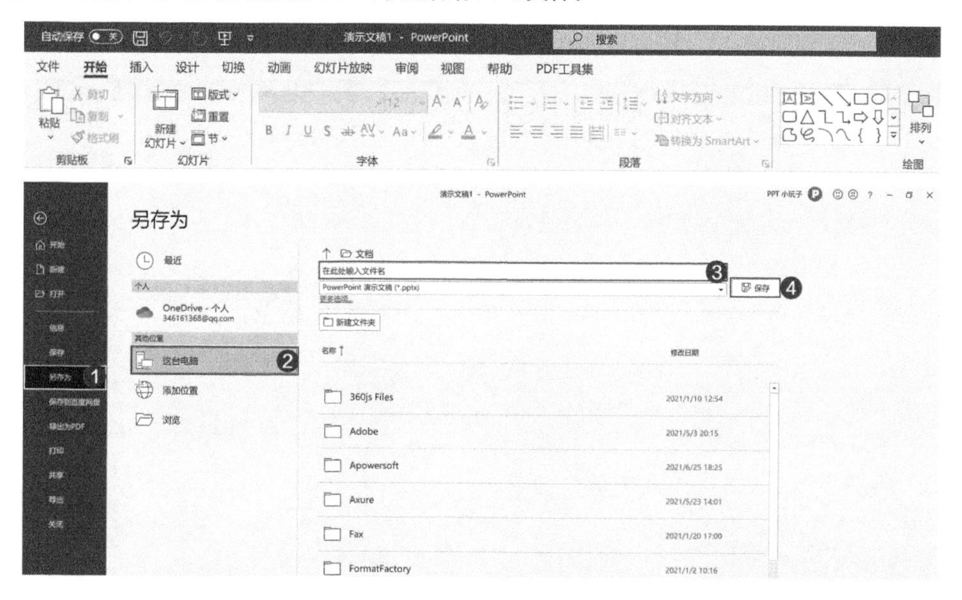

在这里，单击“PowerPoint演示文稿(*.pptx)”下拉按钮，可以在弹出的下拉列表中选择想要的文件格式。

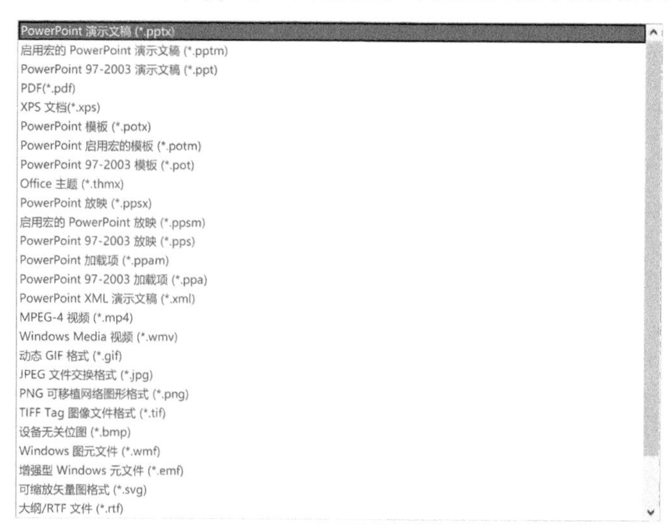

提示

重要的事情再说一遍，在制作PPT的过程中，一定要养成随手保存的好习惯哦！否则一旦遭遇断电或“死机”，导致文档丢失，可就要“泪奔”了！

常用的PPT文件格式有以下5种。

文件格式	文件用途
PowerPoint 97-2003演示文稿(*.ppt)	兼容低版本Office办公软件，但部分图文不能再编辑
PDF(*.pdf)	防止版式、字体变形或幻灯片被修改，文件更小
MPEG-4视频(*.mp4)	将幻灯片放映过程录制成视频
动态GIF格式(*.gif)	将幻灯片导出为动态图片格式
JPEG文件交换格式(*.jpg)	将幻灯片导出为静态图片格式

常用操作模块

新建一个PPT文件，然后熟悉其各个功能区域，包括幻灯片编辑区、缩略图区、功能区、快速访问工具栏、备注框、状态栏等。

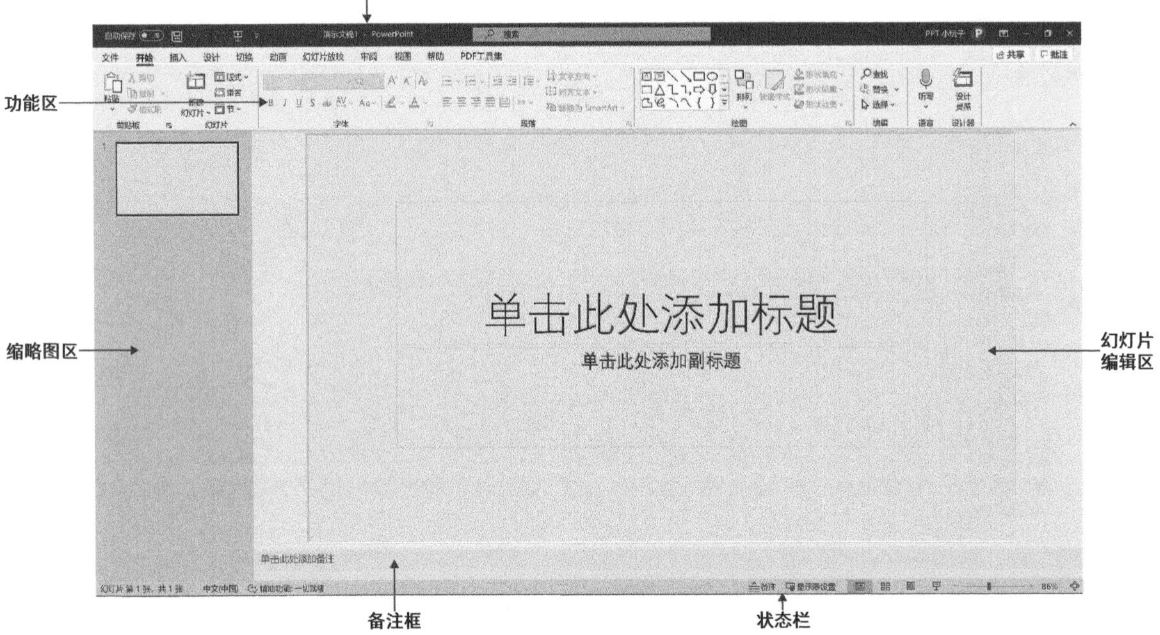

◎ 幻灯片编辑区

在幻灯片编辑区可通过输入文字、添加图片等进行排版设计，并可直观地看到制作效果。

◎ 缩略图区

幻灯片编辑区左侧是所有幻灯片的缩略图区。

选中其中一张缩略图后，可进行以下两种操作。

按Enter键可以新建一张幻灯片。

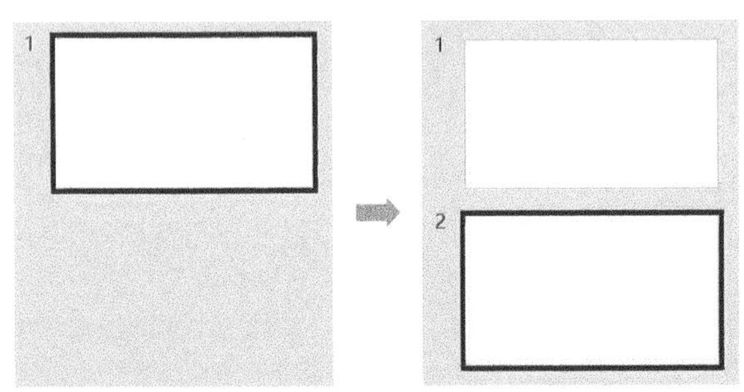

按Delete键可以删除一张幻灯片。

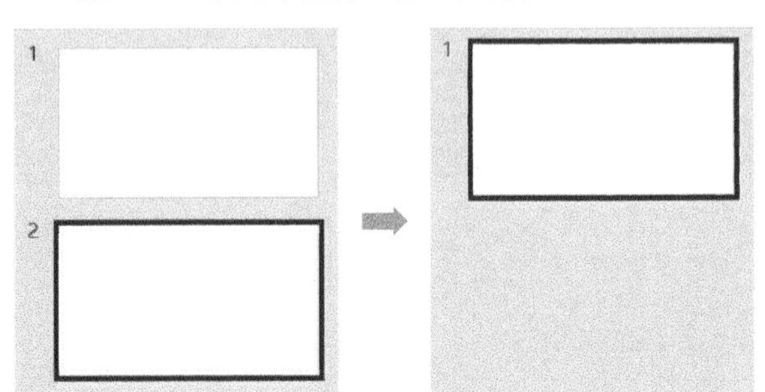

将鼠标指针移动到缩略图区和幻灯片编辑区的分界线位置，待鼠标指针变成左右箭头⟷时，左右拖动分界线可以调整幻灯片编辑区的大小。

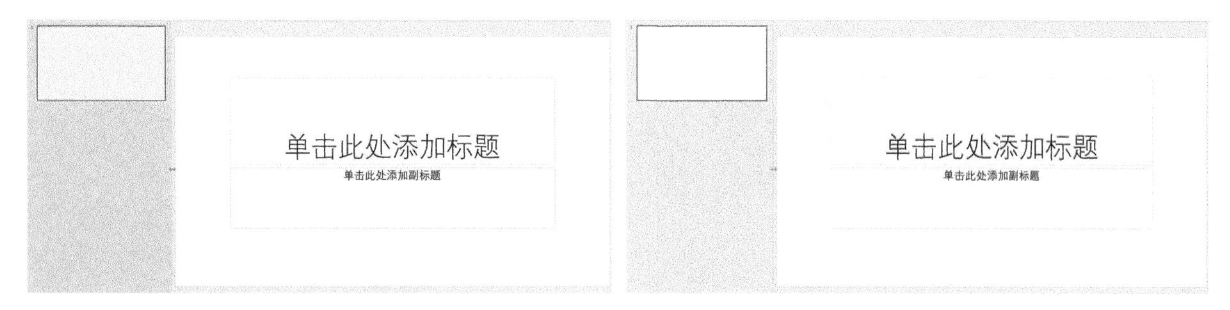

如果一直向左拖动缩略图区和幻灯片编辑区的分界线，缩略图最终会隐藏。

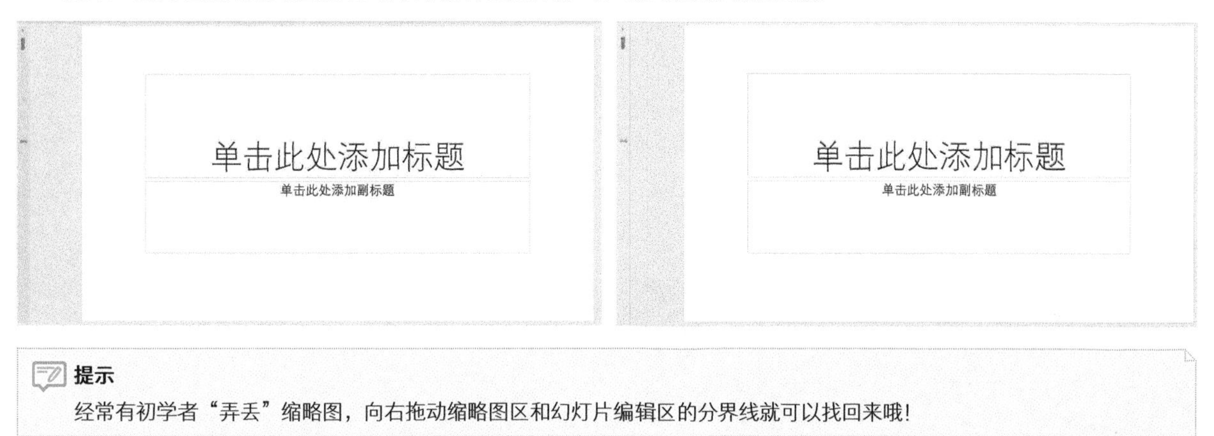

提示

经常有初学者“弄丢”缩略图，向右拖动缩略图区和幻灯片编辑区的分界线就可以找回来哦!

◎ 功能区

PPT的各种功能选项都展示在这里，单击选项卡名，就可以切换到对应的选项卡。

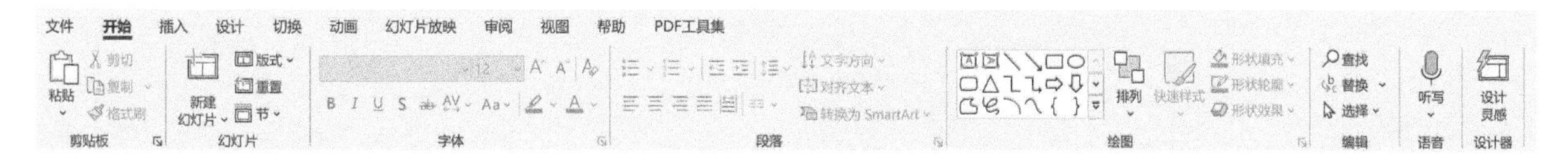

◎ 快速访问工具栏

功能区左上方的横条称“快速访问工具栏”。

在常用功能图标上右击，在弹出的快捷菜单中选择“添加到快速访问工具栏”选项，就可以把该功能添加到快速访问工具栏。

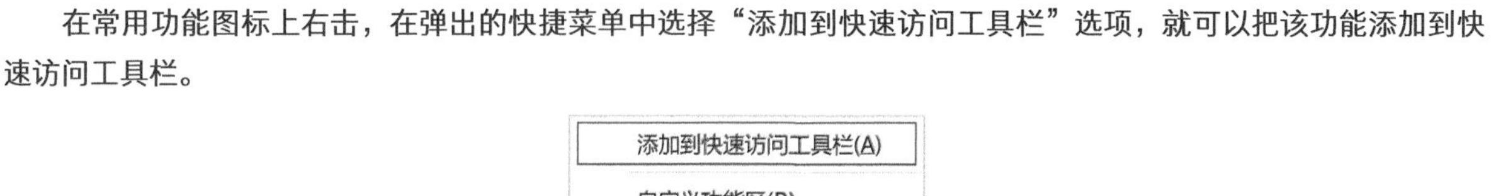

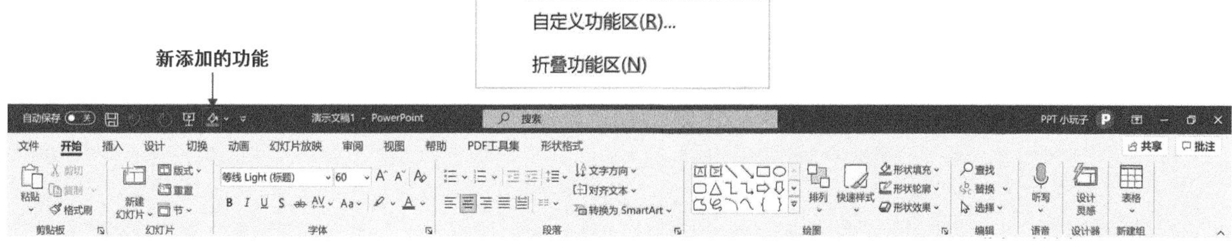

◎ 备注框

可以在备注框中给幻灯片添加备注提示。播放幻灯片时，备注提示对观众不可见，对演示者本人可见。

单击此处添加备注

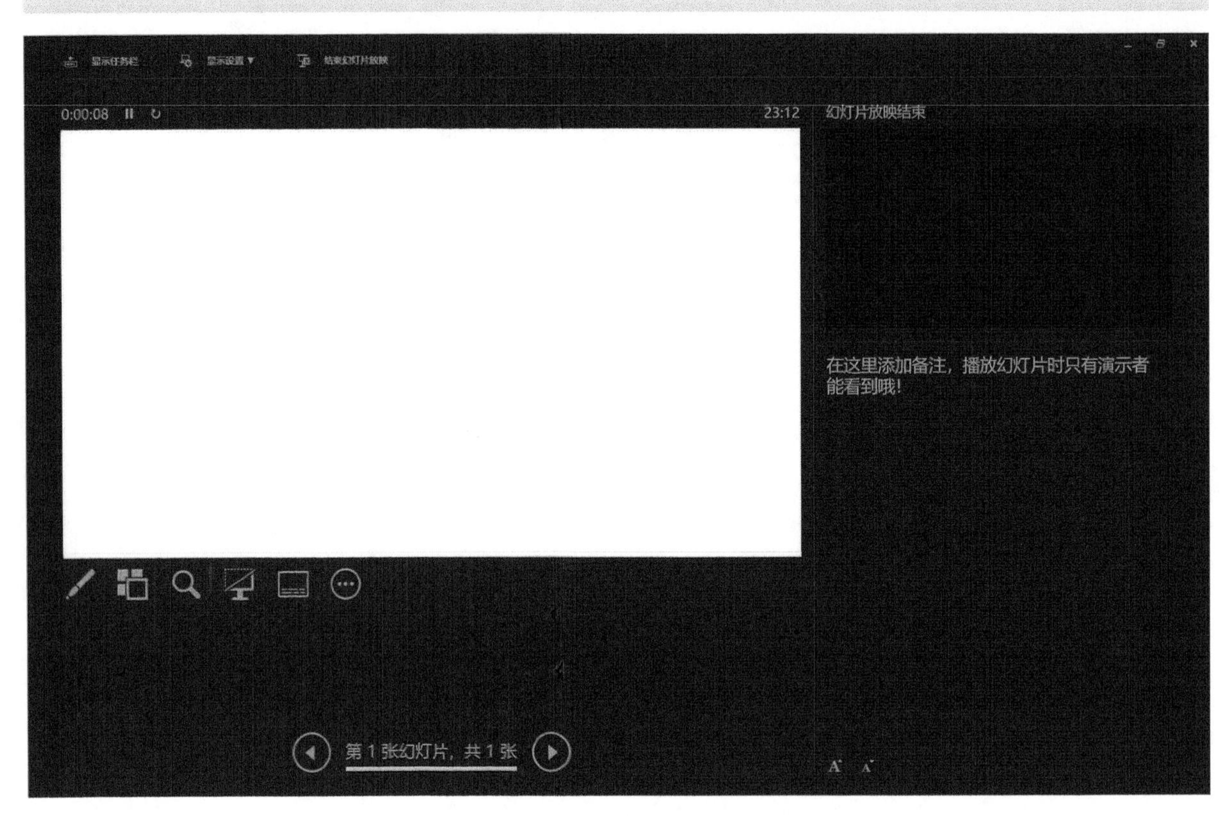

备注框的大小可以通过上下拖动备注框边缘线的方式来调整。单击备注框下方的 备注 图标，可以快速显示或隐藏备注框。

◎ 状态栏

显示幻灯片的状态信息：左侧显示幻灯片的当前张数和总张数，右侧则显示幻灯片的不同视图模式和缩放比例。

普通　读取视图　调节幻灯片视图大小

幻灯片 第 1 张，共 1 张　中文(中国)　辅助功能: 一切就绪　备注　显示器设置　100%

幻灯片浏览　幻灯片放映

- **视图**

"显示器设置"右侧的4个图标代表4种视图模式，即普通、幻灯片浏览、读取视图、幻灯片放映。默认状态下为普通模式，单击图标可切换到相应视图模式。

- **调节幻灯片视图大小**

拖动缩放比例滑块可调节幻灯片视图大小：向左拖动缩小视图，向右拖动放大视图。

单击 - 按钮可缩小幻灯片，单击 + 按钮可放大幻灯片；单击 100% 按钮，可在弹出的"缩放"对话框中选择显示比例，或直接输入数字来调整幻灯片的大小；单击 按钮，按当前窗口调整幻灯片大小。

002 制作PPT的步骤和所需素材

PPT是一个演示工具，它可以帮助我们更好地分享自己的观点，如做工作汇报、产品介绍、教学课件等。制作PPT时可以加入文字、图片、视频、音乐等素材，让内容演示更加形象、生动。

制作PPT的步骤

PPT只是表达观点的工具，一切还应从内容出发。无论是工作总结、商务汇报，还是教学课件，制作PPT前都要先拟写文案提纲，然后根据文案需要确定风格，接着搜集相关素材，再进行美化排版，最后校对检查有无错漏。

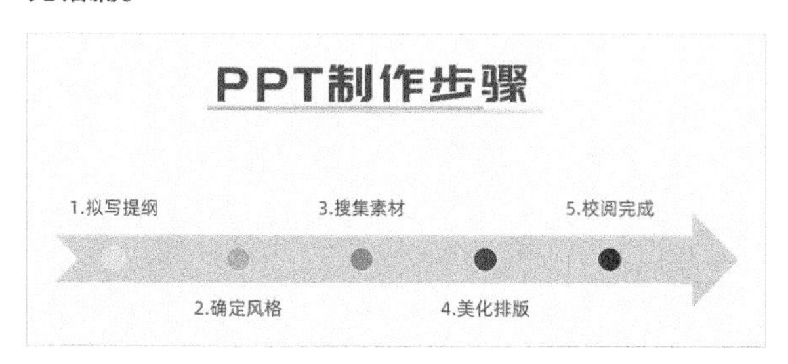

制作PPT所需素材

下面以工作型PPT的制作为例进行讲解。按照上述制作步骤，来看看都需要准备哪些素材吧！

◎ 梳理文案提纲

梳理PPT的文案提纲，明确框架结构（类似于作文提纲）。形式随意，可以用思维导图工具XMind呈现，也可以用Word呈现，或者直接编辑在PPT空白页，甚至手写在白纸上。

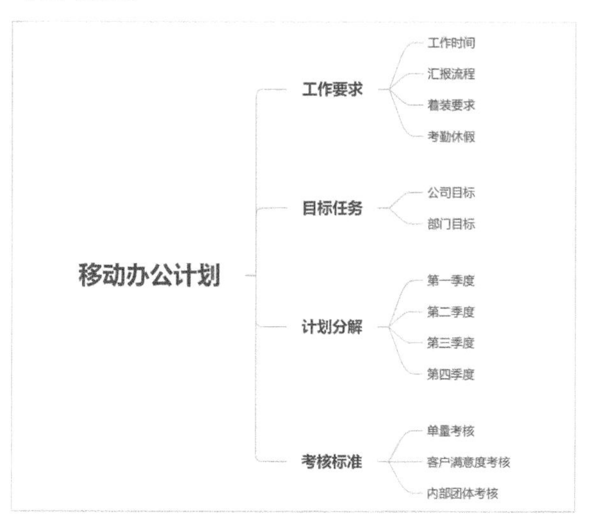

◎ 确定PPT风格和所需素材

根据文案提纲的内容来确定PPT的风格和所需素材。例如，提纲内容是“移动办公计划”，那么就要采用办公风格，字体、图片、图标、配色等设计都应该与之相关。

字体方面，正文选择简约的等线或黑体，封面标题选择站酷小薇LOGO体；图片方面，最能体现移动办公特点的就是轻薄、便携的笔记本式计算机了，也可以选择含有与工作相关的键盘、鼠标、手机、信封、咖啡杯、桌面绿植等元素的图片；图标方面，电话、Wi-Fi、文件夹、通信录、时钟等易识别的图形设计均可选择。配色选择与计算机、工作台颜色相近的蓝灰和白色，简洁又舒适。

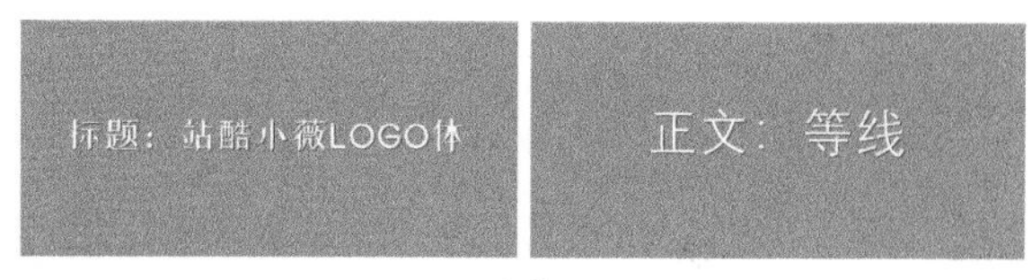

字体

图片（办公相关）

图标（办公相关）

配色

◎ 应用到排版

搜集好素材后，就可以开始排版了。在设计过程中，可能会产生新的灵感和想法，需要补充搜集更多的素材。

以日常工作汇报为例，PPT排版设计一般包含以下5个部分。

封面页： 最重要的是标题，让观众可以快速了解PPT的主题。根据需要可以加上汇报人、汇报时间、企业LOGO等。

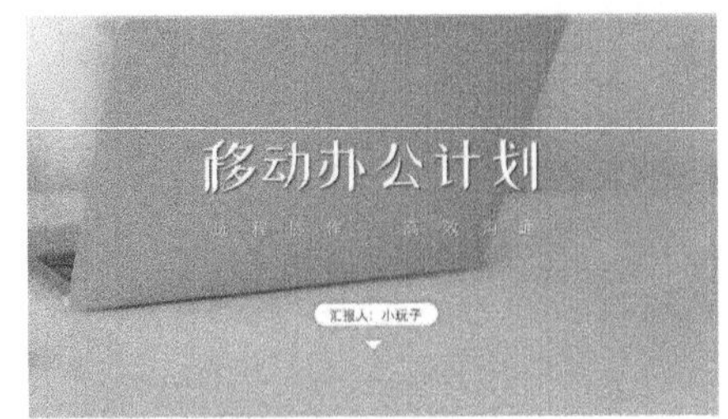

目录页： 根据提纲列举章节标题，让观众知道汇报者大致要讲些什么内容。

目录
01 工作要求
02 目标任务
03 计划分解
04 考核标准

过渡页： 序号+章节标题，分割每个章节，让PPT的逻辑更清晰。

内容页： 用于具体内容的演示，对提纲内容展开叙述。

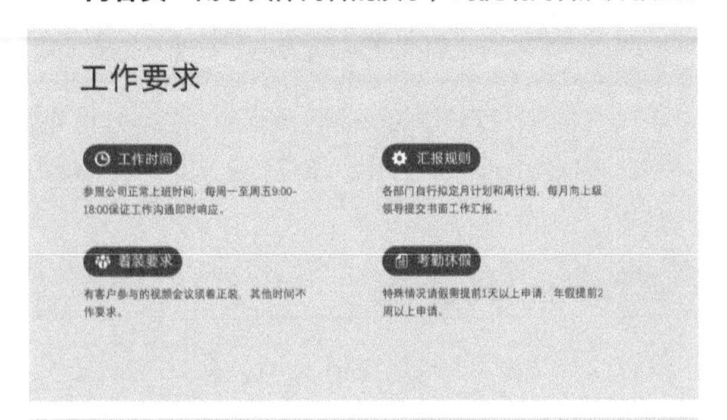

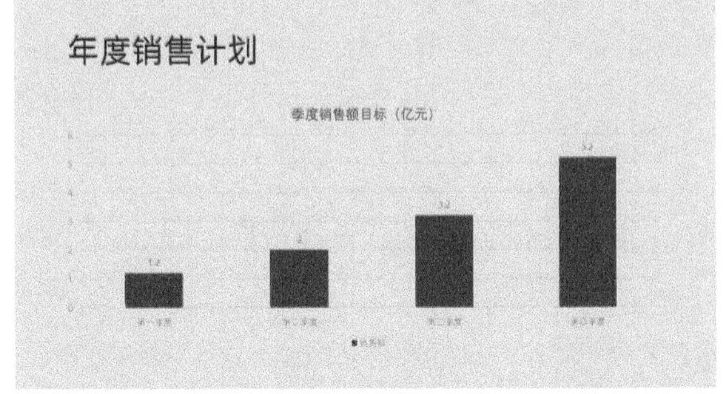

结尾页： 告诉观众汇报完毕，该鼓掌或提问并讨论了。

003 插入素材

制作PPT时，会用到文本、形状、图片等各种素材，它们是如何插入PPT的呢？答案是使用功能区的“插入”选项卡。

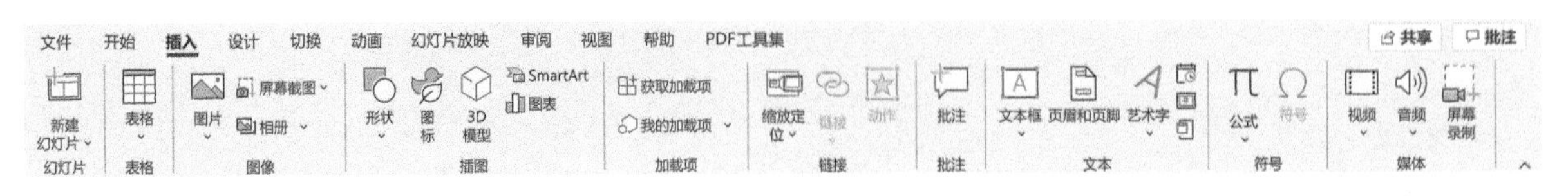

插入文本

可以在默认的文本框中输入文字，也可以添加或删除文本框。

单击此处添加标题
单击此处添加副标题

◎ 直接输入文字

新建一张幻灯片，其幻灯片编辑区有两个虚线框，它们被称作“文本框”，只要按照文本框中的提示“单击此处添加××”操作，就可以输入文字了。

◎ 添加/删除文本框

如果文本框不够用，可执行“插入>文本>文本框>绘制横排文本框”命令，在幻灯片编辑区单击就可以新建一个横排文本框。如果想绘制任意大小的文本框，可在执行完命令后，在幻灯片空白处拖动鼠标至文本框大小合适后释放鼠标。

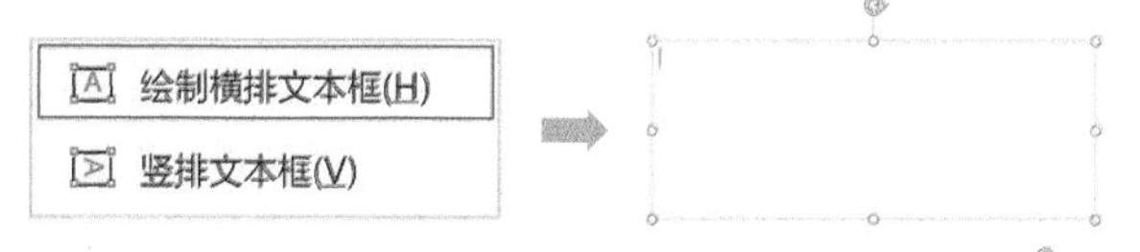

制作古风或者英文PPT时，常会用到竖排文本框。竖排文本框的插入方法与横排文本框相似，把命令由“绘制横排文本框”改成“竖排文本框”即可。

横排文本框

竖排文本框

另外，“开始”选项卡中也有插入文本框的快捷入口，执行“开始>绘图>形状>基本形状>文本框（或竖排文本框）”命令，就可以快速绘制一个文本框了。

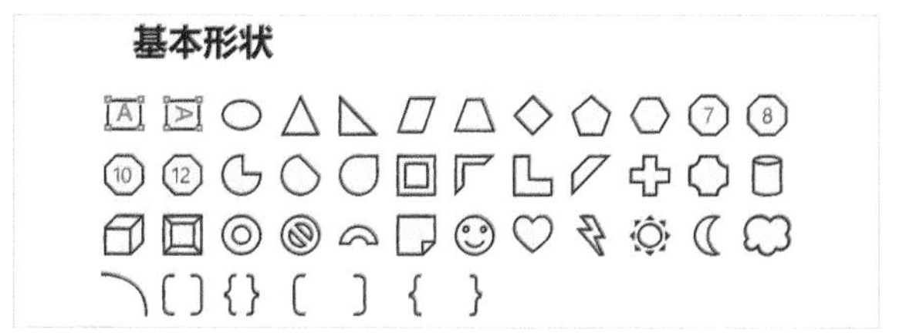

如果想要删除多余的文本框，将其选中，按键盘上的Delete键即可。

> **提示**
>
> 如果想删除其他元素，如图片、图表等，也可以通过按Delete键来实现。

◎ 使用新字体

计算机系统自带的字体比较少，如果有些需要的字体计算机中没有，就需要自己安装了。

从相关网站下载“站酷小薇LOGO体.otf”字体文件，双击文件或执行“打开>安装”命令，即可安装字体。安装完成后，需要重启PPT软件，字体才会显示出来。

在标题文本框中输入文字并选中，在功能区设置字体为“站酷小薇LOGO体”，字体就设置好了。

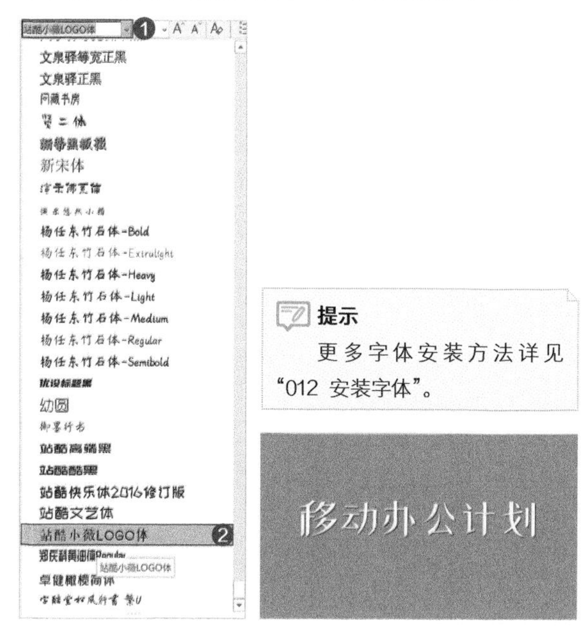

> **提示**
>
> 更多字体安装方法详见“012 安装字体”。

移动办公计划

插入图片

执行“插入>图像>图片>此设备”命令，在计算机中找到想要插入的图片并双击，即可插入图片。也可以直接打开图片所在的文件夹，将图片拖动到幻灯片编辑区。

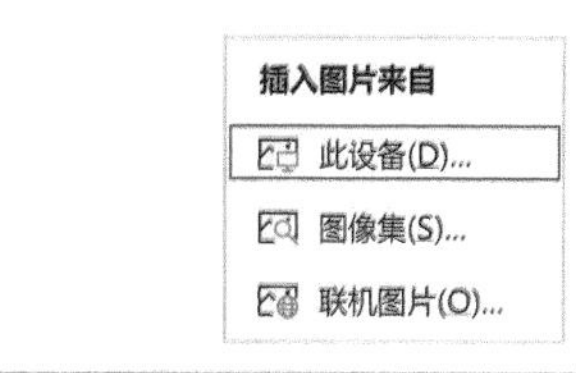

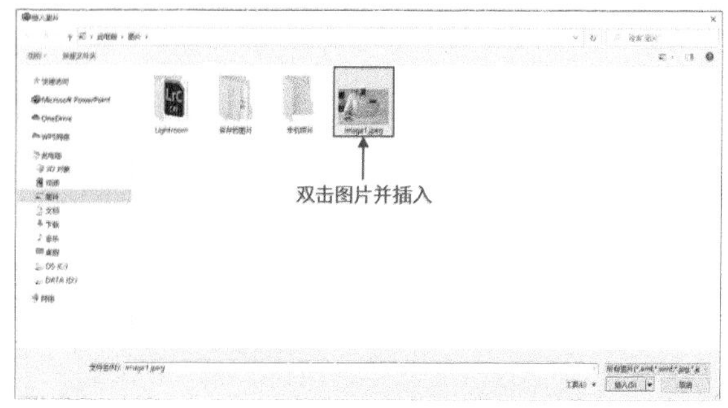

插入形状

下面以插入矩形为例介绍插入形状。例如，想要插入矩形，可执行“插入＞插图＞形状＞矩形”命令，若在幻灯片编辑区单击，可创建一个系统默认大小的矩形；若按住鼠标左键不放，在空白区域拖动，可以绘制出任意大小的矩形。拖动矩形上的控制点，可调整矩形的大小。

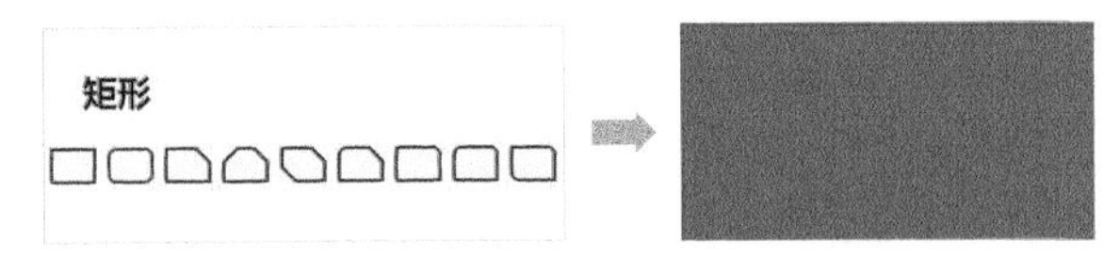

“开始”选项卡中也有绘制形状的快捷入口。单击“绘图”组形状列表框右下角的“其他”按钮，打开“形状库”，就可以快速选择并绘制形状了。

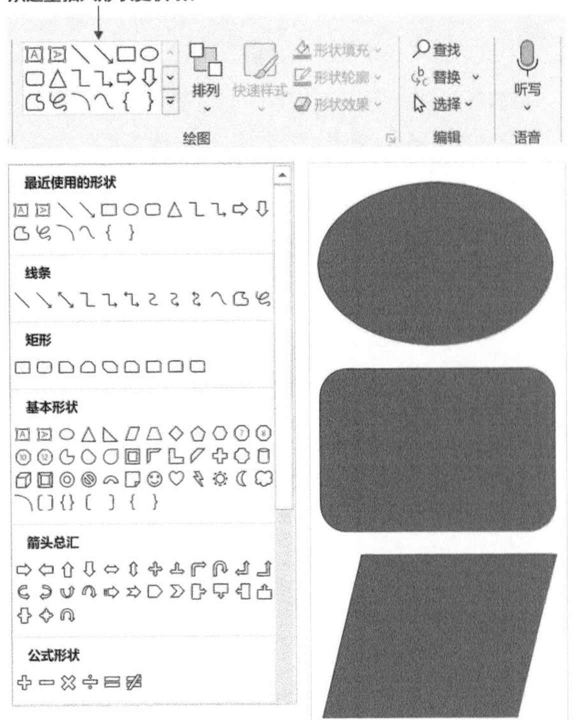

插入表格

执行“插入＞表格＞表格”命令，移动鼠标指针，确定需要的行列数，即可插入表格。如果需要调整表格的大小，可以拖动表格外侧框线上的控制点。

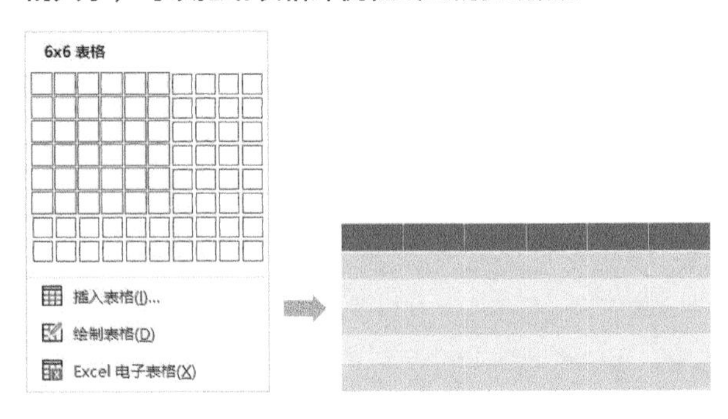

插入图表

执行“插入＞插图＞图表”命令，弹出“插入图表”对话框。选择需要的图表类型和图表样式，单击“确定”按钮，即可插入一个图表。

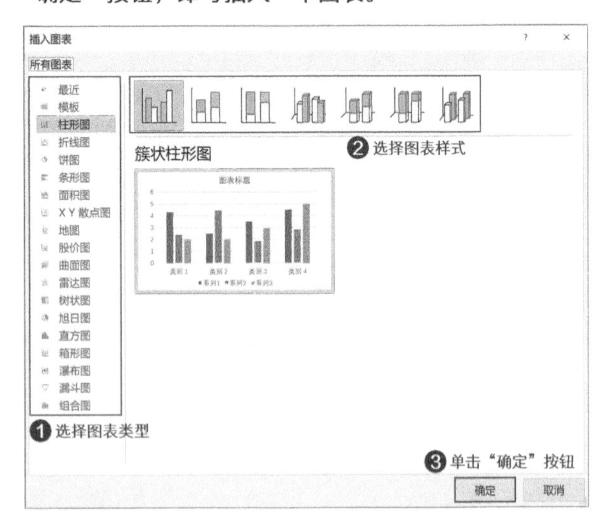

这时，屏幕上会弹出简易的Excel数据编辑窗口，其中有一些预设行列名称和数据，选中相应的单元格，修改数据即可。拖动彩色单元格的边角控制点，可以调整图表所对应的数据区域。修改完成后，关闭Excel窗口即可。

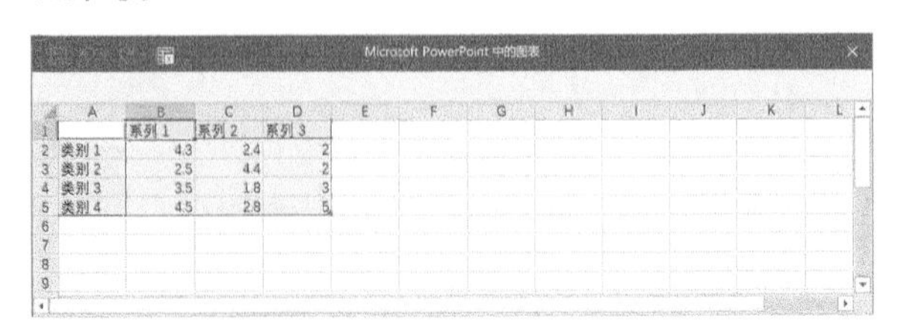

	A	B	C	D
1		系列 1	系列 2	系列 3
2	类别 1	4.3	2.4	2
3	类别 2	2.5	4.4	2
4	类别 3	3.5	1.8	3
5	类别 4	4.5	2.8	5

插入视频

执行“插入＞媒体＞视频＞此设备”命令，从计算机中选择想要插入的视频素材即可。也可以直接打开视频素材所在的文件夹，将视频素材拖动到幻灯片编辑区，鼠标指针变成加号状态时释放鼠标即可。

插入视频自

此设备(T)

库存视频(S)...

联机视频(O)...

插入音频

音频与视频的添加方法类似，执行“插入＞媒体＞音频＞PC上的音频”命令，从计算机中选择想要插入的音频素材即可。当然，也可以通过直接拖入音频方式进行插入。

PC 上的音频(P)...

录制音频(R)...

插入音频后，幻灯片上会出现一个“小喇叭”图标，单击它可以控制音频播放。

004 修改图片大小

通常来说，直接插入的图片大小不会完全合适，这时就需要进行调整了。

鼠标拖动调整

插入图片后，可以通过拖动图片上的控制点，将图片调整到合适的大小。

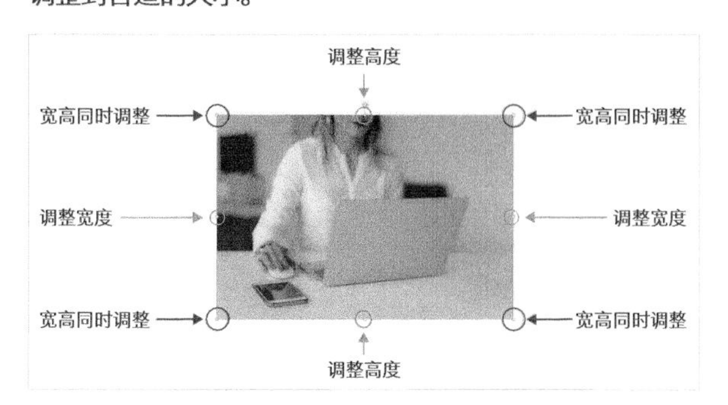

提示

按住Shift键的同时拖动角控制点中的任意一个，可以实现图片的等比例缩放，确保图片不变形。

裁剪多余部分

执行“图片格式＞大小＞裁剪”命令，这时图片上的8个控制点处会出现折角或短直线。拖动折角或短直线到所需位置，然后在空白处单击，即可完成图片裁剪。

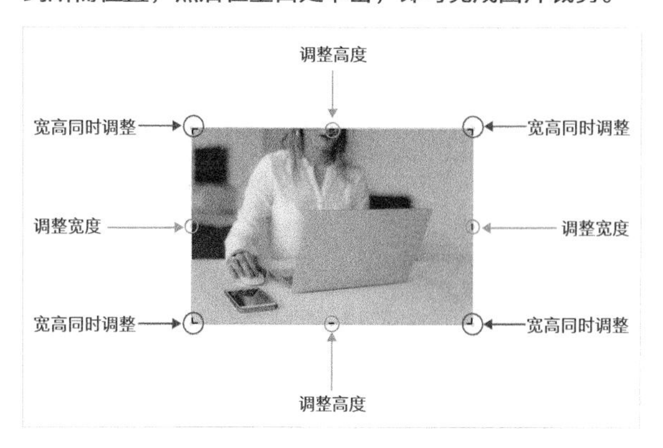

对于图片大小的调整，直接拖动图片边缘控制点压缩图片高度或宽度和使用“裁剪”工具的效果是不一样的。

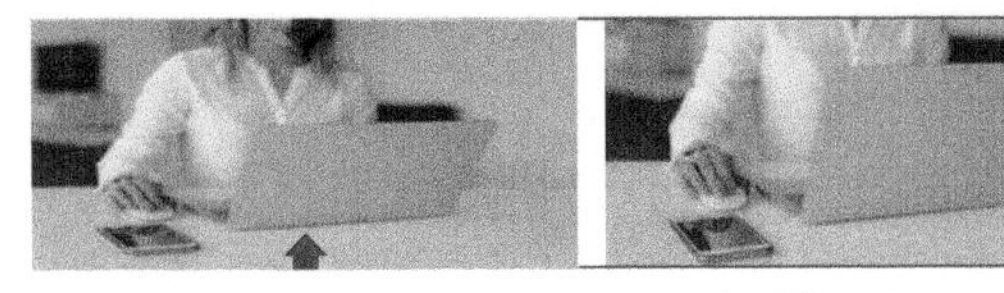

压缩高度，图片变形　　使用“裁剪”工具，图片不变形

裁剪特定比例

“裁剪”工具还预置了一些常用的图片比例。如果想让图片与幻灯片等比例（默认16：9），可以执行“图片格式 > 大小 > 裁剪 > 纵横比 > 横向 16：9”命令。

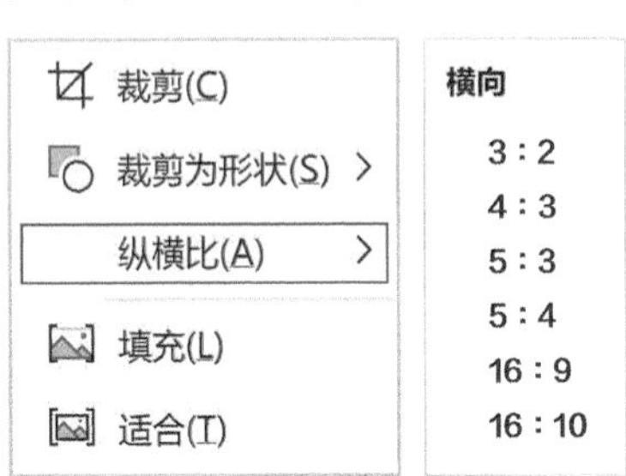

设置精确尺寸

选中图片，在“图片格式”选项卡“大小”组中设置“高度”和“宽度”的参数值，即可精确调整图片大小。

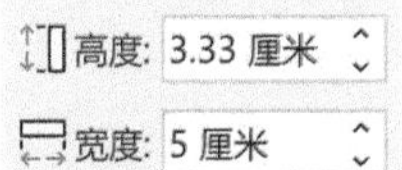

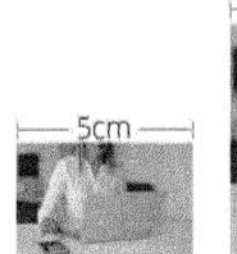

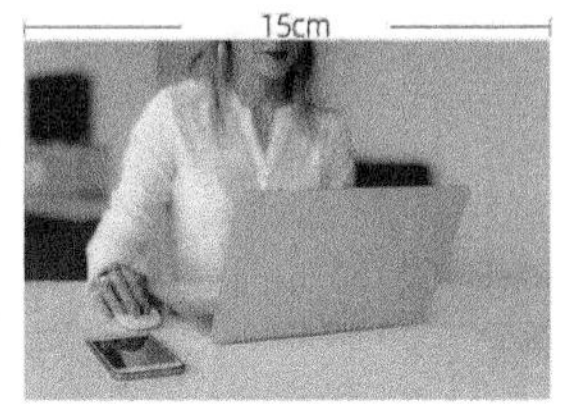

005 调整形状

制作PPT时常常会用到一些形状，而PPT默认插入的形状颜色和效果可能不是我们所需要的。这种情况下该怎样调整形状呢？

设置填充颜色和轮廓颜色

PPT自带形状的填充颜色和轮廓颜色是可以修改的。这里以修改矩形的填充颜色和轮廓颜色为例进行讲解。

执行“开始 > 绘图 > 形状 > 矩形”命令，绘制一个矩形。然后执行“开始 > 绘图 > 形状填充 > 金色”命令，即可将矩形填充为金色。

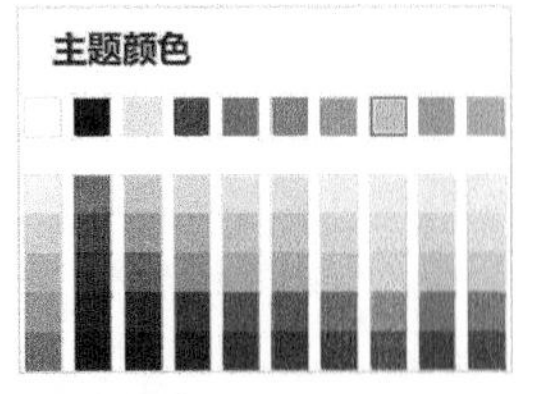

选中矩形，执行“开始 > 绘图 > 形状轮廓 > 无轮廓”命令，有轮廓的金色矩形就修改为无轮廓的了。

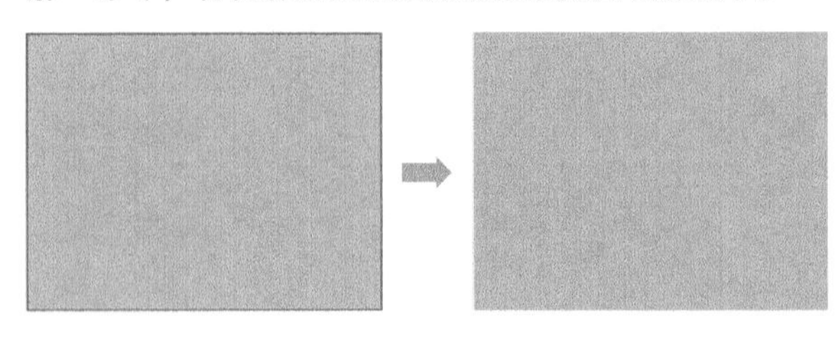

除了使用PPT自带的主题颜色，还可以选择其他填充颜色，或者用“取色器”从屏幕或图片上吸取颜色。

提示

图表、图标等修改颜色的方法也是一样的哦！

微调形状

直接插入的默认形状有时不太适用，需要稍作调整。选中一个形状，如果其边角处出现了橙色控制点，就说明这个形状可以调整。拖动控制点，就能得到调整效果了。

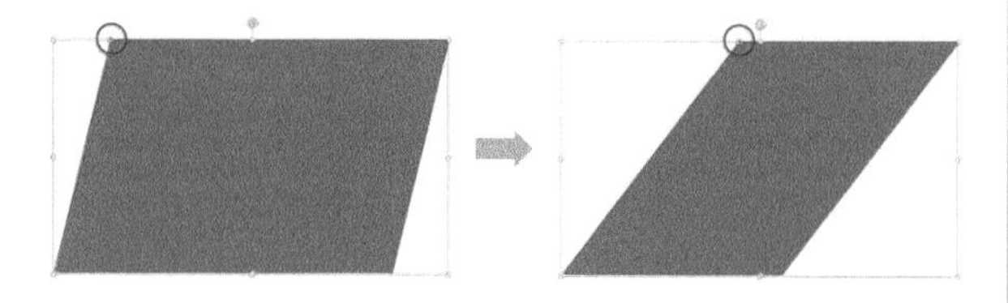

◎ 调整边角弧度

例如，插入圆角矩形后，通过拖动橙色控制点，可以调整四个边角的弧度。向左拖动，角会越来越尖；向右拖动，角会越来越圆。

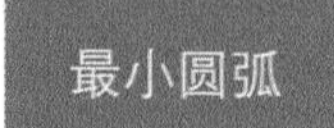

默认　最大圆弧

在页面设计中，可以用该方法制作圆角矩形文字框。

汇报人：小玩子　汇报人：小玩子

下面是圆角矩形文字框的应用效果。

其他形状也可以用类似的方法进行调整。

◎ 不规则形状调整

除了常见的方、圆图形，还常常用到箭头和其他一些不规则形状，它们的调整方法与圆角矩形相似。

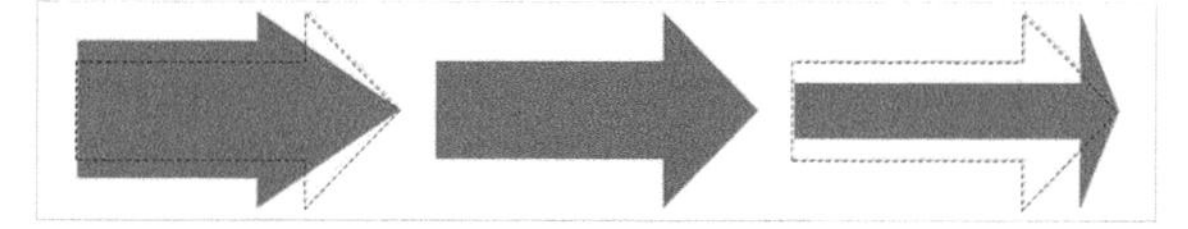

箭头：右

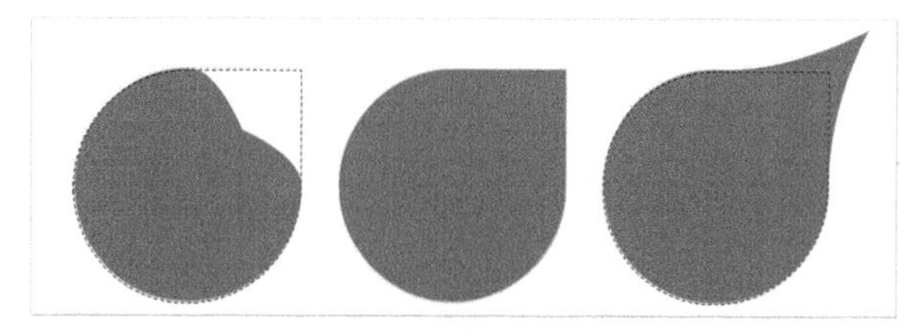

泪滴形

例如，绘制一个泪滴形，按住旋转柄调整角度，然后执行“开始＞绘图＞形状填充＞白色”命令，为形状填充颜色。然后执行“开始＞绘图＞形状轮廓＞橙色”命令，调整轮廓颜色。这样就制作出漂亮的对话气泡效果了。

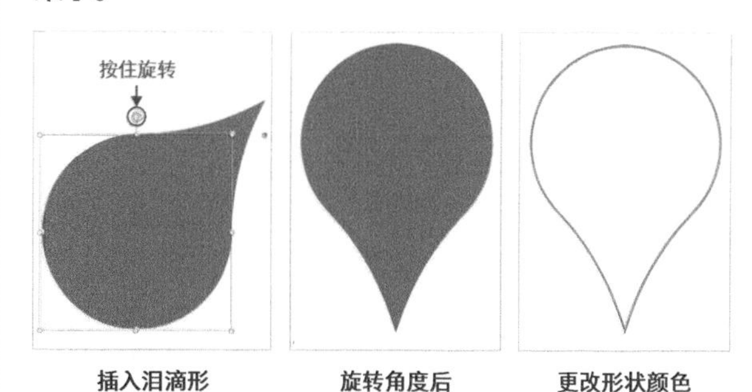

插入泪滴形　旋转角度后　更改形状颜色

对话气泡应用效果如下。

◎ 弧线调整

制作PPT时，有时需要用一些特殊的形状制作图形效果，这时通过控制点调节弧线长度是非常方便的。

执行“插入＞插图＞形状＞弧形”命令，按住Shift键拖动鼠标画出1/4圆弧，然后拖动圆弧两端的橙色控制点，就可以得到3/4圆弧了。

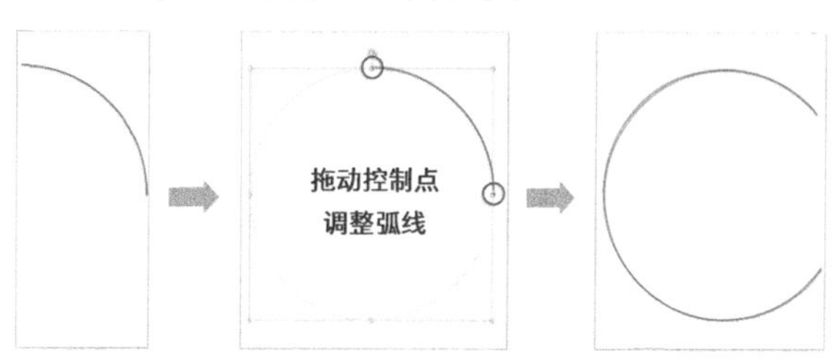

选中弧形，将颜色修改为白色。再绘制一条直线与它相连接，就可以做出如下图中所示的图形了。

更改形状

日常工作中经常会遇到花费大量精力制作的PPT，老板看完之后却要求把圆形图标改回矩形的情况。这种情况下，难道要重新绘制矩形吗？其实大可不必。

选中需要更改的形状，执行“形状格式＞插入形状＞编辑形状＞更改形状＞矩形”命令，即可完成图形更改。

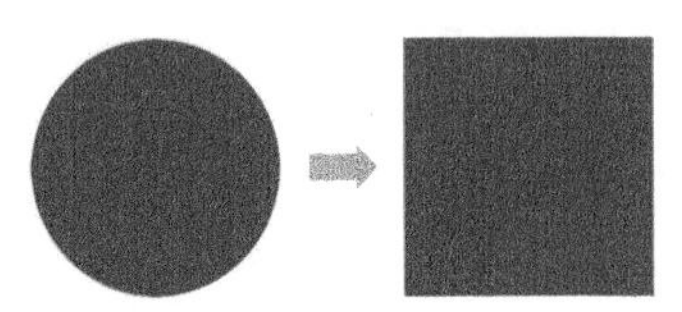

以下所示为图形更改的应用效果。

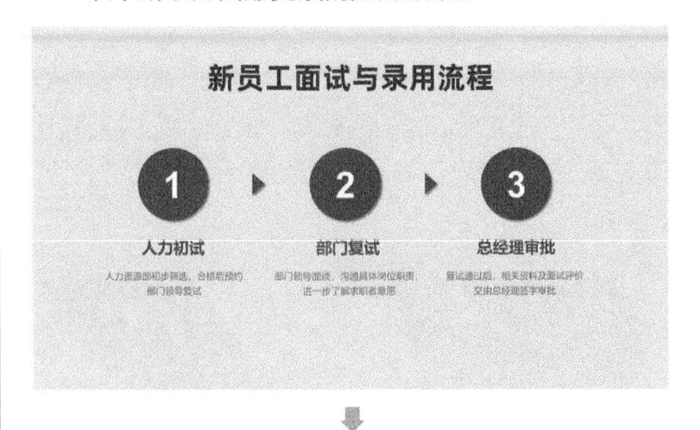

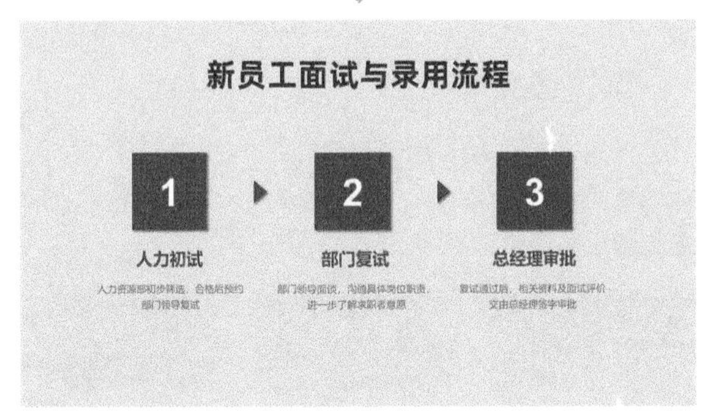

> **提示**
>
> 遇到一个页面中有多个形状需要更改为同一种形状的情况时，先全部选中需要更改的形状，再统一更改形状即可。

006 编辑表格

插入表格后，功能区就会多出两个选项卡——“表设计”和“布局”。编辑表格时主要用到的是这两个选项卡的功能。

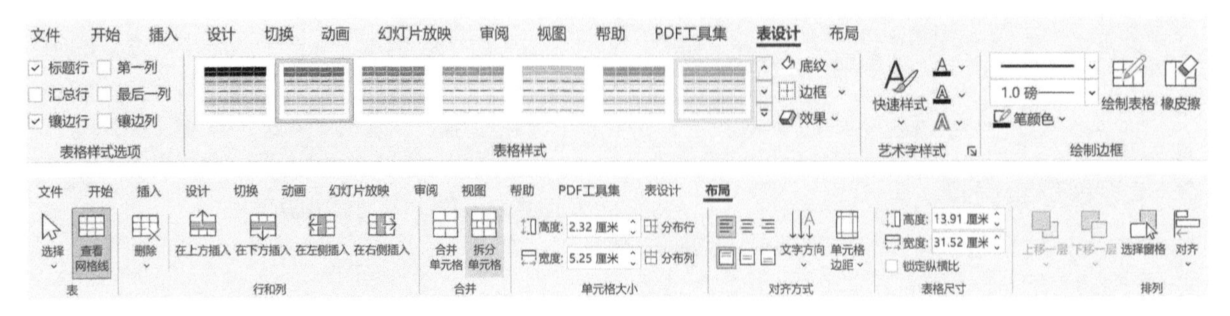

设置表格的行数和列数

想要制作表格，除了通过执行“插入＞表格＞表格＞插入表格”命令的方式来实现，还可以通过直接设置行数和列数的方式完成。当然，填表过程中可以根据需要增加或删除表行或表列。

◎ 插入表格时预设行数和列数

执行“插入＞表格＞表格＞插入表格”命令，在弹出的“插入表格”对话框中输入行数和列数后单击“确定”按钮，即可插入表格。例如，插入5列4行的表格，就设置“列数”为5，“行数”为4，单击“确定”按钮即可。

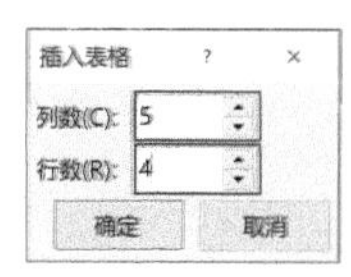

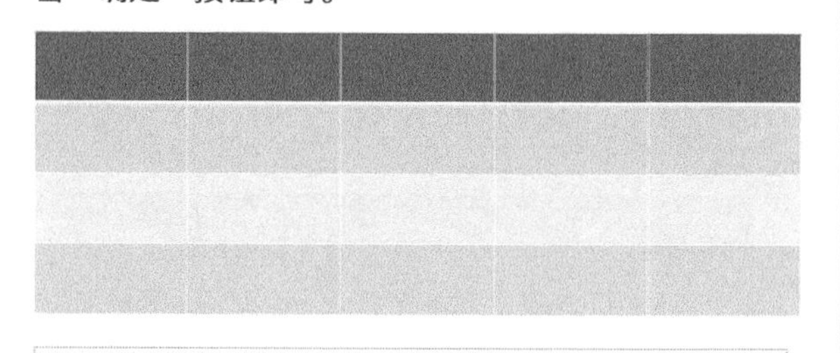

提示

注意，一横排是一行，一竖排是一列，对于这点初学者往往分得不太清楚。

◎ 增加与删除表行（或表列）

插入表格后，想增加表行（或表列）或删除表行（或表列）怎么办？

- **增加表行（或表列）**

选中表格，执行“布局＞行和列”组中的“在上方插入”“在下方插入”“在左侧插入”或“在右侧插入”命令，就可以增加表行或表列了。

下面以右侧这个4列3行的表格的调整为例进行介绍。

原表格

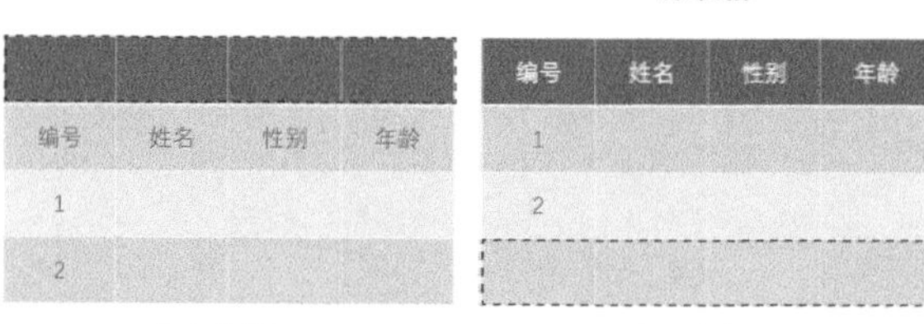

在上方插入　　在下方插入

在左侧插入　　在右侧插入

- **删除表行（或表列）**

选中需要删除的表格区域，然后执行“布局＞行和列＞删除”命令，选择“删除列”或“删除行”，即可完成操作。

删除列(C)
删除行(R)
删除表格(T)

原表格

删除列　　删除行

如果要删除整个表格，则可以通过执行“布局＞行和列＞删除＞删除表格”命令，或选中整个表格按Delete键来实现。

设置单元格属性

插入和删除表格很简单，但还是不能满足实际应用场景。例如，当需要把考评表最后一行“领导意见”中的多列合并成一列时，该怎么做呢？

◎ 合并与拆分单元格

制作工作报表时，经常会用到合并与拆分单元格操作。

选中需要合并的表格区域，执行“布局＞合并＞合并单元格”命令，可以把多个单元格合并成一个；选中需要拆分的单元格，执行“布局＞合并＞拆分单元格”命令，在弹出的对话框中输入需要拆分的列数和行数，可以把一个单元格拆分成多个。

以下面这个2列3行的表格的调整为例。

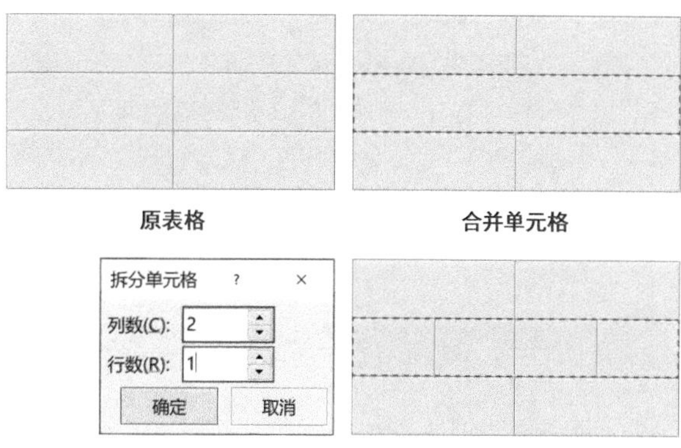

原表格　　合并单元格

拆分单元格

◎ 设置单元格大小

插入表格后，直接拖动表格的外框线或外框线上的控制点，可以调整表格的大小。也可以单独拖动内框线，以调整某个单元格的大小。与此同时，采用下面两种方法，可以更精准地调整表格。

- **高度与宽度设置**

在“布局”选项卡中设置“高度”和“宽度”的值，可以精确调整单元格的大小。注意，这里的“宽度”和“高度”指的是一个单元格的大小。

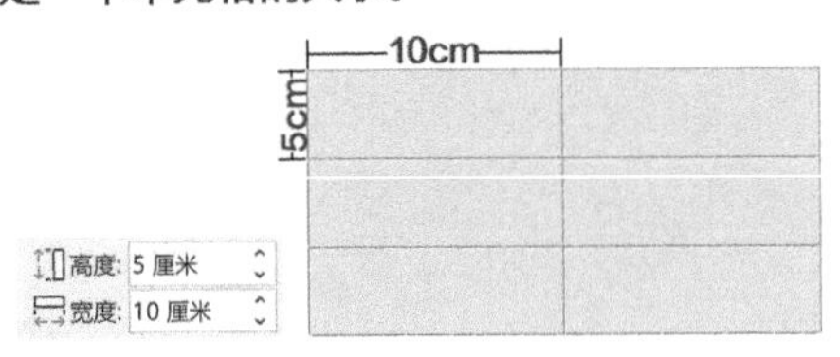

- **分布行（列）**

编辑表格的过程中，因为单元格的内容会有所不同，而且经常需要合并或拆分表格，很容易出现单元格大小不一的情况，这样很不美观。这时，只要执行“布局＞单元格大小＞分布行”和“分布列”命令，就可以让表格重新变得整整齐齐啦！

下面以右侧这张表格的调整为例进行介绍。

编号	姓名	性别	年龄
1			
2			

原表格

编号	姓名	性别	年龄
1			
2			

分布行

编号	姓名	性别	年龄
1			
2			

分布列

◎ 单元格文本对齐方式

插入一个新表格时，默认文本是左上对齐的，但这样会使文字堆挤在一个角落，很不美观。调整方法很简单，通过“布局”选项卡中的“对齐方式”组即可实现。系统提供了3种横向文字对齐方式——“左对齐”“居中”和“右对齐”，还提供了3种纵向文字对齐方式——“顶端对齐”“垂直居中”和“底端对齐”。

- **横向对齐**

公司人员基本情况统计表

姓名	部门	岗位	性别	出生日期	是否正式员工
薛某	技术部	java开发工程师	男	1986.01.25	是
李某	技术部	测试工程师	女	1990.07.03	是
胡某	市场部	市场运营总监	女	1987.03.01	是
贾某	市场部	市场专员	女	1994.05.22	是
吕某	财务部	财务经理	女	1993.12.25	是
何某	人事行政部	人事经理	男	1990.11.01	是
万某	市场部	实习专员	男	1998.04.18	否

左对齐

公司人员基本情况统计表

姓名	部门	岗位	性别	出生日期	是否正式员工
薛某	技术部	java开发工程师	男	1986.01.25	是
李某	技术部	测试工程师	女	1990.07.03	是
胡某	市场部	市场运营总监	女	1987.03.01	是
贾某	市场部	市场专员	女	1994.05.22	是
吕某	财务部	财务经理	女	1993.12.25	是
何某	人事行政部	人事经理	男	1990.11.01	是
万某	市场部	实习专员	男	1998.04.18	否

居中

公司人员基本情况统计表

姓名	部门	岗位	性别	出生日期	是否正式员工
薛某	技术部	java开发工程师	男	1986.01.25	是
李某	技术部	测试工程师	女	1990.07.03	是
胡某	市场部	市场运营总监	女	1987.03.01	是
贾某	市场部	市场专员	女	1994.05.22	是
吕某	财务部	财务经理	女	1993.12.25	是
何某	人事行政部	人事经理	男	1990.11.01	是
万某	市场部	实习专员	男	1998.04.18	否

右对齐

提示

一般文字采用居中对齐方式，日期、数字等采用右对齐方式，这样阅读起来更舒适！

- **纵向对齐**

公司人员基本情况统计表

姓名	部门	岗位	性别	出生日期	是否正式员工
薛某	技术部	java开发工程师	男	1986.01.25	是
李某	技术部	测试工程师	女	1990.07.03	是
胡某	市场部	市场运营总监	女	1987.03.01	是
贾某	市场部	市场专员	女	1994.05.22	是
吕某	财务部	财务经理	女	1993.12.25	是
何某	人事行政部	人事经理	男	1990.11.01	是
万某	市场部	实习专员	男	1998.04.18	否

顶端对齐

公司人员基本情况统计表

姓名	部门	岗位	性别	出生日期	是否正式员工
薛某	技术部	java开发工程师	男	1986.01.25	是
李某	技术部	测试工程师	女	1990.07.03	是
胡某	市场部	市场运营总监	女	1987.03.01	是
贾某	市场部	市场专员	女	1994.05.22	是
吕某	财务部	财务经理	女	1993.12.25	是
何某	人事行政部	人事经理	男	1990.11.01	是
万某	市场部	实习专员	男	1998.04.18	否

垂直居中

公司人员基本情况统计表

姓名	部门	岗位	性别	出生日期	是否正式员工
薛某	技术部	java开发工程师	男	1986.01.25	是
李某	技术部	测试工程师	女	1990.07.03	是
胡某	市场部	市场运营总监	女	1987.03.01	是
贾某	市场部	市场专员	女	1994.05.22	是
吕某	财务部	财务经理	女	1993.12.25	是
何某	人事行政部	人事经理	男	1990.11.01	是
万某	市场部	实习专员	男	1998.04.18	否

底端对齐

提示

多数情况下，“垂直居中”上下间距相等，阅读起来更舒服！

◎ 设置单元格边距

通常，单元格文本对齐方式选择居中且单元格中文字较少的情况下，边距似乎没什么作用。但单元格中的文字较多时，边距过窄就会显得拥挤，这时候设置单元格边距就非常有必要了。

如果把每个单元格都看作一张“微型幻灯片”，那么“单元格边距”就相当于幻灯片四周的“留白”。通常，执行“布局 > 对齐方式 > 单元格边距”命令，在下拉列表中选择某一预设效果，就足以应付多数边距调整需求了。如果这样调整后仍觉得不满意，还可以通过“自定义边距”来调整。

以下为4种预设单元格边距的效果。

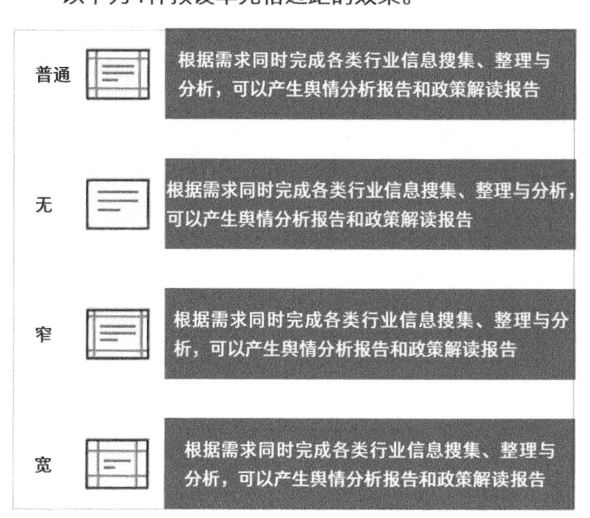

提示

通常情况下，选择“普通”或“宽”边距视觉效果更佳哦！

设置表格样式

“表设计”选项卡“表格样式”组中预设了许多表格样式，可以直接选用，也可以自定义边框、底纹、效果等。

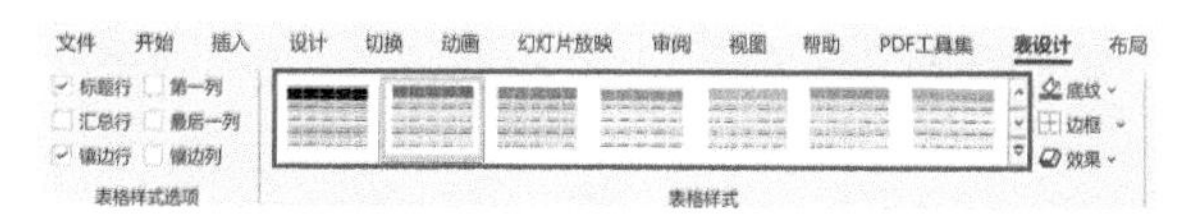

◎ 选择预设样式

选中表格，在“表设计”选项卡中找到“表格样式”组，直接选择预览效果中的样式就可以快速替换样式效果了。

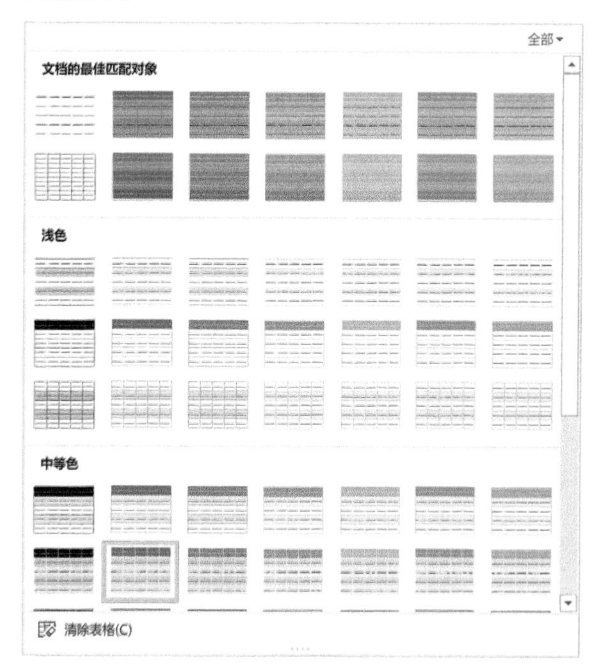

以下为4种不同的预设样式效果。

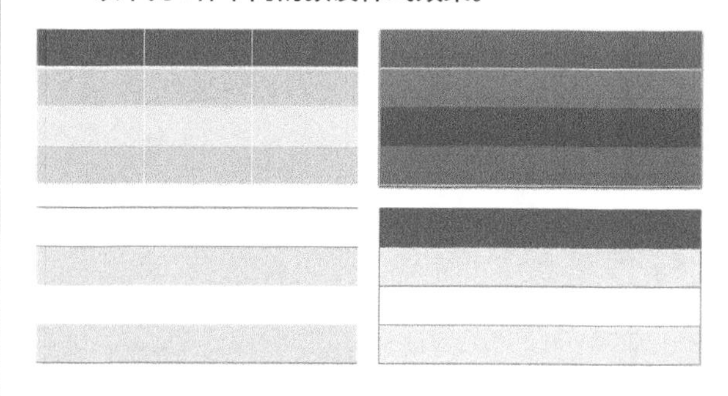

◎ 修改底纹和边框

可以手动设置和修改表格效果，如修改底纹和边框等。

- **修改底纹**

选中单元格，执行“表设计>表格样式>底纹”命令，可以选择需要的底纹颜色。也可以执行“开始>绘图>形状填充”命令，以填充颜色，效果是一样的。例如，要将蓝色表格背景全部改为浅灰色，可选中整个表格，然后将底纹颜色修改为浅灰色。

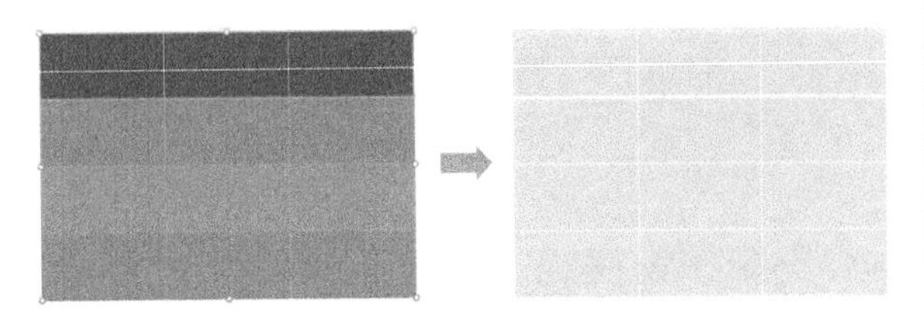

- **修改边框**

选中单元格，执行“表设计>表格样式>边框”命令，可以设置表格的边框效果。

无框线(N)
所有框线(A)
外侧框线(S)
内部框线(I)
上框线(P)
下框线(B)
左框线(L)
右框线(R)
内部横框线(H)
内部竖框线(V)
斜下框线(W)
斜上框线(U)

以下为4种不同的边框设置效果。

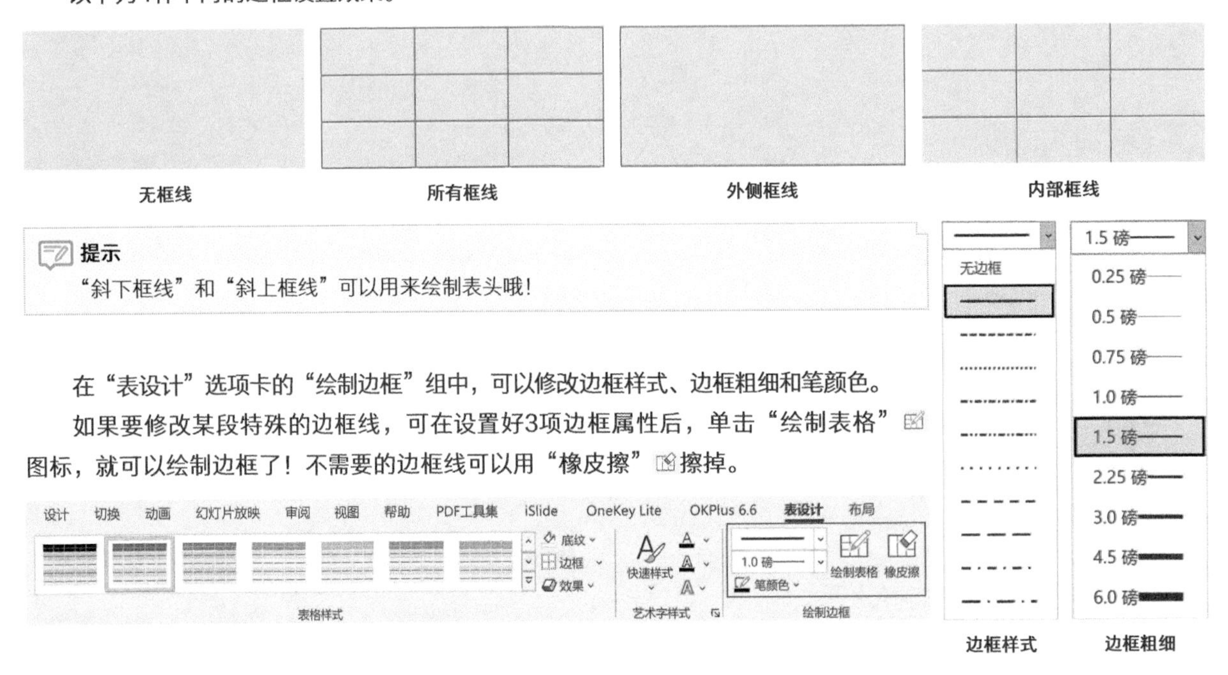

提示

“斜下框线”和“斜上框线”可以用来绘制表头哦！

在“表设计”选项卡的“绘制边框”组中，可以修改边框样式、边框粗细和笔颜色。

如果要修改某段特殊的边框线，可在设置好3项边框属性后，单击“绘制表格”图标，就可以绘制边框了！不需要的边框线可以用“橡皮擦”擦掉。

007 选择合适的图表

所谓“一图胜千言”，特别是在做数据分析（如市场调研、业绩汇报、财务统计等）时，图表能够快速、清晰地表达核心内容，使观众一目了然。PPT软件提供了十几种图表样式，使用时应该如何选择呢？

几种常用的图表

就如不同的场合要穿不同的衣服，不同的数据也要选择不同的图表进行表现。除了大家最熟悉的柱形图、饼图，PPT软件还提供了折线图、条形图、面积图、雷达图等。

◎ 柱形图

柱形图： 由多个竖直的“柱子”组成，每个“柱子”的高矮代表数据的大小。柱形图常用于展示数据的变化情况，如产品销量、营业额、库存的变化等。

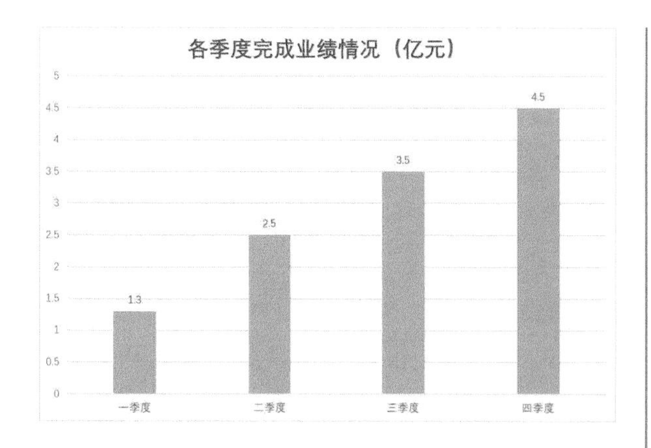

◎ 饼图

饼图：多个扇形合在一起组成的圆饼状图表，每个扇区的面积大小能直观反映它的“占比”多少。饼图常用于静态的构成比例展示，如男女比例、物品成分比例、股权构成等。

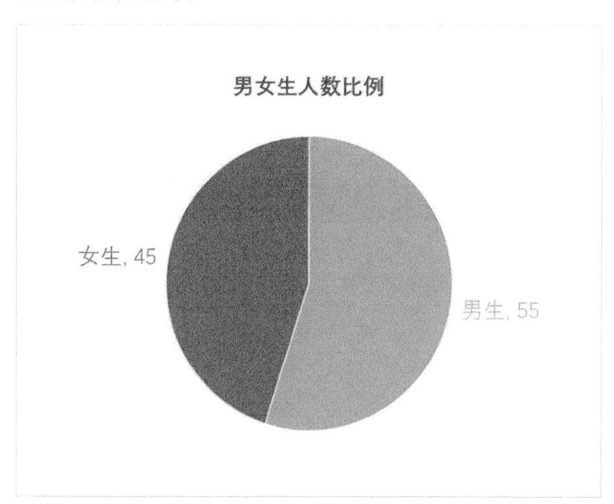

◎ 折线图

折线图：通过将多个代表数据的点连接成一条或多条折线，以此来反映数据的变化趋势。折线图常用于展示一段时间内的气温变化、访问量变化等。

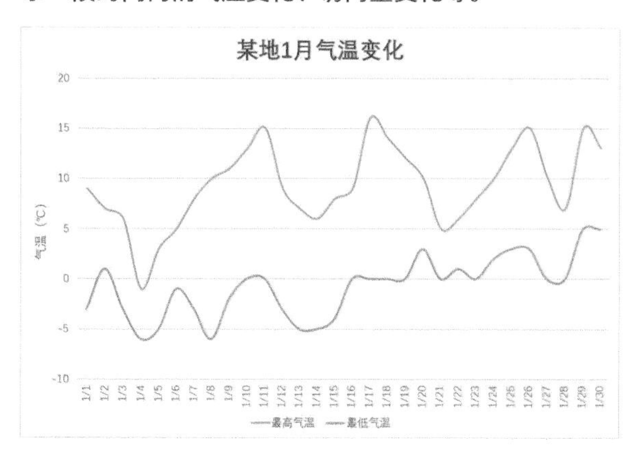

◎ 条形图

条形图：与柱形图相似，以长方形的长短来表示数据的大小。条形图常用于对比不同种类的商品、人口数量的多少等。

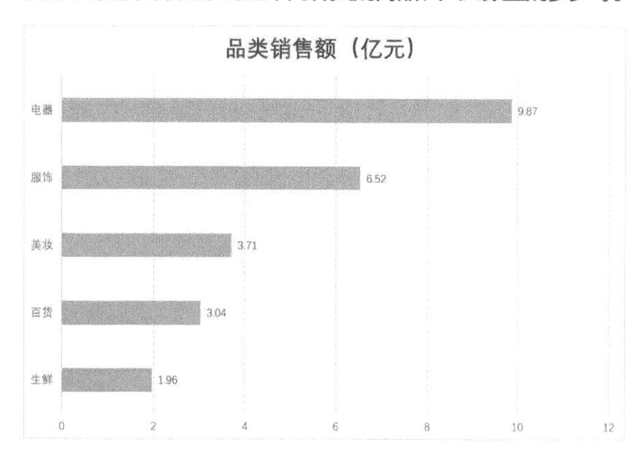

◎ 面积图

面积图：强调数量随时间而变化的程度，也可用于引起人们对总值趋势的注意。面积图常用于展示一段时期内的销量变化、搜索量变化等，能够反映出多组数据的变化关系。

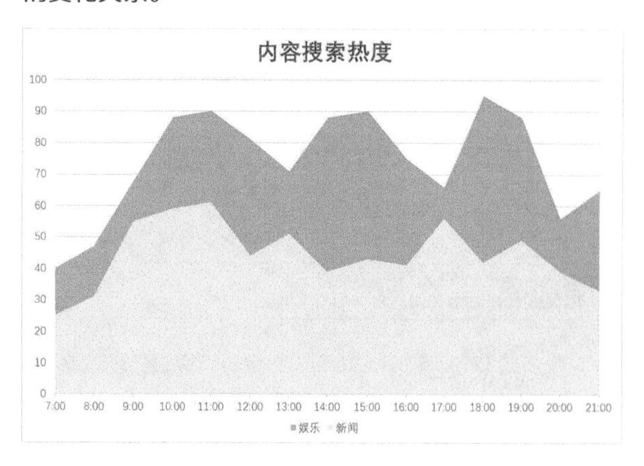

◎ 雷达图

雷达图：从统一中心点开始，等角度、等间隔地向外辐射轴线，常用于显示多维数据（四维以上）。雷达图常用于性格测评、性能测评等，体现多维度数据之间的关联性。

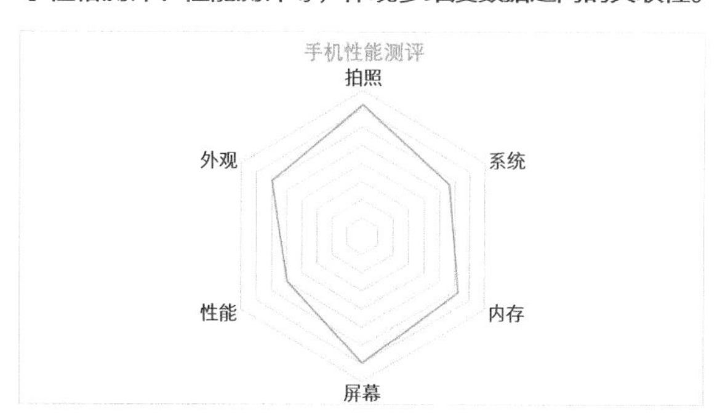

选择图表

常见的图表按照用途可分为“联系”“比较”“变化”“构成（占比）”4类。如果大家不确定该用哪类图表，可以先思考自己的数据想要表达什么。例如，想表达某产品各季度的销量变化，在“变化”类别下选择任意一种图表样式即可；想表达女性消费者在总消费人数的占比，在“构成（占比）”类别下选择任意一种图表样式即可。

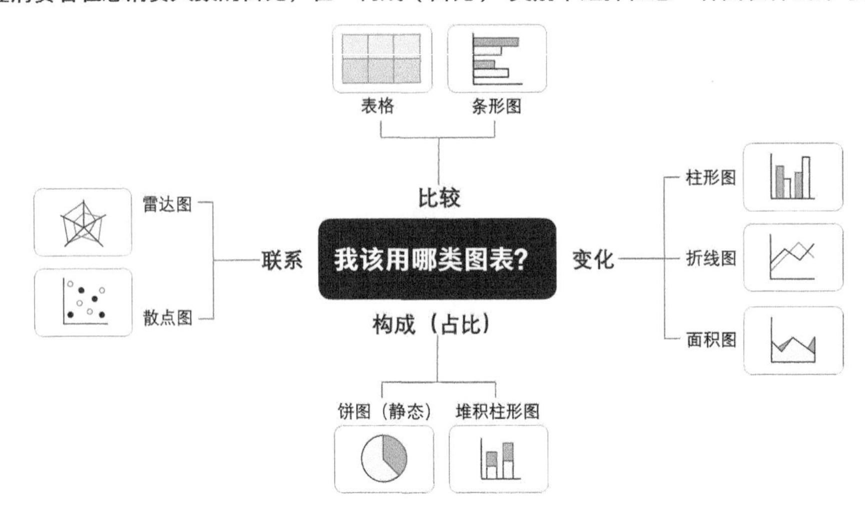

008 排列图层

当一张幻灯片中有多张图片、多块文字或多个形状时，该怎么给它们排列顺序呢？底层的图层选不中怎么办？这些都是令初学者感到苦恼的问题。

调整图层顺序

执行“开始>绘图>排列”命令，可以调整图层顺序。

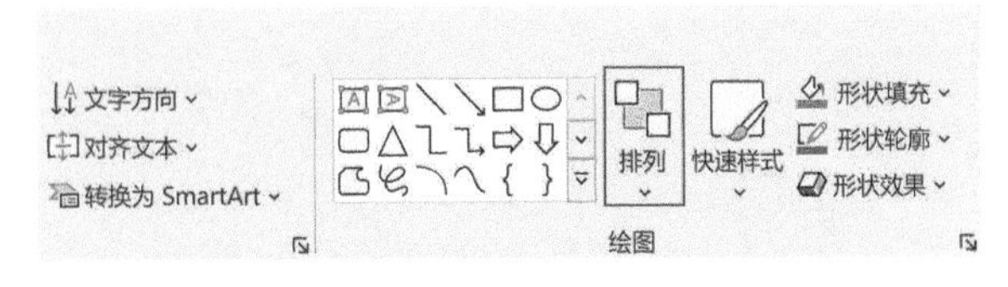

选中调整对象，然后执行“开始>绘图>排列”命令，在下拉列表中选择要排列的层级。“置于顶层”是让选中的对象排列在画面最前面，“置于底层”是让选中的对象排列在画面底层。

例如，右侧的3个圆形，红色的圆形在顶层，黄色的圆形在中间层，蓝色的圆形在底层。

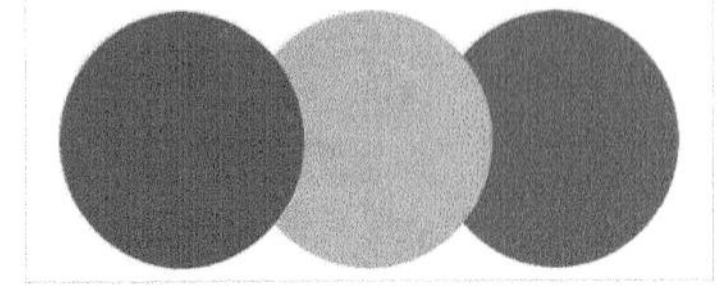

有时多个图层叠加在一起，上方的图层会遮住下方的图层，导致后者无法被选中，这时该怎么办呢？例如，下图中文字“你好”的文本框过大，遮住了底部的蓝色对话气泡，此时只能选中文本框或文字，如果把文字移开又得重新对齐。

这时可以执行“开始>绘图>排列>选择窗格”命令（快捷键为Alt+F10），幻灯片编辑区右侧会打开“选择”窗格，然后在这里单击“对话气泡：矩形1”图层，就可以选中它了。

如果画面中有多个同类型图层叠加在一起，为快速找到想要调整的图层对象，可以在“选择”窗格中单击图层名称右侧的小眼睛图标。当该图标显示为关闭时，其对应的图层就会隐藏起来，再次单击该图标，其对应的图层会重新显示。

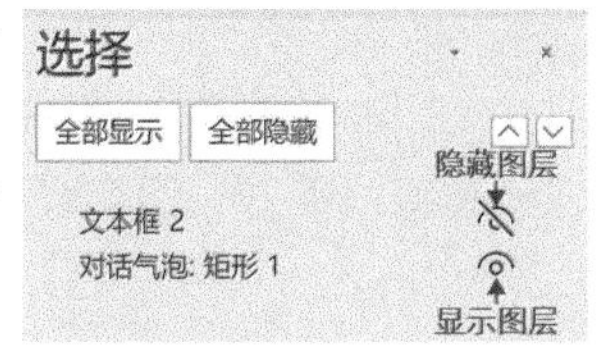

双击图层名称，出现输入框时，可以修改图层名称（当图层非常多时，修改名称可以帮我们快速找到想要的图层）。

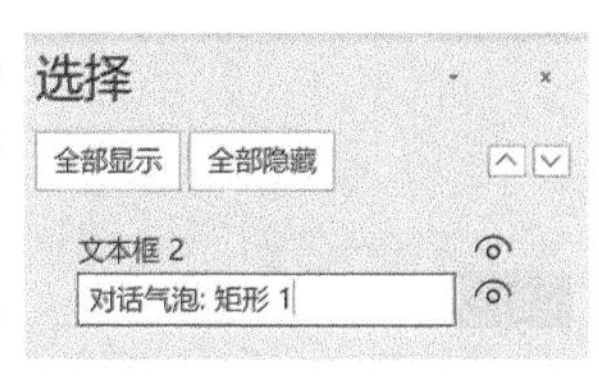

如果想让文字和对话气泡一起移动，可以选中信息后右击，在弹出的快捷菜单中选择“组合”选项（快捷键为Ctrl+G），让文字和对话气泡成为一个整体。

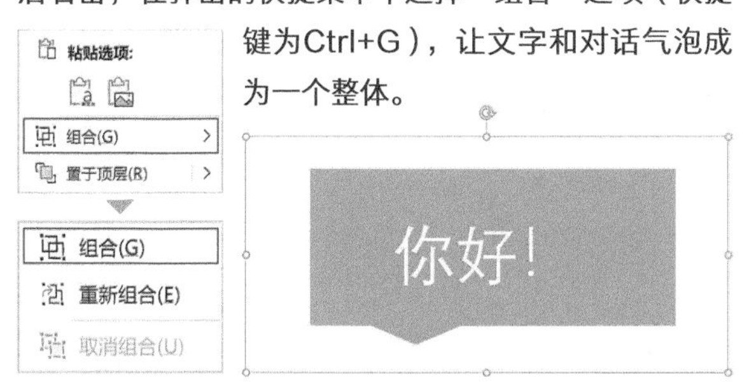

若再次选中它们，右击，在弹出的快捷菜单中选择“取消组合”选项，文字和对话气泡会被拆开。

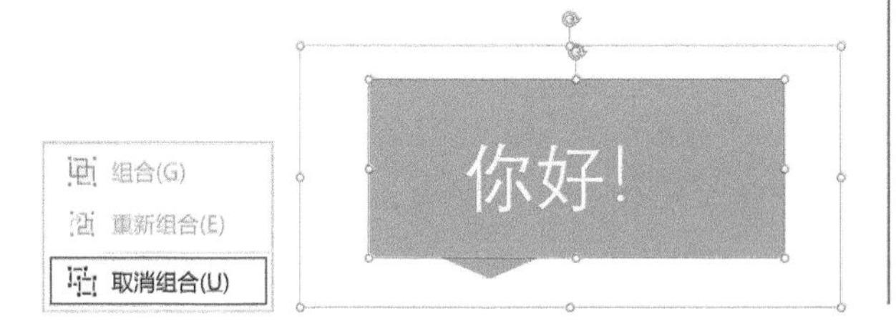

调整对齐方式

选中调整对象，执行“开始>绘图>排列>放置对象>对齐”命令，可以选择需要的对齐方式。

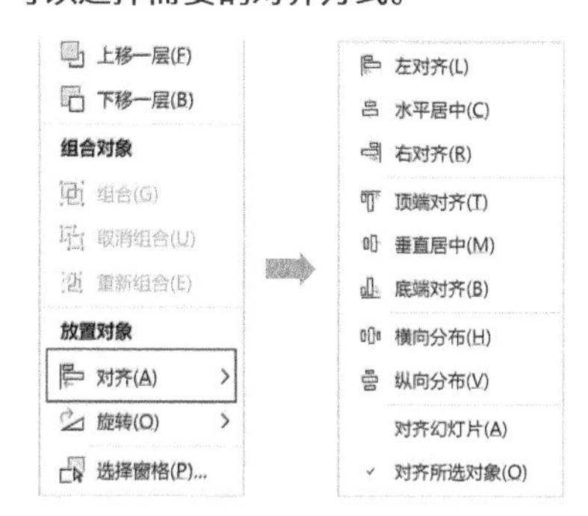

以下为选项中8种不同的对齐方式和效果。

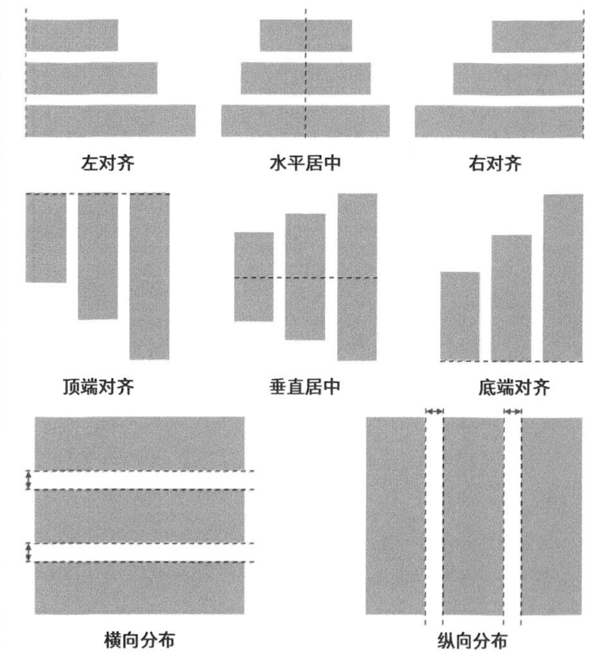

009 添加和编辑动画

动画可以让平平无奇的幻灯片“活泼”起来，并且能配合演示进度引导观众的视线，帮助观众理解演讲内容。

设置切换效果

可以通过“切换”选项卡给幻灯片添加页面衔接动画。

提示

注意，工作型PPT不要用太多动画哦！

"切换"选项卡"切换到此幻灯片"组中包含PPT软件预设好的切换效果，有"细微""华丽""动态内容"3个大类，选中任意幻灯片后选择某一效果样式，即可完成切换效果的设置。

例如，添加"涟漪"效果后，幻灯片就像泛起层层水波一样展示出来。

设置完毕后单击"预览"按钮，可以查看切换效果。

如果想给每一张幻灯片添加同样的切换效果，可以选中某个切换效果后单击"计时"组中的"应用到全部"按钮；如果想给连续的多张幻灯片添加同样的效果，可以在缩略图区单击想要添加效果的起始幻灯片，然后按住Shift键的同时单击想要添加效果的最后一张幻灯片，快速多选，再选择切换效果；如果是给多张不连续的幻灯片添加同样的效果，可以按住Ctrl键多次单击选择幻灯片，再应用切换效果。

设置页面动画

可以通过"动画"选项卡给幻灯片中的图文内容添加动画。

"动画"选项卡"动画"组包含PPT软件预设好的动画效果，有"进入""强调""退出""动作路径"4个大类。选中任意画面元素（如图片、形状、文本等），选择某一效果样式，即可完成动画效果的设置。

"进入"是元素出现的效果，"强调"是元素突出显示的效果，"退出"是元素消失不见的效果。

例如，给目录页的4个章节内容顺次添加"浮入"动画，"计时"组中"开始"选择"单击时"，就能看到它们一个接一个上浮出现。

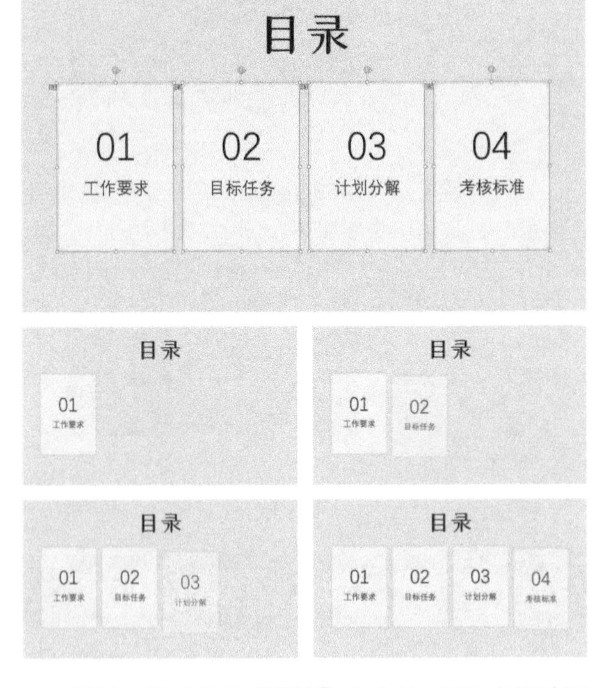

设置完毕后单击"预览"按钮，可以查看动画效果。

CHAPTER 2

二

强化篇

小技巧解决大问题

010 选字体

文字是PPT必备的基础元素之一，那么制作PPT时该如何选择合适的字体呢？除了软件默认的“微软雅黑”和“等线”，大家还使用过其他字体吗？下面一起学习怎样选择字体吧！

方便阅读

下面两张图的背景和文字的字号、颜色都一样，哪一张图看起来更清晰呢？

下左图使用的是宋体（衬线体），下右图使用的是黑体（无衬线体）。宋体比较纤细，笔画边角处多带有额外的修饰；而黑体的笔画粗细则基本相同，没有额外的修饰。很显然，在字号相同的情况下，下右图的文字更加醒目，即使作为修饰小字也清晰可辨。

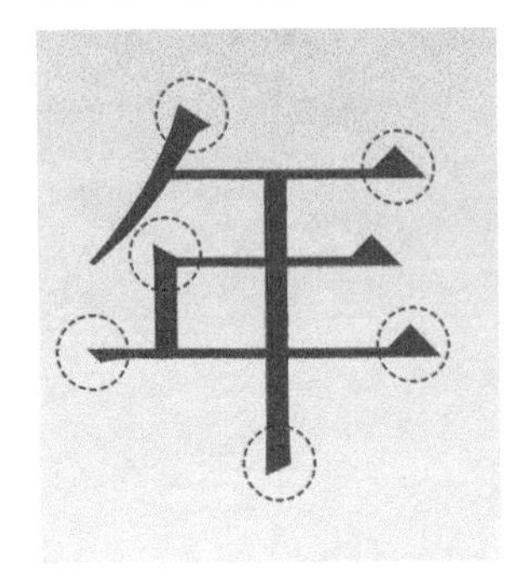

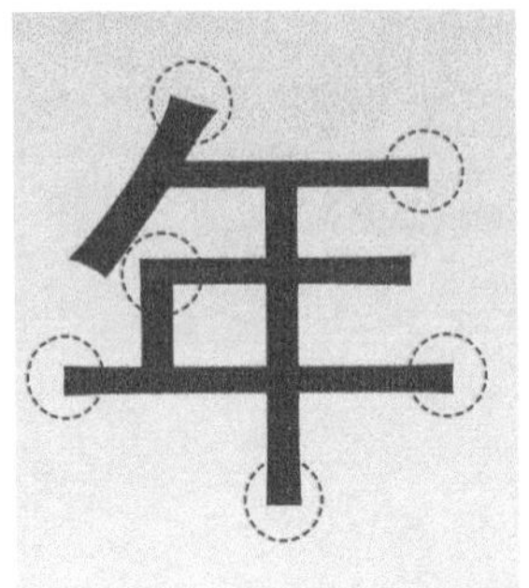

字体可分为衬线体和无衬线体两类。

第1类： 衬线体。字的笔画开始处和结束处有额外的修饰，且横竖笔画粗细不同。

第2类： 无衬线体。字的笔画上没有额外的修饰，笔画的粗细基本一致。

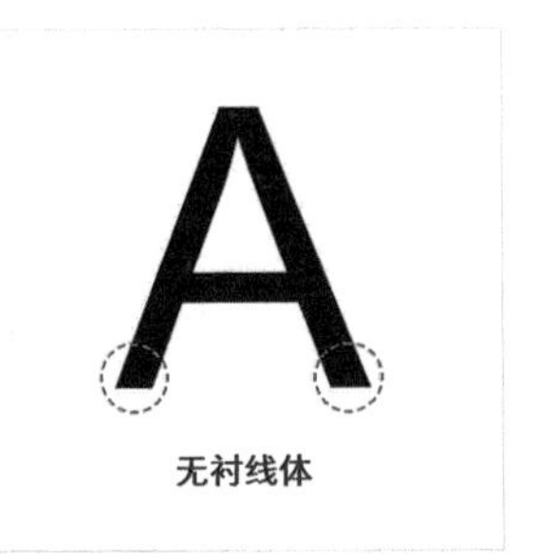

这一概念对应到汉字，最明显的就是宋体（衬线体）和黑体（无衬线体）。下列字号相同的字体，哪一个看起来更醒目呢？

字体	字号	字体	字号
方正仿宋简体	24号	方正仿宋简体	24号
方正楷体简体	24号	方正楷体简体	24号
方正黑体简体	24号	方正黑体简体	24号
思源宋体	24号	思源宋体	24号
站酷文艺体	24号	站酷文艺体	24号
微软雅黑	24号	微软雅黑	24号
优设标题黑	24号	优设标题黑	24号
阿里巴巴普惠体B	24号	阿里巴巴普惠体B	24号

因为无衬线体结构简单，字号相同时，无衬线体看起来更醒目，所以在电子屏幕上显示的文字应尽量选择无衬线体（尤其是正文和修饰小字）。例如，常见的黑体、微软雅黑非常适合屏幕阅读，而仿宋和楷体则要谨慎使用。

图文风格一致

前文列举的“年度工作计划”幻灯片中，黑体字比宋体字更合适。那么，下面这两张中国风的PPT封面中，哪一张选用的字体更合适呢？

显然，古装美女图搭配书法毛笔字，才更符合古典中国风。同理，制作PPT时，我们也要根据内容风格搭配合适的字体。

下面推荐几种制作PPT时常用的字体。

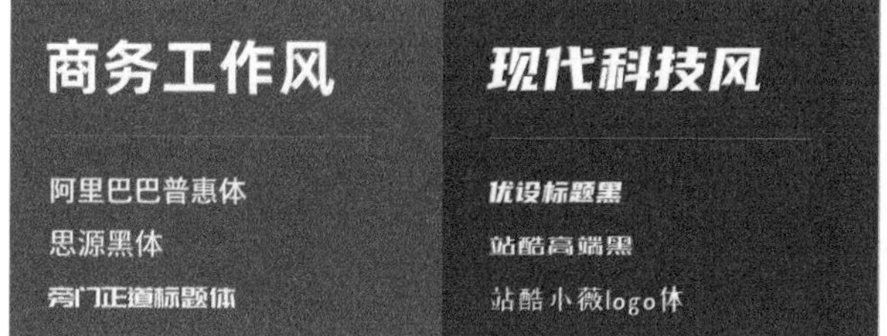

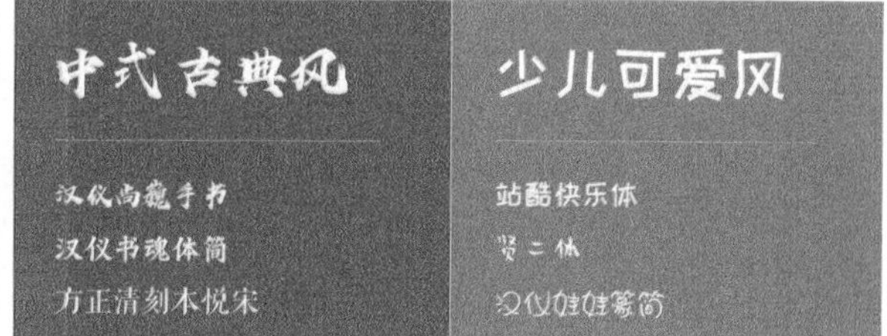

011 找字体

制作PPT时去哪儿找好看的字体呢？遇到漂亮的画报字体却不知道名称？使用微软雅黑需要付费吗？哪些字体可以免费商用呢？怎样避免字体侵权？下面就来解决这些疑问。

想下载字体不知道渠道

有两种下载字体的渠道：一种是字库网站，另一种是官方网站。

◎ 字库网站

字库网站就像字体的“搜索引擎”，各种各样的字体在这里一般都能找到。

例如，“字体天下”就是一个好用的字库网站。直接搜索关键字，查找想要的字体并下载即可。网站页面中会明确标示搜索到的字体是否可商用，像方正、汉仪等需要付费的版权字体，网站会提供其官网的跳转链接。

◎ 官方网站

我们最熟悉的字库开发公司就是方正和汉仪了，可以直接在其官网下载版权字体。一般情况下，以设计师身份注册，可免费下载和试用其中的大部分字体，但最终用于商业发布时，仍须购买字体。

· 方正字库

搜索“方正字库”官网，注册并登录后单击“字体下载”超链接，找到想要的字体后单击“获得字体”按钮，然后按提示操作即可。

· 汉仪字库

搜索“汉仪字库”，注册并登录后单击“字体产品”选项卡“字体列表”图标，找到需要的字体后单击“下载”按钮即可。

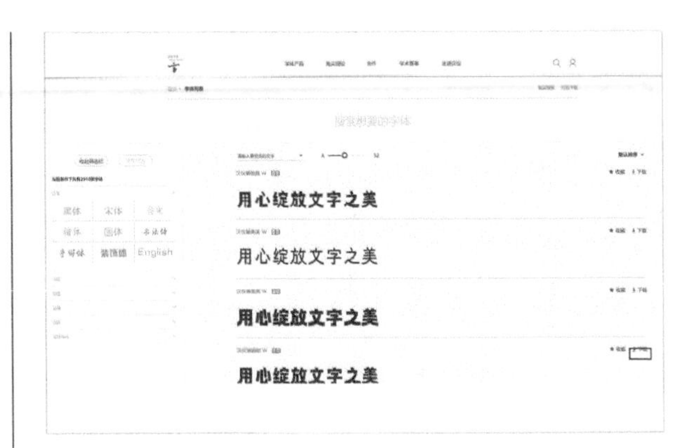

那么，字库字体为什么要收费呢？这是因为字库字体是设计师设计出来的，经过技术开发人员编码、测试等一系列工作才最终成形，收费是对字体设计师和相关工作人员的尊重和保护。

好看的字体不知道名称

遇到好看的字体却不知道名称怎么办？可以通过图片搜索来识别。

“求字体网”是一个支持通过图片识别字体的网站。截图识别一下，就能找到相似的字体了。例如，画报上美观的毛笔字、卡通字，都可以在拍照或截图后，登录“求字体网”上传照片或图片进行识别。

例如，识别下面这张图片中的毛笔字。

截图文字部分。可以用微信截图快捷键“Alt+A”截图，或用计算机系统（Windows 10系统）自带的截图快捷键“Windows+Shift+S”截图。

粘贴图片。打开“求字体网”网站，按快捷键“Ctrl+V”粘贴图片，网站就会自动识别图片中的文字了。

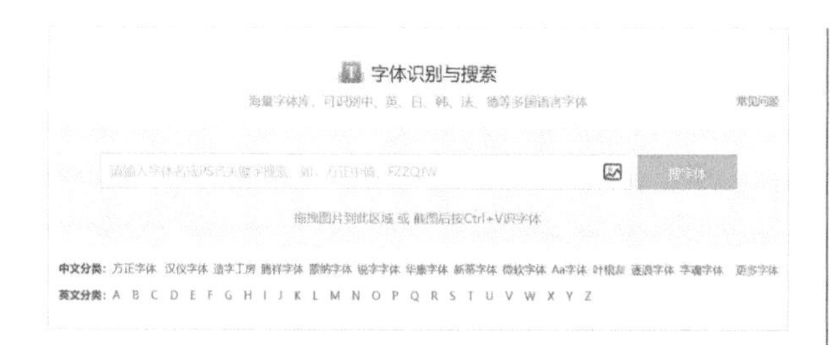

挑选文字。识别文字结束后，会跳转到确认单字页面，挑选识别正确的文字并单击“确认完整单字”按钮，然后单击“开始搜索”按钮。

纠正文字。这时会弹出文字确认框。如果有识别错误的文字，可在文字下方的小方框中输入正确的文字。

例如，系统误将图中的“城”字识别成了“减”字，就需要改回正确的“城”字。修改完成后，单击“继续识别”按钮，继续识别文字。

下载字体。文字识别成功后，页面会显示多个可能匹配的字体，排名越靠前相似度越高。找到匹配的字体后，单击“下载”按钮下载即可。

012 安装字体

说到安装字体，先要了解字体文件的扩展名。具体而言，字体文件的扩展名有.eot、.otf、.fon、.font、.ttf、.ttc、.woff等。其中较常用的是.otf和.ttf。

安装字体的方法通常有两种：一种是下载字体并安装，另一种是通过字体工具软件安装。

下载字体并安装

将下载的字体安装到计算机中时有两种选择：一种是直接将字体文件装到C:\Windows\Fonts目录下，另一种是通过快捷方式安装（少占用C盘空间）。

◎ 直接安装字体文件

字体文件通常是以压缩包的形式下载下来的，需要先解压再安装。

找到下载的文件压缩包，然后在文件上右击，在弹出的快捷菜单中选择“解压到当前文件夹”选项。

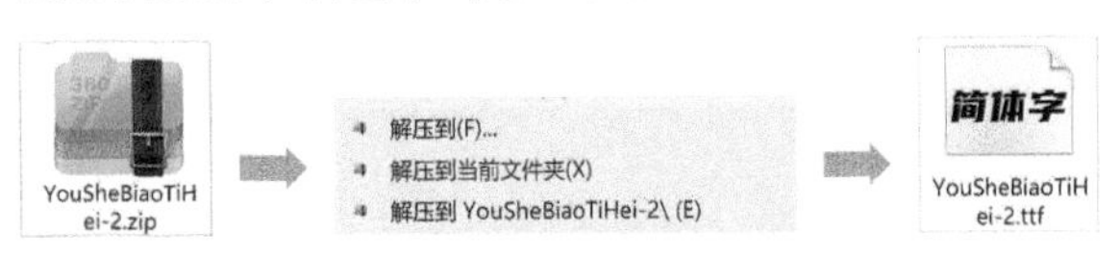

打开C:\Windows\Fonts目录，将解压后的字体文件拖入目录即可。

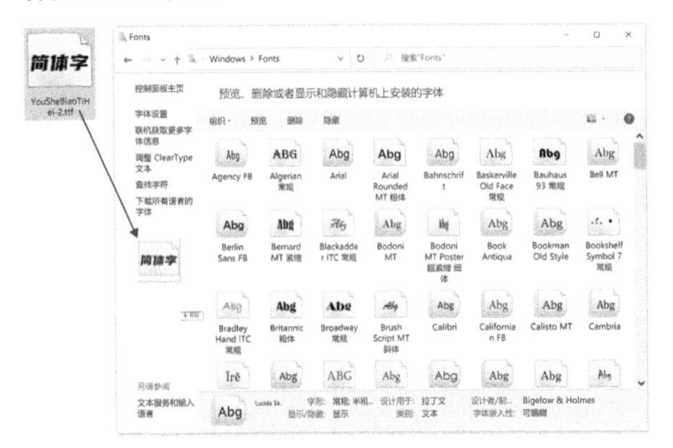

另外，也可以双击字体文件，单击安装界面的“安装”按钮。

◎ 通过快捷方式安装

如果需要安装大量的字体，而C盘储存空间不足时，可以选择通过快捷方式安装。

打开C:\Windows\Fonts目录，单击“字体设置”链接，在弹出的“字体设置”对话框中勾选“允许使用快捷方式安装字体（高级）”复选框，单击“确定”按钮。

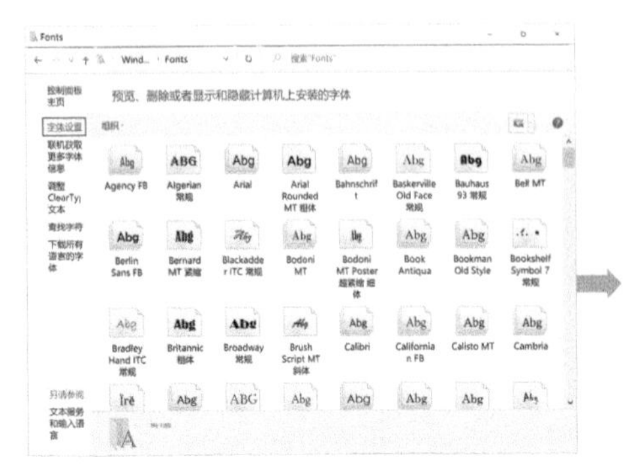

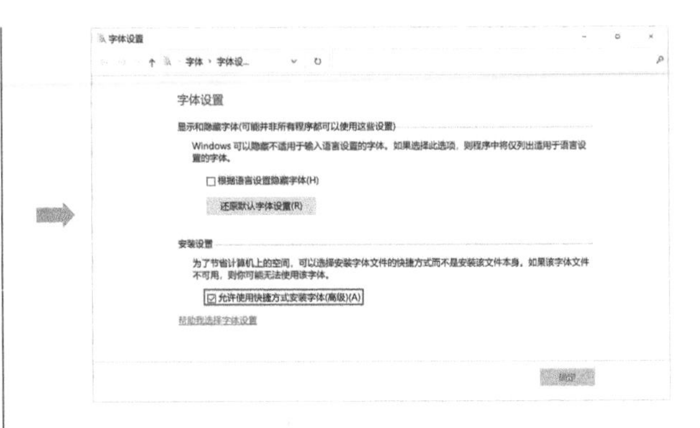

回到解压好的字体文件夹，选中需要安装的字体并右击，在弹出的快捷菜单中选择“为所有用户的快捷方式”选项即可。

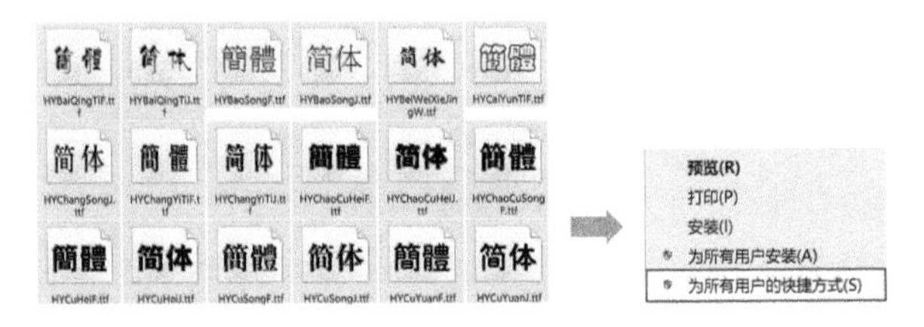

通过字体工具软件安装

下载安装一款字体工具软件，可以省去安装字体的麻烦，制作PPT时直接打开就可以搜索和使用各种字体了。下面列举3款字体软件。

◎ 字加

“字加”软件由方正字库提供，选择字体时直接本地化安装到计算机，关闭“字加”软件后字体也能正常显示。

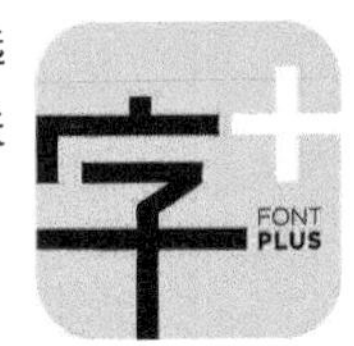

其使用方法非常简单，在幻灯片中选中需要修改字体的文字，打开“字加”软件并选择一种字体即可。

修改完成后的效果示例如右图所示。

◎ 字由

“字由”是“汉仪字库”推出的一款字体软件，安装方法与“字加”软件相似，可以搜索“字由”官网下载。

右图所示为“字由”软件图标效果。

安装完成后，其使用方法与“字加”软件相似，即选中文字后选择字体即可。

◎ iFonts字体助手

这款软件的字体效果很多，尤其字魂系列的毛笔字非常不错。此外，此软件还提供多种PNG格式的图片元素。需要注意的是，使用PPT时必须先打开iFonts软件，这样幻灯片中的字体才能正常显示。

右图所示为iFonts字体助手提供的部分免费字体。

右图所示为iFonts字体助手提供的部分PNG格式的图片。

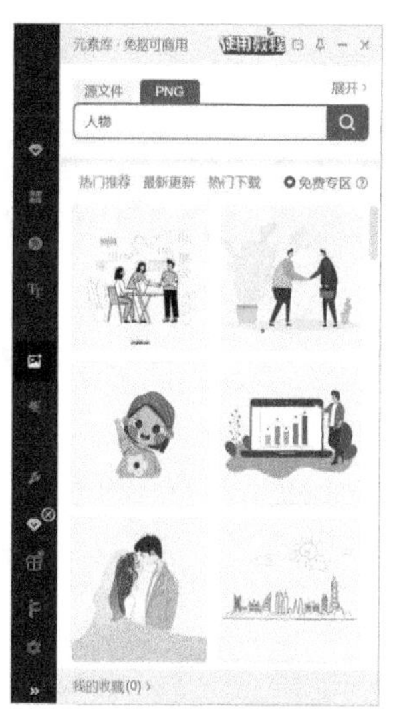

013 避免字体侵权

有些读者可能不知道，其实计算机自带的“微软雅黑”字体是付费字体，只能在自己的计算机上免费使用，商用是需要购买版权的。那么，哪些字体可以免费商用？字体版权应该如何查证呢？下面就来解决上述问题。

使用免费商用字体

很多字体下载网站会注明字体是否免费商用，用户可以选择免费商用字体进行使用。下面这些字体是比较常见的免费商用字体。

思源系列：

- 思源黑体
- 思源柔黑体
- 思源宋体

思源系列

方正系列：

- 方正仿宋简体
- 方正黑体简体
- 方正楷体简体
- 方正书宋简体

方正系列

站酷系列：

- 站酷高端黑
- 站酷酷黑
- 站酷文艺体
- 站酷快乐体
- 站酷小薇logo体

站酷系列

其他字体：

- 阿里巴巴普惠体
- 杨任东竹石体
- 优设标题黑
- 演示佛系体

其他字体

通过“360查字体”网站查询字体版权

如果大家不知道某款字体是否能免费商用，可以登录“360查字体”网站进行检测，以避免侵权纠纷。

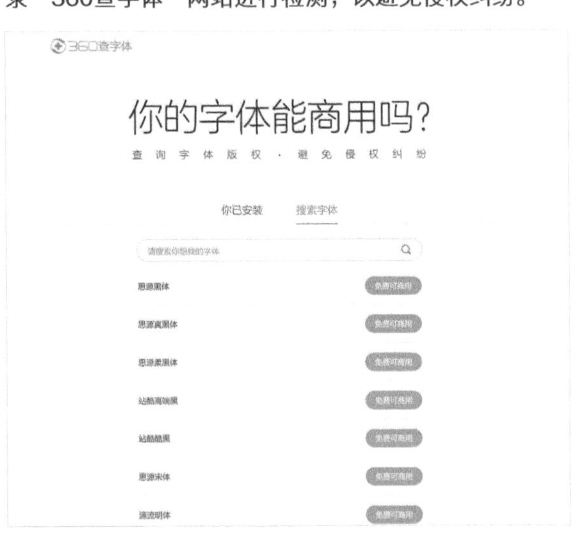

014 设置文字属性

直接插入的“素颜”文字简洁却不够精致，可以给它们“美妆”一下！

“开始”选项卡的“字体”和“段落”组都能设置基础的文字效果，如调整字号大小、调整字体颜色、调整字体粗细等。

微软雅黑 (标题) 40 字体 段落

调整字号大小

选中文字，在“开始”选项卡的“字体”组中的“字号”下拉列表中选择字号或者直接输入数值，都可调整字号。还可通过单击A^按钮增大字号，通过单击A^按钮减小字号。还可以按快捷键Ctrl+] 加大字号，按快捷键Ctrl+[减小字号。

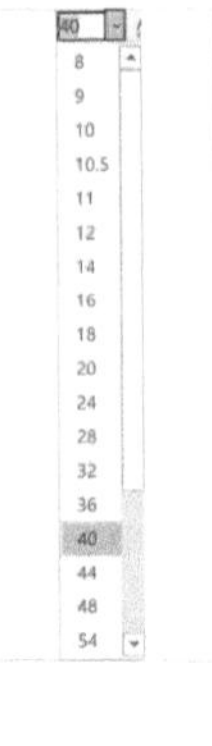

12号 数字越大，字号越大
16号 数字越大，字号越大
24号 数字越大，字号越大
32号 数字越大，字号越大
48号 数字越大，字号越大
72号 数字越大，字号越大

为了保证投影时文字展示效果清晰，通常会设置标题字号≥32号，正文字号≥16号。例如，下图中标题与副标题同为32号字，主次不分。

阶段工作总结

2021年度第二季度工作汇报

当将标题和副标题分别调整为88号字和28号字，阅读时就会第一时间注意到标题“阶段工作总结”，主次分明。

阶段工作总结

2021年度第二季度工作汇报

加粗标题或重点内容

选中文字，执行“开始 > 字体 > 加粗”命令（快捷键为Ctrl+B），文字就会以粗体显示；再次执行“加粗”命令，文字则会还原到初始状态。“加粗”效果通常用在标题或需要强调的个别词句上，让重点内容更加醒目。

阶段工作总结

2021年度第二季度工作汇报

提示

注意不要滥用加粗效果。如果整页文字都加粗，就不能起到突出重点的作用了！

调整文字颜色

插入文本框并输入文字后，默认文字颜色为黑色。可以通过下面3种方法来修改文字颜色。

◎ 直接选择

选中文字，执行“开始 > 字体 > 字体颜色”命令，然后在下拉列表中单击不同颜色的小方块，就可以修改文字颜色了。

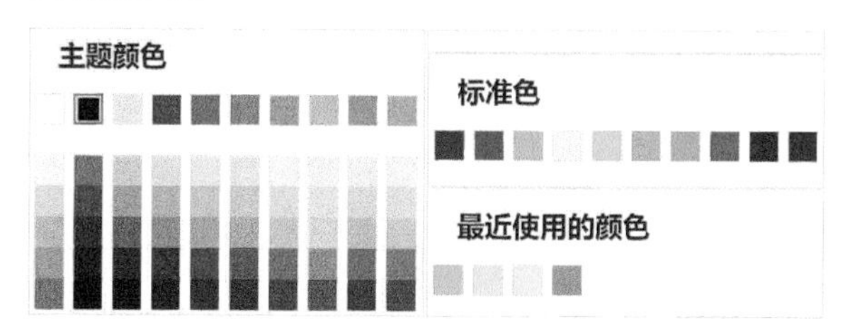

例如，背景颜色较深的情况下，黑色文字效果不明显。如果想将文字颜色改成白色，就可以选中文字之后单击“字体颜色”下拉列表中的白色小方块，文字颜色即可修改为白色。

你好，社恐星人

我 们 想 和 你 一 起 看 世 界

修改前

你好，社恐星人

我 们 想 和 你 一 起 看 世 界

修改后

◎ 从“其他颜色”中选择

如果“字体颜色”下拉列表默认的主题颜色中没有想要的颜色，可执行“开始 > 字体 > 字体颜色 > 其他颜色”命令，在弹出的“颜色”对话框“标准”选项卡中挑选喜欢的颜色，然后单击“确定”按钮即可。

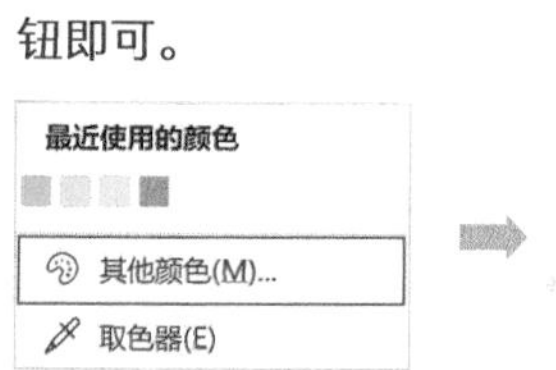

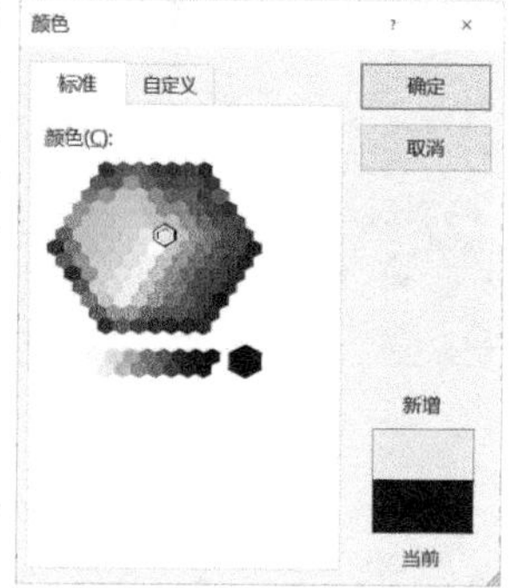

如果“标准”选项卡中没有合适的颜色，可以选择“自定义”选项卡，通过拖动鼠标选择颜色，也可以输入RGB色值或十六进制色值，然后单击“确定”按钮。

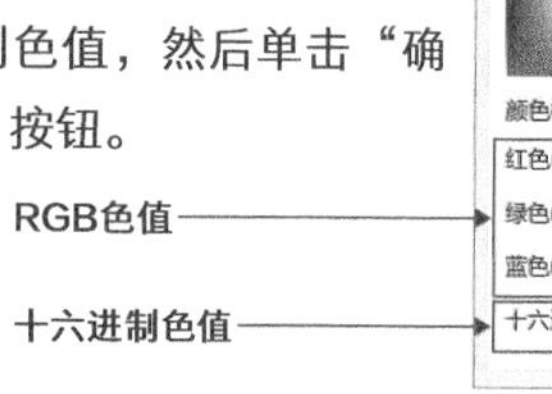

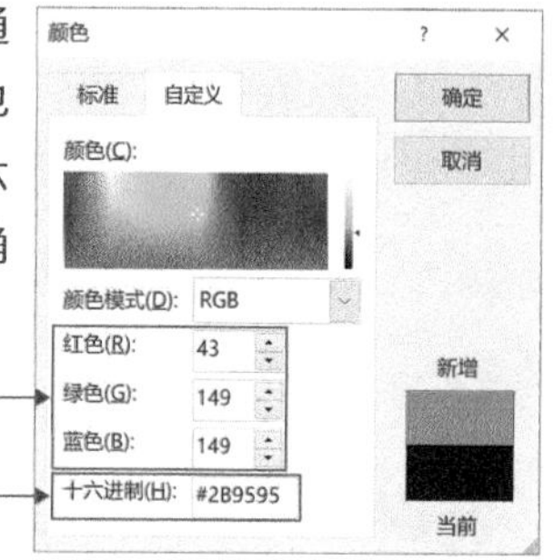

◎ 取色器取色

选中文字，执行“开始 > 字体 > 字体颜色 > 取色器”命令，这时，鼠标指针会变成小吸管形状，在幻灯片编辑区移动“小吸管”，待“吸取”到想要的颜色后单击，文字即可改为同一颜色，非常方便。例如，可以直接从幻灯片的配图中吸取颜色，以保持画面的色调统一。

最近使用的颜色

其他颜色(M)...

取色器(E)

例如，下图中白色文字显得突兀，可以用取色器吸取图片中铺首的颜色作为字体的颜色，使画面元素融为一体。

修改前

修改后

设置其他属性

其他几项属性使用较少，这里简单了解即可。

◎ 其他常用属性

其他文字效果的设置方法与“加粗”效果相似，选中文字后单击对应的图标即可。

默认文字
文字倾斜
<u>文字下划线</u>
文字阴影
~~文字删除线~~

◎ 更改英文大小写

“更改大小写”功能也在“字体”组中，它只对英文单词有效。其操作方法很简单，选中英文，执行“开始 > 字体 > 更改大小写”命令，在下拉列表中选择需要的格式即可。

句首字母大写	Hello world
小写	hello world
大写	HELLO WORLD
每个单词首字母大写	Hello World
切换大小写	hELLO WORLD

015 添加文字特效

选中文字时,PPT软件顶部功能区会多出一个“形状格式”选项卡，通过其中的“艺术字样式”组中的命令可以设置更多、更高级的文字效果。

A A A
文本填充
文本轮廓
文本效果
艺术字样式

使用文字预设样式

PPT软件预设了一些艺术字效果，执行“插入 > 文本 > 艺术字”命令，在下拉列表中选择某一艺术字效果，即可在幻灯片中添加艺术字。但预设样式有时不能满足需要，这时就需要用户自定义艺术字效果。

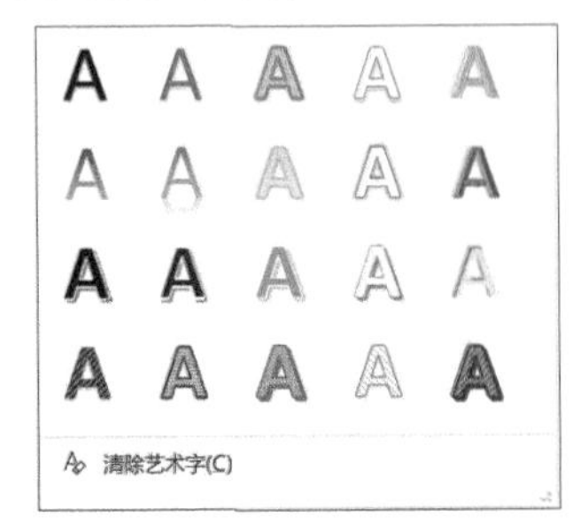

自定义文字特效

自定义文字特效功能隐藏较深，打开“设置形状格式”窗格后，要注意区分“文本选项”与“形状选项”。

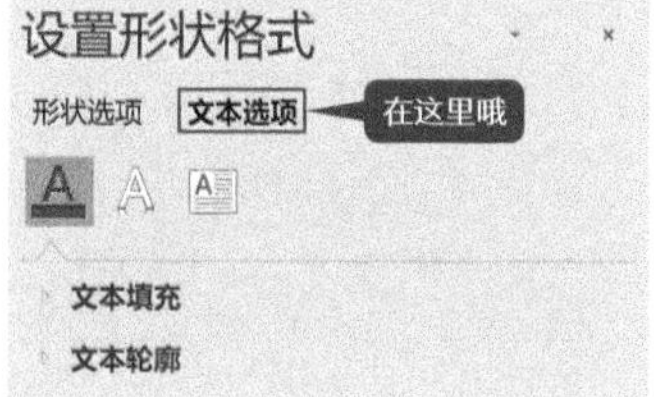

◎ 制作空心字效果

以下图中的文字“5G·时代”为例进行讲解。

选中文字并右击，在弹出的快捷菜单中选择“设置形状格式”选项，打开“设置形状格式”窗格，单击“文本选项”下的“文本填充与轮廓”图标，设置“文本填充”为“无填充”，“文本轮廓”为“实线”，“颜色”为“白色”，“宽度”为“3磅”，即可得到空心字效果。

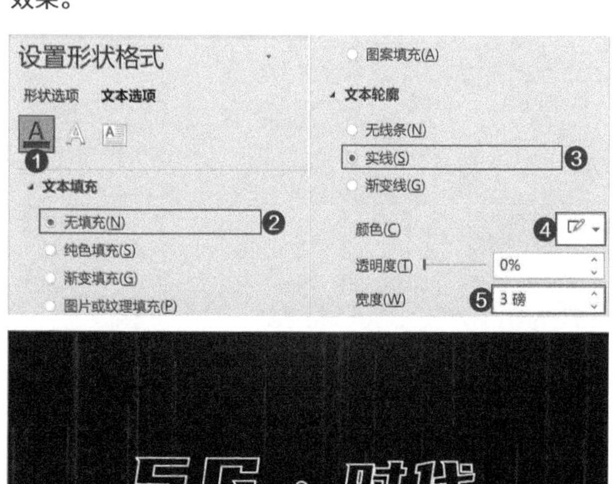

◎ 制作文字阴影效果

制作PPT时，发现画面背景色与文字色非常接近，导致文字看不清楚。例如，下图中小清新风格的文艺旅行日记，白色的文字并不醒目却又不适合使用深色。这时可以给文字加上阴影效果。

选中文字，执行“开始>字体>文字阴影”命令，就可给文字添加阴影，使文字突显出来。但此时的阴影效果还有些生硬，可以继续优化处理一下，让阴影效果更自然、柔和。

选中文字并右击，在弹出的快捷菜单中选择“设置形状格式”选项，打开“设置形状格式”窗格，然后单击“文本选项”下的“文字效果”图标，设置“阴影”效果为“预设”效果中的“外部>偏移：中”，“透明度”为80%，“模糊”为8磅。这里也可以不使用“预设”效果，直接参考下图输入“透明度”“大小”“模糊”“角度”“距离”几项参数。

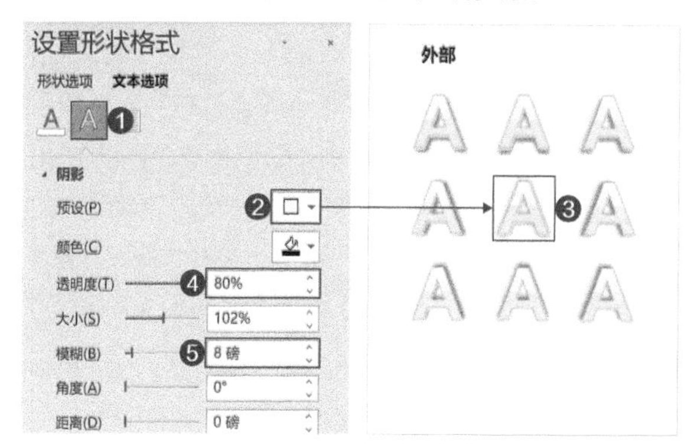

关于这里的几项属性参数设置的意义如下。

预设：直接选择默认的效果样式，另外几项属性则可以逐一自定义修改。

颜色：阴影的色彩，设置方法与文字填充颜色相同。

透明度：决定了阴影的深浅，数值越大，阴影越浅。

大小：阴影与原文字大小的比例，数值越大，阴影面积越大，设置为100%则与原文字同等大小。

模糊：阴影效果的模糊程度，数值越大，效果越模糊。

角度：阴影相对于原文字的角度，取值范围为0°~359°。

距离：阴影与原文字的间距，数值越大，距离越远。

◎ 制作文字映像效果

映像效果经常用来制作文字倒影，以增强真实感。例如，下面这张“桂林山水”图片，丛山倒映在水中，文字效果也应当与之呼应。

首先，为“桂林山水”四个字制作文字阴影效果。打开“设置形状格式”窗格，单击“文本选项”下的“文字效果”图标，设置“阴影”效果为“预设”效果中的“外部>偏移：中”，“透明度”为80%，“模糊”为5磅。

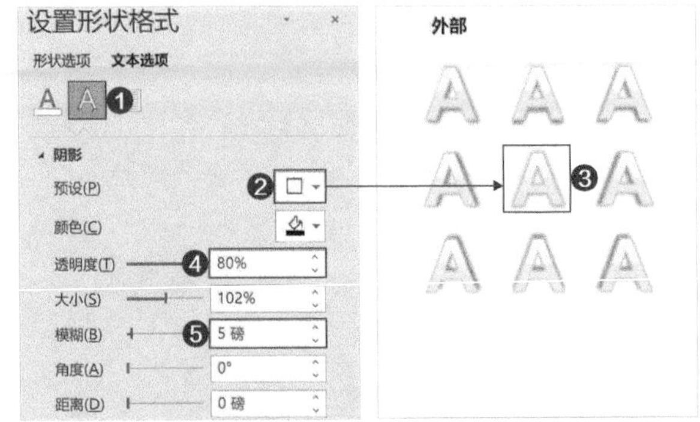

然后，设置“映像”为“预设”效果中的“映像变体>半映像：8磅 偏移量”，“模糊”为2磅。这样文字的显示效果更符合水中倒影的感觉。

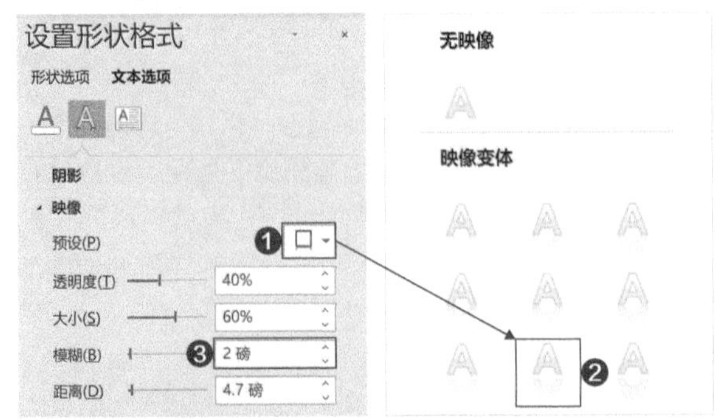

◎ 制作文字发光效果

发光字非常适合用于表现科技感的场景中。

例如，输入标题文字，设置字体颜色为“标准色：浅蓝”。

选中主标题文字并右击，在弹出的快捷菜单中选择“设置形状格式”选项。在打开的“设置形状格式”窗格中单击“文本选项”下的“文字效果”图标，设置“发光”效果为“预设”效果中的“发光变体＞发光：11磅；蓝色，主题5”，“透明度”为80%，让文字具有发光效果。

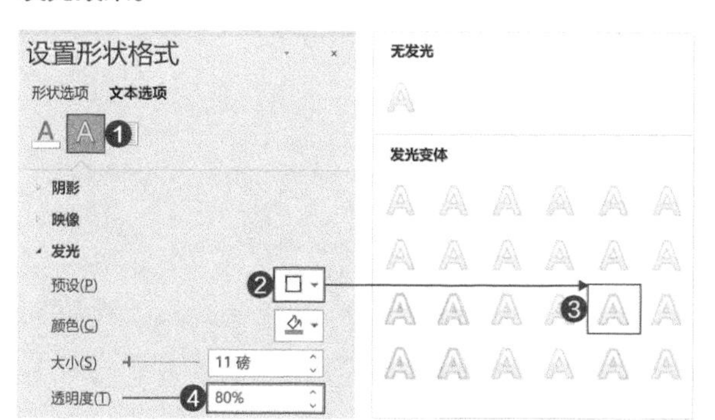

选中副标题文字，采用同样的方法，设置“发光”效果为“预设”效果中的“发光变体＞发光：5磅；蓝色，主题色5”，“透明度”为80%。

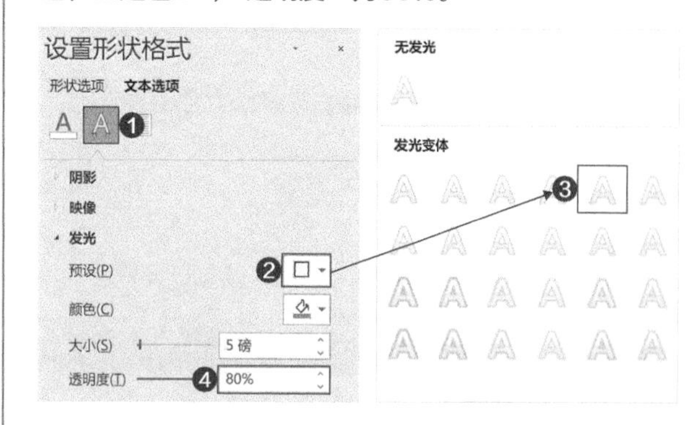

最终效果如下。

016 快速替换文字或字体

10分钟后就要开会，这时领导却要求修改开会用的PPT中某个客户的名字，但这个名字在PPT中出现次数很多，这该怎么办呢？逐页修改显然不可能，有没有简便方法呢？简单实用的“替换”功能了解一下！不仅是文字，字体也可以统一修改哦！

快速替换文字

下面这张幻灯片中，有多个“第*n*步”错写成了“第*n*部”，使用“替换”功能就可以全部修改。

执行“开始＞编辑＞替换”命令，弹出“替换”对话框，在“查找内容”输入框中输入错别字“部”，“替换为”输入框中输入正确字“步”，然后单击“全部替换”按钮即可完成替换。

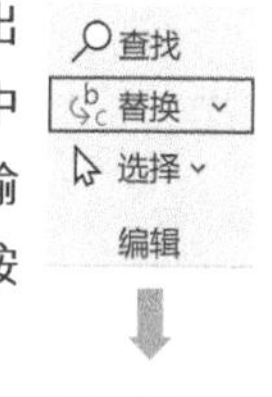

这时，弹出的对话框会提示“替换4处”，与要修改的错别字数量一致，核对无误后单击“确定”按钮即可。

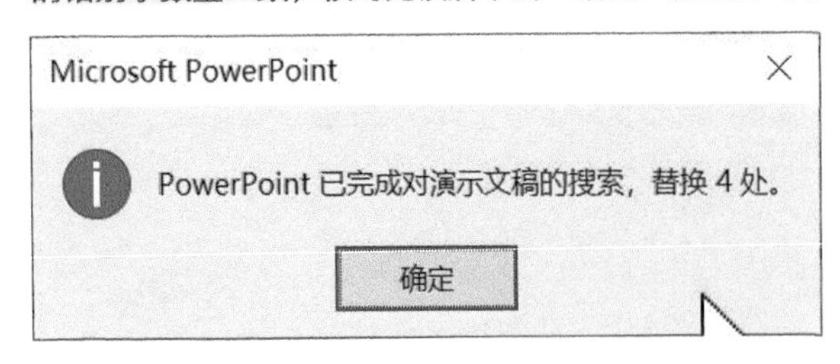

操作到这里，四个错别字“部”就都替换好了。

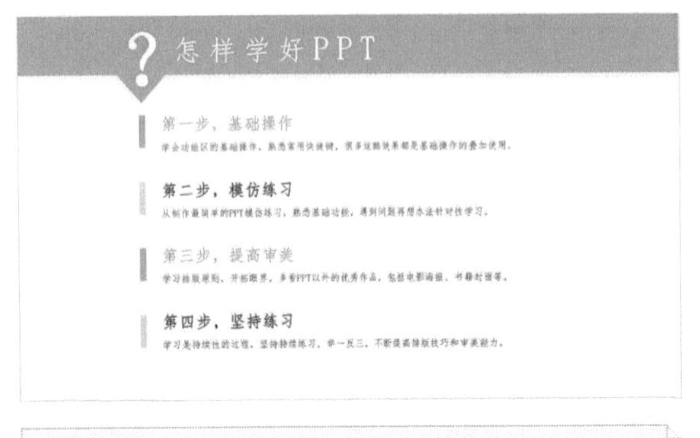

提示

如果不是全部查找到的文字都需要替换，可以单击“查找下一个”按钮来依次核对，逐个修改。

快速替换字体

例如，要把PPT中所有的“仿宋”字体改成“微软雅黑”字体，同样可以使用“替换”功能实现。

执行“开始 > 编辑 > 替换 > 替换字体”命令，弹出“替换字体”对话框。在“替换”下拉列表中选择“仿宋”，“替换为”下拉列表中选择“微软雅黑”，单击“替换”按钮，字体即可全部替换。

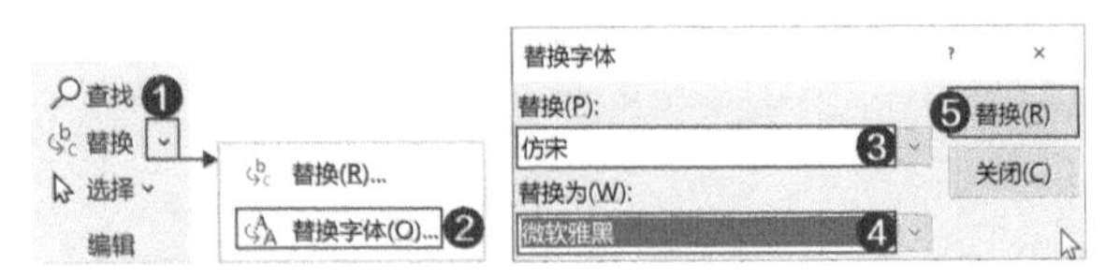

替换完成后的效果如下。

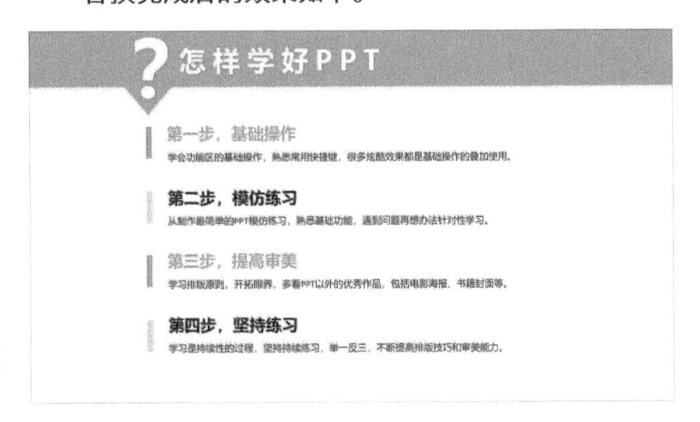

017 字库中缺失某个文字怎么办

这种情况经常在使用艺术字或毛笔字时遇到，原因是字库里个别生僻字有缺失，这时就需要根据汉字形态去寻找解决方法了。

残字拼接

如果单个汉字有缺失，可以把缺失的字拆开，然后从常见字中找到对应的各个部分，再将其拼接到一起。例如，下图的成语“呶呶不休”当中，“呶”字在字库中缺失，就可以采用该方法进行处理。

先打出“口”字和“奴”字。

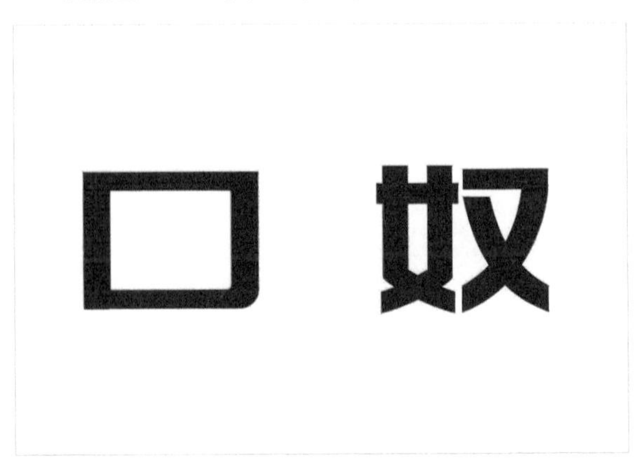

然后执行“插入 > 插图 > 形状 > 矩形”命令，在幻灯片空白处绘制一个矩形。

按住Shift键，先选中文字，再选中矩形，执行“形状格式＞插入形状＞合并形状＞拆分”命令，得到拆散的文字和形状。

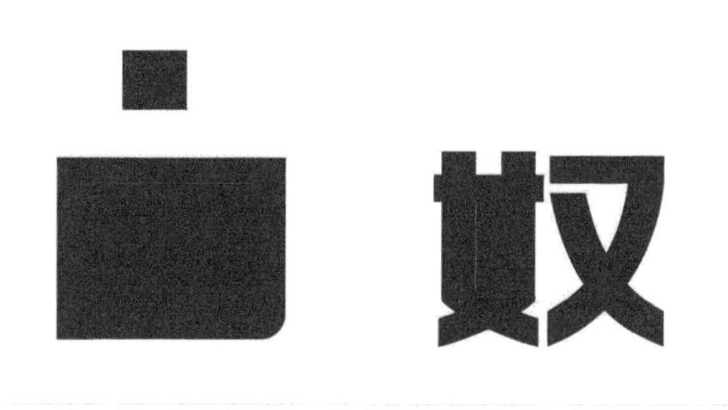

删掉多余的形状，只留下文字部分。此时的文字已经变成了可以调整长宽的形状，拖动左右两侧控制点，把“口”字调窄一些，对“奴”字也采用同样的操作。

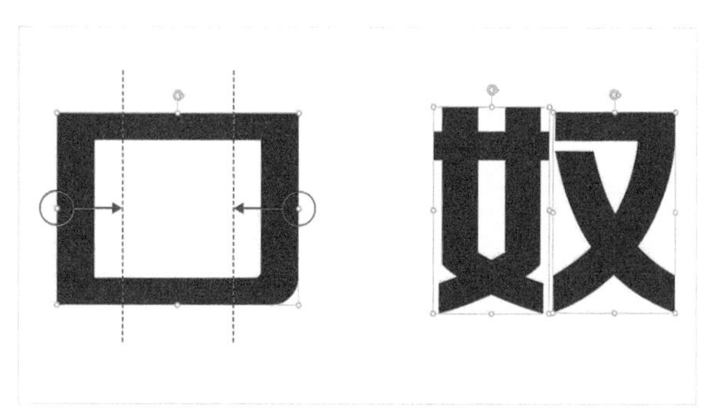

调整后把两个字摆放到一起，全选并按快捷键Ctrl+G将其组合在一起，就得到一个完整的“呶”字。

最后，把拼接好的“呶”字放进去，缺字就修补成功了。

自制毛笔字

许多毛笔字字体的创作形态源于古籍文字，即便拆分也很难找到完全合适的字体形态，这时可以使用笔画素材来“造字”。

可以在案例素材文件中找到想要的笔画素材，也可以从网上下载自己喜欢的字体笔画。

有了汉字的基本笔画，就可以拼接出想要的文字啦！拼接时需要注意笔画的大小、位置、比例。当然，拼接比较耗时耗力，仅适用于创造少量标题文字。

018 计算机字体全变“微软雅黑”怎么办

大家是否遇到过这样的情况：明明制作PPT时用了漂亮的字体，换到其他计算机设备上演示时却全都变成了“微软雅黑”。之所以会出现这样的情况，是因为更换后的计算机中没有安装PPT中用到的字体，演示时PPT中的字体被计算机系统默认的“微软雅黑”代替了。下面编者将介绍如何解决这一问题。

导出时嵌入字体

制作完PPT后，保存文件前先执行“文件＞选项”命令，在弹出的对话框中选择“保存”选项，勾选“将字体嵌入文件”复选框，然后单击“确定”按钮，之后保存文件即可。这样保存后的文档在其他计算机中打开演示时，文字就能正常显示了。

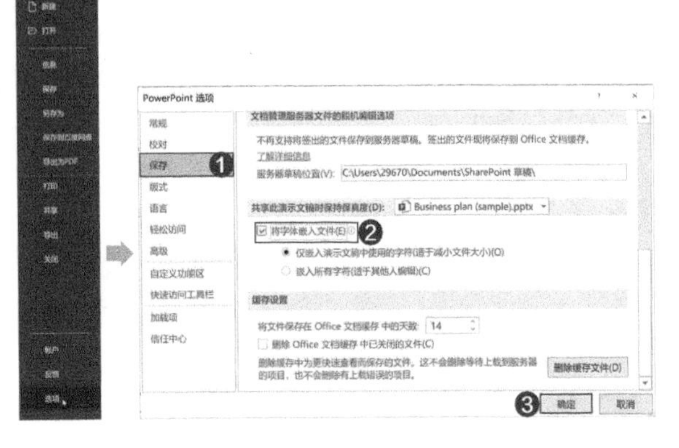

注意，这里有两种嵌入形式可选。默认选中“仅嵌入演示文稿中使用的字符（适用于减小文件大小）”选项，保存后文件较小，且不能在新计算机中增改文字内容，否则仍然会缺失字体（如果只是少量标题使用了特殊字体，或者文件仅用于显示而不需要再修改内容，推荐采用这种方式）。选中“嵌入所有字符（适于其他人编辑）”选项，则可以保存完整的字体文件，在其他计算机上也可以修改文字内容，缺点是PPT文件会比较大（如果文件内容尚未定稿且仍需修改文字，推荐采用这种方式）。

如果保存时提示“某些字体无法随演示文稿一起保存”，有可能是因为字体缺失或者有版权限制。遇到这种情况，可以通过“替换字体”功能把无法保存的字体替换成计算机中已有的字体，然后正常保存即可。

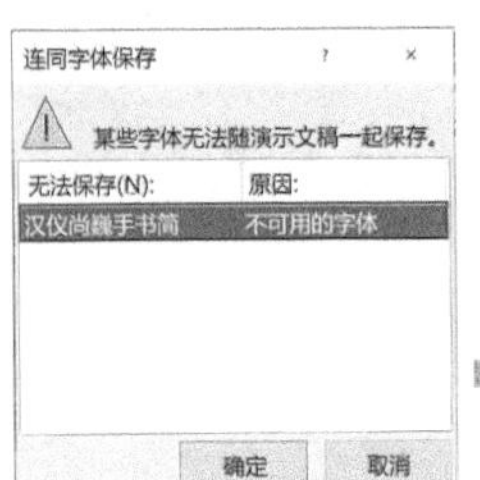

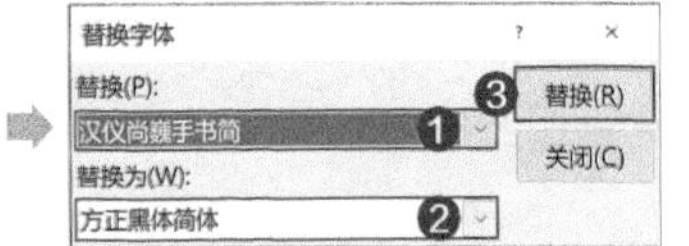

给新计算机安装字体

制作PPT时，记录下使用了哪些字体，复制PPT文件到新计算机时，将字体文件一同复制到新计算机中并进行安装。如果不记得使用了哪些字体，可以使用“替换字体”功能查看。

执行“开始＞编辑＞替换＞替换字体”命令，在弹出的“替换字体”对话框中查看需要复制的字体。然后打开C:\Windows\Fonts目录，搜索并找到这些字体文件，将其复制到新计算机中的同一目录下即可。

使用辅助软件“字体补齐”

如果之前制作PPT时使用的是“字加”、iFonts字体助手等字体软件，则可以通过这些软件来快速补齐字体。

以“字加”软件为例，单击“字体补齐”选项下的“添加文件”图标，或直接把PPT文件拖动到对应位置，就可以快速补齐源文件缺失的字体了。注意，只有之前在该字库软件中使用过的字体才可以这样操作。

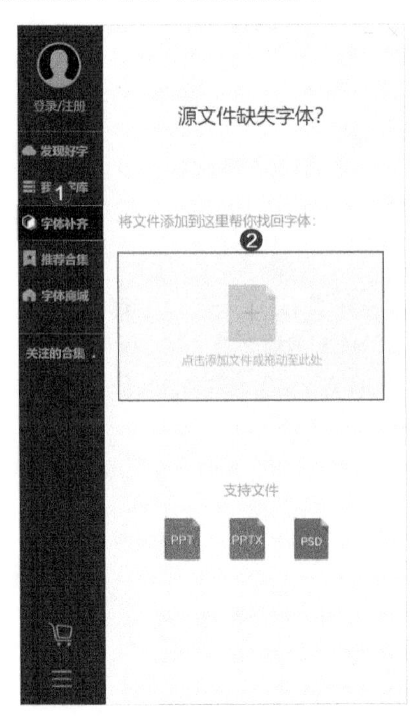

019 文本框的常见问题

看似简单的文本框，使用时也经常会遇到烦人的小问题。这里编者总结了初学者经常遇到的几个问题，一起来看看吧！

文本框中的文字总是对不齐

明明已经设置了文字左对齐，文本框大小也一样，为什么文字却总是对不齐呢？

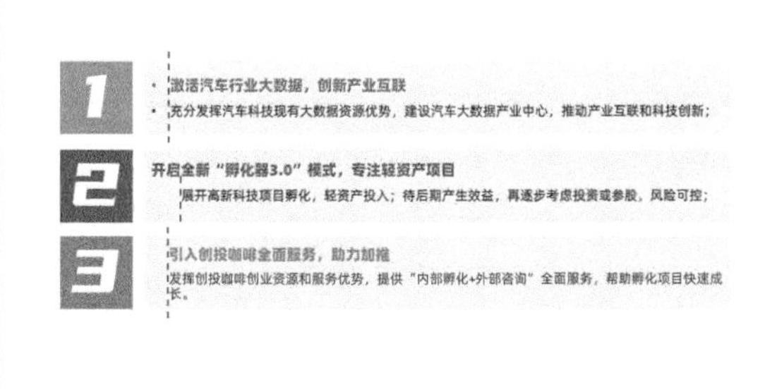

◎ 原因1：项目符号不同

PPT默认内容页的文本框每行前面都会带一个小圆点（即项目符号），而自行插入的文本框却没有。因此默认文本框和自行插入的多个文本框排列到一起时，就会出现文字对不齐的情况。

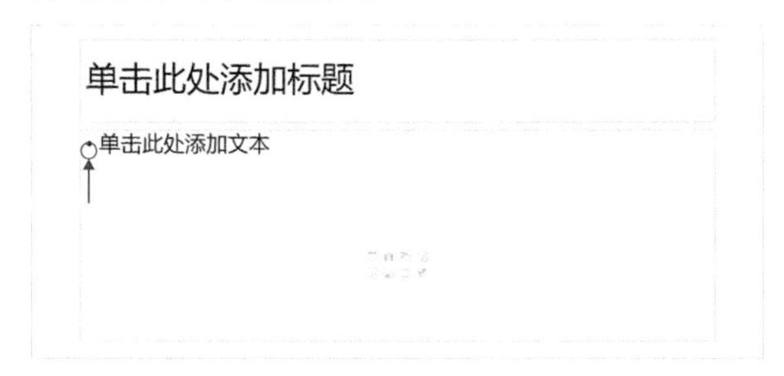

遇到这种情况，只需要选中文本框，执行“开始>段落>项目符号”命令，单击“无”，项目符号就消失了。

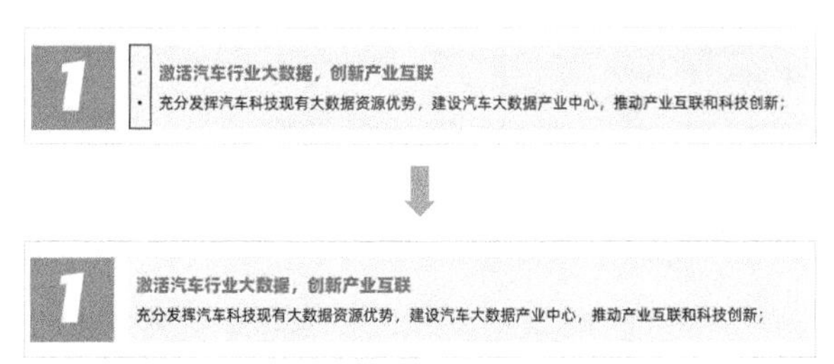

◎ 原因2：列表级别不同

缩进量原本用于内容分级，但误操作时，便会出现同一文本框内两行文字对不齐的情况。

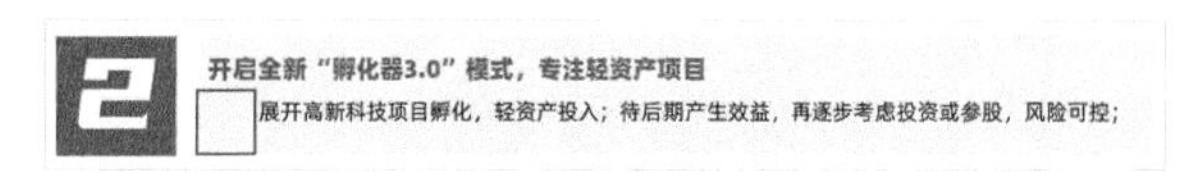

解决方法与清除项目符号类似，只需要选中文本框，执行“开始>段落>降低列表级别”命令，文字就可以对齐了。

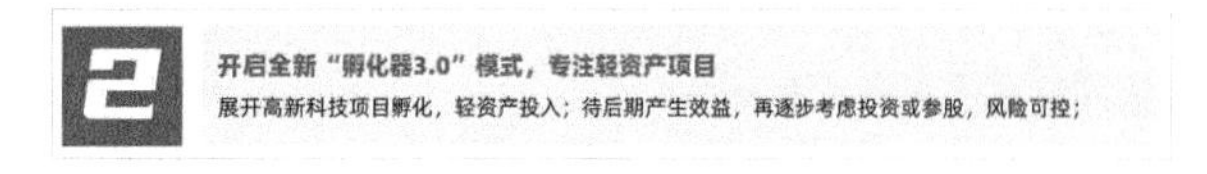

◎ 原因3：文本框边距不同

这种情况隐藏较深，通常出现在使用从网上下载的PPT模板时，大家自己添加的文本框与模板自带的文本框对不齐。这是因为模板的原作者可能修改了文本框的默认边距设置，这时就会出现新插入的文本框与原文本框边距不同而导致文字对不齐的情况。

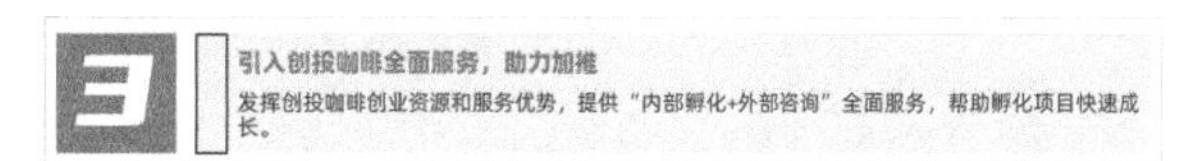

遇到这种情况，在文字上右击，在弹出的快捷菜单中选择“设置文字效果格式”选项。然后在打开的“设置形状格式”窗格中单击“文本选项”下的“文本框”图标，将文本框的左边距、右边距、上边距、下边距设置为固定值，其他文本框的相同属性均采用相同的参数。

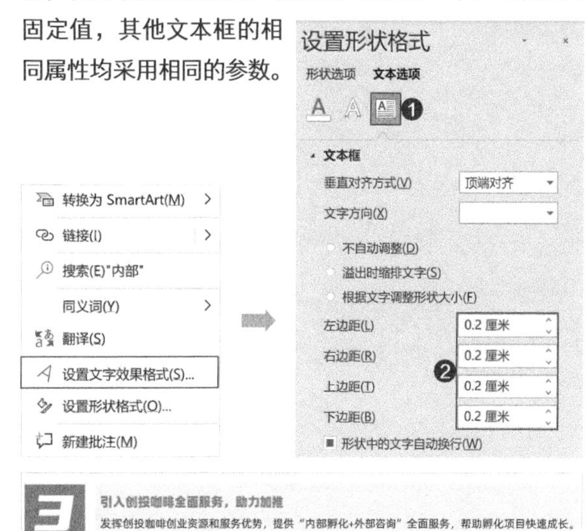

以下为全部调整完的文本框效果。

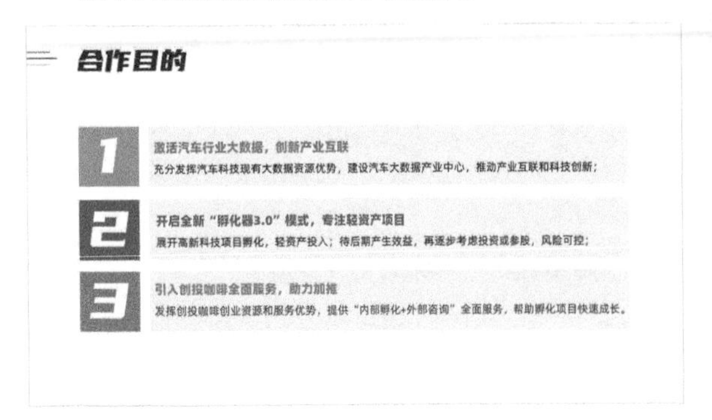

设置文字超链接

在PPT中插入网页或计算机文件的超链接，可以方便用户灵活演示要展示的内容。

◎ 插入超链接

以给下图中的公司名称添加文字超链接为例进行介绍。

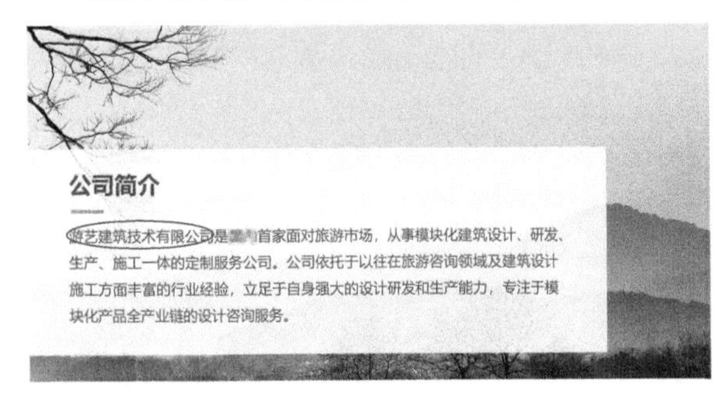

选中文本“游艺建筑技术有限公司”并右击，在弹出的快捷菜单中选择“链接”选项，弹出“插入超链接”对话框。在“查找范围”下拉列表中找到想要插入的文件并选中，单击“确定”按钮，超链接即被插入。

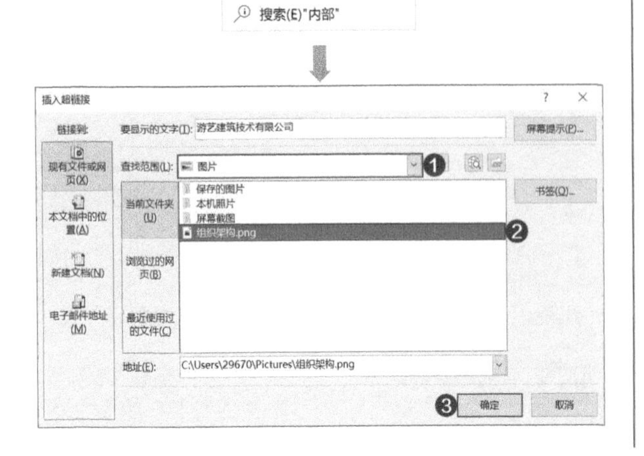

插入超链接后的效果如下。

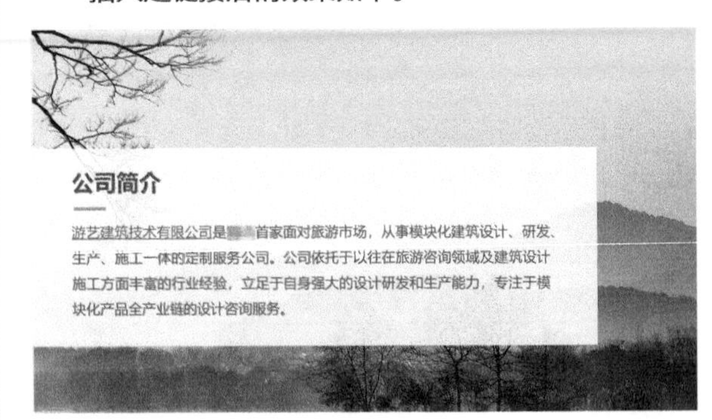

◎ 修改超链接的颜色

超链接的颜色在被访问前默认为蓝色，在被访问后会变成深紫色。这两种颜色有时会与幻灯片画面风格不搭，这时可以通过“设计”选项卡的“变体”功能快速进行修改。

执行“设计 > 变体 > 其他 > 颜色 > 自定义颜色”命令。

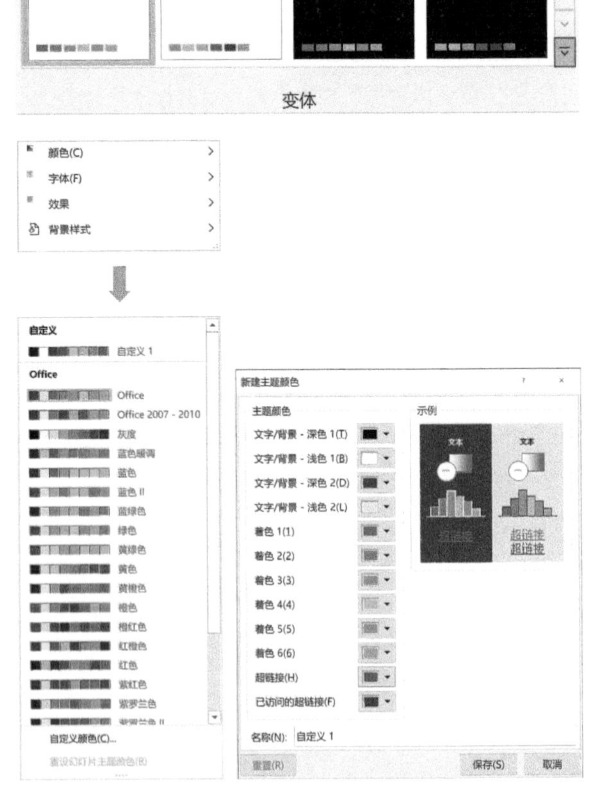

在弹出的“新建主题颜色”对话框中，修改超链接颜色，以及已访问的超链接颜色。设置好后，单击“保存”按钮，整个PPT演示文稿的超链接颜色即被修改。

020 找素材

PPT用到最多的素材就是图，如图片、图标、插画等。有时候，找到一张好图，PPT就成功了一半。那么，该去哪里找图呢？

找图片

相信许多朋友都是直接打开百度、360或其他搜索引擎，然后输入关键字找图，但搜到的结果往往不尽如人意。要想快速找到合适的图片素材，平日里需要尽可能地积累一些优秀的图片网站资源。

这里举个例子。想要表达团队精神，直接在搜索引擎中输入关键词“团队”，搜到的图片会存在雷同或清晰度不够等问题。

遇到这种情况，可以换一个专门的图片资源网站搜索，如Pexels，则会得到更多不同场景和风格的高清图片。

因此，选择一个好的图片网站搜索图片素材非常重要。例如，近几年较火的图片网站Pexels、Unsplash、pixabay等图片质量都非常不错，而且目前可免费商用，大家可放心选择和使用。

> **提示**
>
> 国外网站汉字搜索结果较少，建议使用英文搜索，可以先用“百度翻译”或“有道翻译”把想要搜索的词语翻译成外文后，再进行搜索。

另外，平时多关注一些知识类平台，如公众号、知乎、小红书等，也能发现一些博主分享的一些较新且不错的图片资源网站。

找图标

制作PPT时，图标的使用频率不低于图片。使用图标既避免了纯文字描述的枯燥，又不会像图片用多了那样显得杂乱，尤其适用于工作型PPT。

◎ PPT软件自带图标

在最新的Microsoft 365软件中，PPT软件自带了丰富的矢量图标素材库，执行“插入>插图>图标”命令，即可打开内置图标库。可以在搜索框中搜索关键词，或者单击选择常用标签（如“人物”），然后选中想要添加的图标，单击“插入”按钮即可。

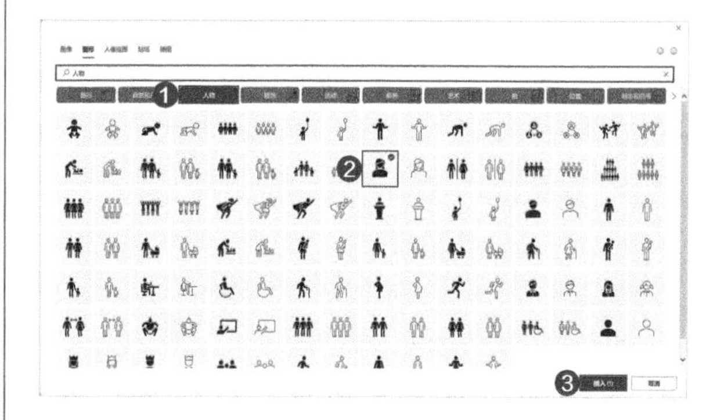

如果想改变图标局部颜色，可以在图标上右击，在弹出的快捷菜单中选择“转换为形状”选项，图标就会被拆散，这样就能给每个局部色块分别填充颜色了。

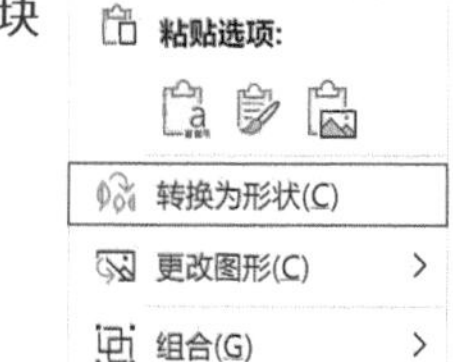

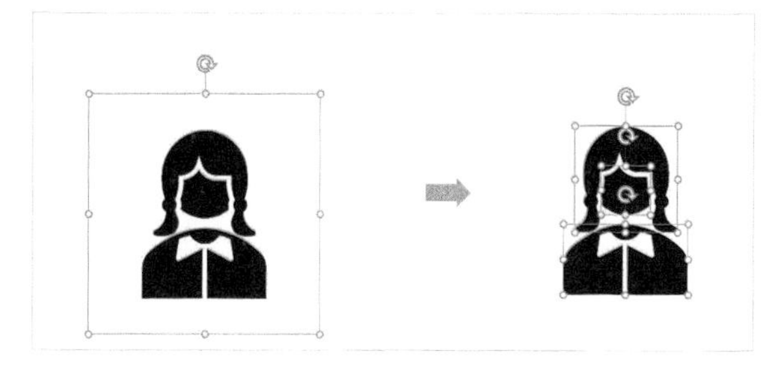

◎ 图标资源网站

阿里的Iconfont和字节跳动的IconPark，都是专业的矢量图标库，另外还有很多图片网站也提供风格多样的图标。

· Iconfont图标库

Iconfont是阿里集团旗下的一个图标网站，里面有大量的免费图标，也有部分付费图标。值得一提的是，用户在下载这些图标时可根据自己的需求任意修改颜色或下载SVG矢量格式。需要注意的是，商业媒体及纸媒使用这些图标需要联系作者和网站取得授权。

图标下载方法：注册后登录图标库，输入关键词，如“电脑”，然后按Enter键进行搜索。接着，选择合适的图标并单击“下载”按钮。

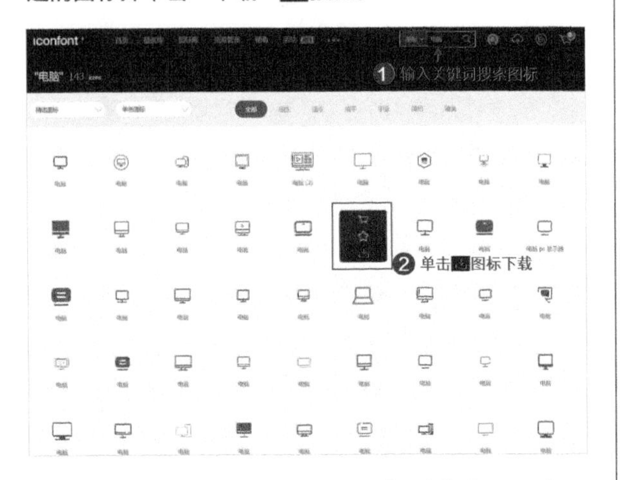

这时会弹出所要下载图标的相关信息及下载设置对话框，用户需选择颜色或输入十六进制色值（如“#FFFFFF”），并设置尺寸（默认为200px），最后选择下载格式即可完成下载。Microsoft 365支持SVG格式，其他版本可支持PNG格式。

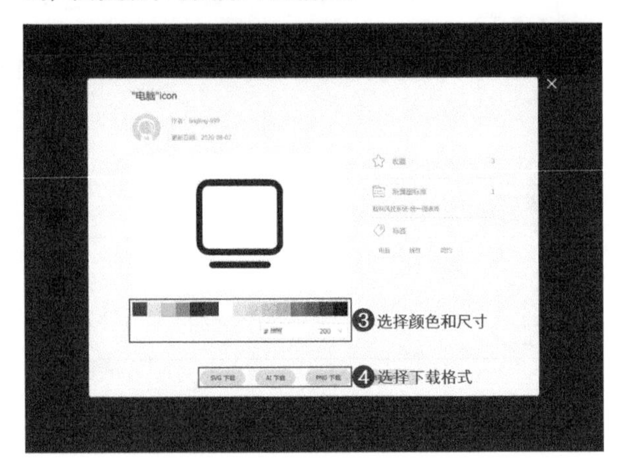

· IconPark图标库

字节跳动推出的IconPark最大的优点是可以批量编辑和下载图标，保证了图标的规范统一。

打开IconPark网站，进入“官方图标库”页面，然后选择需要的图标（可多选），再统一编辑“图标大小”“线段粗细”“图标风格（颜色）”等。调整好后单击“批量下载SVG”按钮即可。

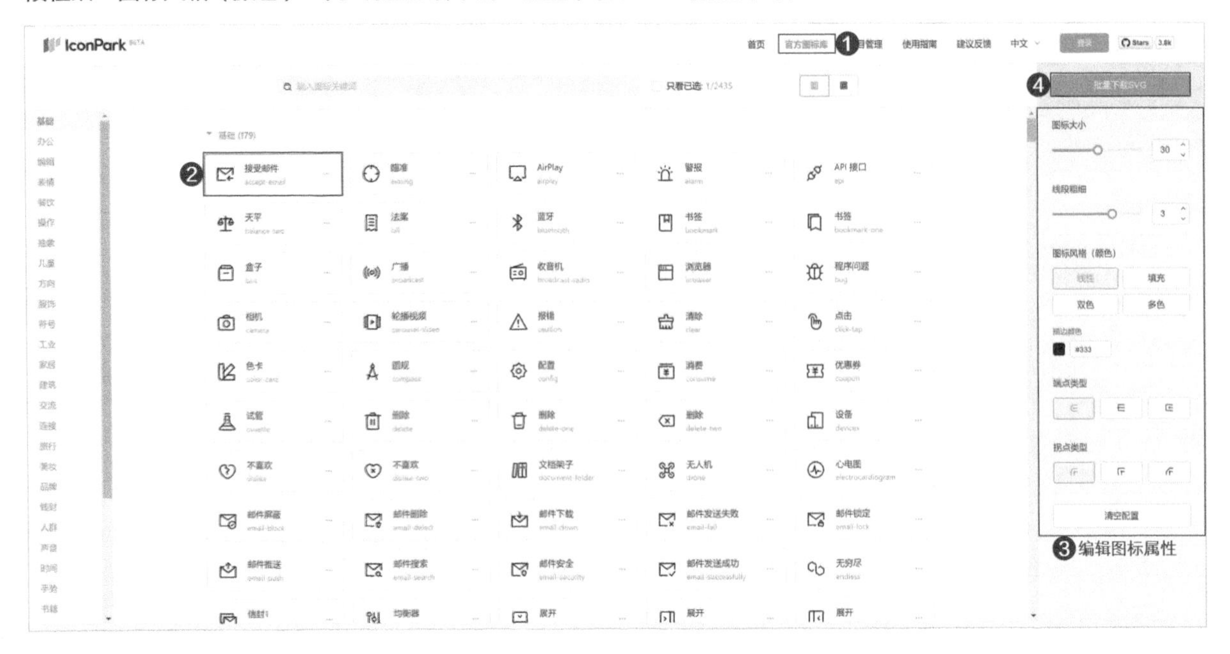

- **其他图标资源网站**

许多图片资源网站，如觅元素、千图网等也有成套的图标素材，可供用户下载学习交流使用（商用需购买版权）。这些网站通常每天会提供免费下载图标的机会，超限则需要付费或购买会员后才能下载。

◎ 从PPT模板中积累

在学习和制作PPT的过程中，我们会学习和参考优秀模板，其中用到的图标也可以单独复制保存下来。平时应注意积累自己的图标库，其中常用的办公、教学类图标，如手机、计算机、微信、电话、地址等图标重复使用率较高。

找插画

近年来，PPT的流行风格趋于简洁，“百搭好配色、放大不模糊”的矢量插画素材越来越受欢迎。

◎ PPT软件自带插画

PPT软件自带的图标库中也包含了插画和图片素材。执行“插入>插图>图标”命令，打开内置图标库后，进入“插图”页面，然后在搜索框中搜索关键词或单击选择常用标签（如“教育”），然后选中想要添加的插图，单击“插入”按钮即可。

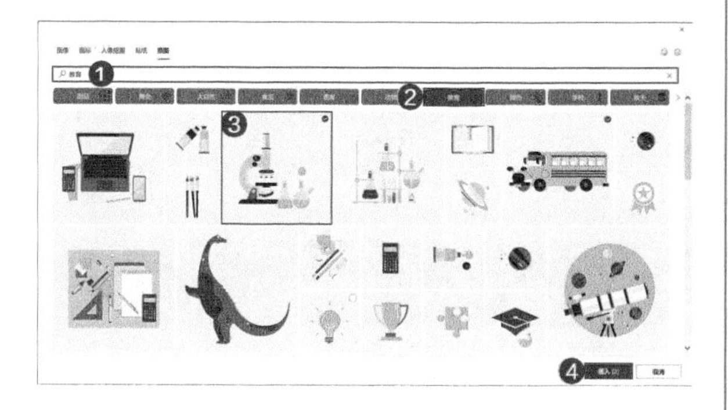

◎ 插画资源网站、插件

- **Iconfont插画库**

与找图标相似，插画资源查找也是首推Iconfont。打开Iconfont网站，选择“插画库”，其中有众多设计师分享的成套插画可供用户选用，下载方法与图标下载相同。

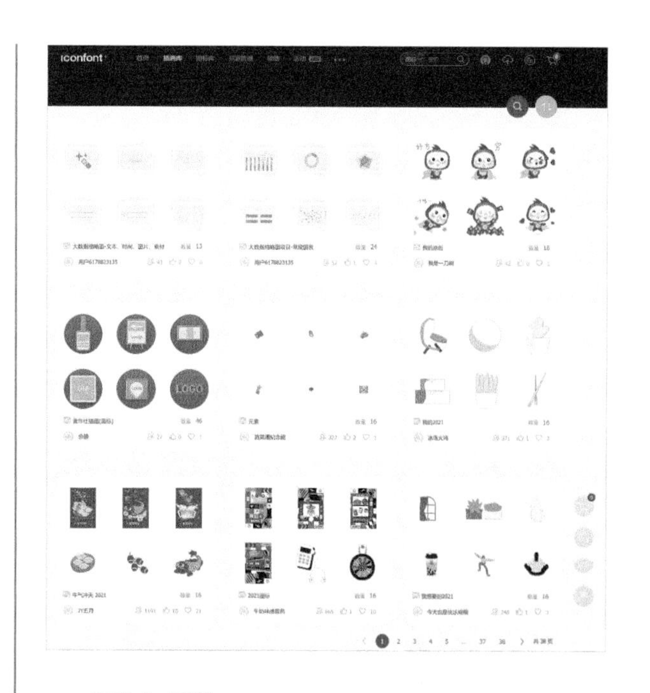

- **iSlide插件**

iSlide是一款非常实用的PPT插件，有大量的排版和图标素材，且许多都可以免费使用。

安装iSlide插件后，打开PPT软件，其顶部导航菜单会多出一个“iSlide”选项卡。执行“iSlide>资源>插图库”命令。

在弹出的插图选择对话框中选择最新图标，或在搜索框中输入关键词（如“培训”）进行查找，然后单击需要的插图即可将插图插入PPT。

搜图小技巧

很多人患有“搜图困难症”，但他们大概率只是用了同一个搜索引擎和同一个关键词进行搜索。

◎ 关键词发散思维

例如，想制作有关传统文化的PPT，如果直接搜索关键字“传统”，搜到的可能只是下面这样的图片，风格陈旧且千篇一律。

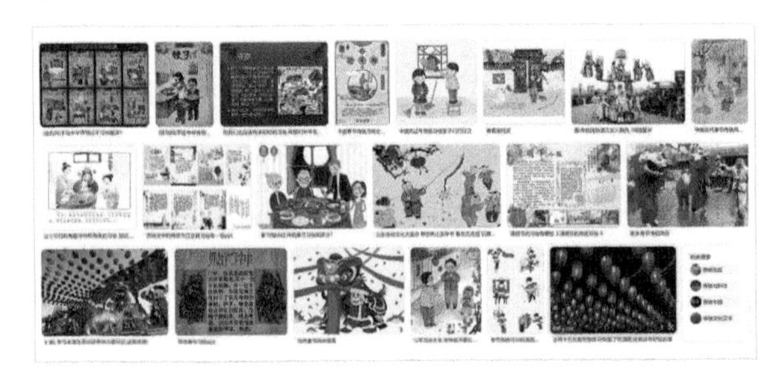

其实，“传统”一词可以发散到古建筑、汉服、戏曲、春节、书法等，输入与此相关联的扩展词进行搜索，图片素材就丰富多了。

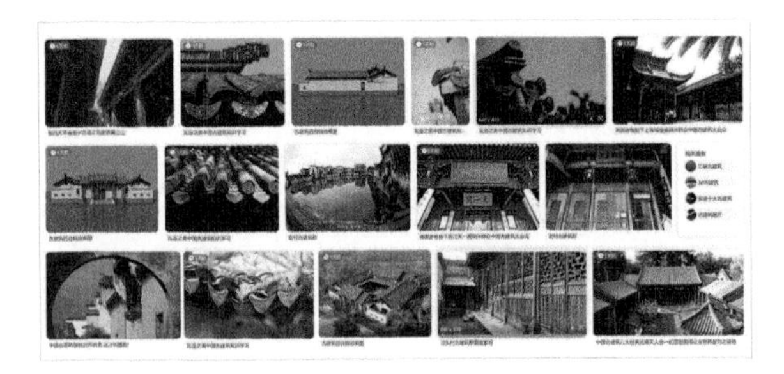

如果一时想不到合适的扩展词，也可以去搜一下词条解释，从中可以找到很多关联词。例如，下图中的唐诗、宋词、昆曲、寺院、亭台楼阁、汉字、中医、中药、剪纸、婚嫁……随便一搜，就有数不尽的图片素材了。

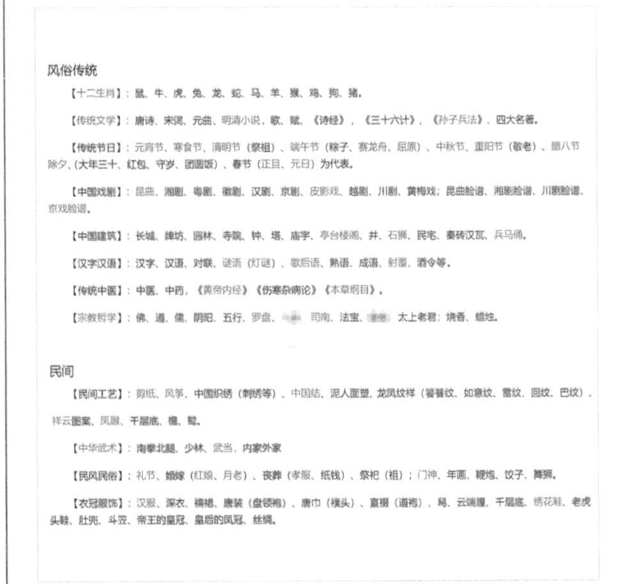

风俗传统

【十二生肖】：鼠、牛、虎、兔、龙、蛇、马、羊、猴、鸡、狗、猪。

【传统文学】：唐诗、宋词、元曲、明清小说，歌、赋、《诗经》，《三十六计》、《孙子兵法》、四大名著。

【传统节日】：元宵节、寒食节、清明节（祭祖）、端午节（粽子、赛龙舟、屈原）、中秋节、重阳节（敬老）、腊八节除夕、(大年三十、红包、守岁、团圆饭）、春节（正旦、元日）为代表。

【中国戏剧】：昆曲、湘剧、粤剧、徽剧、汉剧、京剧、皮影戏、越剧、川剧、黄梅戏；昆曲脸谱、湘剧脸谱、川剧脸谱、京戏脸谱。

【中国建筑】：长城、牌坊、园林、寺院、钟、塔、庙宇、亭台楼阁、井、石狮、民宅、秦砖汉瓦、兵马俑。

【汉字汉语】：汉字、汉语、对联、谜语（灯谜）、歇后语、熟语、成语、射覆、酒令等。

【传统中医】：中医、中药，《黄帝内经》《伤寒杂病论》《本草纲目》。

【宗教哲学】：佛、道、儒、阴阳、五行、罗盘、 司南、法宝、 太上老君；烧香、蜡烛。

民间

【民间工艺】：剪纸、风筝、中国织绣（刺绣等）、中国结、泥人面塑、龙凤纹样（饕餮纹、如意纹、雷纹、回纹、巴纹）、祥云图案、凤眼、千层底、檐、鼗。

【中华武术】：南拳北腿、少林、武当、内家外家

【民风民俗】：礼节、婚嫁（红娘、月老）、丧葬（孝服、纸钱）、祭祀（祖）；门神、年画、鞭炮、饺子、舞狮。

【衣冠服饰】：汉服、深衣、襦裙、唐装（盘领袍）、唐巾（幞头）、直裰（道袍）、舄、云端履、千层底、绣花鞋、老虎头鞋、肚兜、斗笠、帝王的皇冠、皇后的凤冠、丝绸。

◎ 多个渠道搜索

搜图不局限于搜索引擎，还可以通过其他渠道（如品牌网站和手机App）进行。例如，想要找中国风的素材，可以去博物馆的官网或公众号找找灵感。有时并非没有好图，只是大家没有用对方法。

提示

如果需要商用，注意购买图片版权哦！

021 调节图片清晰度/亮度

在幻灯片中插入一张图片后，选中这张图片，顶部菜单就会出现“图片格式”选项卡，此时可以设置各种图片效果。其中，“校正”功能可以调整图片的清晰度、亮度和对比度，把不太理想的图片素材快速修正到更佳的状态。

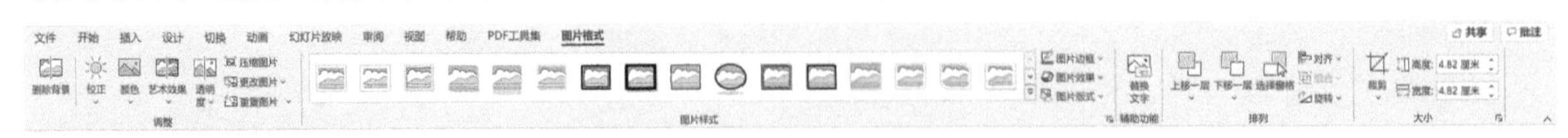

图片清晰度不够

如果图片清晰度不够，可以选择“锐化/柔化”效果，让图片变得更模糊或更清晰。

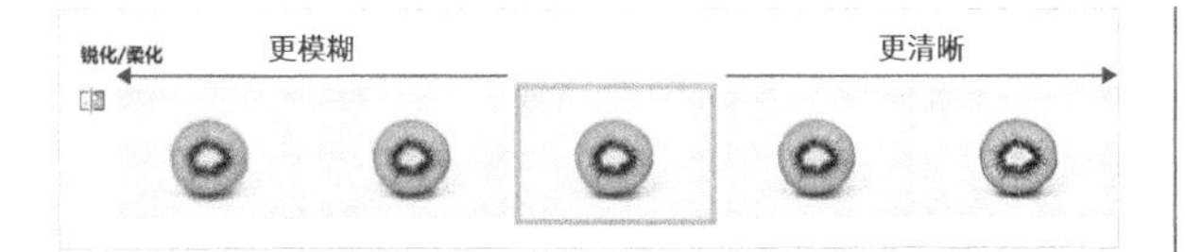

◎ 锐化处理（更清晰）

“锐化”可以理解为后期处理的“二次对焦”，在一定程度上能让模糊的图片变清晰，操作方法如下。

选中图片，执行“图片格式 > 调整 > 校正 > 锐化/柔化 > 锐化：25%”或“锐化：50%”命令即可。数值越大，锐化程度越高，图片轮廓也更清晰。

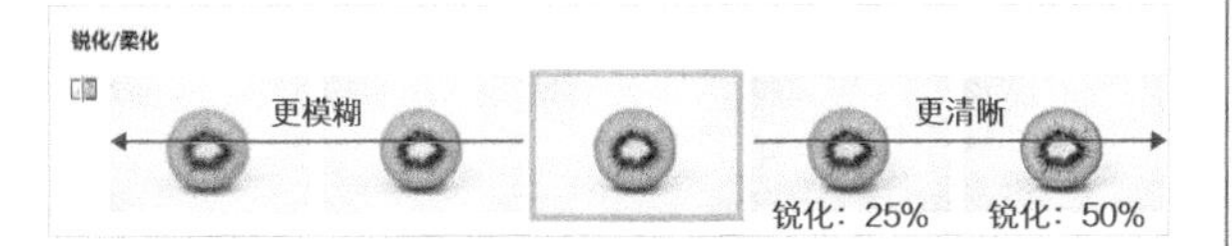

以下为不同锐化程度的效果对比。当选择“锐化：25%”时，图片轮廓变得更清晰、立体；当选择“锐化：50%”时，图片就有些锐化过度，内容的真实感下降了。

原图　　锐化：25%　　锐化：50%

例如，手机拍摄的美食照片经适当锐化看起来更有食欲。

原图

锐化

> **提示**
>
> 注意不要锐化过度，否则会让图片里的内容看起来很假。

◎ 柔化处理（更模糊）

“柔化”与“锐化”的效果相反，可以让原本清晰的图片变得模糊，常用来制作图片背景或特殊效果，操作方法如下。

选中图片，执行“图片格式 > 调整 > 校正 > 锐化/柔化 > 柔化：25%”或“柔化：50%”命令即可。数值越大，图片越模糊。

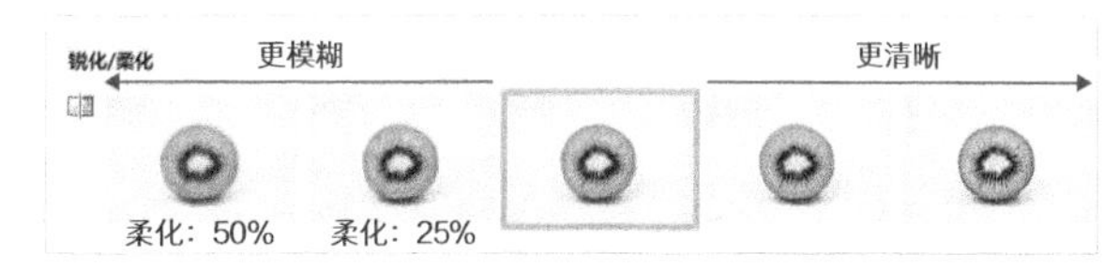

以下为不同柔化程度的效果对比。当选择“柔化：25%”时，图片只是微微有点模糊；当选择“柔化：50%”时，模糊效果就非常明显了。

原图　　柔化：25%　　柔化：50%

例如，手机拍摄的照片或者网上下载的图片，有时由于像素过低，即使锐化处理也不够清晰，索性就柔化当作背景吧。

原图　　柔化

图片太亮或太暗

如果图片素材太亮或太暗，可以通过调节“亮度/对比度”效果来使画面平衡。与“锐化/柔化”的调节方法类似，“校正”命令的“亮度/对比度”分类下提供了多种预设效果：自左向右，亮度越来越高；自上向下，对比度越来越高。一般直接选用就能满足需要。

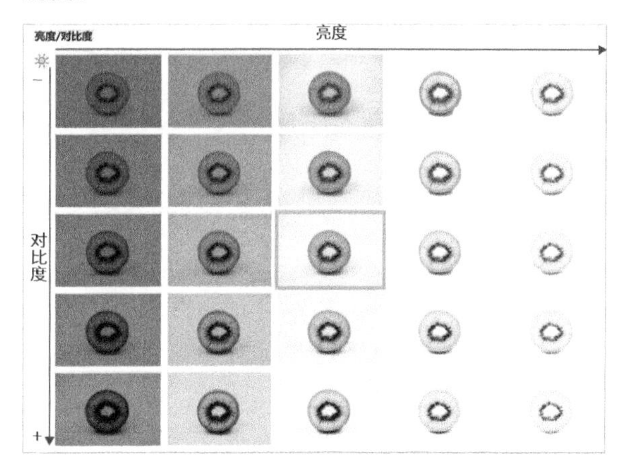

◎ 亮度调节

“亮度”指画面的明亮程度。如果拍摄时光线没调到位，导致图片过亮或过暗，后期可以通过亮度调节来修正。当然，也可以通过降低/调高亮度来制作有特殊效果的图片。

以下面这组色块对比图为例进行讲解。

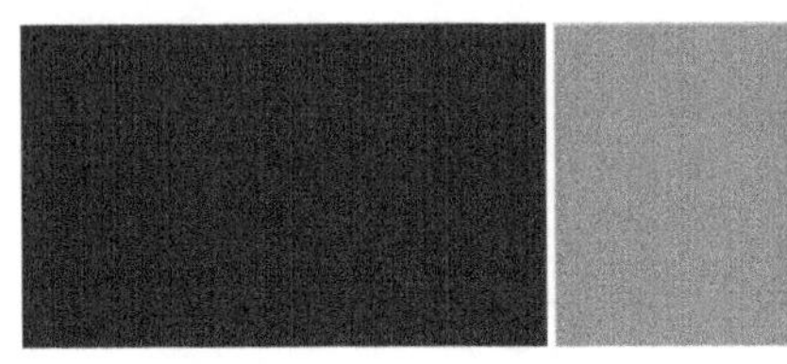

增加亮度，左右两个色块同时变亮。

图片亮度调节效果对比如下。原图亮度默认值为0%，降低亮度画面整体变暗，增加亮度画面整体变亮。

亮度：-40%

原图

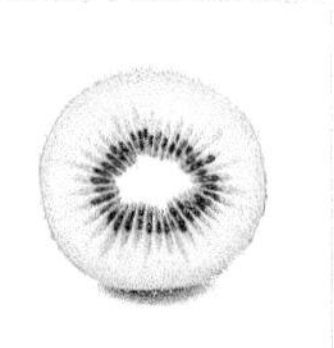
亮度：+40%

例如，当背景太亮而导致文字看不清楚时，可以降低背景图片的亮度，让文字展示得更清晰。

原图

降低亮度

◎ 对比度调节

“对比度”指画面的明暗反差程度。增加对比度，画面中亮的地方会更亮，暗的地方会更暗，明暗反差增强。

这里同样以这组色块对比图为例进行讲解。

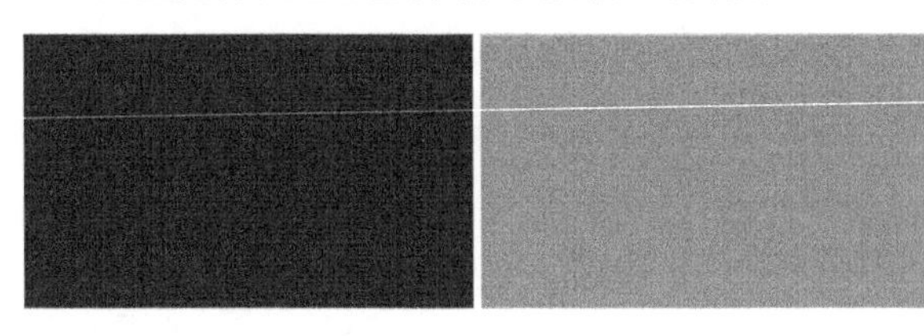

增加对比度，左侧暗色块会变得更暗，右侧亮色块会变得更亮。

图片对比度调节效果对比如下。原图对比度默认值为0%，降低对比度画面的明暗反差会变小，颜色更暗淡；增加对比度画面的明暗反差变大，颜色更鲜艳。

对比度：-40%

原图

对比度：+40%

调节对比度还可以修正拍摄时曝光失常的照片。

原图

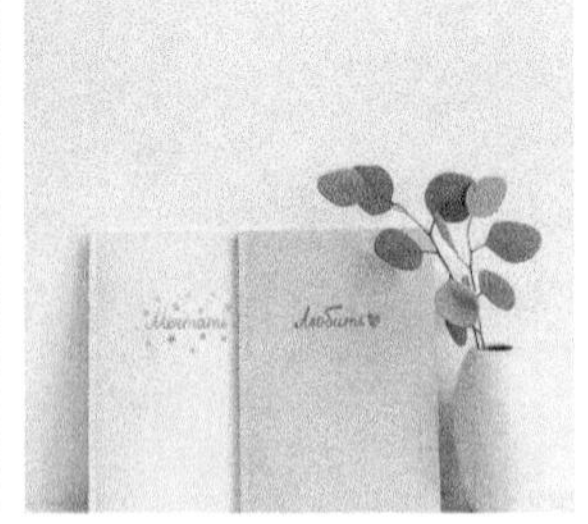
增加对比度

022 图片与画面颜色不协调怎么办

使用“颜色”命令可以快速调整图片颜色，方便又高效。

调节颜色饱和度

“颜色饱和度”指色彩的鲜艳程度。从视觉上来说，颜色的饱和度越低，物体越接近于黑白颜色；饱和度越高，物体越显得鲜艳夺目。其操作方法如下。

选中图片，执行“图片格式>调整>颜色”命令，在“颜色饱和度”分类下选择合适的颜色饱和度效果即可。

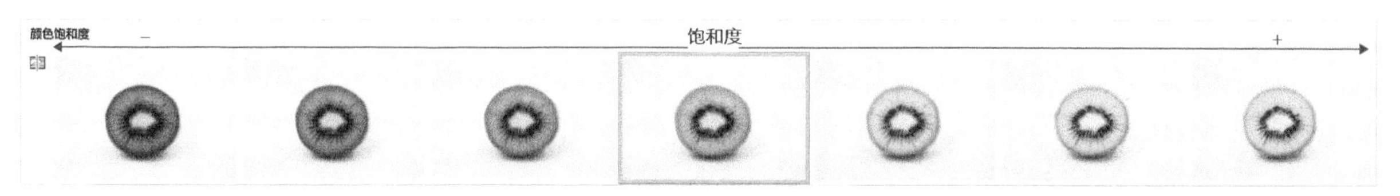

可以通过调节颜色饱和度，让画面更鲜艳。也可以故意调低颜色饱和度，以制造“高级灰”的观感效果。

原图

降低颜色饱和度

调节冷暖色

由于生理和心理反应，颜色能给人带来冷峻或温暖的感觉，据此我们将颜色划分为冷色和暖色。红、橙、黄等色往往给人热烈、兴奋、热情、温和的感觉，所以将其称为暖色；绿、蓝、紫等色往往给人镇静、凉爽、开阔、通透的感觉，所以将其称为冷色。调节图片色调的操作方法如下。

选中图片，执行“图片格式>调整>颜色”命令，在“色调”分类下选择合适的色调效果即可。

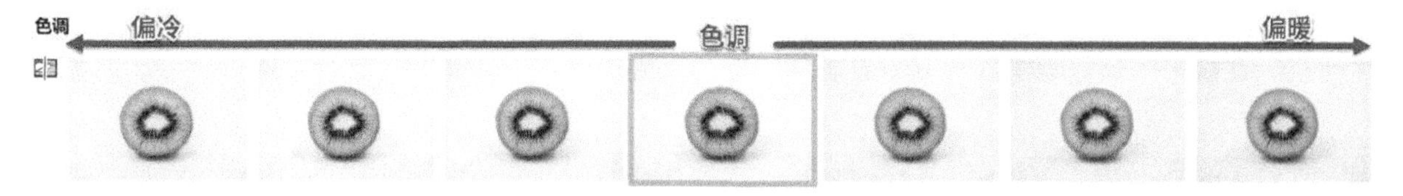

“冷暖色”这一功能常用于统一多张图片的色调。有时，幻灯片的排版没有问题，却总感觉“不舒服”，原因可能就是色调不统一。例如，下面三张图片尺寸相同，并且画面内容都是山体，但还是给人一种不够整齐、统一的感觉，问题就出在图片色调上。左侧第一张图片相对于右边两张图片而言，颜色偏暖了。

调整第一张图片的色调，把它变成冷色，这样三张图片看起来是不是更统一了呢?

重新着色

“重新着色”指重新设置整个画面的颜色。利用这一功能，可以快速统一整个PPT的颜色风格。其操作方法如下。选中图片，执行“图片格式>调整>颜色”命令，在“重新着色”分类下选择任意着色效果即可。

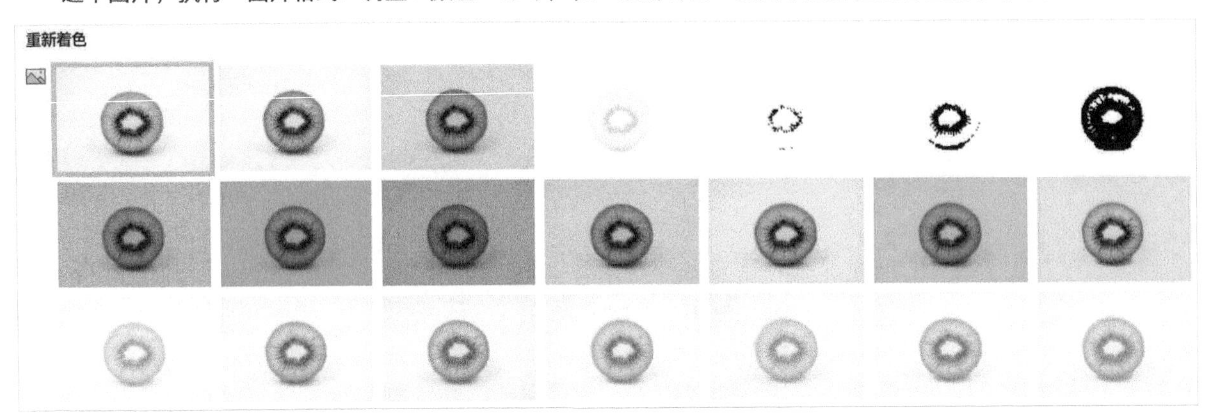

例如，下面这张图片的主题是“古街”，如果用鲜艳的彩色照片，就少了点怀旧的感觉。

这时，可以将图片重新着色，改为黑白或褐色，这样就有了古朴、怀旧的味道，并且文字主题也更突出了。

023 修改图片形状/透明度

为了让排版更有趣，可以稍稍改变一下图片形状或透明度，这样图片的整体感觉就会大不一样！

修改图片形状

排版图片时，想把方形的图片改成圆形的该怎么办呢？

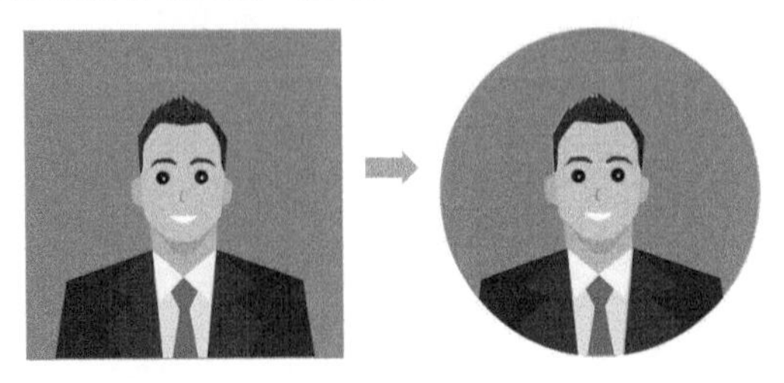

可以直接使用“裁剪”工具来更改图片的形状。下面以下图的“团队介绍”为例进行讲解。

框选4张人物照片。执行“图片格式＞裁剪＞裁剪为形状＞基本形状＞椭圆”命令即可。

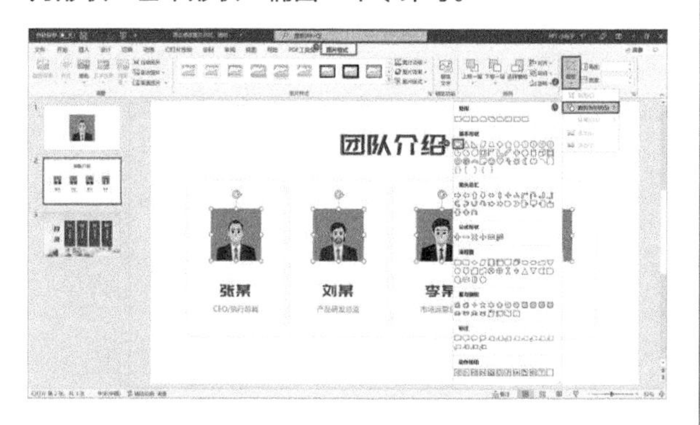

其最终效果如下。

修改图片透明度

“透明度”指一张图片的透明程度，影响着能否透过它看到与另一张图片（或背景）重叠的效果。修改图片透明度是非常简单好用又能迅速提升PPT质感的设计手法之一。

图片透明度调节功能是Microsoft 365的新增功能之一，其使用方法非常简单。选中图片，执行“图片格式＞调整＞透明度”命令，选择合适的透明度效果即可。越靠近右侧的效果，透明度也越高。

如果没有满意的效果，可以执行“预设”效果下方的“图片透明度选项”命令。

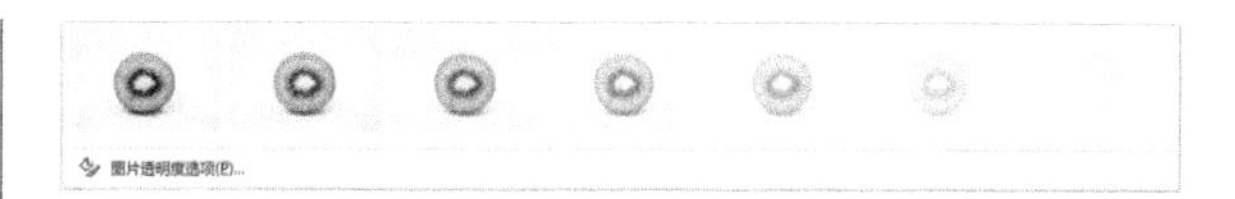

然后在“设置图片格式”窗格中找到“图片透明度＞透明度”参数，左右拖动滑块或在右侧数值框中直接输入百分比数值。当滑块拖动到最左侧时，“透明度”最低，为0%（不透明）；拖动到最右侧时，“透明度”最高，为100%（完全透明）。

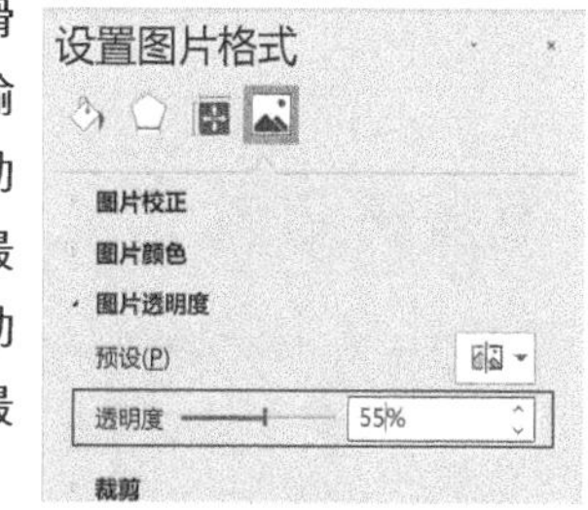

通过调节图片透明度，可以在保留背景的同时降低对主体文字的干扰，让画面有更丰富的细节。

例如，下面这张幻灯片使用了纯白色背景，虽然简洁干净却显得有些单调。

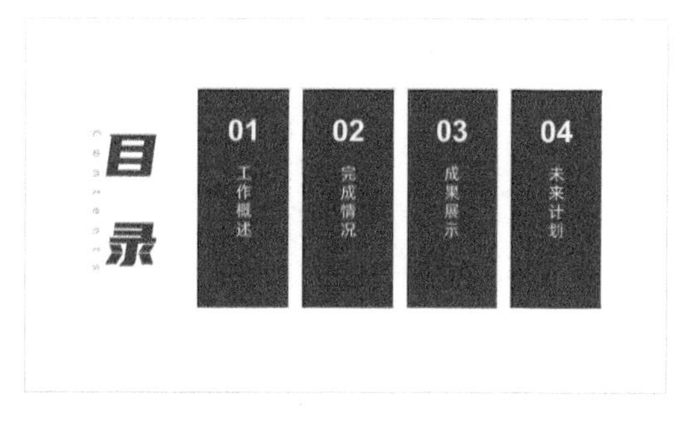

如果直接叠加背景图片，会有些喧宾夺主，无法突出主题。

这时，设置背景图片的“透明度”为80%，既不至于抢眼，又不至于单调，显得恰到好处。

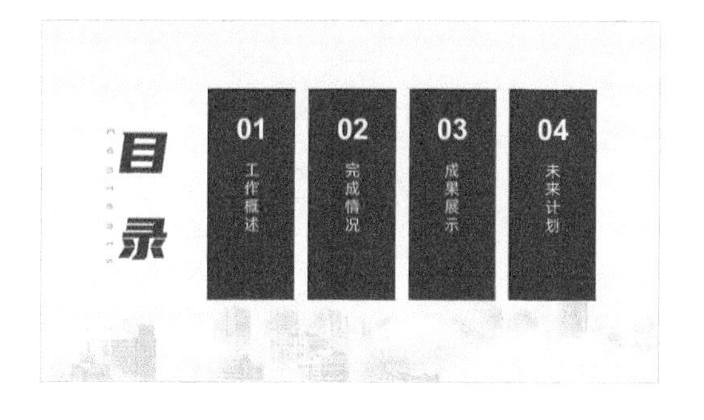

024 快速抠图

制作PPT常会遇到一些小烦恼，例如，想要去除图片的背景，或者提取照片中的人像部分，又不会使用Photoshop的“钢笔工具”抠图，这该怎么办呢？下面将教给大家几种简单的快速抠图小妙招。

设置透明色

“设置透明色”功能可以把一种颜色变成透明色，用它来“去除”纯色背景非常方便。

例如，想要把下面的印章素材放进PPT作为修饰。但因为印章图片的背景是白色，直接放到画面中会很突兀，这时就需要对图片背景进行处理，将其设置为透明色是比较合适的处理方法。

选中印章图片，执行“图片格式＞调整＞颜色＞设置透明色”命令，此时鼠标指针会变成带笔的小箭头，将鼠标指针移动到印章图片的白色背景处单击，白色背景部分即呈现透明效果。

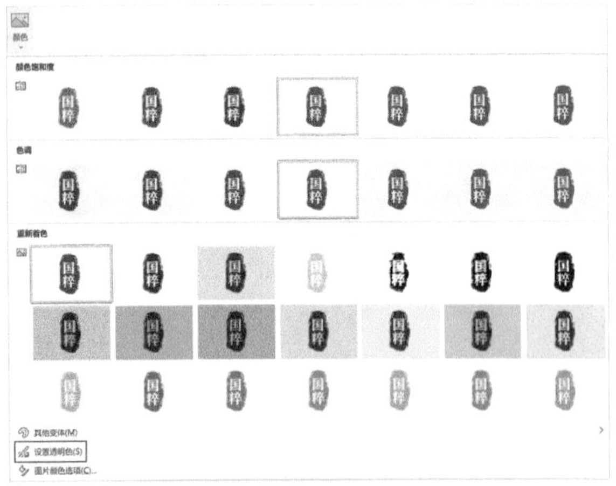

删除背景

“删除背景”功能是一种简单粗暴的抠图方法，实际效果也一般。对于背景颜色简单的图片（如纯白底图片），该方法可以适当使用，但稍稍复杂的背景就很难处理干净。

下面以右侧这张图片为例进行讲解。

选中图片，执行“图片格式＞调整＞删除背景”命令，图片上会就会出现紫红色“蒙版”效果，紫红色部分即被遮住的部分就是将要去除的部分。

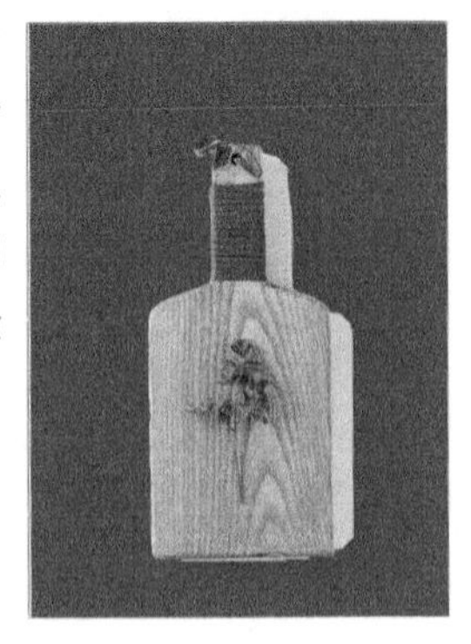

此时，功能区出现如右图所示的调整功能选项。

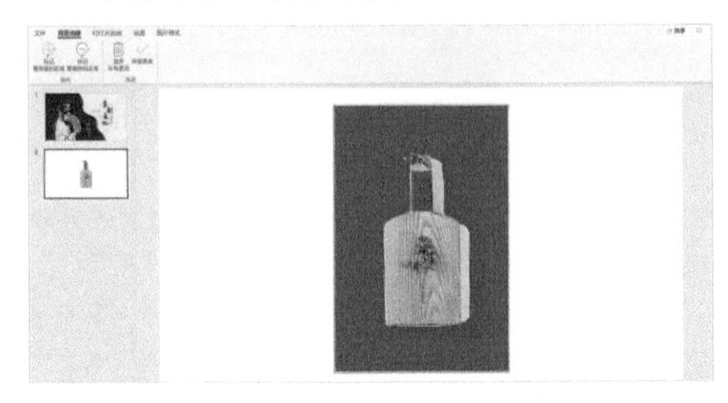

如果遮住的部分与想要抠除的画面不完全吻合，可以执行“背景消除>优化>标记要保留的区域”命令来增加保留部分，或执行“背景消除>优化>标记要删除的区域”命令去掉多余部分。例如，下面这张图片主体图案的右侧和下方还有少量白色区域需要抠除，那就执行“背景消除>优化>标记要删除的区域”命令，在对应的位置单击或划线，就可以去掉这些部分了。

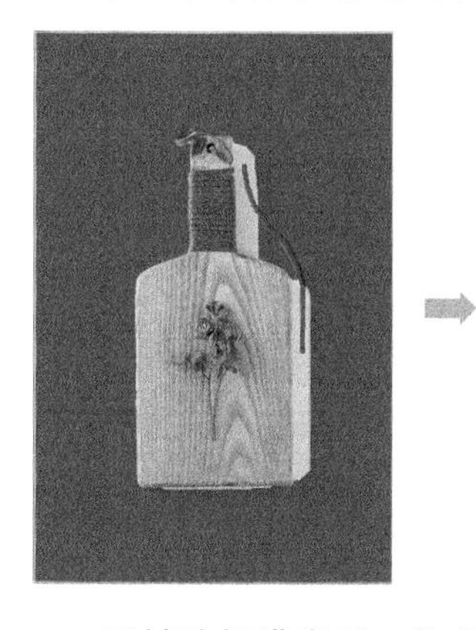

区域选择满意后，执行“背景消除>关闭>保留更改”命令，图片就抠好了。

使用Photoshop选择“主体”

对于非纯色背景，用PPT“删除背景”功能进行图片抠除会比较麻烦，此时可以使用Photoshop选择“主体”的方法来解决。

以下面这张人物照片为例进行讲解。

假设想要将图片中的人物抠取出来，如果直接使用PPT的“设置透明色”功能“去除”背景，不仅背景抠不干净，而且人物衣服上的白色条纹部分也会被去掉。

这时就需要借助Photoshop了。安装Photoshop（2020以上版本），执行“选择>主体”命令，此时被虚线勾选的部分就是选中的“主体”内容。

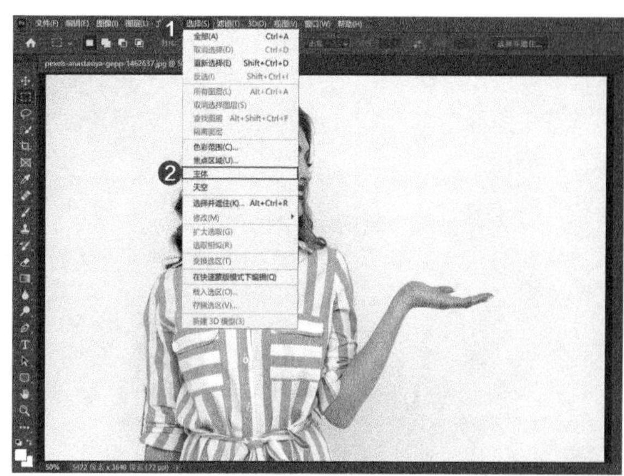

在图片上右击，在弹出的快捷菜单中选择“通过拷贝的图层”选项（快捷键为Ctrl+J），这时将背景图层隐藏，就可以看到人物图片已经抠取得很干净了（方格背景代表透明）。在拷贝出的图层1上右击，在弹出的快捷菜单中选择“快速导出为PNG”选项，将抠好的人物图片保存到计算机，就可以作为素材拖入PPT里使用了。

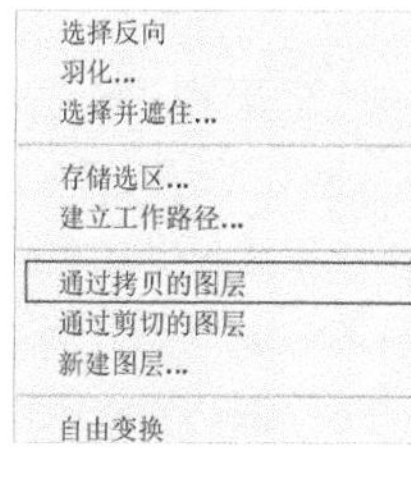

通过AI抠图网站抠图

这里推荐“凡科快图”网站，使用该网站，只要上传图片就可以自动抠图，抠图效果也非常不错。对于偶尔抠不干净的地方，可移动鼠标指针标记，图片也能得到很好的修正。

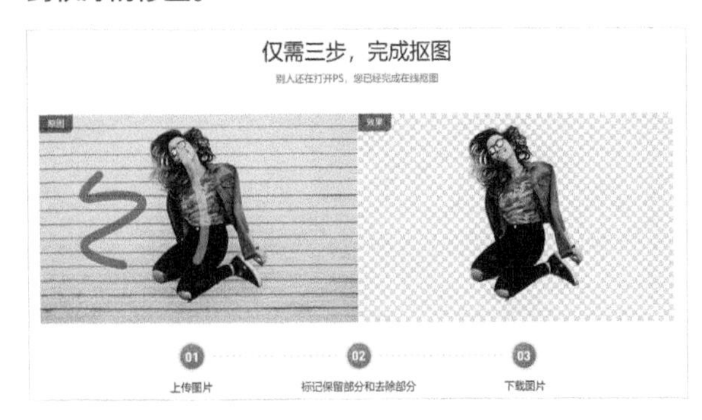

下面以单张抠图为例进行讲解，具体操作步骤如下。

先单击“单张抠图”按钮，然后上传一张图片。

图片上传完毕后，单击“一键AI抠图”按钮。

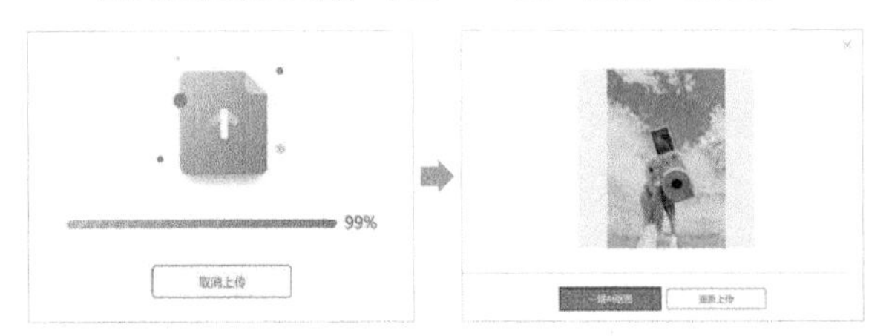

等待片刻，图片就可自动抠好。如果效果满意，单击“下载”按钮即可。如果不满意，可以选择“保留”或“删除”，调整一下抠图边界。

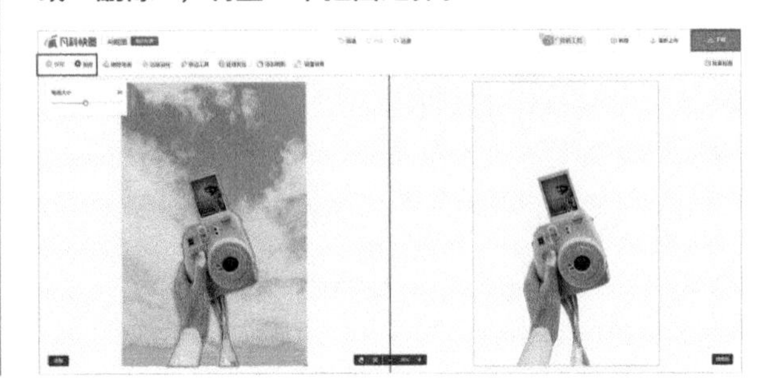

025 图片尺寸不够大怎么办

屏幕显示的图像是由像素点构成的，像素点越多，图片越清晰。网上搜图遇到图片尺寸不够大时，如果直接拖动放大图片，图片效果会非常糟糕，看起来毫无质感。那么，在不换图的情况下，该怎样解决这一问题呢?

图片放大

这里推荐一个AI人工智能图片放大网站——Bigjpg。使用该网站放大的图片，边缘不会有明显的毛刺和重影，也基本看不到影响画质的噪点。针对“卡通/插画”类型的图片，效果尤其棒。

Bigjpg的操作界面简洁，基本没有多余设计。注册并登录后，单击“选择图片”按钮，从计算机中选择需要放大的图片并双击。

单击图片框下方的“开始”按钮，在弹出的“放大配置”对话框中根据个人需要设置“图片类型”“放大倍数”和“降噪程度”，然后单击“确定”按钮即可。

等待几分钟，网站会自动处理图片。

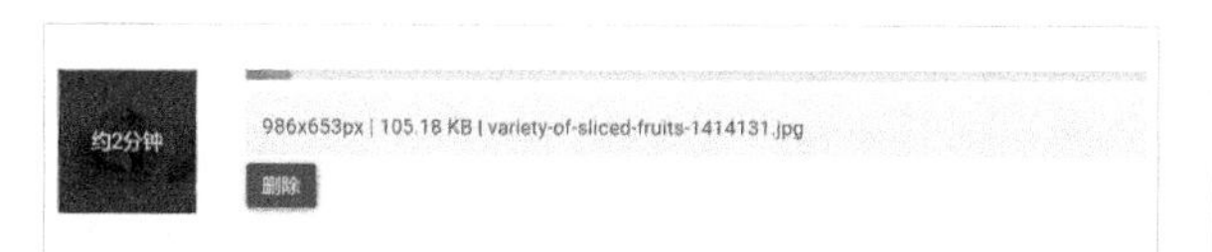

处理完成后，单击“下载”按钮即可。

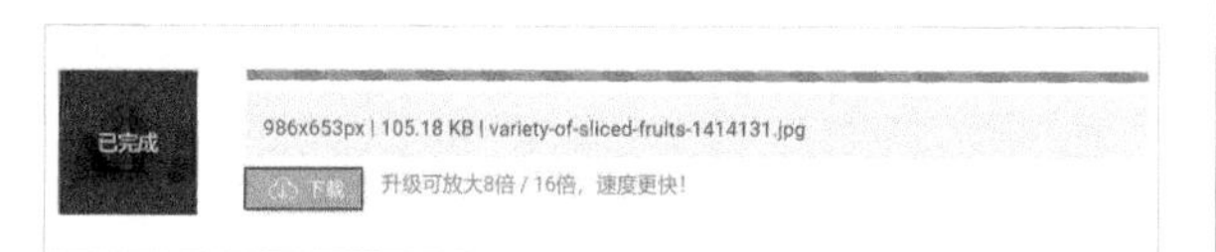

下面是图片放大前和放大两倍后的效果对比。

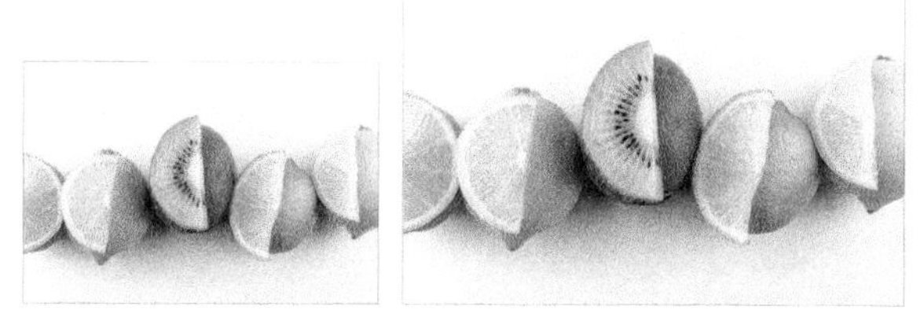

放大前尺寸：986像素×653像素　**放大后尺寸：1972像素×1306像素**

可以看到，图片放大了两倍，细节仍然比较清晰，边缘也没有明显的白色毛刺。

图片拼接

这一方法适用于重复构图的纹理类图片。当图片尺寸不够时，可以利用原有的图片来复制拼接，保证清晰度不变的情况下实现“无缝衔接”。

例如，下面这张云纹图片尺寸太小，无法被直接用作横版PPT底图。但因为它刚好是重复构图，可以复制多张进行拼接，就能得到更大尺寸的图片。

按住Ctrl键拖动云纹图片将其复制两份，三张图片从左至右顺次相连，注意衔接处要对齐。对于超出PPT画面的部分，可以选中图片，使用“裁剪”工具进行裁剪。

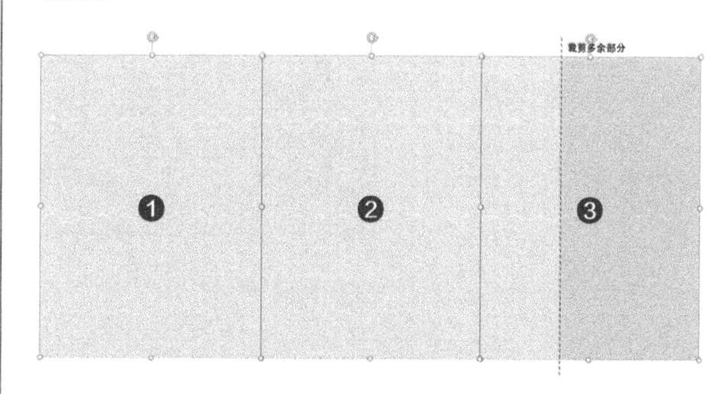

最后，用鼠标框选三张图片，按快捷键Ctrl+G将图片组合在一起，即可得到一张完整的云纹背景图。

提示

图片拼接处最容易露出破绽，可以通过裁剪或上下移动的方式进行微调。

叠加渐变色

一些竖版的图片素材没办法直接铺满整页PPT，如果直接用纯色填充，边缘也会显得不自然，如下图。

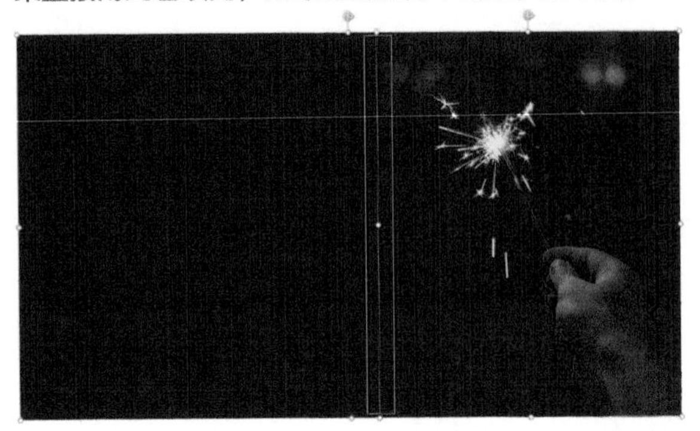

这时，给它叠加一个半透明的渐变图层遮住缺失的边角，就能让画面自然过渡了，具体操作如下。

绘制一个矩形，并将其调整到与PPT页面同等大小。

选中图片并右击，在弹出的快捷菜单中选择“设置形状格式”选项，在打开的“设置形状格式”窗格中单击“形状选项”下的“填充”图标，设置“填充”为“渐变填充”，“角度”为0°。

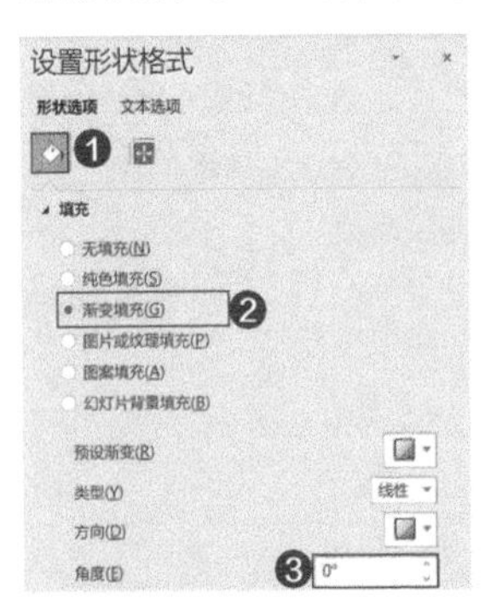

选中第2个渐变光圈色标，单击“删除渐变光圈”按钮，即可删除渐变光圈色标（或按住要删除的色标不放，向下拖动删除）；再用同样的方法删除第3个渐变光圈色标，只留下最左侧和最右侧的两个色标。

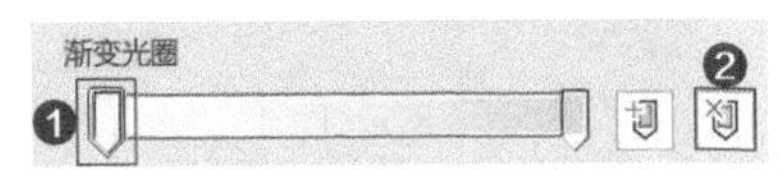

选中渐变光圈最左侧色标，设置“颜色”为黑色，“位置”为“55%”。

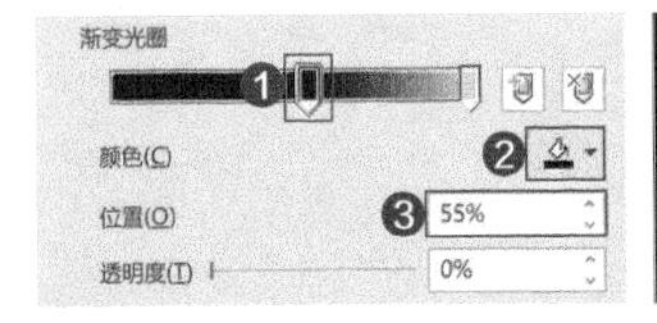

再选中渐变光圈最右侧色标，设置“颜色”为“黑色”，“位置”为“100%”，“透明度”为“100%”。

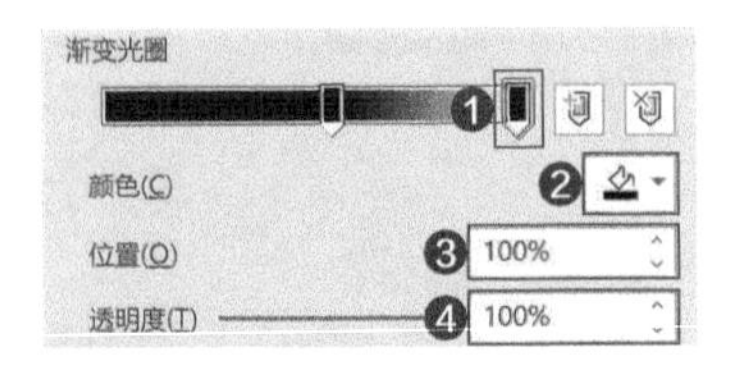

设置“线条”为“无线条”，去除轮廓颜色。

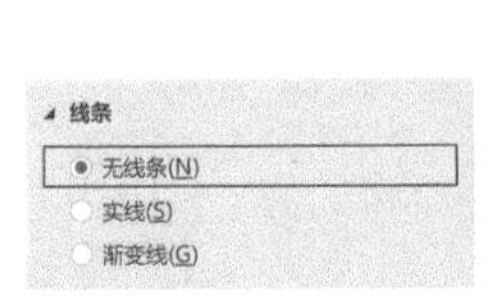

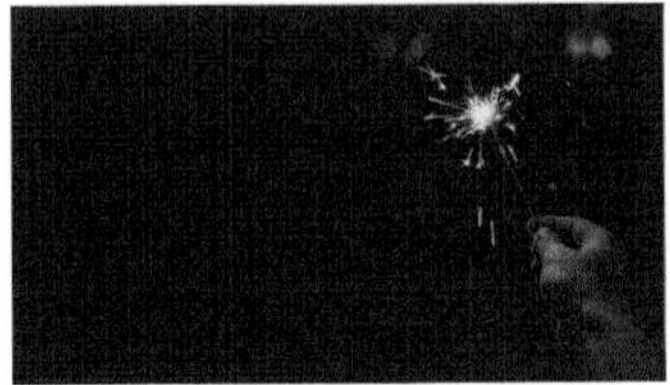

这时，渐变矩形遮住了文字。选中制作好的矩形，先执行“开始＞绘图＞排列＞排列对象＞置于底层”命令，再执行“上移一层”命令，将它置于文字和背景图的中间即可。

模糊图片应用

如果原始素材图片非常模糊，但又找不到其他适合的图片替代，不如把原始图片调整得更模糊一些，用作虚化的背景。

以下面这张地铁站的模糊人群图片为例进行讲解。

如果直接将其用作背景，图文会相互干扰，整个画面主次不分。

这时，可以校正一下图片。选中背景，执行“图片格式＞调整＞校正＞锐化/柔化＞柔化：50%”命令，让背景更加模糊。

为了减少图文干扰，可再降低一下背景亮度。执行“图片格式＞调整＞校正＞亮度/对比度＞亮度：-40% 对比度：0%”命令。这时，文字展示效果已经清晰多了。

最后，框选所有文字，执行“开始＞字体＞文字阴影”命令，让文字更加突出。这时，模糊的背景就不再意味着对焦失败，而是代表着特制的背景效果了。

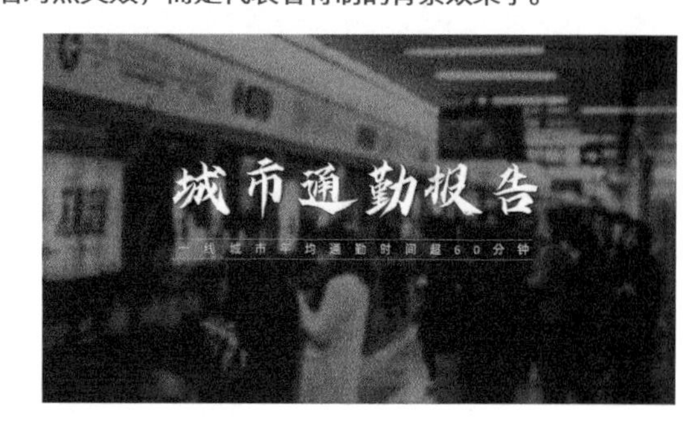

026 去除图片水印

网上下载的图片经常带有水印，如果不做处理，会让整个PPT的效果大打折扣。这里要注意的是，水印是图片作者或原网站的版权保护措施，去水印操作只能用于个人交流学习，如果商用仍然需要购买版权。

裁剪法

这是最简单直接的一种办法。如果图片够大，并且将水印裁剪后不影响整体画面效果，可以使用这一方法。

例如，右侧这张水果图，只在右下角位置有水印。

选中图片，执行“图片格式＞大小＞裁剪”命令，然后按下图所示红色箭头方向，自下向上拖动黑色控制线，直至遮住水印。

裁剪区域调整满意后，在空白处单击，水印就被去除了。

遮盖法

该方法适用于纯色背景的场景，其他场景请酌情使用。

例如，下方这张图片，背景是干净的黄色，其左下角的水印可以通过绘制一个相同颜色的矩形进行遮盖。

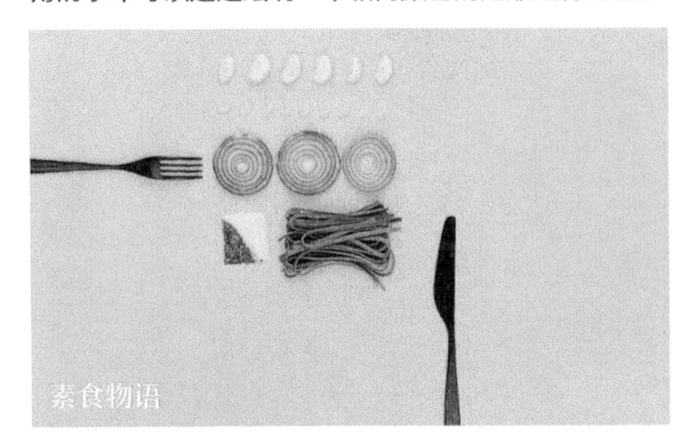

绘制一个矩形，然后遮盖水印区域。

执行“开始＞绘图＞形状填充＞取色器”命令，从画面背景中吸取黄色，矩形就会填充为同样的黄色。

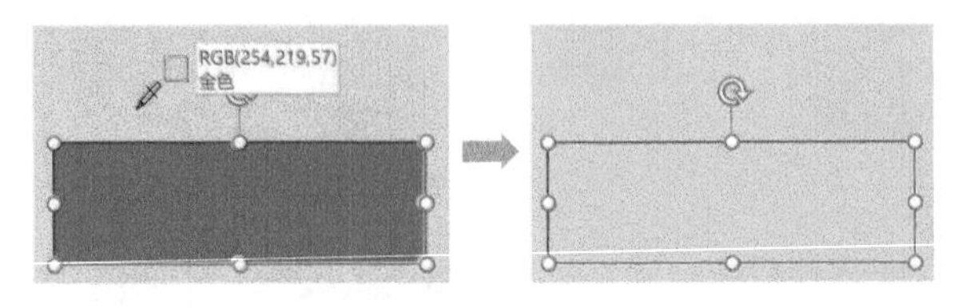

执行“开始＞绘图＞形状轮廓＞无轮廓”命令，水印即可被遮盖。

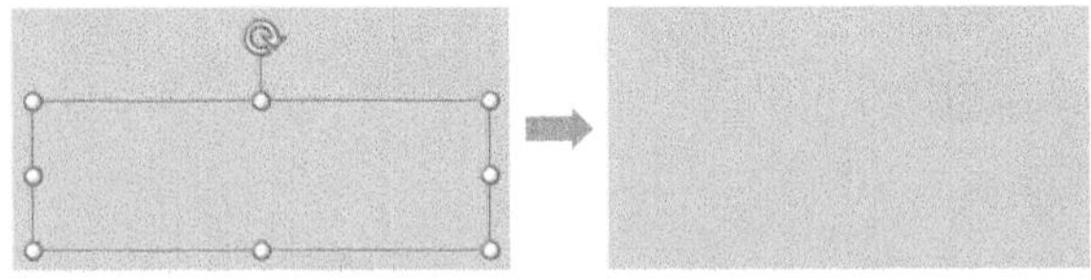

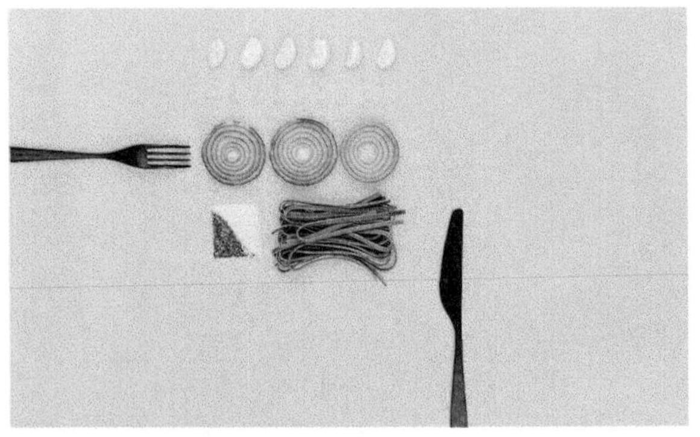

修图法

这种方法可以处理相对复杂的图片，用到了Photoshop的“污点修复画笔工具”，操作也非常简单。如果计算机没有安装Photoshop，可以用网页版的Photopea（无须安装，可直接使用）。

打开网页版Photopea，选择“从电脑打开”选项，然后选择需要处理的图片。

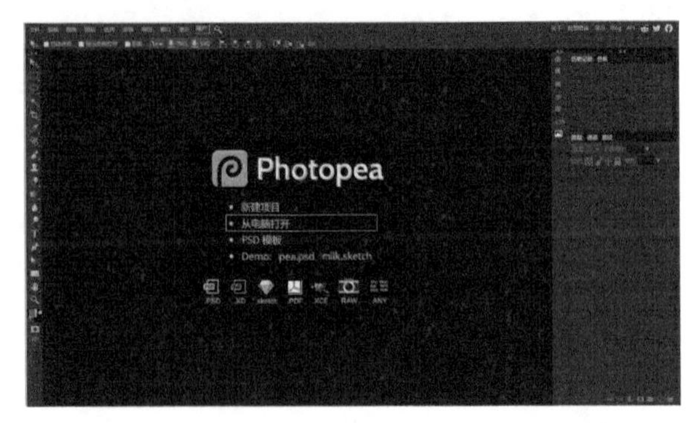

图片打开后，单击界面左侧工具栏中图标右下角，在弹出的子菜单中选择“污点修复画笔工具”，这时鼠标指针显示为一个小圆点，按“]”键并滚动鼠

标滚轮，放大鼠标指针到刚好能遮盖一个文字的大小。

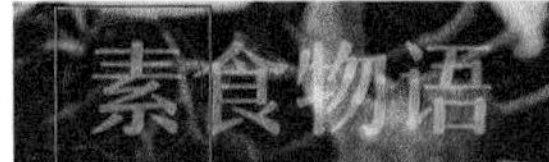

拖动鼠标涂抹水印区域，释放鼠标并稍等片刻，水印即被去除。

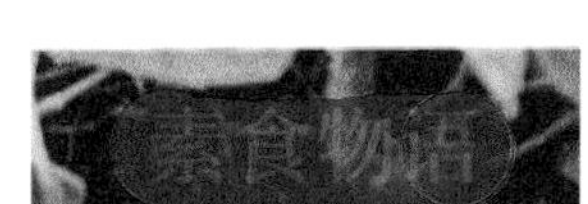

提示

悄悄告诉你，祛除人物照片脸上的痘印，也可以用修图法哦！

027 不同格式图像的使用差别

日常中见到的图像文件格式主要有JPEG、PNG、SVG、GIF4种。了解它们的区别，人们用起来才会更加得心应手！

先来了解一下这4种图像文件格式的定义。

JPEG格式是最常用的图像文件格式，扩展名为.jpg或.jpeg。它采用一种特殊的有损压缩算法，文件较小，图像效果较好。例如，相机拍摄的照片、网页图片等，许多都采用JPEG格式。

PNG与JPEG格式类似，两者最大的不同之处在于前者支持图像透明。

例如，从上方图片中抠取的汉堡元素，如果保存为JPEG格式，图片除汉堡元素以外的区域会填充白色（见下左图）；如果保存为PNG格式，就可以得到除汉堡元素以外其他区域都是透明的图片素材（见下右图）。

JPEG格式

PNG格式

SVG意为可缩放的矢量图形。SVG格式具有GIF和JPEG格式不具备的优势，图像可以任意放大并保持图像质量，也可以直接转换为PPT形状并保持可编辑和可修改状态，且文件极小。在PPT当中，常见的插画和图标素材许多都采用SVG格式。

GIF格式图像既可以是一张静止的图片，也可以是动画，支持透明背景，大多是小图，如许多网络小动画、表情包都采用这一格式。其缺点是色域范围小，最多只支持256种颜色。

如果用GIF编辑软件打开上方这张图片，会发现它其实是由多张静止的图片连接而成。

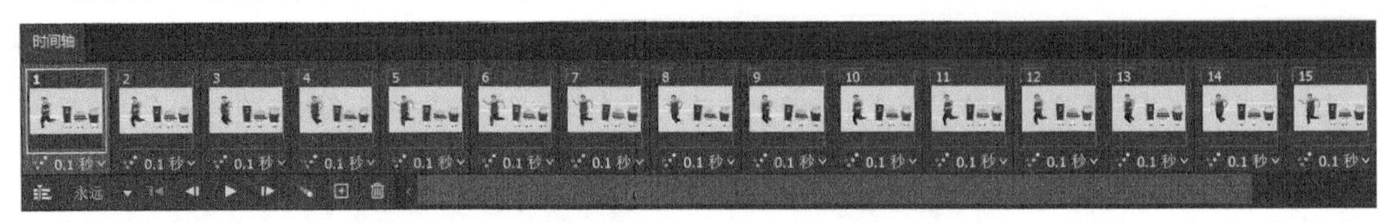

上述4种图像文件格式各有优劣，在PPT中也是“各显神通”，这里编者为大家整理了一张表，方便大家自行记忆与掌握。

格式	优点	缺点	PPT中的应用
JPEG	色彩丰富	不支持图像背景透明	照片
PNG	支持图像背景透明	不可缩放	抠图元素
SVG	可缩放、可编辑、文件极小	目前只有Microsoft 365可编辑	图标、矢量插画
GIF	支持动画和图像背景透明	色域范围小	动画

028 使用“编辑顶点”命令

“编辑顶点”命令是打开PPT新世界的“神奇钥匙”之一。使用它，可以让PPT画面效果更加丰富。

对形状编辑顶点

尽管PPT软件内置了矩形、圆形、等腰梯形等多种常用形状，但如果需要一个直角梯形，就没办法直接得到了。这时，“编辑顶点”命令就派上用场了！

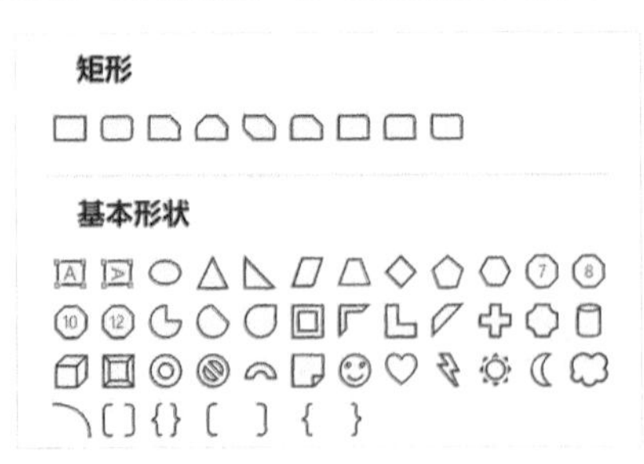

◎ 基本形状编辑

绘制一个矩形。

执行“形状格式 > 插入形状 > 编辑形状 > 编辑顶点”命令，或者在矩形上右击，在弹出的快捷菜单中选择“编辑顶点”选项，这时矩形的四个直角顶点处会出现可编辑的黑色控制点。

向左拖动右上角黑色控制点到合适的位置。

释放鼠标，在幻灯片编辑区空白处单击，此时可以看到矩形已被改造成了直角梯形。

提示

这一操作在排版时经常使用，以避免画面过于规则而缺少变化。

◎ 排版应用效果1

下面这张左右版式的幻灯片就可以使用该方法进行改造。

首先，选中左侧绿色矩形并右击，在弹出的快捷菜单中选择“编辑顶点”选项，然后按下图所示红色虚线箭头方向向左拖动右上角黑色控制点到红色圆圈位置。

释放鼠标，在幻灯片编辑区空白处单击，排版即完成。

◎ 排版应用效果2

除了直接修改顶点位置，还可以做出有弧度的特殊形状。

例如，对下面这张幻灯片的绿色矩形部分进行优化。

首先，在绿色矩形上右击，在弹出的快捷菜单中选择“编辑顶点”选项，然后按下图所示红色虚线箭头方向向上拖动右下角黑色控制点到红色圆圈位置，释放鼠标。

再次选中上图红色圆圈内的控制点，这时会出现两个调节滑块，按照下图所示箭头方向拖动调节滑块到红色圆圈位置，然后释放鼠标，直角梯形斜腰就有了弧形效果。

继续用同样的方法，选中左下角黑色控制点，按下图所示箭头方向拖动调节滑块到红色圆圈位置，然后释放鼠标，完整的弧形效果就做好了。

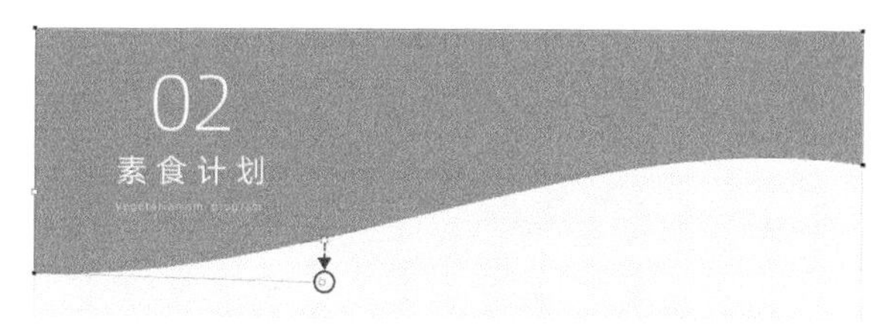

对自由曲线编辑顶点

“自由曲线”的概念与“规则曲线”相对，可简单理解为随手画的线条，就像用画笔在纸上画线一样。画得不满意时，也可以用“编辑顶点”命令来快速修正。

◎ 自由曲线的绘制与编辑

执行“插入 > 插图 > 形状 > 任意多边形：自由曲线”命令，这时鼠标会变成画笔状，然后拖动鼠标随意画出一条弯弯曲曲的自由线条。

在画好的曲线上右击，在弹出的快捷菜单中选择“编辑顶点”选项，这时线条上就会出现多个黑色控制点。拖动其中任意一个控制点到适当位置，即可改变该控制点附近线条的走向。然后拖动调节滑块，同样可以调节线条的弧度。

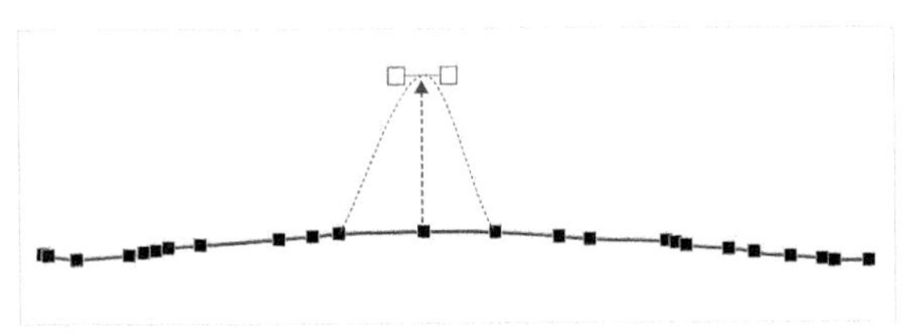

如果觉得线条上的控制点过多，可在多余的控制点上右击，在弹出的快捷菜单中选择“删除顶点”选项，删除多余控制点；反之，如果想要增加控制点，可在线条的空白位置处右击，在弹出的快捷菜单中选择“添加顶点”选项（或直接单击想要添加顶点的位置）即可。

添加顶点(A)
删除顶点(L)
开放路径(N)
关闭路径(L)
平滑顶点(S)
直线点(R)
角部顶点(C)
退出编辑顶点(E)

◎ 排版应用：绘制山脉

利用“编辑顶点”命令，还可以制作山峰型时间轴。

找一张山峰的图片用作背景，然后执行“插入 > 插图 > 形状 > 任意多边形：自由曲线”命令，大致勾画出山峰轮廓。

不满意的地方，可利用“编辑顶点”命令，拖动控制点进行位置调整；也可以通过“添加顶点”或“删除顶点”来实现。

编辑完成后，执行“开始 > 绘图 > 形状轮廓”命令，将轮廓颜色修改为白色。

执行“开始 > 绘图 > 形状轮廓 > 粗细 > 其他线条”命令，在打开的“设置形状格式”窗格中单击“形状选项”下的“填充与线条”图标，设置“线条”的“宽度”为10磅，这样山峰曲线就画好了。

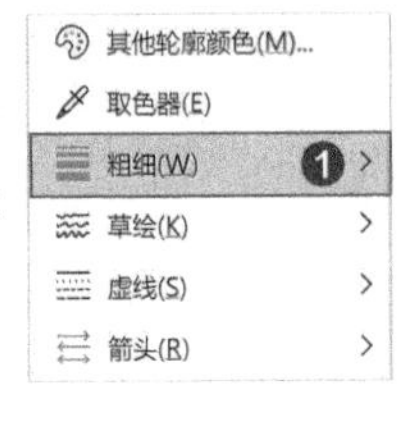

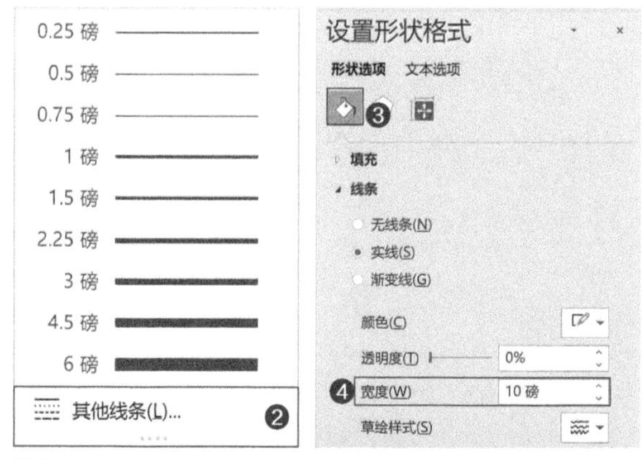

为了方便文字排版，需再增加一些引导线。按住Shift键，从山峰曲线出发向上拉出一条直线。在打开的“设置形状格式”窗格中单击“形状选项”下的“填充与线条”图标，设置“线条”为“实线”，“颜色”为白色，“结尾箭头类型”为“圆型箭头”，“结尾箭头粗细”为“右箭头 9”，这样就做好了第一条引导线。

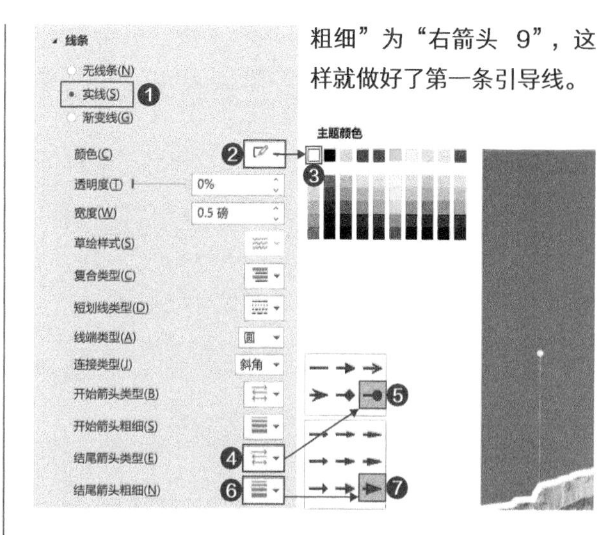

按住Ctrl键的同时复制多条引导线并摆放到合适的位置，之后补充文字内容，这样山峰型时间轴就制作完成了。

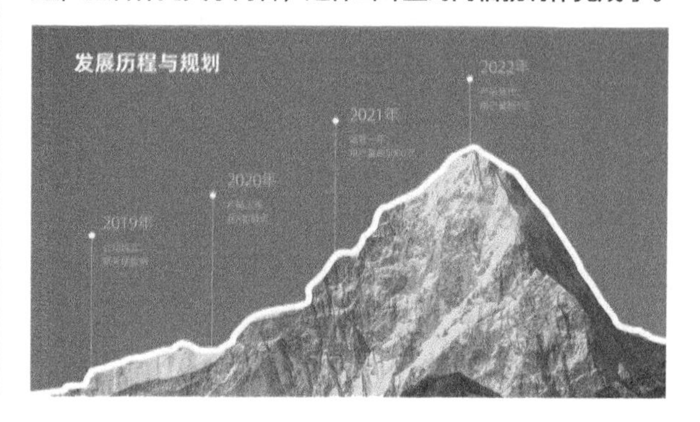

029 万能的“布尔运算”

布尔运算是英国数学家乔治 · 布尔于1847年提出的一种数字符号化的逻辑推演法，包括联合、相交、相减。在图形处理中引用该方法，可以让简单的基本图形通过组合生成新的图形。简单来说，就是图形的“加减乘除法”。

在PPT中，许多看似复杂的图标、形状和文字效果，都可以用“布尔运算”制作出来。例如，两个圆和1个正方形结合到一起，就能做出一个心形。

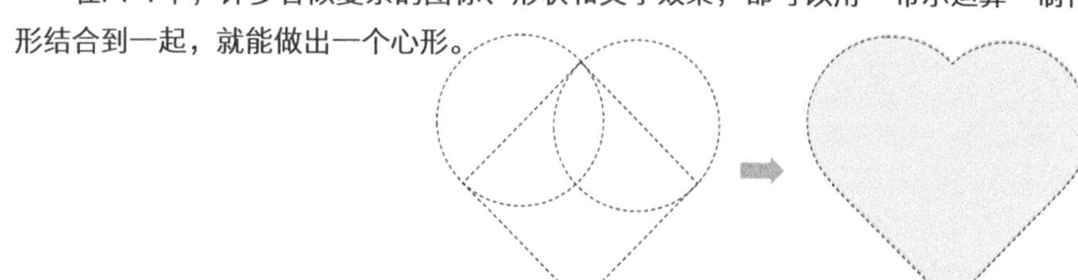

PPT中的“布尔运算”称作“合并形状”，当选中两个及以上的操作对象（形状/图片/文本框）时，就可以在“形状格式”选项卡“插入形状”组中找到它。

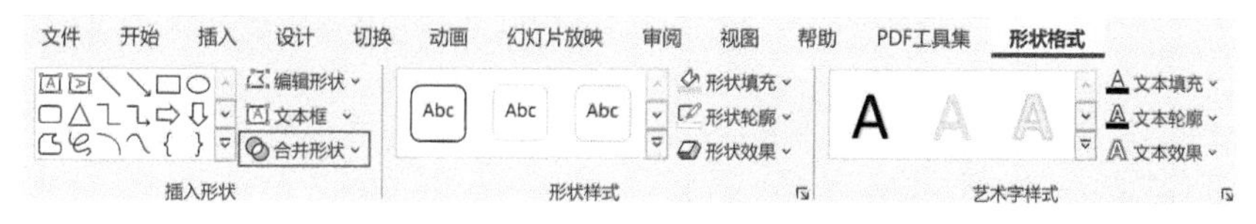

按住Shift键的同时选中两个操作对象（形状/图片/文本框），执行“合并形状”中的任意命令，就可以进行图形的“加减乘除”了。

下面以方形和圆形的“剪除”操作为例进行讲解。

如果先选中绿色方形，再选中黄色圆形，就是方形减去圆形，得到如右图所示的效果。

如果先选中黄色圆形，再选中绿色方形，就是圆形减去方形，得到如右图所示效果。

提示

注意选中的先后顺序，先选的是被操作对象。

5种常见的“布尔运算”方式

PPT中的“合并形状”功能提供了5种运算方式。

结合

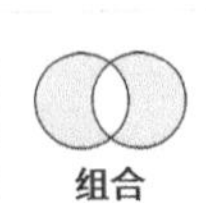

组合

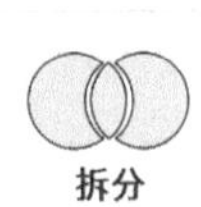

拆分

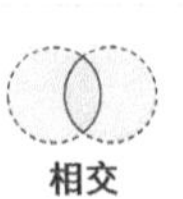

相交

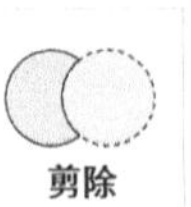

剪除

◎ 结合（联合）

结合指将多个图形合并成一个新图形。例如，椭圆形结合三角形可以做出一个对话气泡。

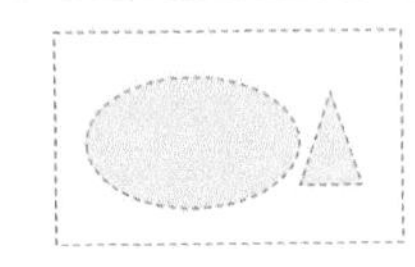

结合

◎ 组合

组合指将多个图形合并成一个，并且减去重合部分。例如，多个圆形组合可以做出镂空窗花效果。

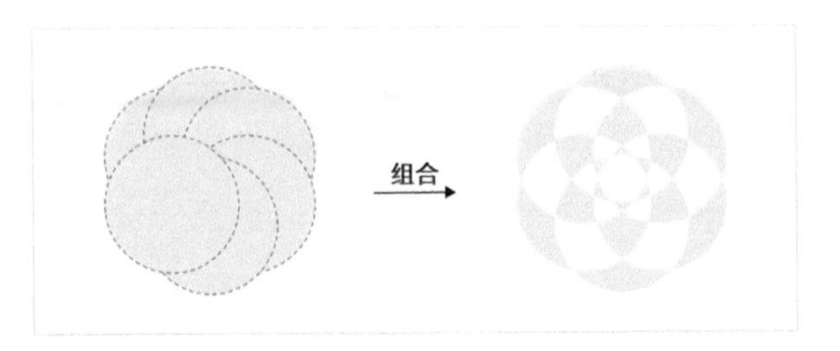

◎ 拆分

拆分指将选中的图形沿着重合处拆分成多个图形。例如，将两个三角形拆分为多个形状。

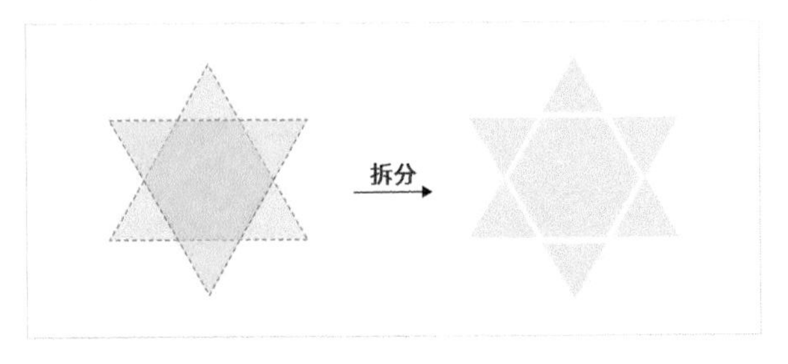

◎ 相交

相交指保留两个图形相交重合的部分。例如，用方形和一组同心圆相交，就可以得到Wi-Fi图标。

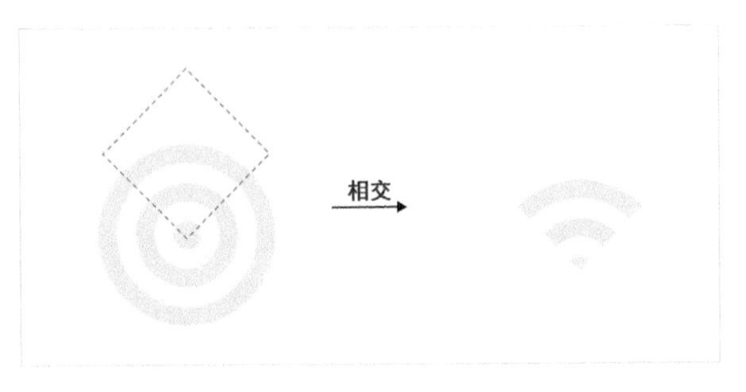

◎ 剪除

剪除指一个图形减去与另一个图形相交的部分。例如，黄色圆剪除绿色圆，就得到了一轮新月。

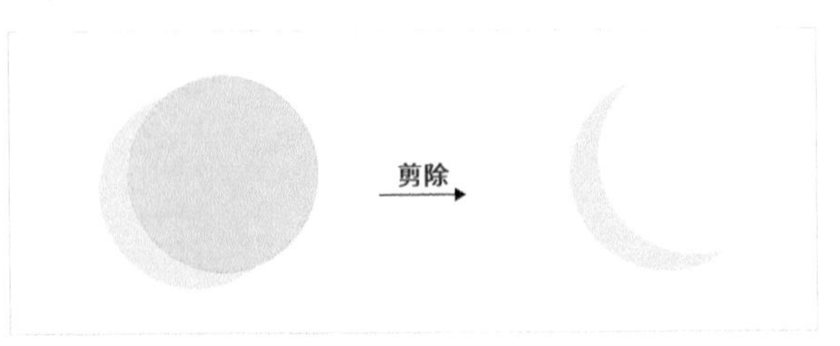

“布尔运算”的应用操作

学会了PPT中的“布尔运算”方法，就可以用它来制作各种效果了。

◎ 图标制作

· 花瓣图标

执行“插入 > 插图 > 形状 > 椭圆”命令，按住Shift键绘制两个圆形，“合并形状”设置为“相交”，就得到了一片花瓣。

按住Ctrl键拖动复制两个花瓣，拖动花瓣，使其重合。单击鼠标右键，选择“设置形状格式”选项，打开“设置形状格式”窗格。选中其中一个花瓣，单击“形状选项”下的“效果”图标，自定义三维旋转效果，设置“Z旋转”为30°；针对另一个花瓣采用同样的方式，设置“Z旋转”为330°。此时就得到了花瓣图形。

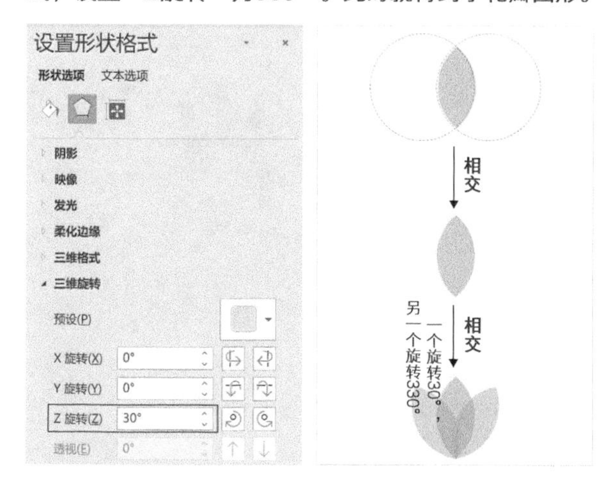

· 云朵图标

先按住Shift键绘制4个大小不一的圆，“合并形状”设置为“结合”，就得到了云朵的雏形。

再绘制一个矩形，按住Shift键的同时先选中云朵，再选中矩形，“合并形状”设置为“剪除”，就得到了云朵图形。

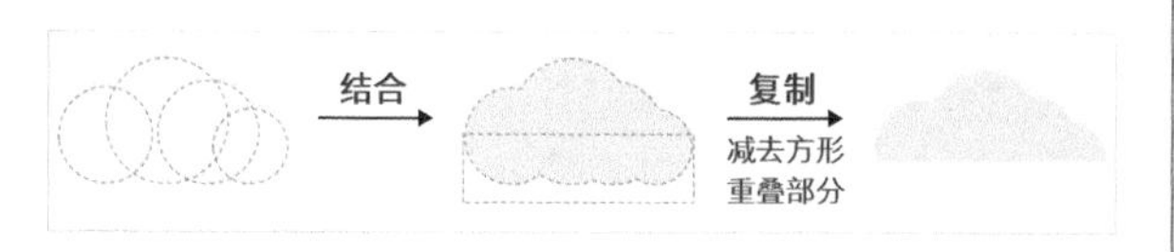

· 小鱼图标

按住Shift键绘制6个大小不一的圆，勾勒出小鱼的雏形。

“合并形状”设置为“拆分”，删除多余的图形碎片，再将有效图形结合在一起就得到了小鱼图形。

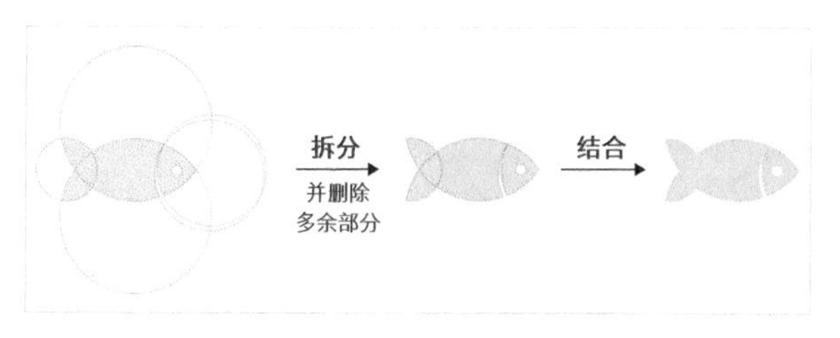

◎ 文字创意

· 文本切割

面对残缺的文字，人脑会“自动补齐”，利用这一效应可以增加观众对画面的思考。

绘制一个矩形，按住Shift键的同时先选中文字，再选中矩形。

“合并形状”设置为“剪除”，得到切割好的文字。

在剪除位置输入其他小号文字，即完成最终效果。

· 笔画变色

汉字笔画中藏着无数巧合，借用笔画变色能很好地突出特殊主题意义。

先绘制合适的矩形和圆形用于遮盖“缺”字的“人”结构以外区域，然后使用“合并形状”功能将把这些形状“结合”成一个整体。

按住Shift键的同时先选中“缺”字，再选中结合好的形状，“合并形状”设置为“拆分”，形状即被拆分为多个碎片。

删掉多余的碎片，选中从“缺”字中抠出的“人”字，设置“形状填充”颜色和“形状轮廓”颜色均为默认主题颜色中的“金色，个性色4”，就得到了最终效果。

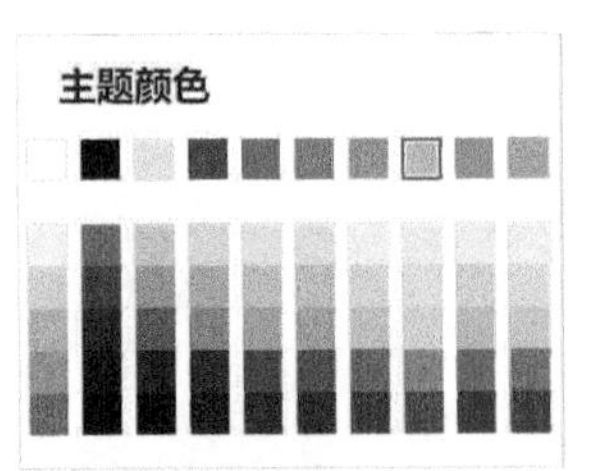

· **笔画替换**

有时将文字的某个部分替换成图形，画面表达会更加形象生动。

先绘制一个矩形用于遮盖要删除的部分。

按住Shift键的同时先选中“时”字，再选中矩形，“合并形状”设置为“剪除”。

再加入时钟图片，完成最终效果。

◎ 图片造型

· **版面切割**

版面切割属于较实用的排版方式，它可以帮助我们快速实现一个简约工作型的封面效果。

绘制一个矩形和平行四边形，按住Shift键的同时先选中矩形，再选中平行四边形，“合并形状”设置为“结合”，得到一个斜切的版面。

· **图片裁剪**

有时看腻了整张图片，这时可以做成异形效果。

先绘制多个圆角矩形和圆，选中这些形状后，“合并形状”设置为“结合”。

插入图片，将该图片置于底层，然后按住Shift键先选中图片，再选中结合后的形状。

“合并形状”设置为“相交”，得到以下图片效果。

◎ 图文混搭

· **图片裁剪文字**

用图片书写文字，可以丰富视觉层次。

找一张北京古代建筑图片，复制1张，两张图片都分别执行“图片格式＞大小＞裁剪”命令，分别保留左半边和右半边，最终得到一分为二的背景图。

插入横向四个文本框，分别输入“北京”“印象”“Bei jing”“yin xiang”，并且将“北京”“Bei jing”置于左半边背景，“印象”“yin xiang”置于右半边背景。

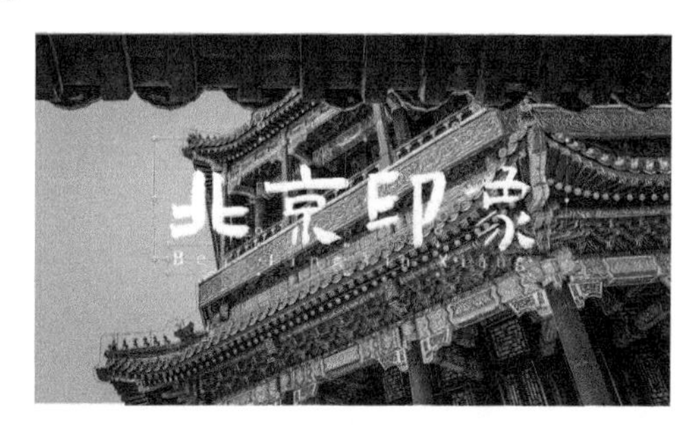

选中“北京”和“Bei jing”，“合并形状”设置为“结合”。按住Shift键的同时先选中左侧背景，再选中文字“北京”和“Bei jing”的结合体，“合并形状”设置为“相交”，得到一个“京味儿”纹理字效果。

选中右侧背景，执行“图片格式＞调整＞校正”命令，设置“亮度”为40%，“对比度”为40%，让文字效果更加清晰；再次加入原始背景图，设置其“透明度”为95%，并将其置于底层，以丰富画面细节。得到的最终效果如下。

- **文字镂空画面**

透过文字看见画面，可以带来更通透的视觉感受。

先绘制一个矩形，填充颜色“#FFF2CC”。按住Shift键的同时先选中矩形，再选中文字。

“合并形状”设置为“剪除”，即可得到以下文字镂空效果。

制作户外运动品牌PPT封面

本案例围绕“布尔运算”重点讲解复杂形状的处理方法，如不规则的文字拆分，可结合“编辑顶点”工具调整边缘，再配合画面做渐变填充和特殊笔画填色处理。注意，选择文字的小面积偏旁或笔画时，线条勾勒要清晰。示例效果如下。

制作方法

插入背景图片，插入文本框并输入文字。

选中背景图片，执行“图片格式>调整>校正>亮度/对比度>亮度-20%，对比度+40%”命令，让画面色彩更饱满，文字更突出。再选中单个文字，适当调整文字大小。

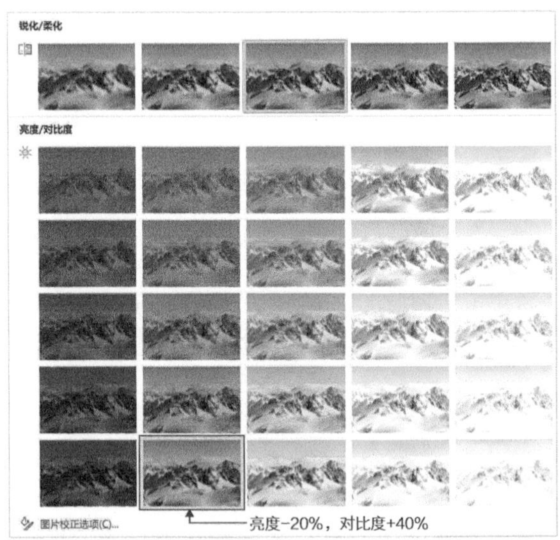

执行“形状格式>插入形状>任意多边形”命令，顺着文字偏旁或笔画的边缘勾勒出不规则形状，遮盖需要美化的文字偏旁或笔画。如果对所勾勒的形状不太满意，可使用“编辑顶点”工具，拖动单个控制点进行细节调整。

按住Shift键的同时先选中文字，再选中不规则形状，“合并形状”设置为“拆分”，得到拆散的文字和形状。将多余的形状删除，只保留原始的文字。

根据效果需要，选中拆散的文字偏旁或笔画，打开“设置形状格式”窗格，单击“形状选项”下的“填充与线条”图标，设置“填充”为“渐变填充”，“角度”为90°，“渐变光圈”左右两个色标颜色分别为“#278FE2”和“#FFFFFF”。另一部分文字偏旁或笔画则直接填充颜色“#FFDF7F”。

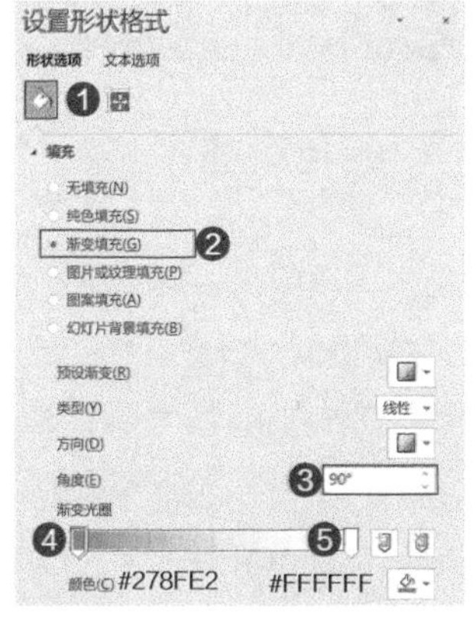

最后，添加斜线、圆圈等细节修饰，以增加画面层次，即完成制作。

030 样式百宝箱1——填充与线条

PPT中有一个隐藏的神奇窗格，我们平时见到的各种精致的形状和文字特效，无论是基本的形状颜色、效果、大小，还是带有高级感的阴影边框、发光形状、三维立体效果等，都隐藏在这个“百宝箱”中。

形状填充

形状填充有6种方式。

在任意形状上右击，在弹出的快捷菜单中选择“设置形状格式”选项，此时幻灯片编辑区右侧会出现“设置形状格式”窗格。

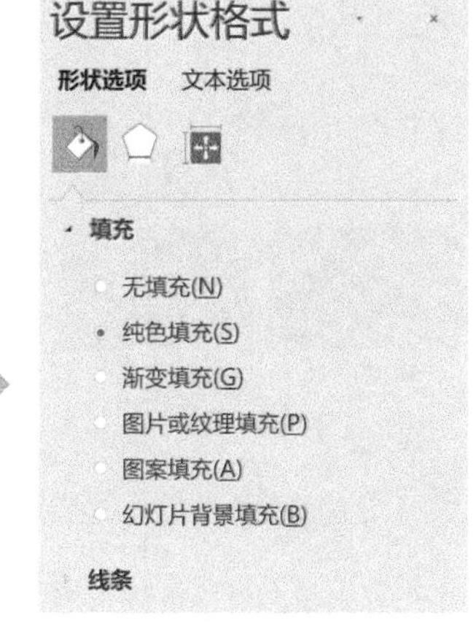

◎ 无填充

在“设置形状格式”窗格中可以看到默认的“填充”效果为“纯色填充”。若修改“填充”效果为“无填充”，形状内部就会变成无色透明，并且可以透过形状看到其后方的图层。

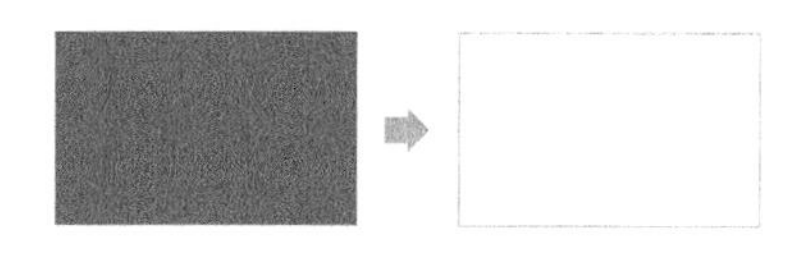

下面以“无填充”效果的简约商务风报告封面的制作为例进行讲解。

准备一张商业风背景图片。

绘制一个矩形，执行“开始＞绘图＞排列＞放置对象＞对齐＞水平居中”和“垂直居中”命令，让矩形位于画面正中间位置。

打开“设置形状格式”窗格，单击“形状选项”下的“填充与线条”图标，设置“填充”为“无填充”，矩形就变成透明效果了。

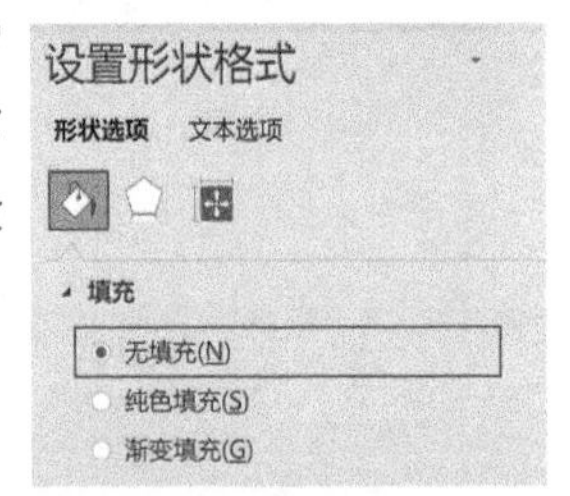

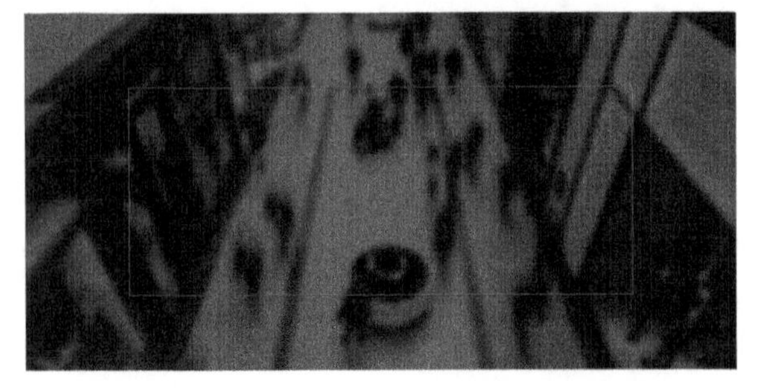

接着设置“线条”为“实线”，“颜色”为“#FFFFFF”，矩形线框就制作完毕。

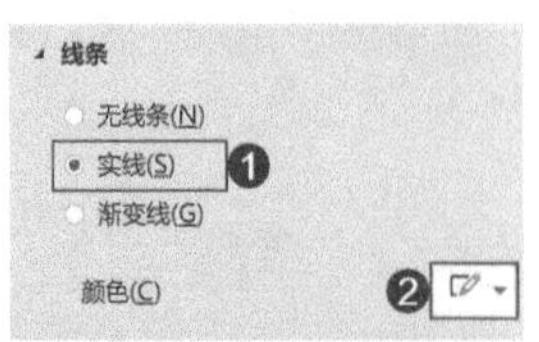

最后插入文本框，输入文字标题，一张简约商务风报告封面就制作完成了。

◎ 纯色填充

插入矩形时，默认“纯色填充”效果，可以单击“颜色”图标选择新的颜色（与“开始”选项卡中的“形状填充”功能用法一样），修改它的“透明度”参数值或左右拖动滑块调整透明度。

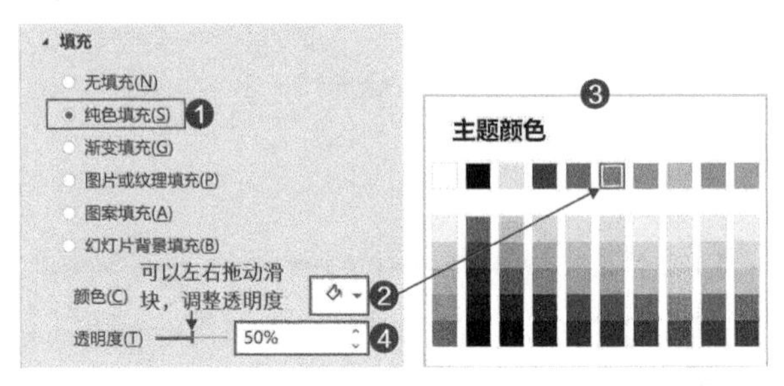

例如，插入矩形后，进行“纯色填充”，“颜色”设置为默认主题颜色中的“橙色，个性色2”。然后设置其“形状轮廓”的颜色同样为“橙色，个性色2”，就得到一个橙色的矩形。

下面修改透明度来看一看颜色的变化。当“透明度”为0%时，橙色矩形是完全不透明的；随着“透明度”参数变大，橙色矩形变得越来越透明；当“透明度”为100%时，橙色矩形就完全透明了（这时已经看不见形状，只有用鼠标选中时才能够找到它）。

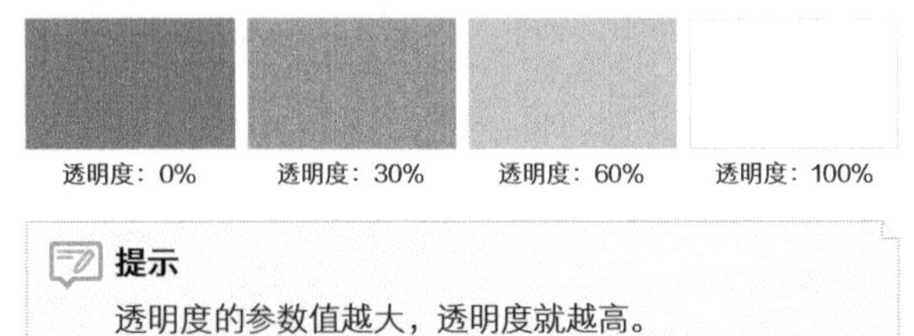

提示

透明度的参数值越大，透明度就越高。

利用透明度属性，我们可以通过在图片上叠加半透明色块来突出文字主题。

先插入一张背景图片。

绘制一个矩形，执行“开始＞绘图＞形状轮廓＞无轮廓”命令。

打开“设置形状格式”窗格，单击“形状选项”下的“填充与线条”图标，设置“填充”为“纯色填充”，“透明度”为20%。

颜色(C)
透明度(T) 20%

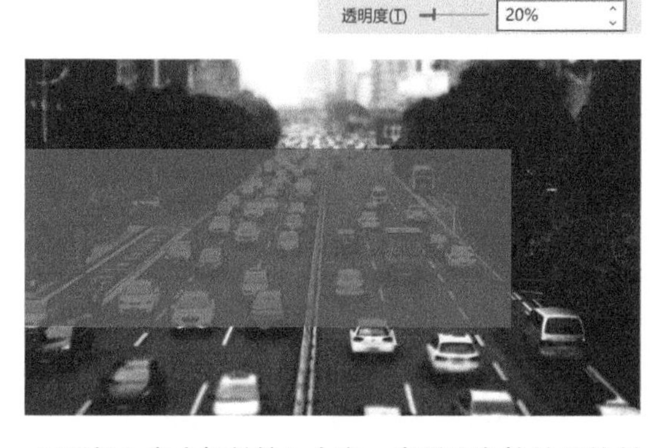

最后插入文本框并输入文字，半透明色块效果就制作完成了。

◎ 渐变填充

绘制一个矩形，打开“设置形状格式”窗格，为其设置“渐变填充”效果，矩形就会被填充为默认的渐变色，“渐变填充”各项属性设置也随之显示。

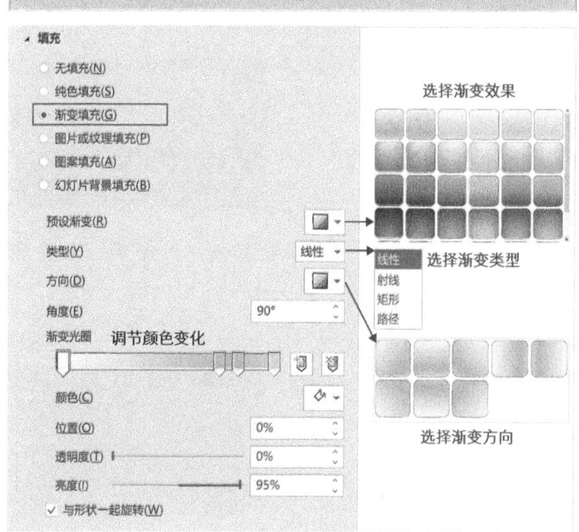

可以看到，“渐变光圈”色条上有4个色标，拖动它们可以调节颜色发生渐变的位置，单击“增加”按钮（或者在色条上单击）可以增加色标，单击“删除”按钮（或者向上或向下拖动色标）可以删除多余的色标。

例如，制作一个由黑色到深蓝的渐变背景。插入矩形后，选中该矩形，打开“设置形状格式”窗格，为其设置“渐变填充”效果：调节“渐变光圈”色条上的色标，删除中间两个多余的色标，只保留左右两端的两个色标。矩形将呈现如下右图所示的渐变效果。

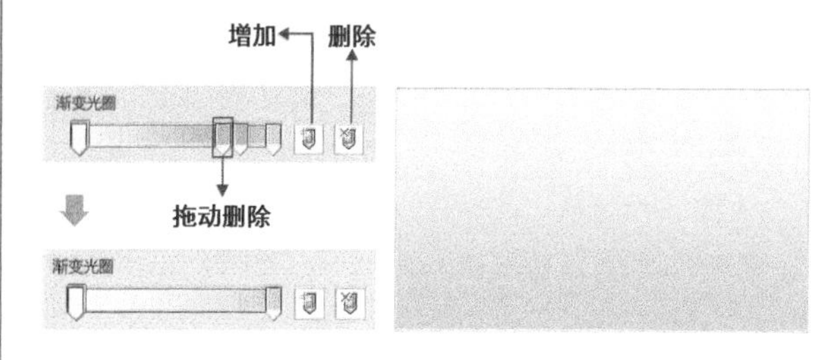

先选中“渐变光圈”色条上的左侧色标，设置“颜色”为默认主题颜色中的“黑色”。

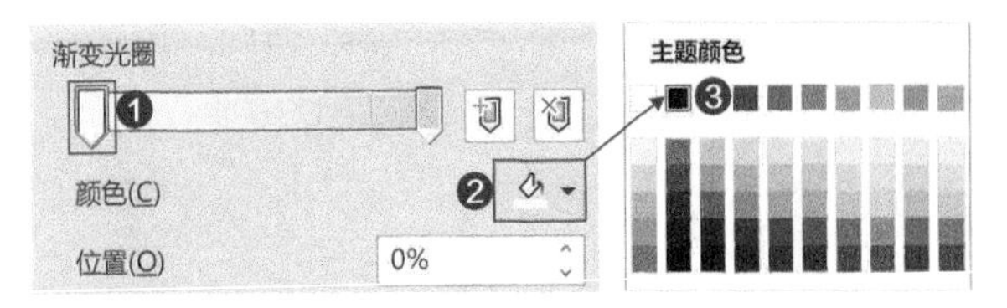

再选中右侧色标，设置“颜色”为默认主题颜色中的“蓝色，个性色1，深色50%”。

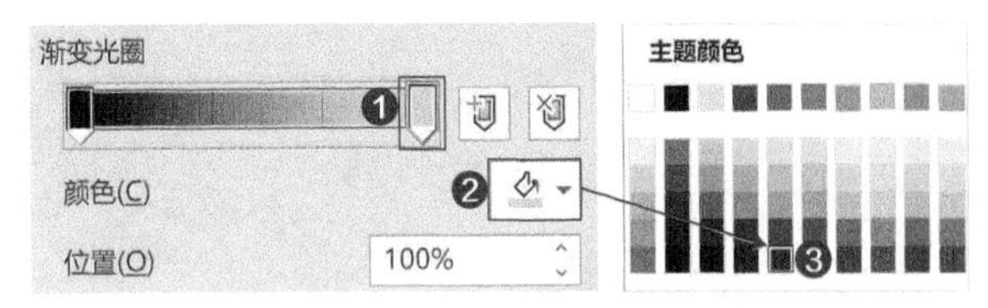

这样就得到了一个由黑色到深蓝的渐变矩形。

不过这样看起来，画面中蓝色比例偏多，如要调整，可选中“渐变光圈”色条上的左侧色标，设置“位置”为20%(或向右拖动色标)，让黑色部分更多一些。

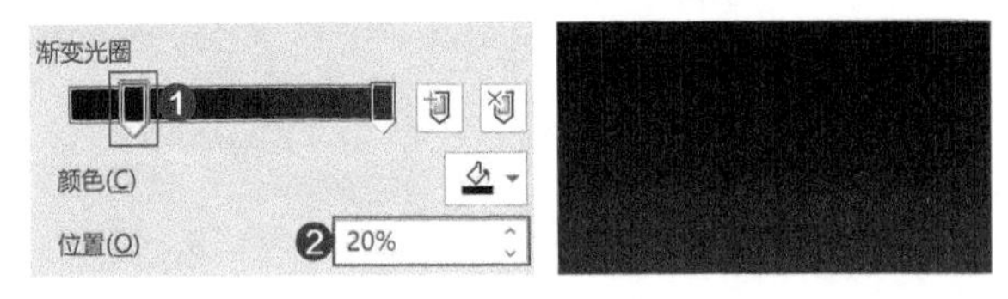

执行“开始>绘图>形状轮廓>无轮廓”命令，去除矩形的边框。插入文本框并输入文字内容，一张简约渐变色幻灯片就制作完成了。

◎ 图片或纹理填充

绘制一个矩形，选中矩形并右击，在弹出的快捷菜单中选择“设置形状格式”选项，在打开的“设置形状格式”窗格中单击“形状选项”下的“填充与线条”图标，设置“填充”为“图片或纹理填充”，此时就可以为矩形填充图片或纹理了。

- **图片填充**

单击“图片源”下方的“插入”按钮，可以从计算机中选择任意图片填充到矩形中；或者拖动一张图片到幻灯片编辑区，按快捷键Ctrl+X将这张图片剪切，单击“剪贴板”按钮，这张图片就会被填充到矩形中。

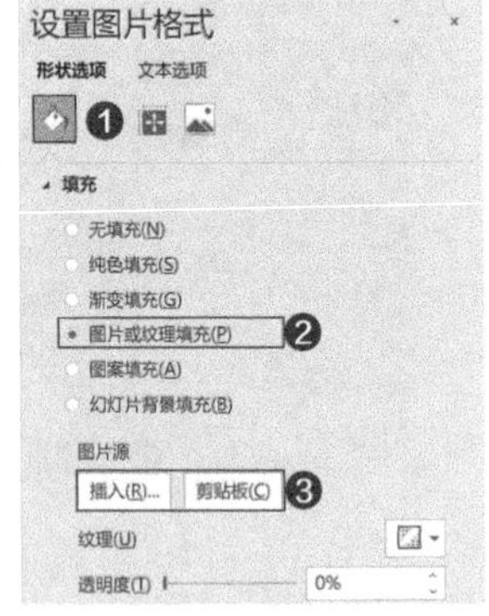

例如，为下面这张幻灯片的灰色矩形填充图片。选中矩形并右击，在弹出的快捷菜单中选择“设置形状格式”选项，在打开的“设置形状格式”窗格设置“填充”为“图片或纹理填充”。

单击“图片源”下方的“插入”按钮，在弹出的“插入图片”对话框中选择“来自文件”选项，然后从计算机中选择一张想要插入的图片。

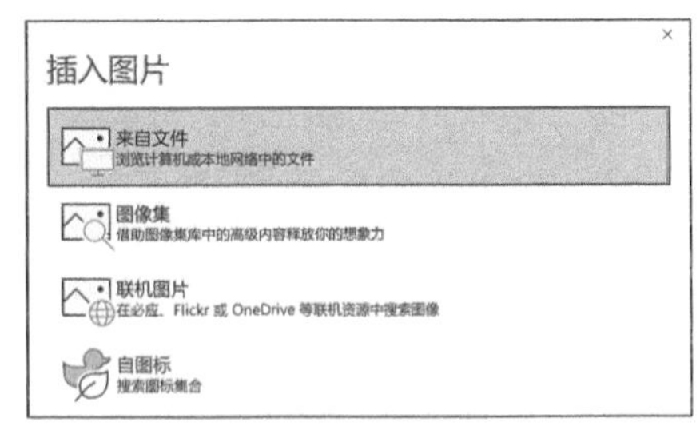

这时，大家会发现插入的图片可能发生拉伸变形。想要处理这一问题，可勾选“将图片平铺为纹理”复选框，设置“对齐方式”为“居中”，然后调节“偏移量”和“刻度”，让图片以合适的比例填充到合适的位置。这里的“偏移量X”用于减小图片左移，增加图片右移；“偏移量Y”用于减小图片上移，增加图片下移；“刻度X”代表相对于原图的宽度比例，“刻度Y”则代表相对于原图的高度比例。单击数值框右侧的⇕按钮可精细化调整数值，使调节效果展示得更细微。

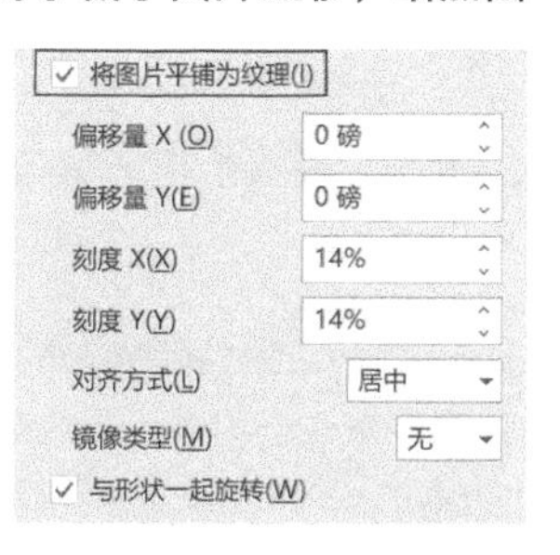

> **提示**
>
> 记不住“偏移量”属性的偏移方向？其实就是数学中x轴、y轴的方向。

经过一系列数值修正后，填充图片恢复了正常的显示比例和显示区域，图片填充制作完成。

· 纹理填充

插入形状并选中，打开“设置图片格式”窗格，设置“填充”为“图片或纹理填充”，单击“纹理”右侧的下拉按钮，就可以选择纹理样式了。

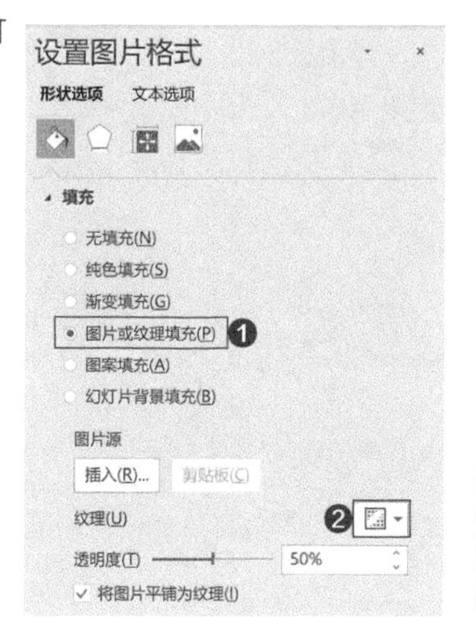

例如，制作一张古风纸张纹理背景图片。插入矩形后，将其拉伸铺满整个画面。打开“设置形状格式”窗格，设置“填充”为“图片或纹理填充”，设置“纹理”为“再生纸”纹理，即可得到一张纸张纹理背景图片。

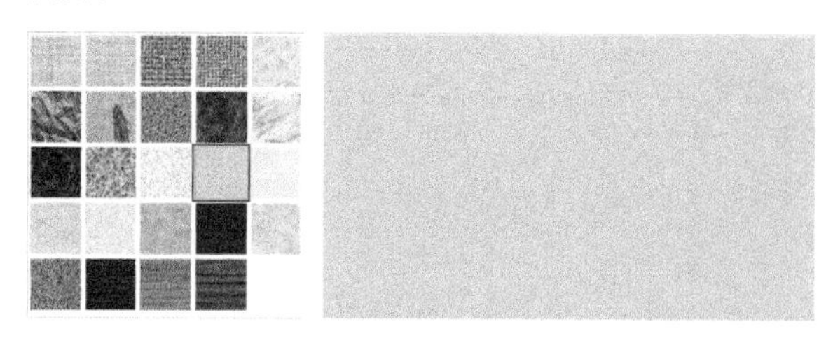

这时，感觉图片背景颜色略深，可修改“透明度”为50%，再生纸效果就做好了。

透明度(T) 50%

插入横向文本框并输入文字，设置颜色为“#7B6756”。

最后，添加图片素材和线条用于修饰，一张古风PPT封面就做好了。

◎ 图案填充

插入形状后，选中该形状，打开“设置形状格式”窗格，设置“填充”为“图案填充”，就可以挑选合适的图案样式了。

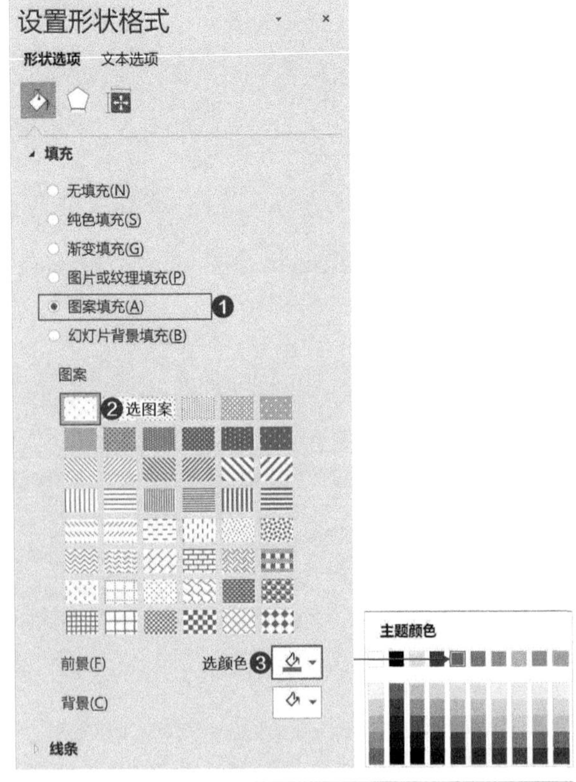

例如，制作一个小清新风格的浅绿色方格背景。插入矩形并将其拉伸铺满整个画面，打开“设置形状格式”窗格，设置“填充”为“图案填充”,“图案”为“虚线网格”，即可得到一张蓝色的虚线网格图片。

修改一下图案的前景颜色。单击“前景”按钮右侧的图标，选择“其他颜色”选项，在弹出的“颜色”对话框中移动十字光标的位置选择颜色，单击“确定”按钮即可。

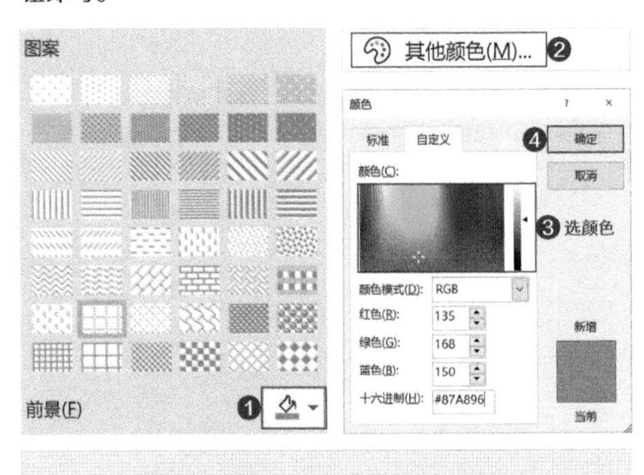

添加文字和小图标，这样一张小清新风格的浅绿色虚线网格背景图片就制作完成了。

◎ 幻灯片背景填充

这是一种简单又神奇的填充效果，它可以直接把幻灯片背景填充到形状中。

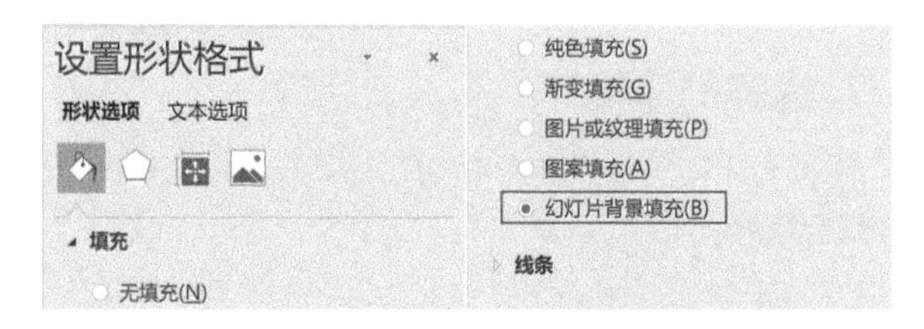

首先，在幻灯片空白处右击，在弹出的快捷菜单中选择“设置背景格式”选项，打开“设置背景格式”窗格，设置“填充”为“图片或纹理填充”，然后单击“图片源”下方的“插入”按钮，插入一张背景图片。

执行“插入＞插图＞形状＞等腰三角形”命令，绘制一个三角形。选中三角形，打开“设置形状格式”窗格，设置“填充”为“无填充”，“线条”为“实线”，“线条”下的“颜色”和“宽度”分别为#FFFFFF和6磅。

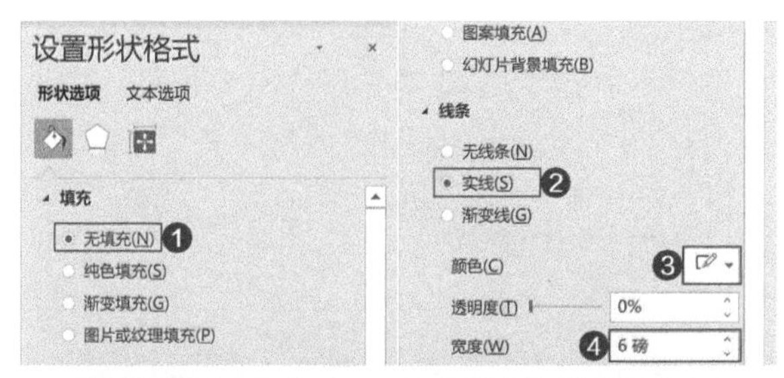

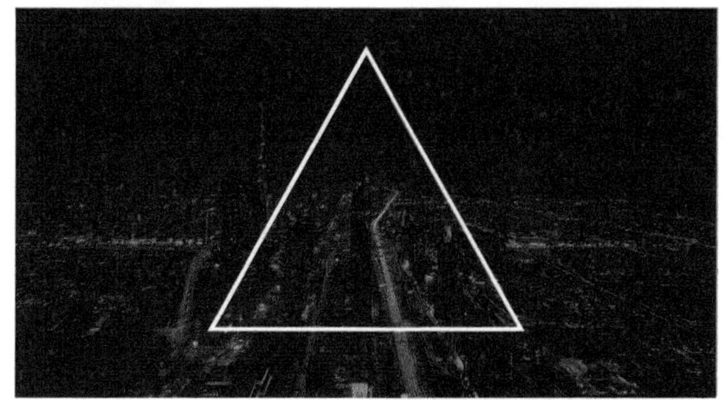

然后插入两个横向文本框并输入文字内容。

最后，框选两个文本框，打开“设置形状格式”窗格，设置“填充”为“幻灯片背景填充”，三角形被切割的奇妙效果即制作完成。

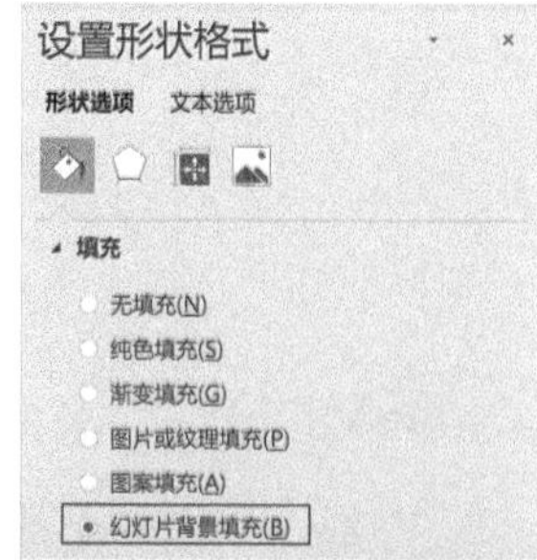

线条

“线条”也就是“开始”选项卡“绘图”组中的“形状轮廓”，它可以是一条直线或曲线，也可以是某个形状的边框线。选择某一线条或形状边框，就可以设置相关参数了。

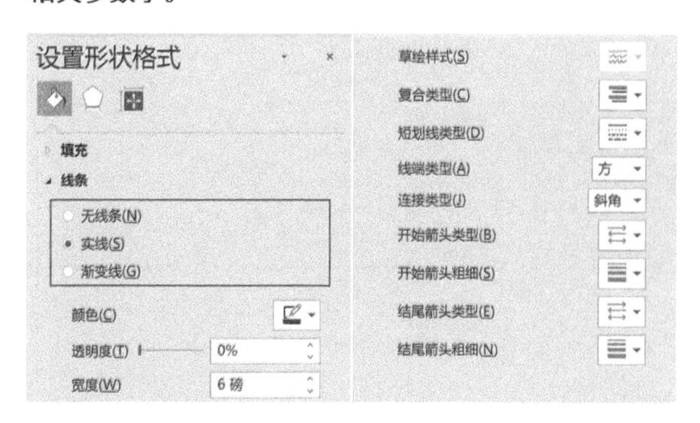

◎ 形状边框

当线条用作形状边框时，“颜色”和“透明度”的设置可以直接套用“填充”的设置方法。

3种线条类别的区别如下。

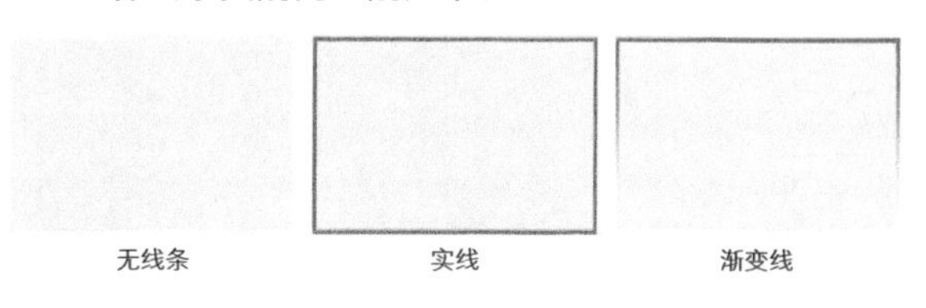

线条样式和类型示例如下。

◎ 线条的属性

线条的属性类别有线端、复合、短划线、连接、开始箭头、结尾箭头等。

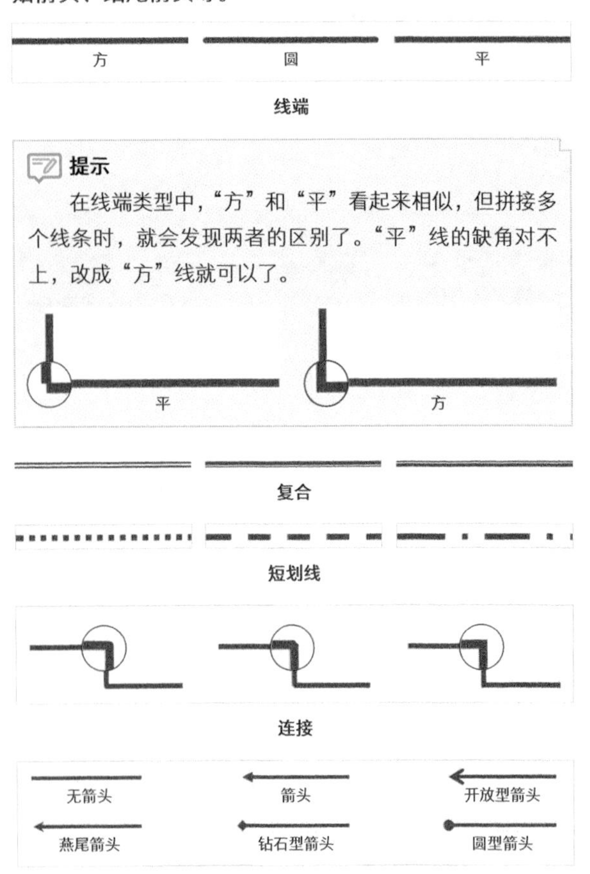

线端

提示

在线端类型中，“方”和“平”看起来相似，但拼接多个线条时，就会发现两者的区别了。“平”线的缺角对不上，改成“方”线就可以了。

复合

短划线

连接

开始箭头

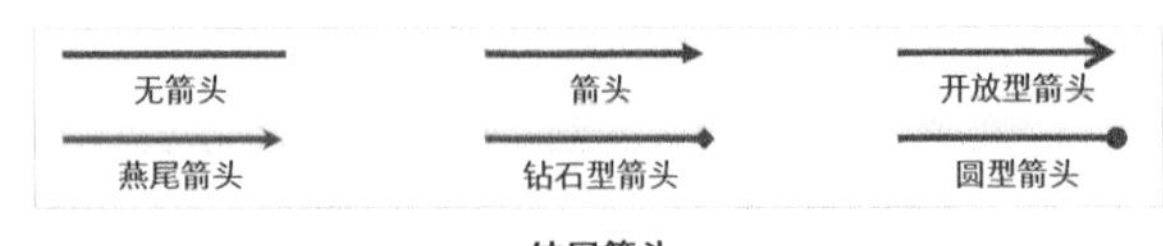

结尾箭头

◎ 线条的应用

结合不同的线条样式和类型，可以制作出各种引导线和装饰线。

- **引导线**

电商网页上常见的用于视觉引导的标示设计就是采用的圆型箭头，如标示某个产品重点部位的解释说明。

- **装饰线**

当页面文字比较少的时候，可以借用装饰线来辅助排版。例如，下图中所使用的这两根浅浅的灰色短线即是装饰线。

031 样式百宝箱2——形状效果

在“设置形状格式”窗格中，单击“形状选项”下的“效果”图标，就可以设置各种图形效果样式了。

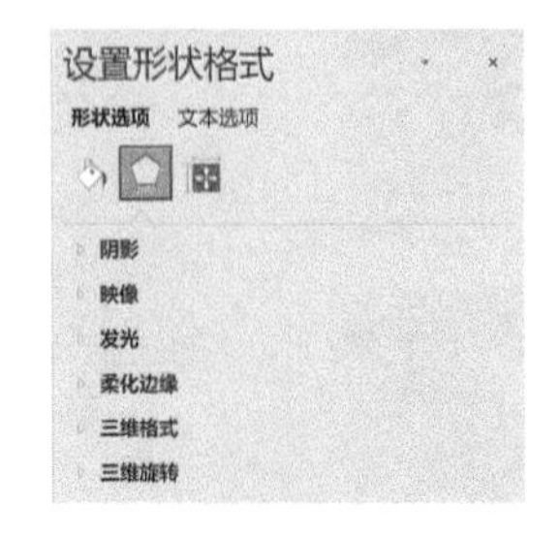

阴影

打开“设置形状格式”窗格，单击“形状选项”下的“效果”图标，展开“阴影”节点，单击“预设”右侧的“阴影”图标，在弹出的效果库中可以选择各种预设阴影效果。如果对效果不满意，可以再调整“颜色”“透明度”“大小”等参数的值。

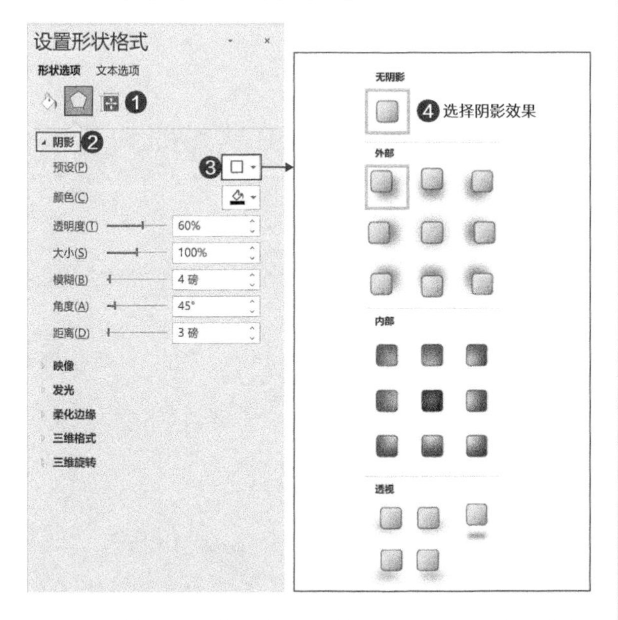

预设外部阴影效果如下。外部阴影常用来制作高级感衬底效果，但直接选择默认的样式有时会感觉黑色过重、不自然。

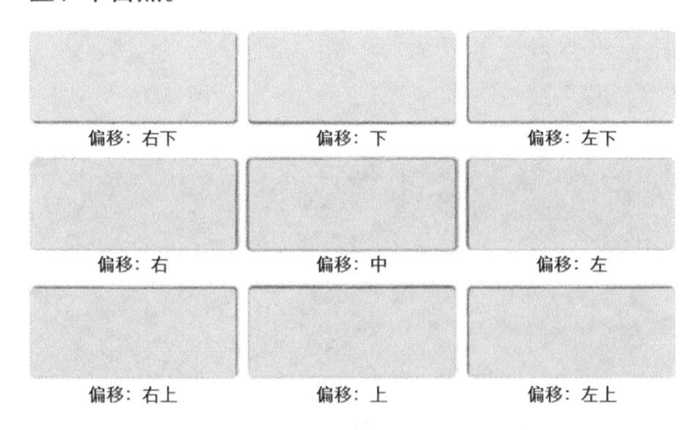

例如，制作下图中圆角矩形的衬底时，直接选择“偏移：中”样式，效果会不理想，此时适当调高“透明度”和“模糊”的数值之后，效果就理想多了。

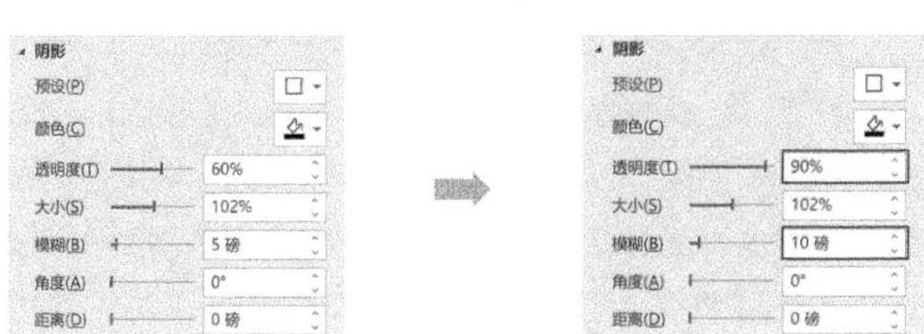

调整参数值

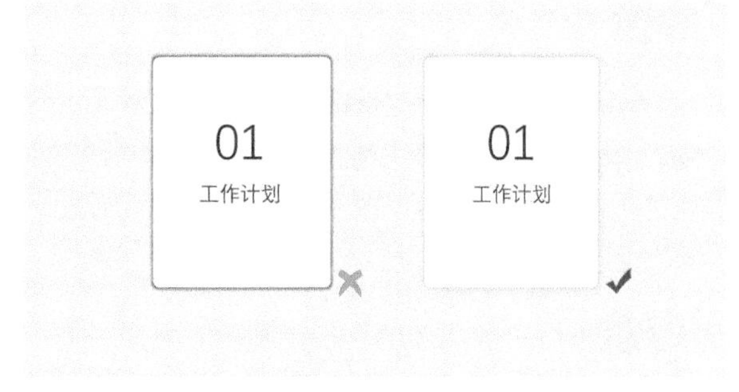

效果展示

内部阴影的使用也是如此。

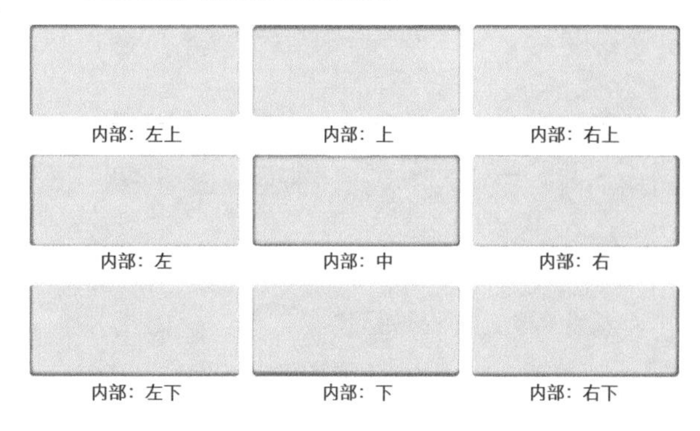

例如，近年来流行的新拟态效果，就是使用了内部阴影效果。

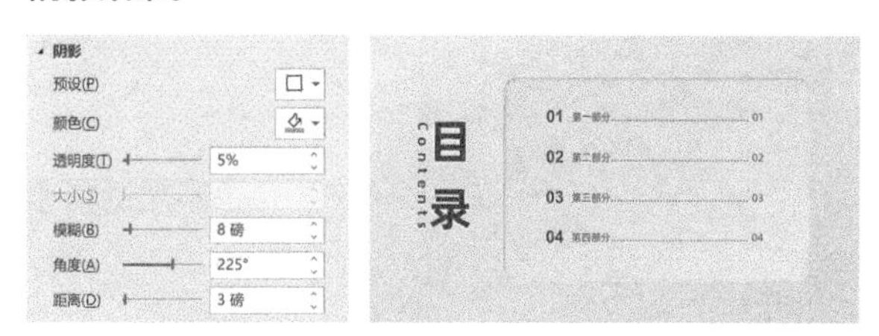

调整参数值　　效果展示

透视阴影通常用来增加立体感，就像光源照到物体上形成的影子一样。

无透视　　透视：左上

映像

打开“设置形状格式”窗格，单击“形状选项”下的“效果”图标，展开“映像”节点，单击“预设”右侧的下拉按钮，在弹出的效果库中可以选择各种预设映像效果。如果对效果不满意，可以再调整“透明度”“大小”等参数的值。

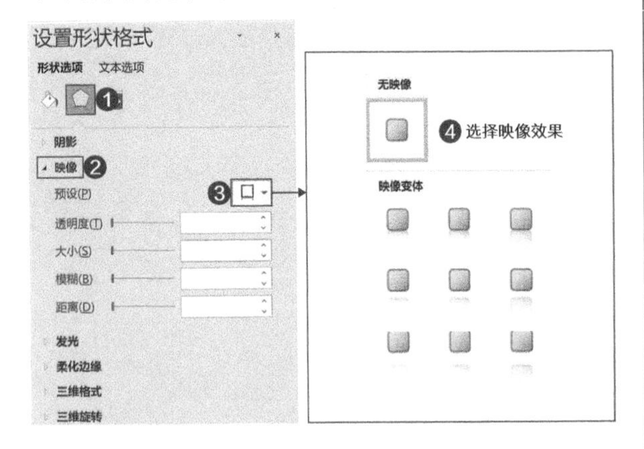

预设映像变体效果如下。

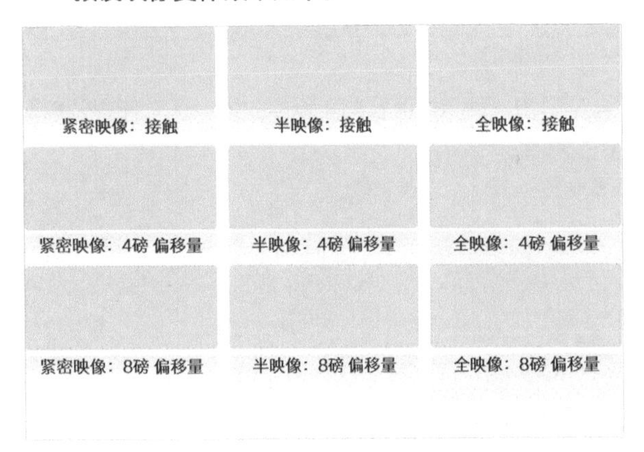

例如，下面的形状加上映像效果，矩形就更有立体感了。

发光

打开“设置形状格式”窗格，单击“形状选项”下的“效果”图标，展开“发光”节点，单击“预设”右侧的“发光”图标，在弹出的效果库中可以选择各种预设发光效果。如果对效果不满意，可以再调整“颜色”“大小”等参数的值。

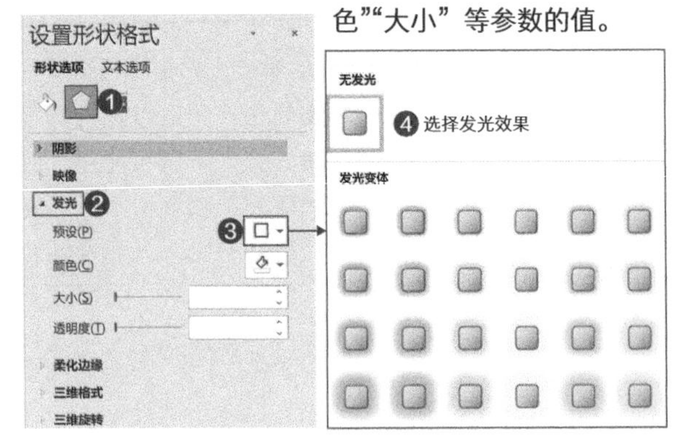

预设发光变体效果（部分）如下。

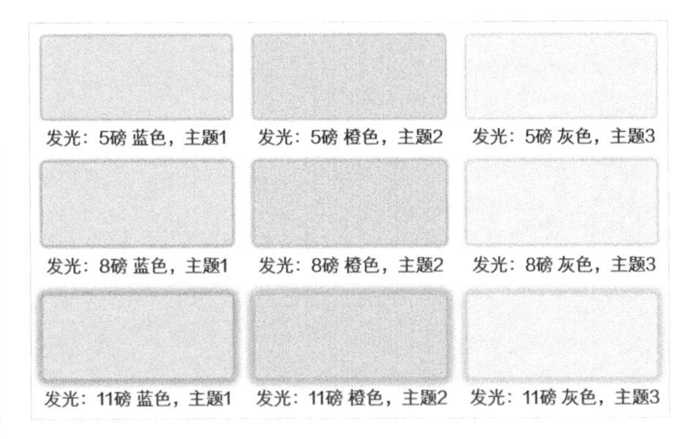

例如，下图中的矩形边框和装饰线就是使用了发光效果。在具体使用时，需要适当调整发光的“大小”和“透明度”属性。

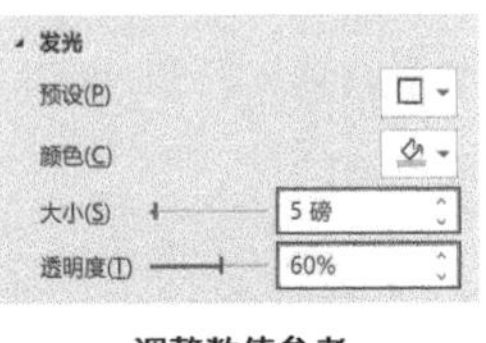

调整数值参考

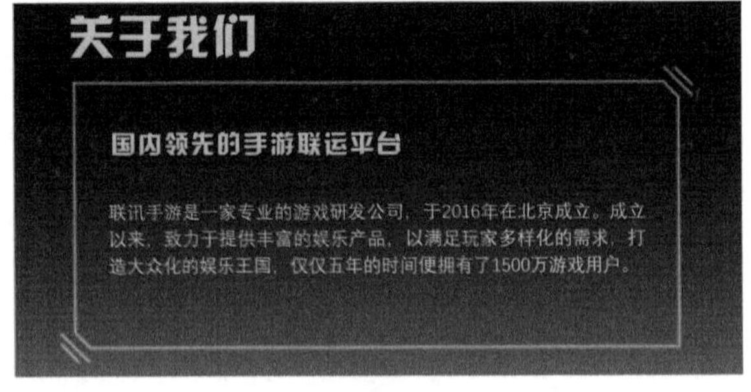

效果展示

柔化边缘

打开“设置形状格式”窗格，单击“形状选项”下的“效果”图标，展开“柔化边缘”节点，单击“预设”右侧的“柔化边缘”图标，在弹出的效果库中可以选择预设好的柔化边缘效果。如果对效果不满意，可以在“大小”右侧的数值框中调整数值大小。

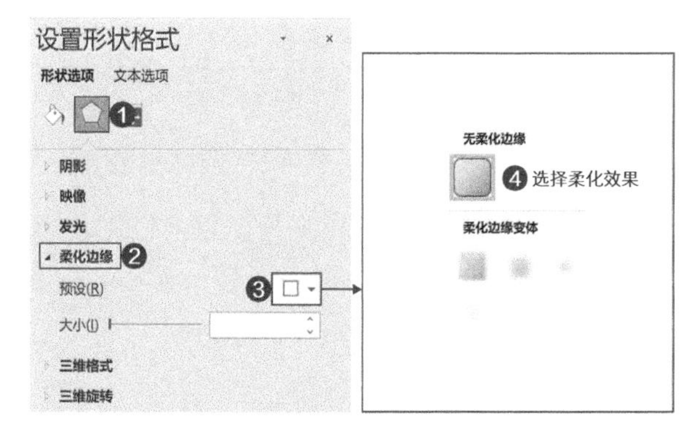

预设柔化边缘效果如下。

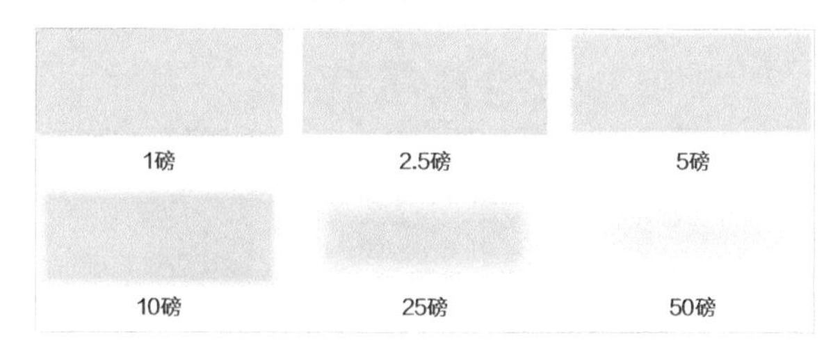

例如，下图中人物背后的柔化圆形，就用到了这一效果。

三维格式

打开“设置形状格式”窗格，单击“形状选项”下的“效果”图标，展开“三维格式”节点，可以选择预设的各种三维格式效果。如果对效果不满意，可以再调整“宽度”“高度”等参数的值。

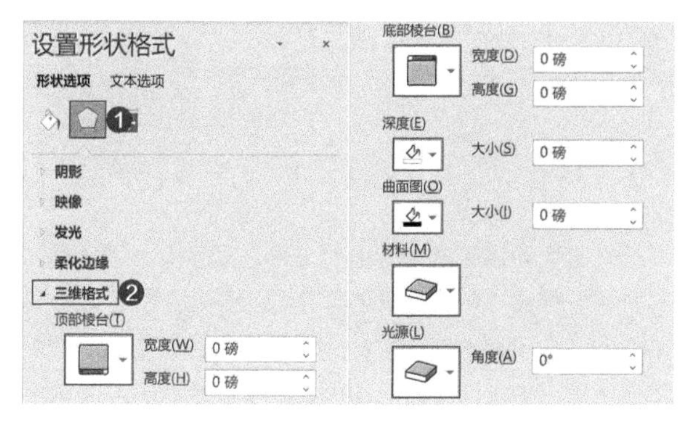

三维格式会让物体呈现一定的厚度和立体感。例如，针对一个简单的圆，参照下图设置“棱台”和“光源”后，就得到了一个立体的圆形按钮。

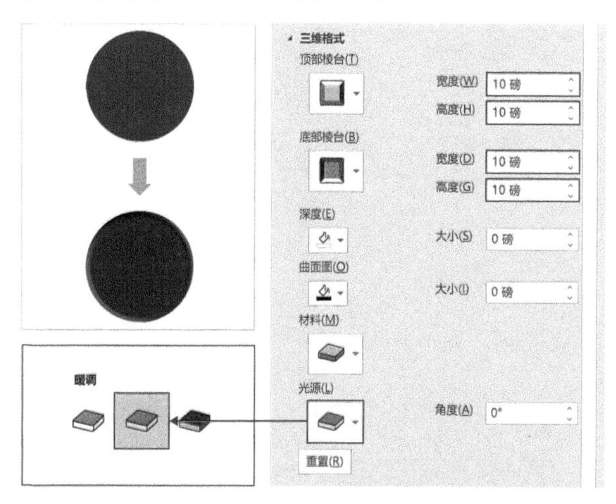

用同样的方法制作红、黄、绿3个不同颜色的圆形按钮，可以形成一组交通信号灯（见右图）。

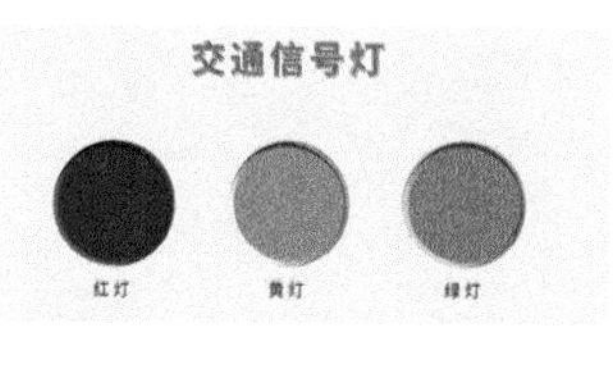

三维旋转

打开“设置形状格式”窗格，单击“形状选项”下的“效果”图标，展开“三维旋转”节点，单击“预设”右侧的“三维旋转”图标，在弹出的效果库中可以选择各种预设的三维旋转效果。如果对效果不满意，可以再调整X轴旋转、Y轴旋转、Z轴旋转和“透视”参数的值。

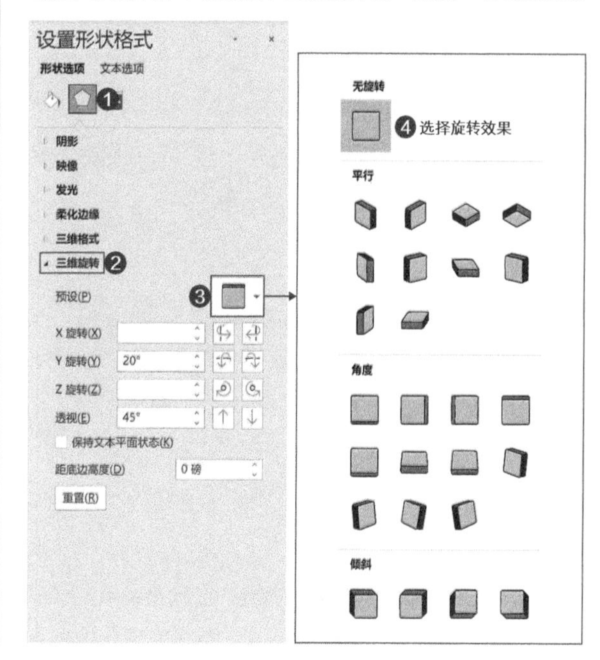

预设三维旋转效果（部分）如下。

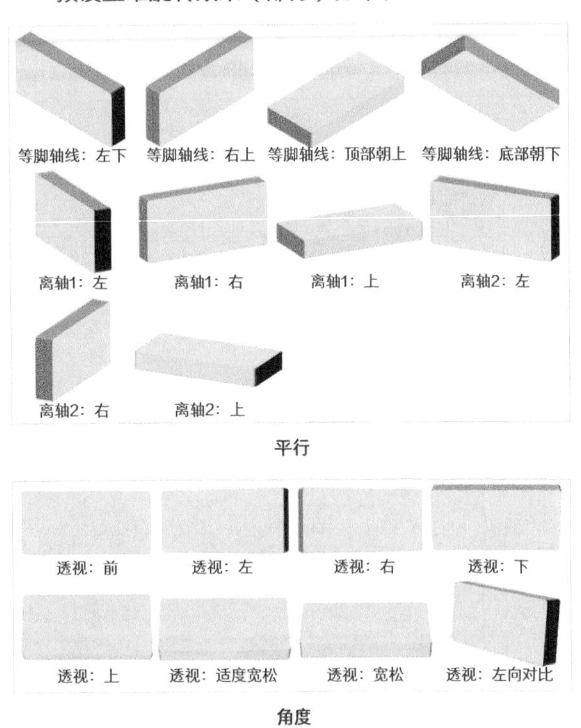

平行

角度

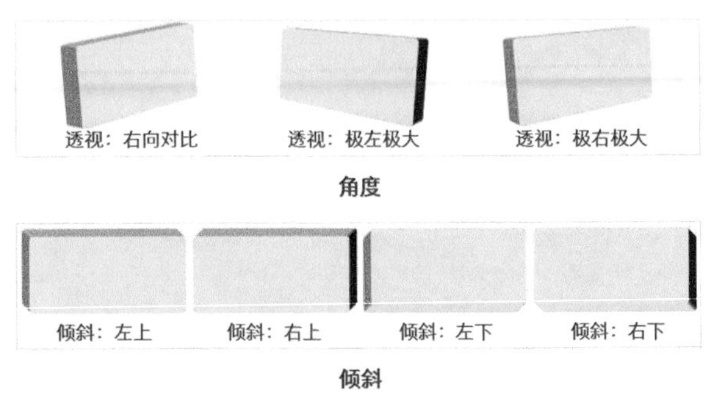

角度

倾斜

例如，下图中左右两侧图片就是直接使用了3D旋转中的“透视：右”和“透视：左”效果。

032 让表格变好看

平时看到的表格，大多是直接使用Office的默认效果制作的，带有较粗的边框线，且填充了底纹或颜色。而多数人美化表格时，也只是一味想修改这些边框和底纹的颜色，结果却常常用力“过猛”，最后使得表格观感非常糟糕。其实，就编者而言，美化表格更需要先做“减法”。

给表格“做减法”

下面这张表格，就是很多Office初学者制作出的典型表格样式，下面以此为例来进行美化处理。

市场需求量预测

品类	单价（万元）	数量（台）	合计（万元）
A类	300	400	120000
B类	300	700	210000
C类	400	550	220000

首先，统一标题和表格的颜色。删除画面中多余的装饰线，只保留一种主题颜色以突出标题文字和重点数据。注意，这页内容的重点为“市场需求量预测”，所以“合计（万元）”一栏的数据是最需要突出的内容，可以用蓝色背景标示一下。

市场需求量预测

品类	单价（万元）	数量（台）	合计（万元）
A类	300	400	120000
B类	300	700	210000
C类	400	550	220000

文本需要调整三个方面的内容，即字体、字号和对齐方式。先统一所有文字的字体，标题和正文可以通过不同的字重（粗细）来区分。再放大标题和重点数据的字号，加以突出。最后让文字在水平和垂直方向都居中

对齐，这样文字就调整好了。

市场需求量预测

品类	单价（万元）	数量（台）	合计（万元）
A类	300	400	120000
B类	300	700	210000
C类	400	550	220000

此时，粗黑的边框线非常难看。去掉所有的竖框线（文字间距已能很好地表现列数了），再把横框线的颜色调成浅灰，内部框线由实线改为短虚线，并且比外框线略细些。这样，整个画面就调整完毕。

市场需求量预测

品类	单价（万元）	数量（台）	合计（万元）
A类	300	400	120000
B类	300	700	210000
C类	400	550	220000

给背景“做加法”

如果觉得白底蓝字的画面太过单调，也可以在颜色和背景上做些变化。例如，使用鲜亮活泼的红色替代蓝色，并给画面添加背景图片以丰富细节。注意，所选择的背景图片的色调要与画面的色调保持统一，并适当降低图片的透明度，以不干扰文字阅读为宜。

市场需求量预测

品类	单价（万元）	数量（台）	合计（万元）
A类	300	400	120000
B类	300	700	210000
C类	400	550	220000

把表格转换成图表

除了对表格本身的美化，还可以换种形式进行美化。例如，把表格做成图表，数据会更加直观和突出。我们对图形的理解速度是远远超过文字的，只要略扫一眼柱形图的高矮，就能快速了解数值的多少，这也是表格转换为图表的最大优势所在。PPT美化的重点，不单单在于让画面变得美观，更重要的是帮助观众理解演讲者的意图，提高PPT的沟通效率。

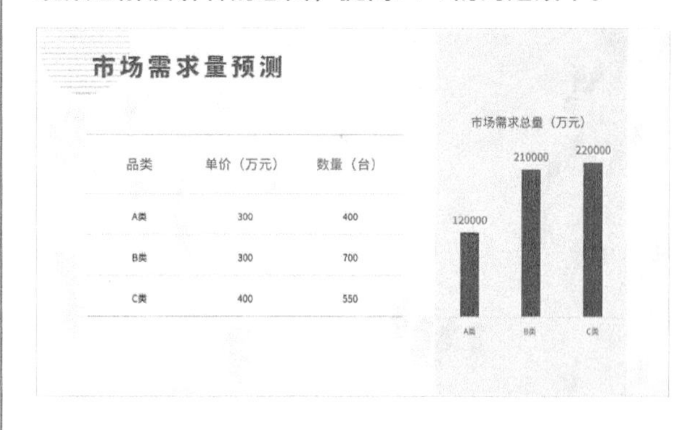

市场需求量预测

品类	单价（万元）	数量（台）
A类	300	400
B类	300	700
C类	400	550

033 图表数据太多怎么办

如果原始表格的数据非常复杂，直接转换为柱形图或条形图，效果也会不尽如人意。这时，就需要根据具体数据的特点来选择不同的图表了。

拆分图表

当数据过多时，最直接的处理方法就是拆分数据，一分为二或者一分为多，用多个图表来分别展示不同的内容。拆分同样适用于不同单位或类型的数据，例如，整数和百分率就不能放在同一个图表里，因为数据类型不同无法同时比较。

以下面这张“视频审核业务每日统计”表格为例，要将它转换为图表，该怎么做呢？

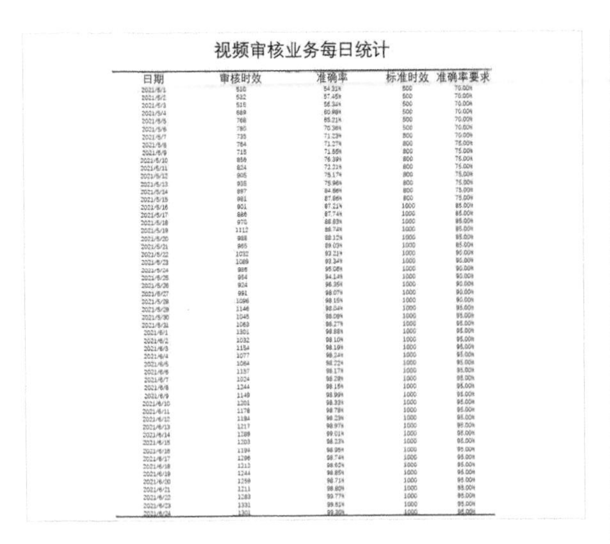

视频审核业务每日统计

日期	审核时效	准确率	标准时效	准确率要求
2021/5/1	510	54.31%	500	70.00%
2021/5/2	532	57.45%	500	70.00%
2021/5/3	515	56.34%	500	70.00%
2021/5/4	689	60.98%	500	70.00%
2021/5/5	768	65.21%	500	70.00%
2021/5/6	780	70.36%	500	70.00%
2021/5/7	735	71.23%	500	70.00%
2021/5/8	764	71.27%	800	75.00%
2021/5/9	715	71.55%	800	75.00%
2021/5/10	856	76.39%	800	75.00%
2021/5/11	824	72.21%	800	75.00%
2021/5/12	905	75.17%	800	75.00%
2021/5/13	935	75.96%	800	75.00%
2021/5/14	897	84.66%	800	75.00%
2021/5/15	981	87.86%	800	75.00%
2021/5/16	901	87.21%	1000	85.00%
2021/5/17	886	87.74%	1000	85.00%
2021/5/18	970	88.63%	1000	85.00%
2021/5/19	1112	88.74%	1000	85.00%
2021/5/20	988	88.12%	1000	85.00%
2021/5/21	965	89.03%	1000	85.00%
2021/5/22	1032	93.21%	1000	90.00%
2021/5/23	1089	93.34%	1000	90.00%
2021/5/24	986	95.06%	1000	90.00%
2021/5/25	954	94.14%	1000	90.00%
2021/5/26	924	96.35%	1000	90.00%
2021/5/27	991	98.07%	1000	90.00%
2021/5/28	1096	98.15%	1000	90.00%
2021/5/29	1146	98.04%	1000	95.00%
2021/5/30	1045	98.09%	1000	95.00%
2021/5/31	1063	98.27%	1000	95.00%
2021/6/1	1301	98.88%	1000	95.00%
2021/6/2	1032	98.10%	1000	95.00%
2021/6/3	1154	98.19%	1000	95.00%
2021/6/4	1077	98.24%	1000	95.00%
2021/6/5	1064	98.22%	1000	95.00%
2021/6/6	1157	98.17%	1000	95.00%
2021/6/7	1024	98.29%	1000	95.00%
2021/6/8	1244	98.15%	1000	95.00%
2021/6/9	1149	98.99%	1000	95.00%
2021/6/10	1201	98.33%	1000	95.00%
2021/6/11	1178	98.78%	1000	95.00%
2021/6/12	1194	98.23%	1000	95.00%
2021/6/13	1217	98.97%	1000	95.00%
2021/6/14	1289	99.01%	1000	95.00%
2021/6/15	1203	98.23%	1000	95.00%
2021/6/16	1194	98.95%	1000	95.00%
2021/6/17	1296	98.74%	1000	95.00%
2021/6/18	1212	98.62%	1000	95.00%
2021/6/19	1244	98.85%	1000	95.00%
2021/6/20	1259	98.71%	1000	95.00%
2021/6/21	1211	98.80%	1000	95.00%
2021/6/22	1283	99.77%	1000	95.00%
2021/6/23	1331	99.61%	1000	95.00%
2021/6/24	1301	99.30%	1000	95.00%

第1步：拆分表格。这张表格中出现了两种数据类型，即整数和百分率，因此需要将它拆分为两个图表。

表1：时效统计

日期	审核时效	标准时效
2021/5/1	510	500
2021/5/2	532	500
2021/5/3	515	500
2021/5/4	689	500
2021/5/5	768	500
2021/5/6	780	500
2021/5/7	735	500
2021/5/8	764	800
2021/5/9	715	800
2021/5/10	856	800
2021/5/11	824	800
2021/5/12	905	800
2021/5/13	935	800
2021/5/14	897	800
2021/5/15	981	800
2021/5/16	901	1000
2021/5/17	886	1000
2021/5/18	970	1000
2021/5/19	1112	1000
2021/5/20	988	1000
2021/5/21	965	1000
2021/5/22	1032	1000
2021/5/23	1089	1000
2021/5/24	986	1000
2021/5/25	954	1000
2021/5/26	924	1000
2021/5/27	991	1000
2021/5/28	1096	1000
2021/5/29	1146	1000
2021/5/30	1045	1000
2021/5/31	1063	1000
2021/6/1	1301	1000
2021/6/2	1032	1000
2021/6/3	1154	1000
2021/6/4	1077	1000
2021/6/5	1064	1000
2021/6/6	1157	1000
2021/6/7	1024	1000
2021/6/8	1244	1000
2021/6/9	1149	1000
2021/6/10	1201	1000
2021/6/11	1178	1000
2021/6/12	1194	1000
2021/6/13	1217	1000
2021/6/14	1289	1000
2021/6/15	1203	1000
2021/6/16	1194	1000
2021/6/17	1296	1000
2021/6/18	1212	1000
2021/6/19	1244	1000
2021/6/20	1259	1000
2021/6/21	1211	1000
2021/6/22	1283	1000
2021/6/23	1331	1000
2021/6/24	1301	1000

表2：准确率统计

日期	准确率	准确率要求
2021/5/1	54.31%	70.00%
2021/5/2	57.45%	70.00%
2021/5/3	56.34%	70.00%
2021/5/4	60.98%	70.00%
2021/5/5	65.21%	70.00%
2021/5/6	70.36%	70.00%
2021/5/7	71.23%	70.00%
2021/5/8	71.27%	75.00%
2021/5/9	71.55%	75.00%
2021/5/10	76.39%	75.00%
2021/5/11	72.21%	75.00%
2021/5/12	75.17%	75.00%
2021/5/13	75.96%	75.00%
2021/5/14	84.66%	75.00%
2021/5/15	87.86%	75.00%
2021/5/16	87.21%	85.00%
2021/5/17	87.74%	85.00%
2021/5/18	88.63%	85.00%
2021/5/19	88.74%	85.00%
2021/5/20	88.12%	85.00%
2021/5/21	89.03%	85.00%
2021/5/22	93.21%	90.00%
2021/5/23	93.34%	90.00%
2021/5/24	95.06%	90.00%
2021/5/25	94.14%	90.00%
2021/5/26	96.35%	90.00%
2021/5/27	98.07%	90.00%
2021/5/28	98.15%	90.00%
2021/5/29	98.04%	95.00%
2021/5/30	98.09%	95.00%
2021/5/31	98.27%	95.00%
2021/6/1	98.88%	95.00%
2021/6/2	98.10%	95.00%
2021/6/3	98.19%	95.00%
2021/6/4	98.24%	95.00%
2021/6/5	98.22%	95.00%
2021/6/6	98.17%	95.00%
2021/6/7	98.29%	95.00%
2021/6/8	98.15%	95.00%
2021/6/9	98.99%	95.00%
2021/6/10	98.33%	95.00%
2021/6/11	98.78%	95.00%
2021/6/12	98.23%	95.00%
2021/6/13	98.97%	95.00%
2021/6/14	99.01%	95.00%
2021/6/15	98.23%	95.00%
2021/6/16	98.95%	95.00%
2021/6/17	98.74%	95.00%
2021/6/18	98.62%	95.00%
2021/6/19	98.85%	95.00%
2021/6/20	98.71%	95.00%
2021/6/21	98.80%	95.00%
2021/6/22	99.77%	95.00%
2021/6/23	99.61%	95.00%
2021/6/24	99.30%	95.00%

第2步：明确重点内容。这张表格想要表达的是随着时间的推移，审核时效和准确率都在不断提高。由于数据过多，没办法也没必要将每一天的数据全部展示，所以可以选用折线图展示数据变化的趋势，且只将最高值和标准值的数据标注出来即可。

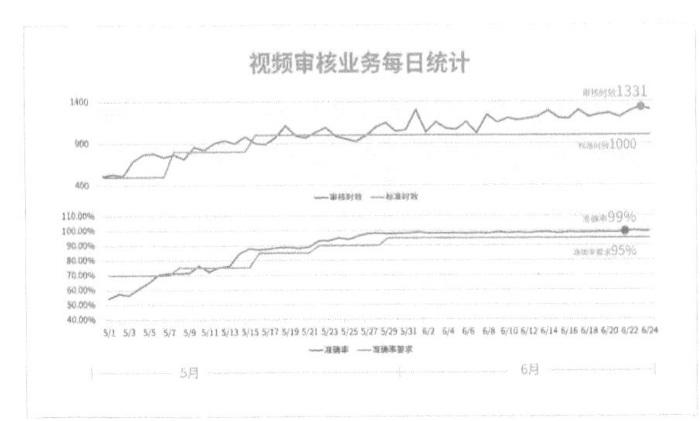

第3步：弱化次要内容。去掉表格中多余的线条、重复的时间轴，弱化标准时效和准确率要求（次要内容）的线条颜色，调整完成。

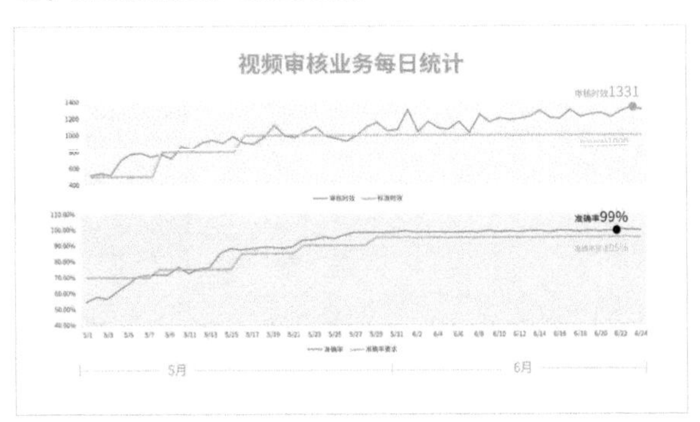

切换合适的图表类型

除了较常见的条形图、柱形图、饼图，PPT软件中还提供了子母饼图、堆积柱形图、堆积面积图、双环图等图表类型。

例如，要表达两级数据关系，可以使用子母饼图（见下图）。左侧母饼图展示了90后认为理财知识学习“重要”的人有80%，右侧子饼图则更详细地展示了这80%中包含了48%的人认为“比较重要”和32%的人认为“非常重要”。

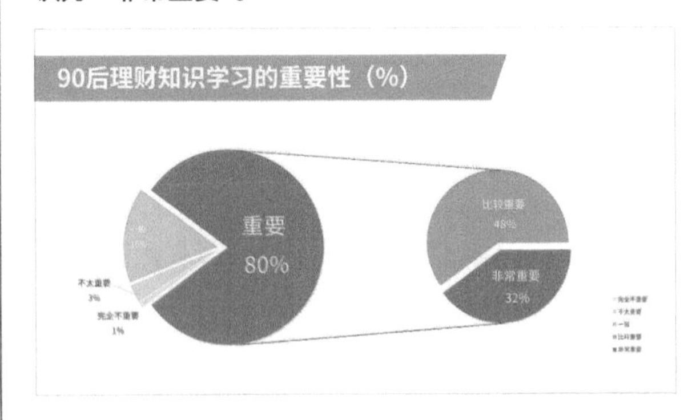

如果一张饼图不足以展示完整的数据关系，还可以选择反向式操作。例如，在32%和48%的外侧套上一个80%的圆环（表示两项百分比的合计数）。

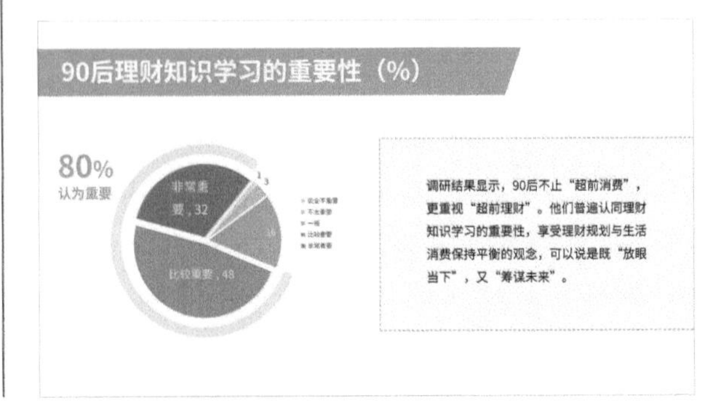

034 美化图表的多种方法

随着数据可视化越来越受欢迎，在PPT当中的应用也越来越广泛。但许多人对于图表的美化却总感觉无从下手。其实，只要掌握几种“套路”，一切做起来就会得心应手了。

统一色调

就像处理文字和形状一样，美化图表的第一步也是统一颜色，清爽的页面会让人的观感很舒服。

◎ 快速统一整个图表的颜色

网上搜索的饼图，大多如下面这样，五彩斑斓。其实，只要统一颜色，就能让它们“颜值”大增。

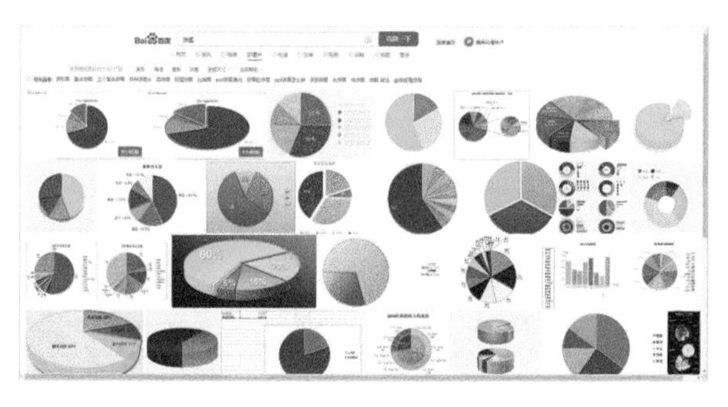

例如，下面这张饼图有蓝、橙、黄、灰四种颜色，显得有点杂乱。下面就来改造一下它吧！

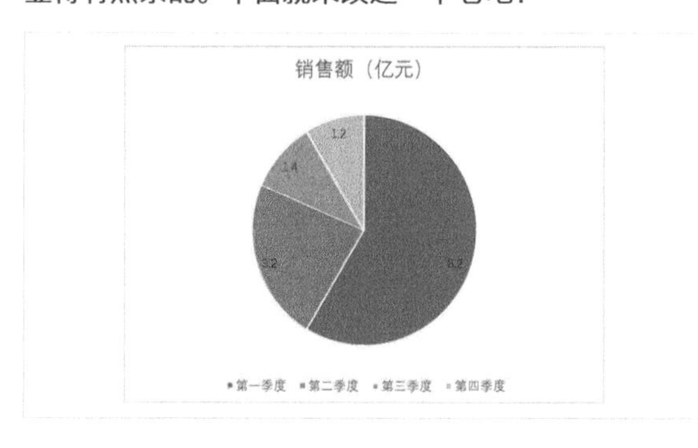

选中饼图扇区。

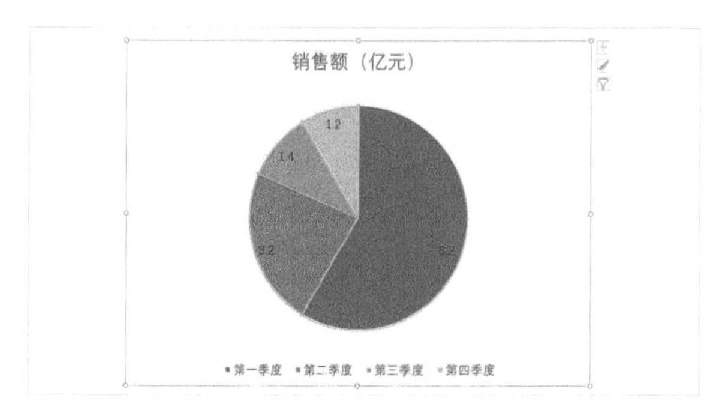

执行“图表设计＞图表样式＞更改颜色＞单色＞蓝色渐变”命令，饼图的颜色即被修改。

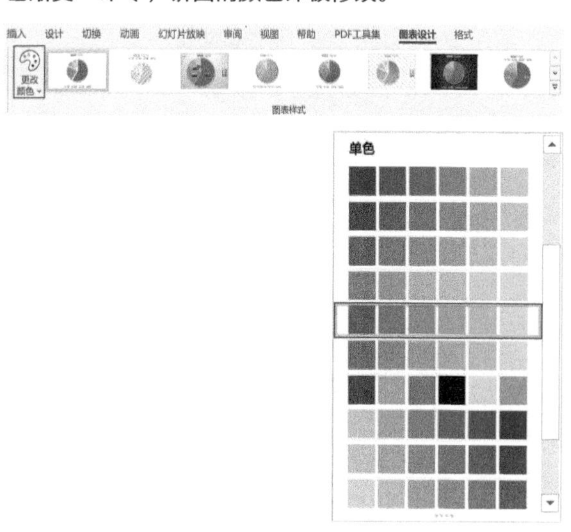

这时，由于个别扇区的底色过深，黑色文字显得不够清晰。

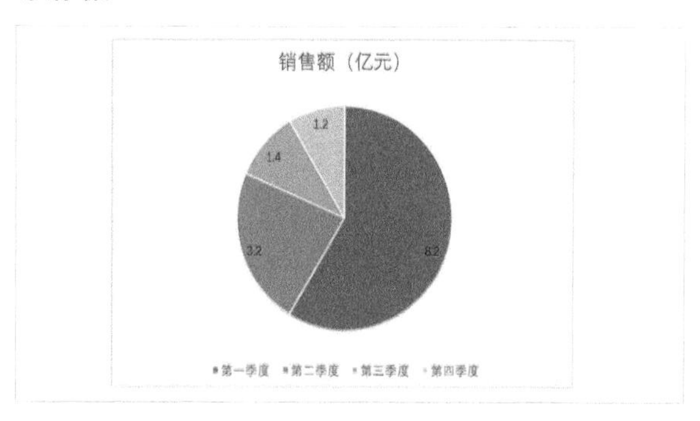

选中数据标签（单击选中所有数据标签，双击选中单个数字标签），更改数字颜色为白色，并加上阴影效果，修改完成。

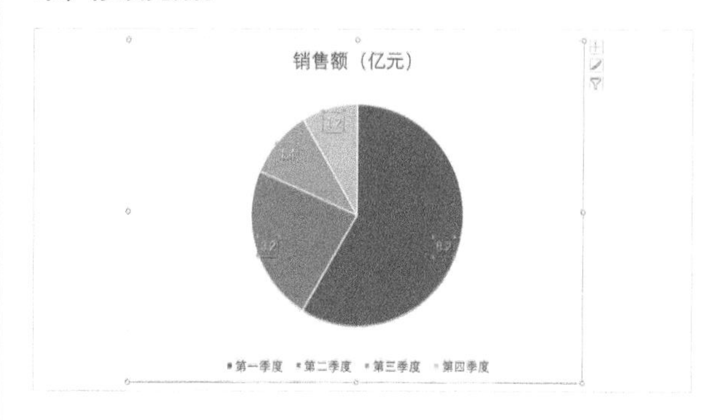

下面是饼图修改前后的效果对比。

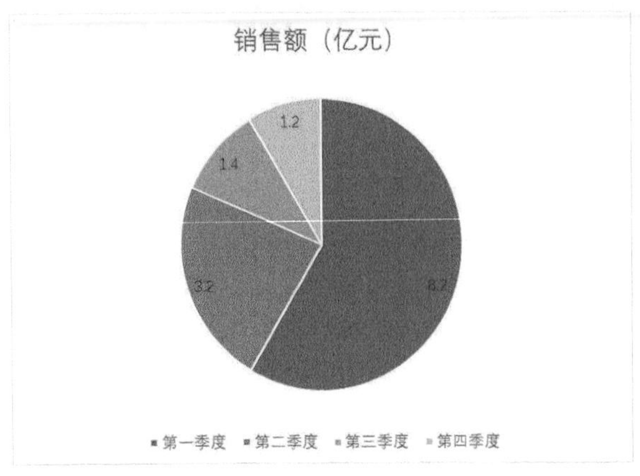

修改前

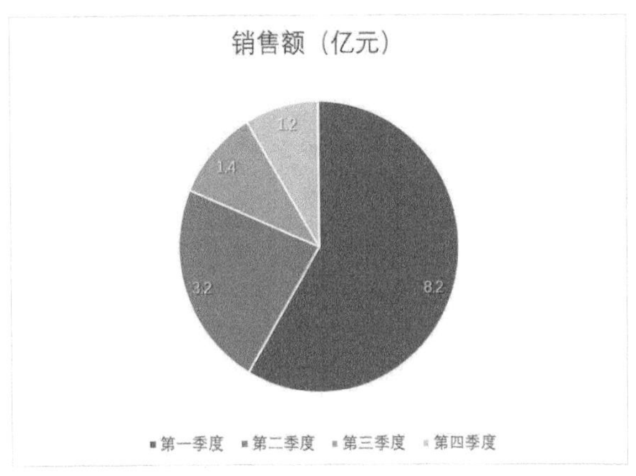

修改后

◎ 修改单个系列（或扇区）颜色

当然，也可以单独修改某个系列（或扇区）的颜色。例如，下面这张图表是蓝色系的，如果需要突出“系列1”的内容，可以单独给“系列1”换种颜色。

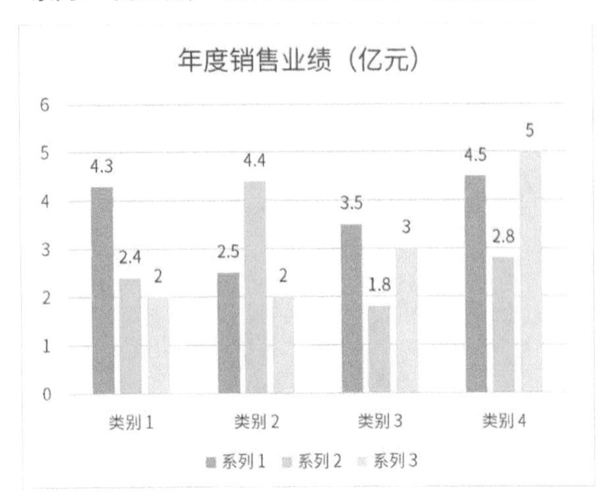

单击“系列1”的任意一条柱形，所有类别中的“系列1”柱形和图例中的“系列1”就都被选中了。

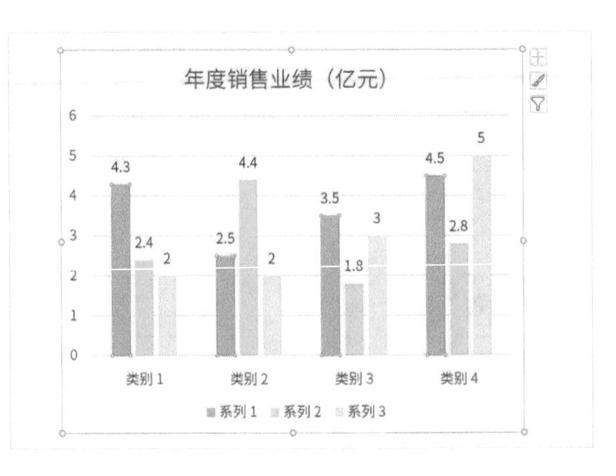

给选中的“系列1”填充颜色“#FF577A”，“系列1”的柱形和图例颜色即变为“#FF577A”。

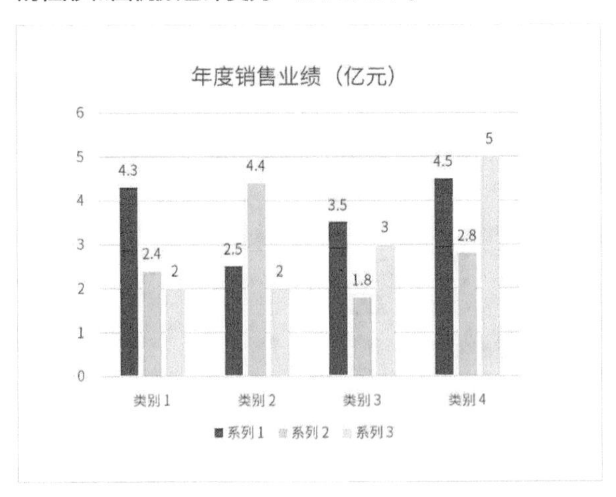

删除多余元素

在表格制作中，像线条、轮廓、数据标签，甚至标题等，能不要就不要。记住一条：少即是多。如果表格中存在上述元素，可以考虑删除，方法有以下两种。

◎ 按Delete键删除

以下面这张图片为例进行讲解。

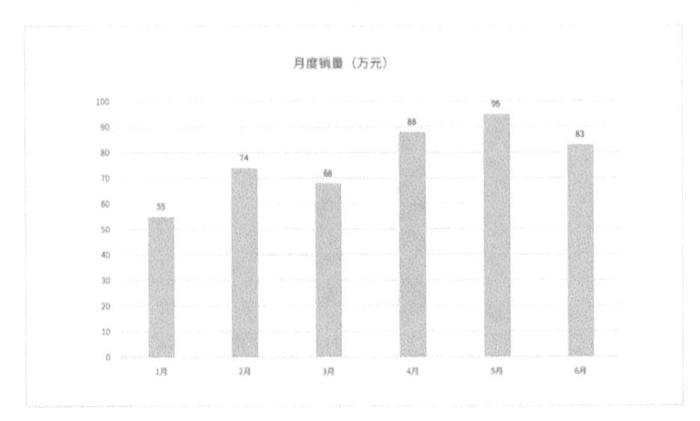

选中图表中的横/纵坐标轴标题，按Delete键删除。删除后的效果如下。

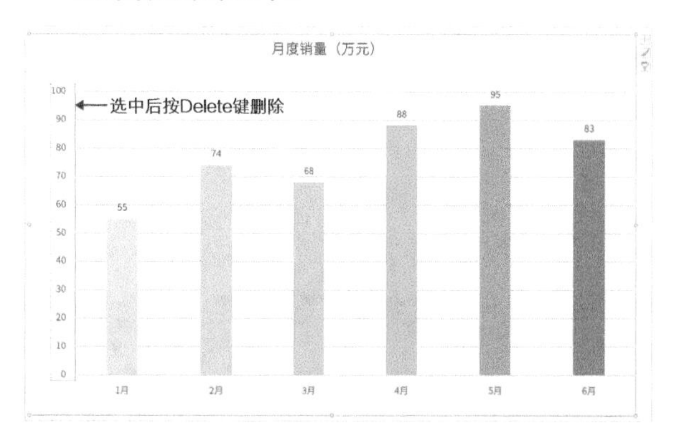

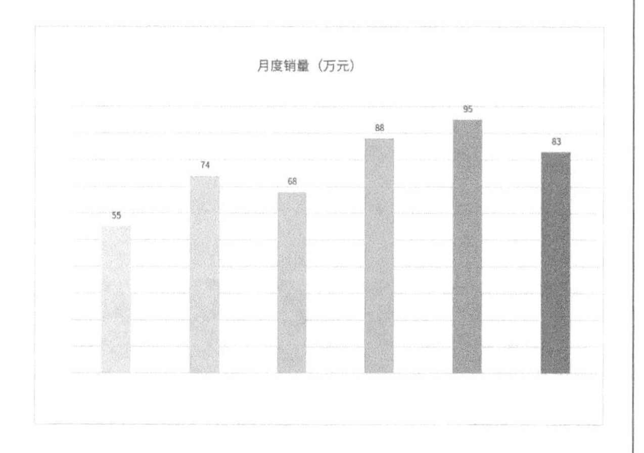

◎ 在“添加图表元素”中删除

对于不能直接删除的图表元素，可以在“添加图表元素”组中找到它再删除。例如，删除网格线，可执行“图表设计 > 图表布局 > 添加图表元素 > 网格线 > 主轴主要水平网格线”命令，即可将其删除。

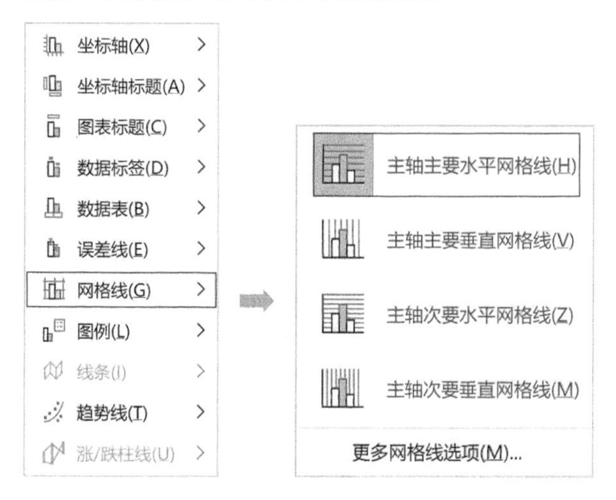

删除所有多余元素，统一标题文字的颜色后，即得到一张干净、清爽的图表。

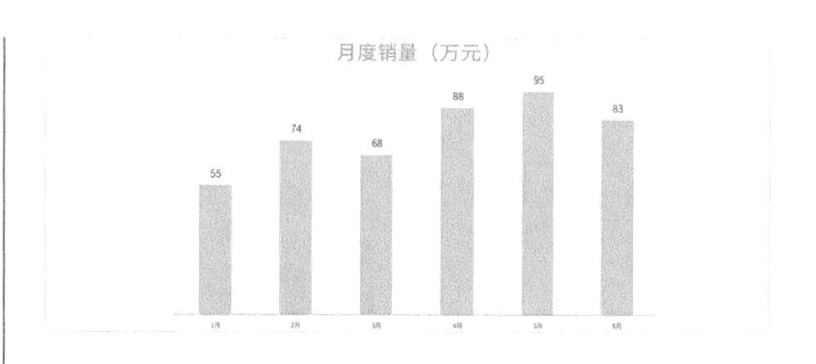

使用渐变色

渐变色总能给人一种高级感，比单色的视觉效果更醒目，使用得当能为画面增色不少。图表渐变色的制作与形状设置类似，完全可以把每个柱形或扇区当作形状来处理。

◎ 浅色背景的图表渐变色处理

例如，继续优化上文的图表。先选中柱形区域并右击，在弹出的快捷菜单中选择“设置数据系列格式”选项。

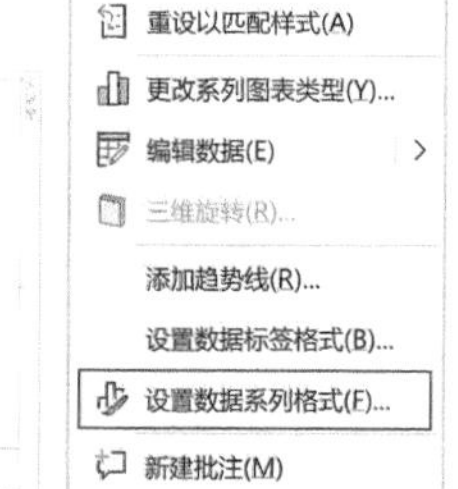

打开“设置数据系列格式”窗格，设置“填充”为“渐变填充”，这时，“渐变填充”的各项属性也随之显示。设置“角度”为90°，设置一个由浅蓝到深蓝的渐变光圈，其中色标1的颜色为“#43CEFF”，色标2的颜色为“#005777”。

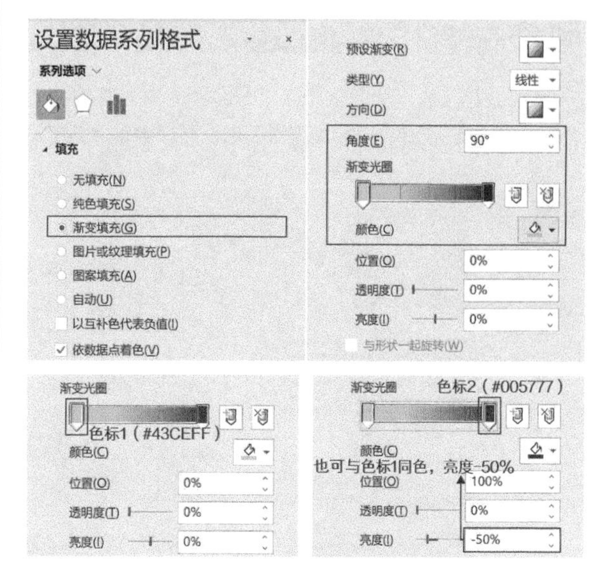

这时，图表就呈现出富有高级感的渐变色效果了。

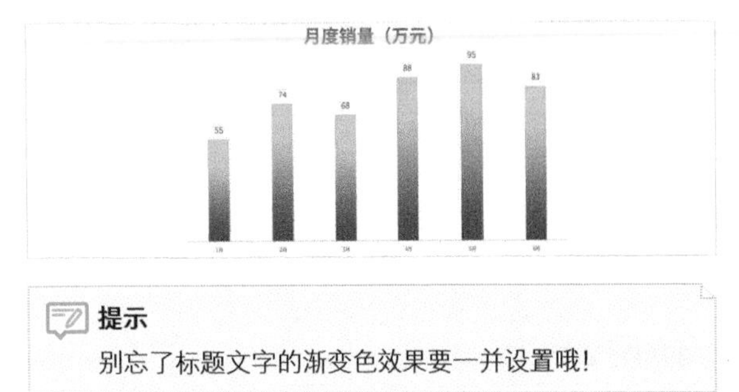

> **提示**
> 别忘了标题文字的渐变色效果要一并设置哦！

◎ 深色背景的图表渐变色处理

渐变色效果搭配深色背景，会显得更有质感（因为深色图版率较高）。下面以条形图的处理为例进行讲解。

在幻灯片空白处右击，在弹出的快捷菜单中选择“设置背景格式”选项，在打开的“设置背景格式”窗格中设置“填充”为“渐变填充”，设置“渐变光圈”色条上色标1的颜色为“#000000”，色标2的颜色为“#152E47”，“角度”均为90°。

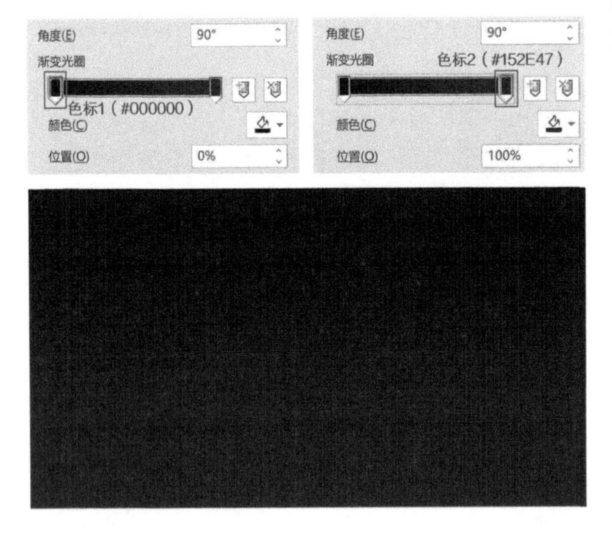

执行“插入 > 插图 > 图表 > 条形图 > 百分比堆积条形图”命令，在弹出的数据编辑Excel图表中输入数据。

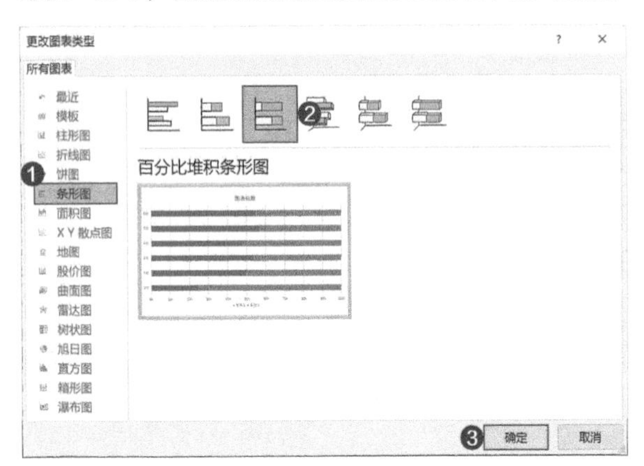

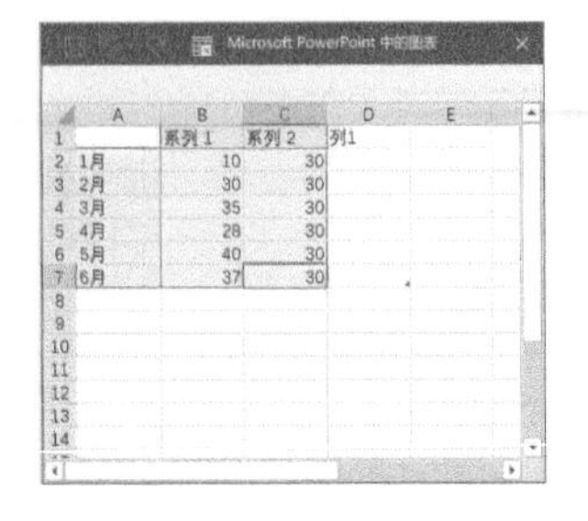

	系列 1	系列 2	列1
1月	10	30	
2月	30	30	
3月	35	30	
4月	28	30	
5月	40	30	
6月	37	30	

关闭Excel图表，得到一张原始图表。

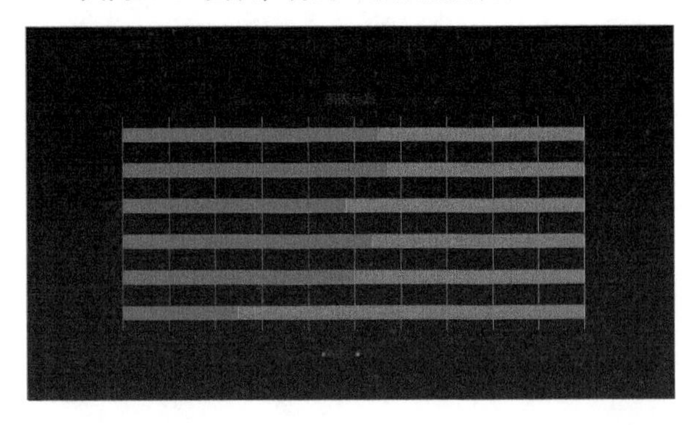

选中图表中的文字，修改颜色为白色；删除多余的图表元素。

选中蓝色条形区域，设置“渐变光圈”的色标1和色标2颜色均为“#5EF0F7”，色标1的“透明度”为70%，色标2的“透明度”为0%。

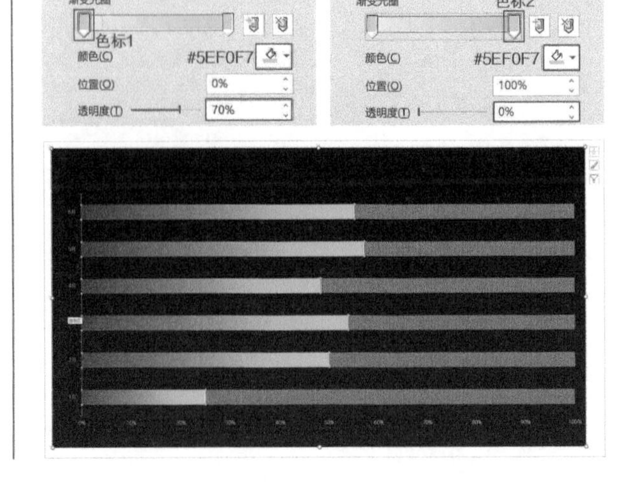

选中橙色条形区域，设置“填充”为“纯色填充”，“颜色”为“#FFFFFF”，“透明度”为90%。

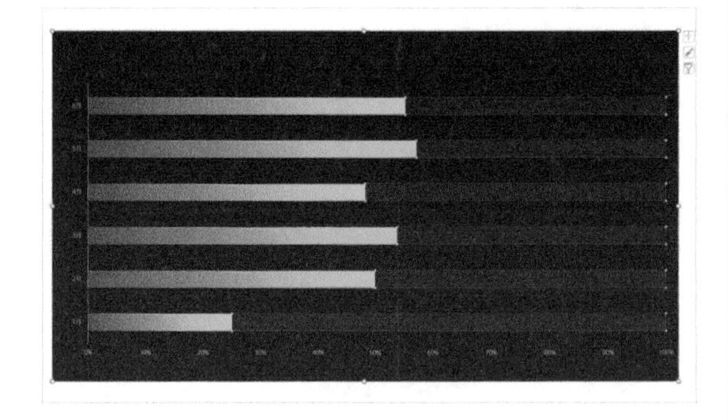

最后添加标题，整个图表就制作好了。

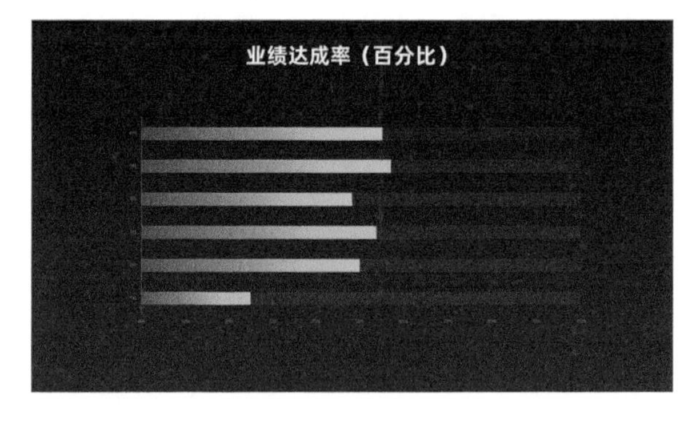

平滑折线处理

有时折线图线条过硬，这时不妨对其做平滑处理。以下面这张折线图为例进行讲解。

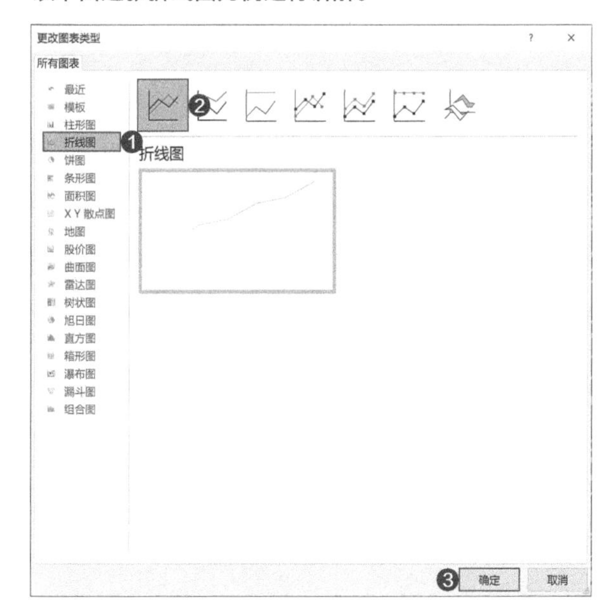

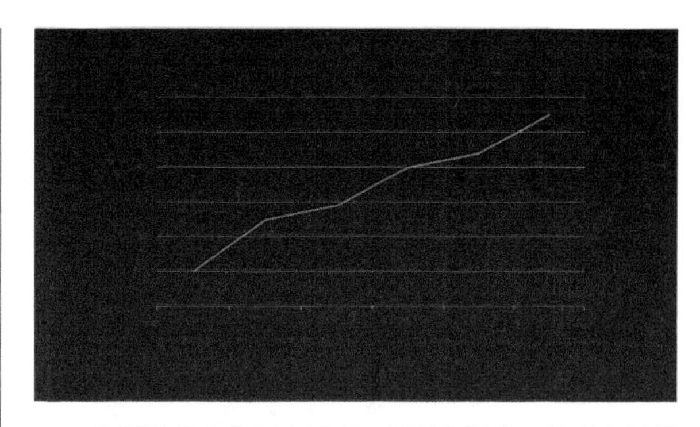

先删除多余的图表元素，只保留折线。然后为折线设置线性渐变。其中，渐变光圈的两个色标的颜色均为“#299ED6”，色标1的“位置”为50%，默认“透明度”为0%；色标2的“位置”为100%，“透明度”为100%。

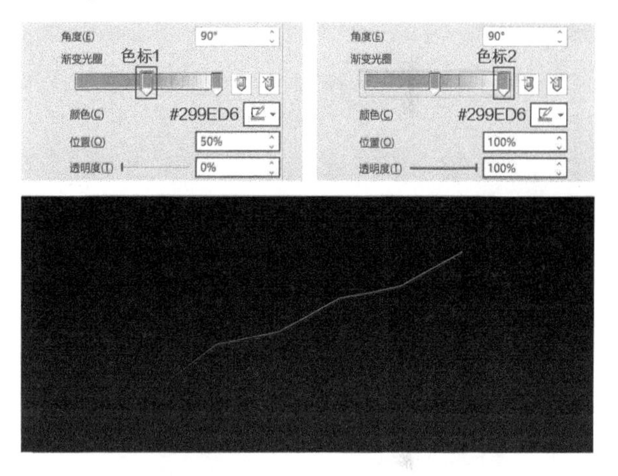

将窗格右侧的滚动条拉到最下方，勾选“平滑线”复选框，线条就从刚直的折线变成平滑的曲线了。

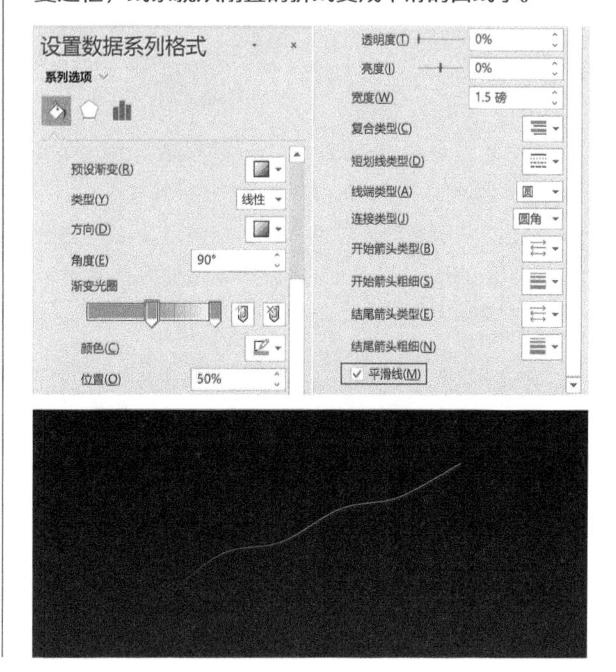

在平滑曲线的末端添加一个发光小圆点，增强光效的感觉。

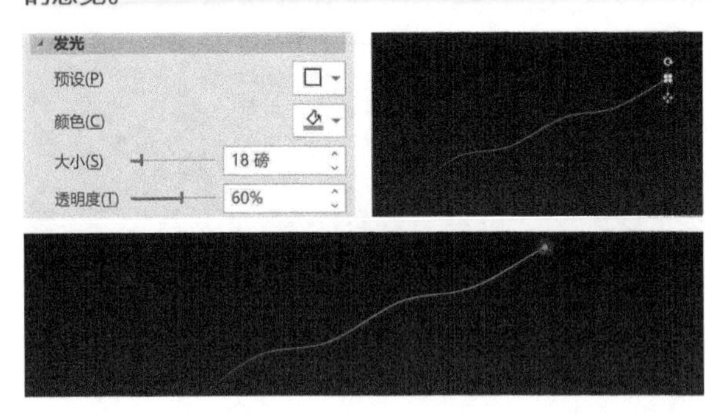

再用同样的方法对另一条折线做平滑处理，添加文字后，平滑折线图就制作完毕。

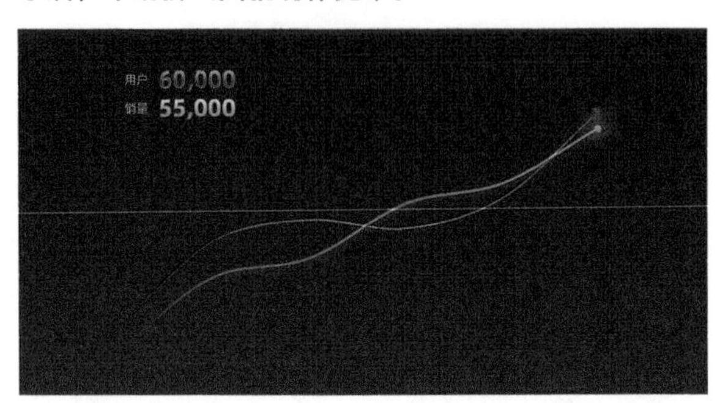

035 让图表更有趣

如果只是对图表本身做优化，阅读起来难免还是会视觉疲劳。不妨再多点变化，让图表更有趣吧！

纹理填充

当图表中有多个数据需要不同颜色标示，但只能使用一种主色调时，该怎么处理呢？使用不同的纹理填充，就是个很好的解决办法。

先看个简单的示例。下面这个环形图表要求只能使用蓝色，但如果两个扇区都填充一种蓝色，就无法区分不同扇区了。

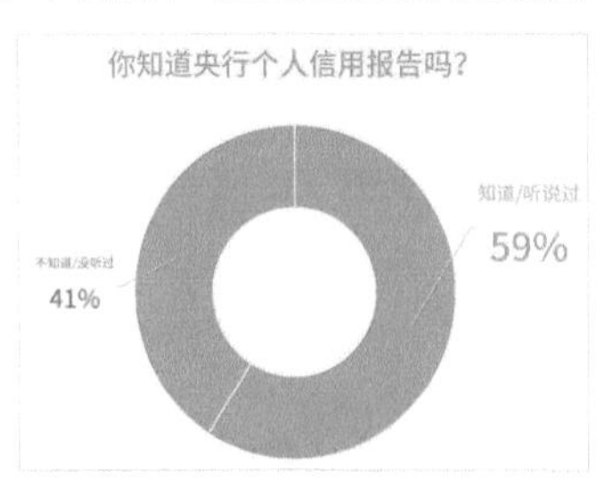

在环形图表上右击，在弹出的快捷菜单中选择“设置数据点格式”选项，在打开的“设置数据点格式”窗格中单击“系列选项”下的“填充与线条”图标，设置“填充”为“图案填充”，在打开的预设图案库中选择一种填充图案。

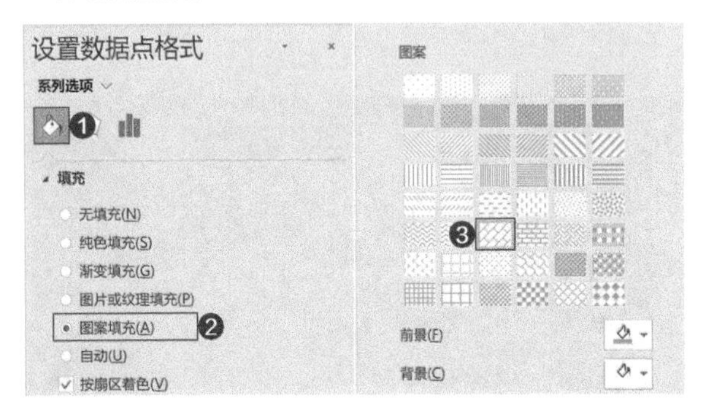

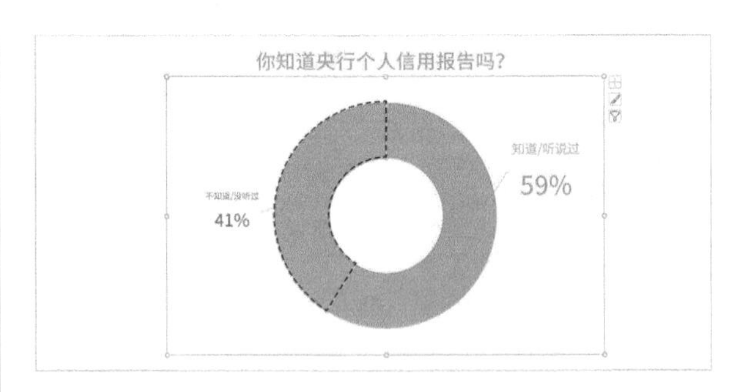

这样，被选中的扇区就会被这个图案填充了。

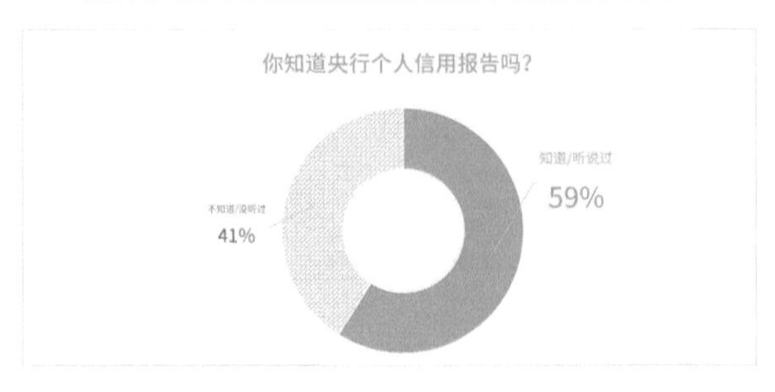

当画面中存在多个扇区时，如下面这个环形图表，“纹理填充”方法非常适用。

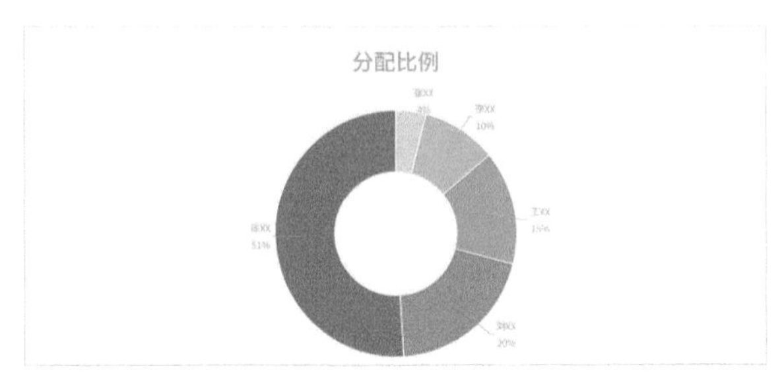

经过“纹理填充”后，即使环形图表的每个扇区为

同一种颜色，我们也能很容易地分辨出每个扇区占比的多少了。最后，还可以为“51%”的数据标签添加对话框和背景颜色，使其更加突出。

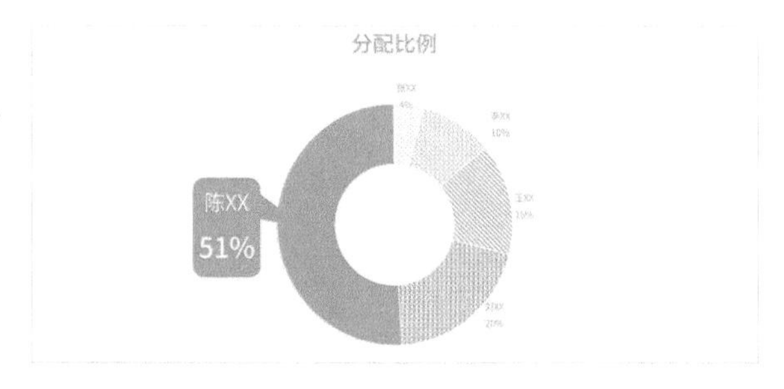

图标/图片填充

在图表中填充与数据相关的图标/图片，不仅使图表更加活泼有趣，还能让其更好地与内容产生关联。

◎ 图标填充

例如，下面用于展示用户增长量的图表，就可以用小人儿图标来填充。

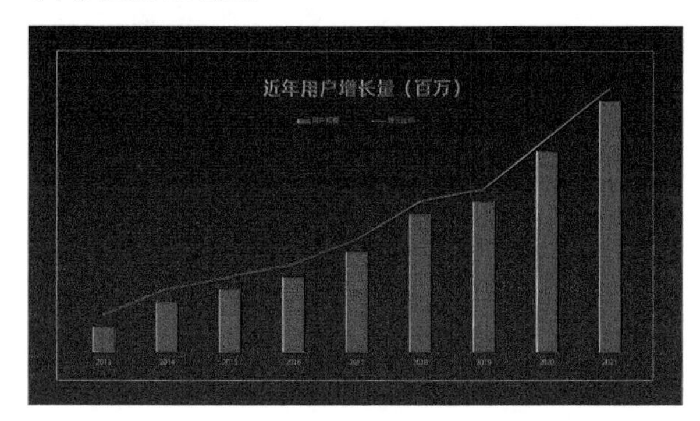

先调整一下小人儿图标的颜色（纯色或渐变色都可以），这里使用渐变色。

> **提示**
>
> 示例素材文件提供了本案例的图标素材，此外，也可以从Iconfont、IconPark等图标网站下载想要的图标。

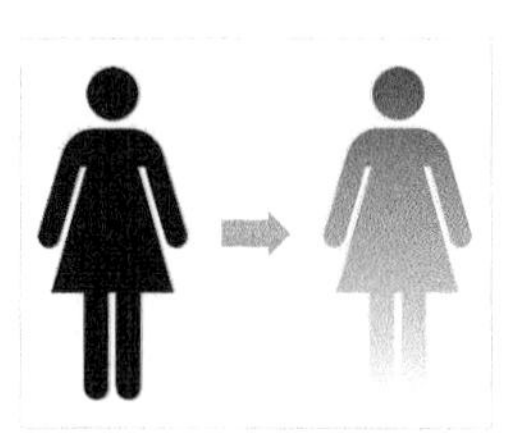

然后选中图标按快捷键Ctrl+X剪切。再选中需要填充的柱形图系列并右击，在弹出的快捷菜单中选择“设置数据系列格式”选项，在打开的“设置数据系列格式”窗格中单击“系列选项”下的“填充与线条”图标，设置“填充”为“图片或纹理填充”，单击“图片源”下方的“剪贴板”按钮（或按快捷键Ctrl+V），柱形图就被小人儿图标填充了。

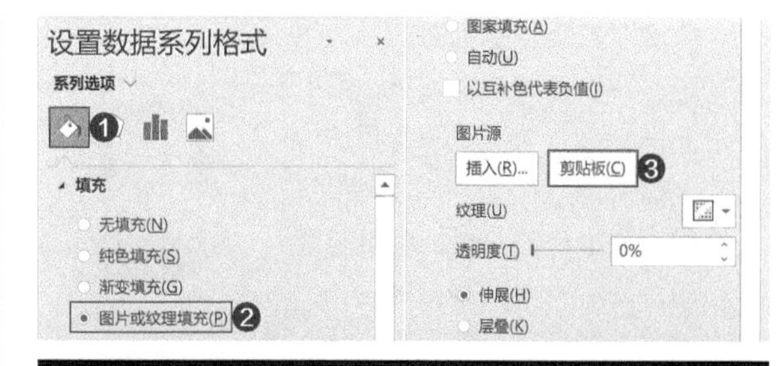

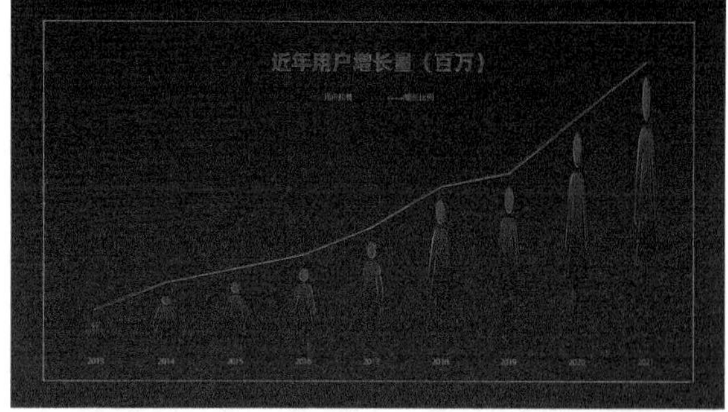

这时可能会出现小人儿图标被拉伸填满整条柱形的情况，选中“层叠”选项，画面即可恢复正常。

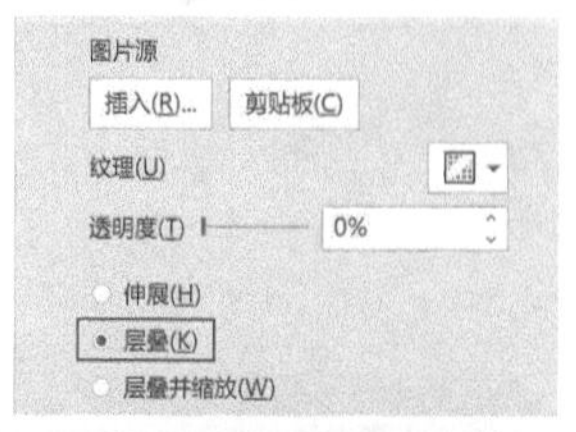

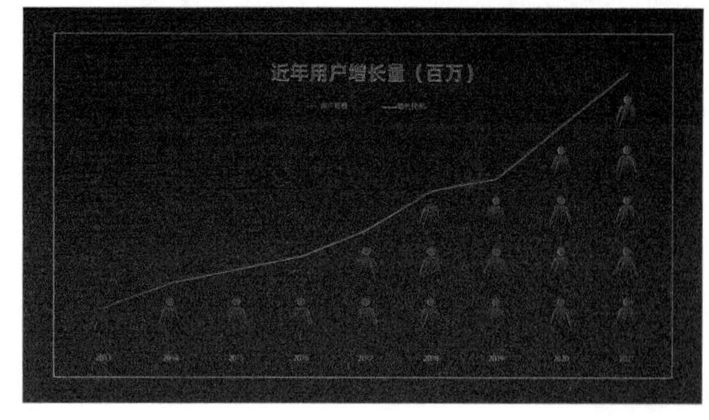

同样，展示手机销量的图表也可以用手机图标来填充。

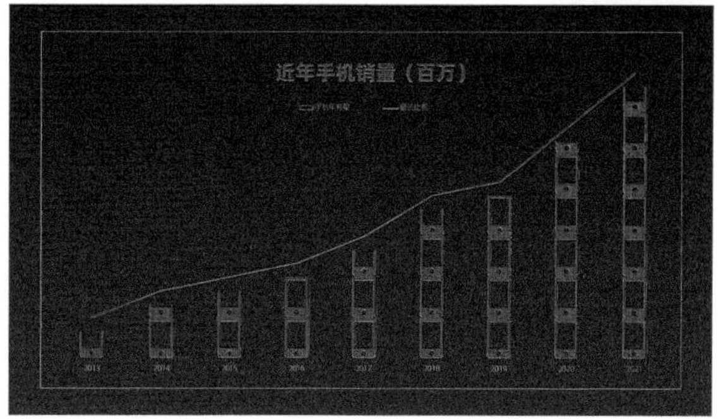

但这时发现，手机图标排列得太紧密。想要处理这个细节，可以在填充图标前，为手机图标叠加一个完全透明的矩形，并将两者组合在一起，用这样的组合图标填充后的柱形，视觉上就有图标空隙。

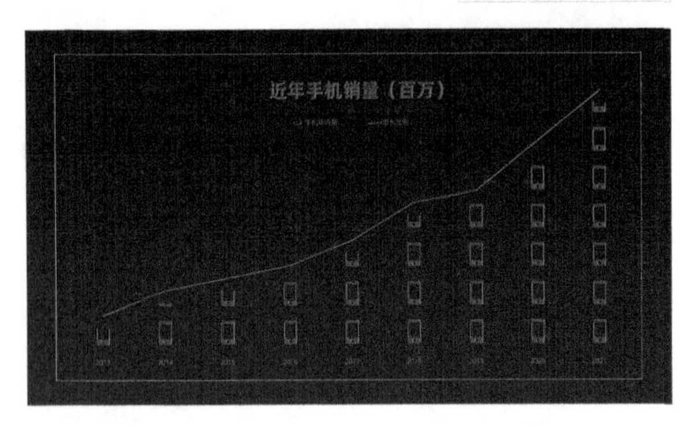

◎ 图片填充

图片填充与图标填充方法类似，只不过把图标换成了图片。

例如，制作一张谷物种植面积比例饼图。

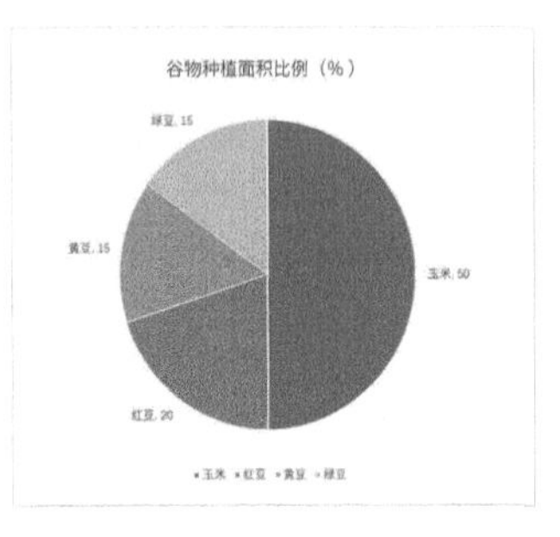

拖入一张绿豆素材图到PPT页面，选中图片按快捷键Ctrl+X剪切。双击选中对应的绿豆扇区，然后打开“设置数据点格式”窗格，单击“系列选项”下的“填充与线条”图标，设置“填充”为“图片或纹理填充”，单击“图片源”下方的“剪贴板”按钮（或按快捷键Ctrl+V），即可完成该扇区填充。

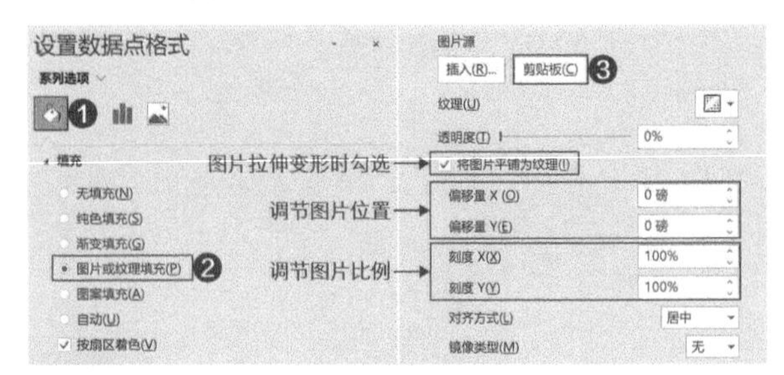

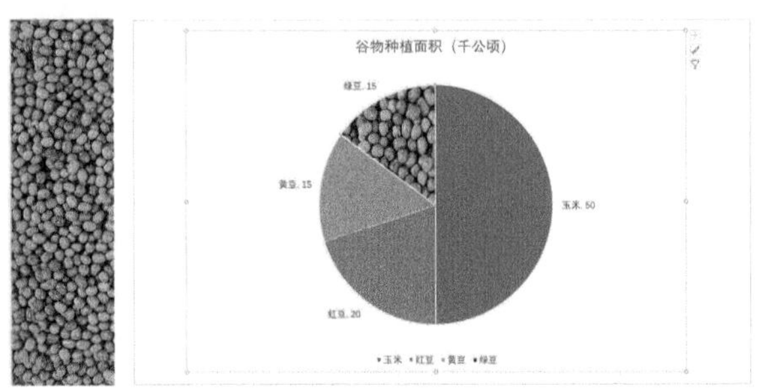

其他扇区采用同样的方法进行填充，最后去掉重复的文字标签，以进一步突出标题，这样一张谷物种植面积比例饼图就制作好了。

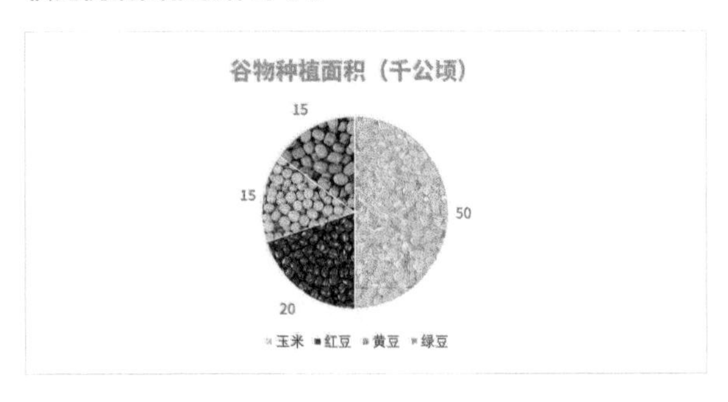

036 表格的另类用法

表格除了用于填写文字，也可以拿来作为排版利器。例如，用表格线作修饰，可以制作出各种不同的封面效果。下面将一一进行介绍。

表格切图

下面制作一个简单的线框表格。

首先，准备一张如右图所示的素材图片，并做好文字排版。

执行“插入>表格>表格”命令，然后选择插入一个4列3行的表格。

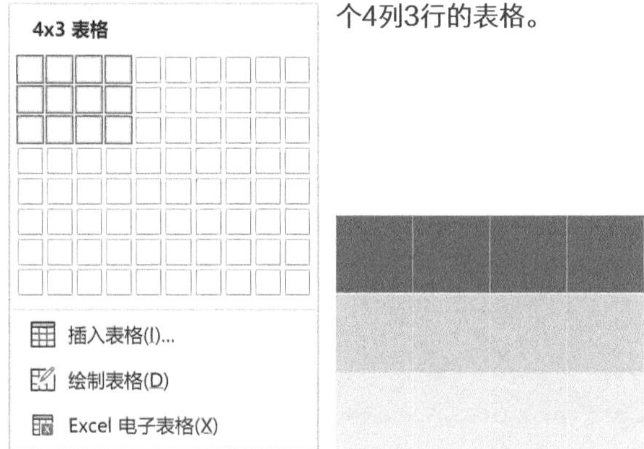

选中整个表格，执行“表设计>表格样式>底纹>无填充”命令，设置“笔颜色”为白色，“笔画粗细”为6磅，然后执行“表设计>表格样式>边框>所有框线”命令（为了统一线条粗细）。表格效果如下。

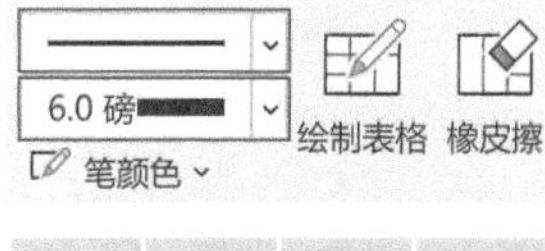

将表格覆盖到图片上，调整表格大小使与图片一致，表格切图效果就制作完毕。

或者将表格线的颜色设置为同背景相同的色系，再选择几个单元格并给其填充与表格线相同的颜色，遮盖到图片上，做出缺角的效果。表格的样式效果如右图所示。

最终的表格切图效果如下。

表格画框

利用表格的框线，很容易就能制作一个切割式封面。准备一张背景图，然后铺满整张幻灯片。

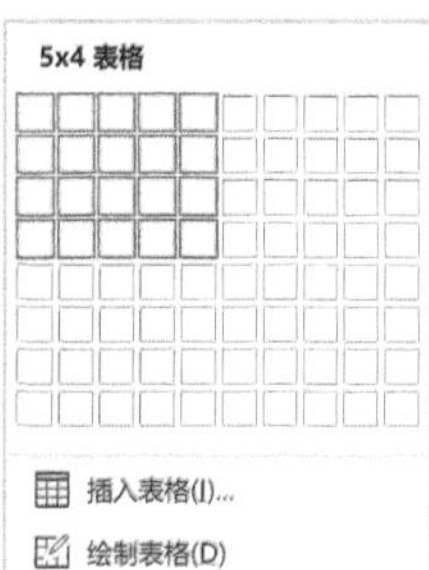

执行“插入>表格>表格”命令，选择插入一个5列4行的表格，调整表格大小，使其遮盖整个背景图。

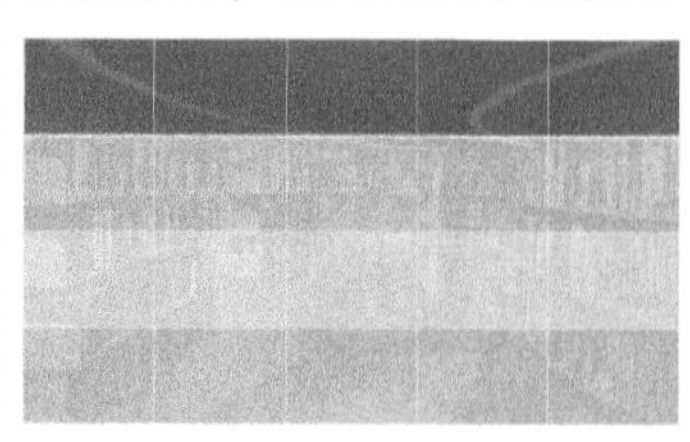

选中整个表格，设置“底纹”为“无填充”，“笔画粗细”为1.5磅，“笔颜色”为白色，“边框”为“所有框线”。至此，效果如下图所示。

选中中间靠右的6个单元格，执行“布局 > 合并 > 合并单元格”命令。

给合并的单元格填充背景颜色，并添加文字和线条装饰，这样就得到了一个切割式封面。

或者选中正中间的6个单元格进行同样的操作，也能得到不错的效果。

图片排版

表格的框线也可以用来进行版面分割，这比绘制一个个矩形要方便很多。

例如，插入如下左图所示3列2行的表格，给每个单元格填充不同的图片和背景色。

执行“表设计 > 表格样式 > 边框 > 无框线”命令，图片分割版式即制作完成。

无框线(N)
所有框线(A)
外侧框线(S)
内部框线(I)

037 不会配色怎么办

我们经常会看到一些好的PPT作品，然而当自己制作PPT时，搭配出来的颜色却总是一塌糊涂。不会配色怎么办？下面就来解决这一问题。

了解色值

人能看到的颜色是多种多样的，而在计算机的“眼睛”里，颜色只是不同的编码。人们常说的“色值”是指一种颜色在颜色模式中所对应的编码。

例如，在显示器最常用的RGB颜色模式中，每种颜色的最小值是0，最大值是255。例如，已知红色的色值是“255,0,0”，如果需要的是红色，则在“颜色”对话框中选择“自定义”选项卡，然后在“红色”数值框中输入“255”，“绿色”数值框中输入“0”，“蓝色”数值框中输入“0”即可。

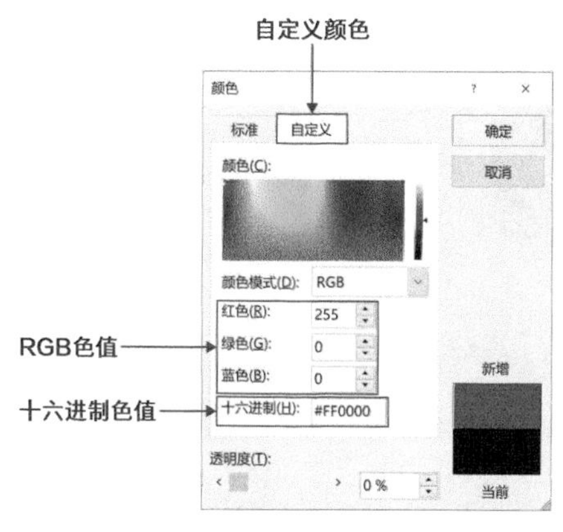

由于RGB色彩模式的色值有3个值，设置比较麻烦，人们通常使用它所对应的十六进制色值。例如，红色的RGB色值为“255,0,0”，其对应的十六进制色值为“#FF0000”。

RGB 255,0,0 = 十六进制 #FF0000

右图是几个常用的十六进制色值。

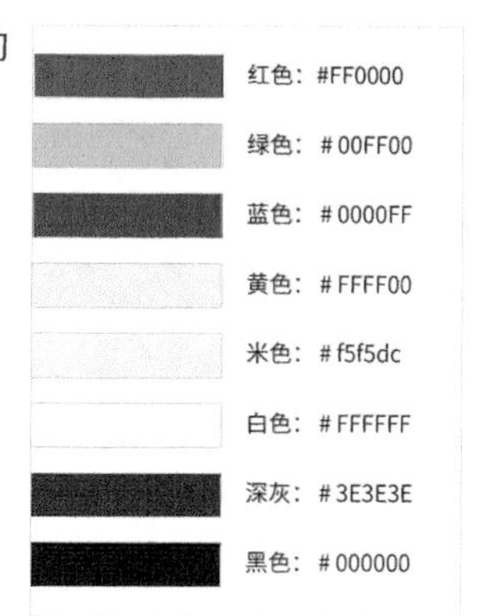

借助配色网站配色

既然自己不会配色，那就借助网站来完成配色吧！下面，编者给大家推荐两个比较实用的配色网站。

◎ Coolors

Coolors是一个快速选色生成工具，每次随机挑选五种颜色组合成调色盘，并显示颜色的编码，用户可以快速复制编码使用颜色，非常适合初学者使用。

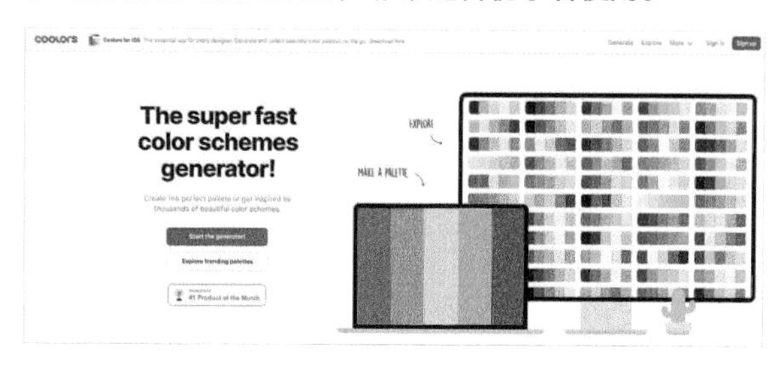

单击首页的“显示器”区域，进入调色板页面，可以在搜索框中输入关键词检索颜色风格，也可以直接选择搭配好的色卡组。

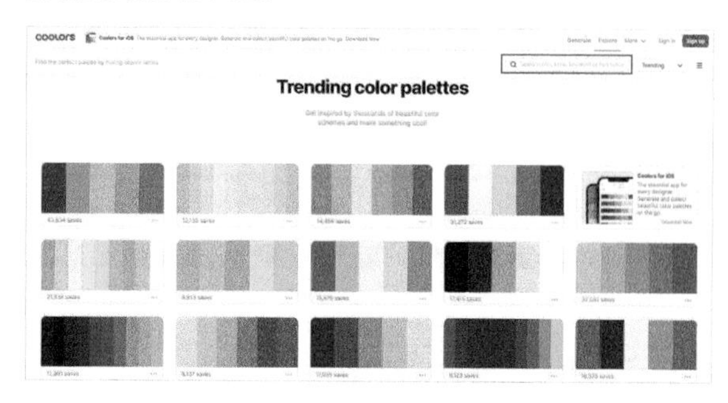

移动鼠标指针到某一颜色上，该颜色的十六进制色值即可自动显示。

单击某一颜色，其色值即可复制到剪贴板。

在PPT中选择需要填充的形状或文字，执行“开始＞绘图＞形状填充＞其他填充颜色”命令。

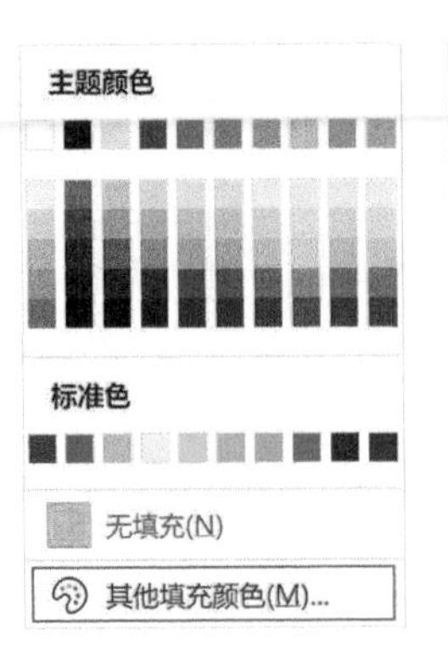

在弹出的“颜色”对话框中选择“自定义”选项卡，在“十六进制”输入框中按快捷键Ctrl+V粘贴色值，单击“确定”按钮，即可填充选定的颜色。

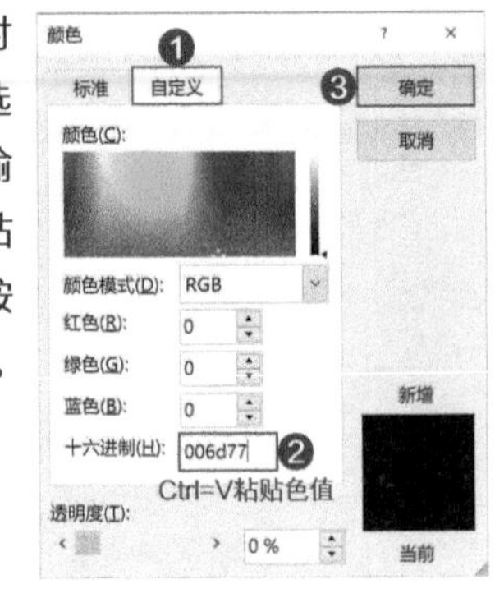

◎ Adobe Color

Adobe Color是Adobe官方出品的配色工具，涵盖了多种配色模式，如单色系、三原色、互补色等，可以通过不同的色彩规则来提供配色参考。其操作界面如下。

先在左侧选择一种色彩调和规则，再拖动中间调色盘上的取色点，就会生成相应的色彩组合了。最后选择想要的颜色，复制其色值即可。

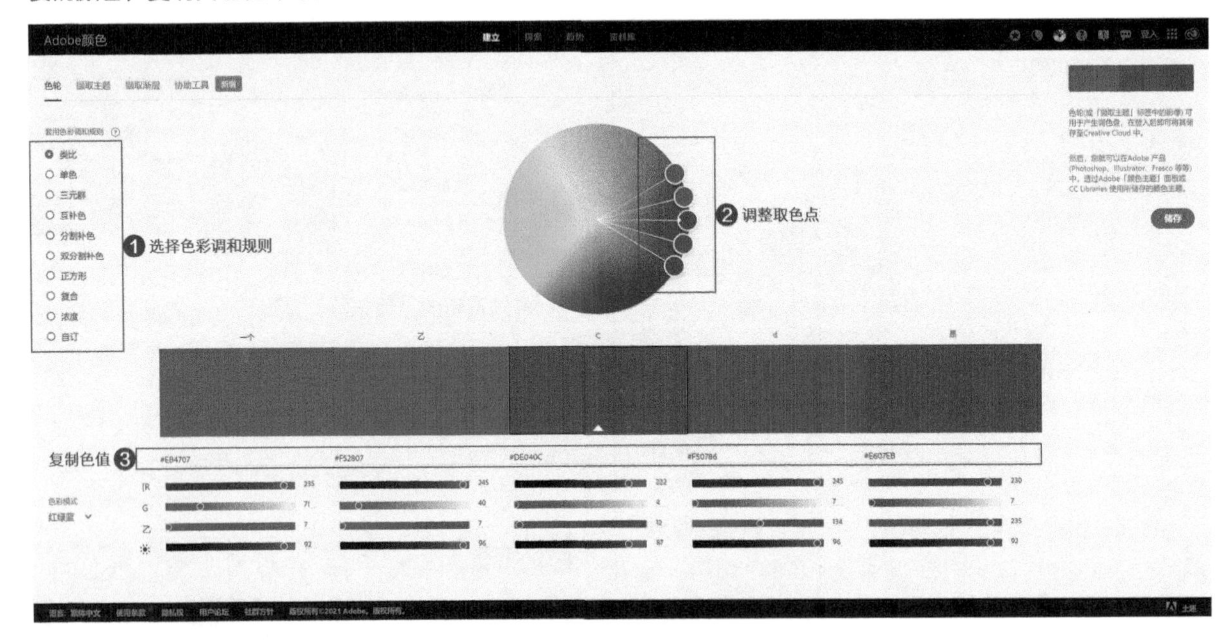

从优秀作品中取色

一切学习都是从模仿开始的，好作品见得多了，审美也就提升了，自然就能分辨美丑了。人们可以从他人的作品中汲取经验，观察作品中的暗部用什么颜色，亮部用什么颜色。也可以直接吸取作品中的颜色，了解这些颜色在色板上的位置，有无分布规律，然后思考为什么这么搭配。

当然，这些作品不局限于PPT，还可以是优秀的电影、杂志、照片、建筑物等，甚至街边的广告牌、某个品牌的口红色号。

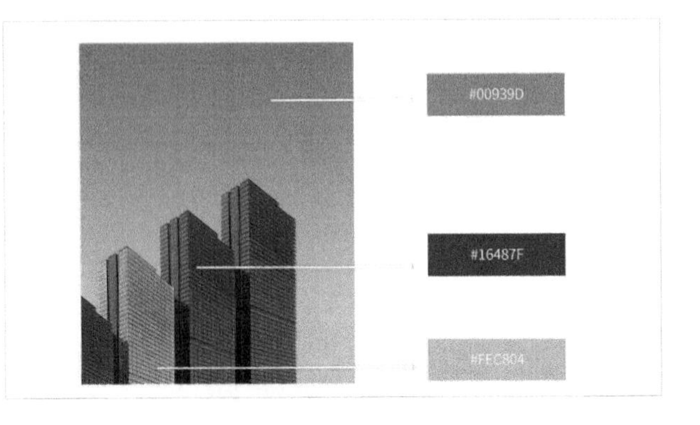

038 选择主色调

色调是色与色之间的整体关系构成的颜色阶调，是衡量一幅图像中画面色彩总体倾向的指标。而主色调可以理解为整个画面中使用面积最大的颜色。如果没有主色调，画面就会失去色彩重点，显得主次不分。那么，具体该怎么选择主色调呢？

看行业属性

根据行业属性来选择。例如，科技类的行业主要以蓝色为主，如三星、腾讯、华为等公司的宣传图片。蓝色和白色的视觉对比很强烈，暗蓝和黑色搭配则能突显产品的科技感和互联网感。

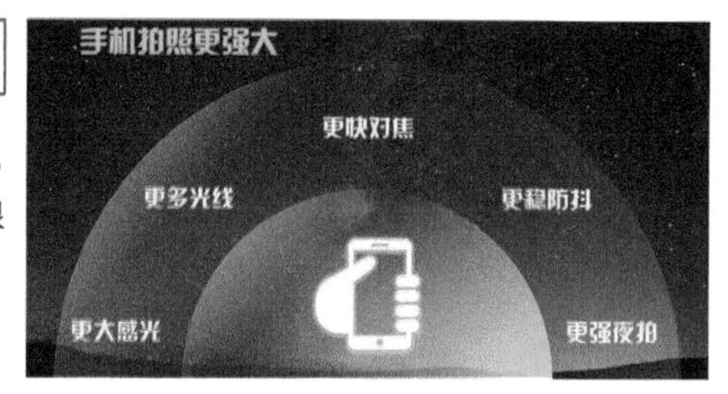

看产品属性

根据产品属性来选择。有些产品本身就有一定的专属性，例如，粮食和水果，可以直接选择它们本身的颜色作为主色调。

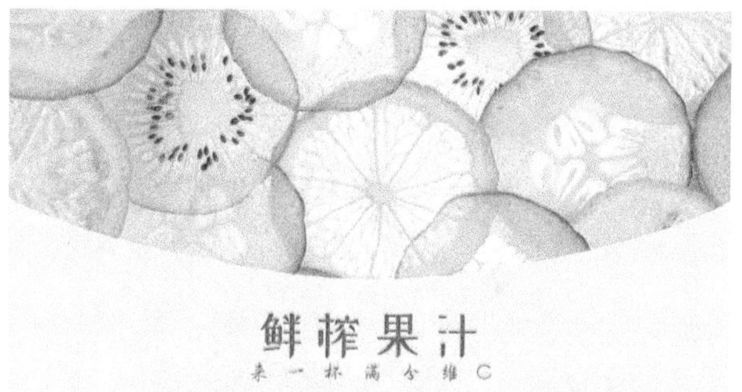

看用户心理

根据用户需求来选择。例如，时尚奢侈品需满足消费者对高级感、奢华感的心理需求，所以其颜色主要为黑、白、灰三者，如意大利的GUCCI、法国的CHANEL、英国的Burberry的宣传图片。

看流行趋势

根据流行趋势来选择。时尚是个轮回，就像服装每年都有流行色一样,PPT也要应时而变。例如，前几年流行的“高级灰”，近年国潮崛起大火的“故宫色”等。

039 快速换色

有时，PPT制作完成了，领导却要临时更换颜色，该怎么办呢？这里编者给大家介绍3种有效的方法。

取色器取色

取色器可以自由吸取PPT画面中的任意颜色，并填充到文字或形状中。在“字体颜色”“形状填充”“形状轮廓”下拉菜单中都能找到“取色器”命令。

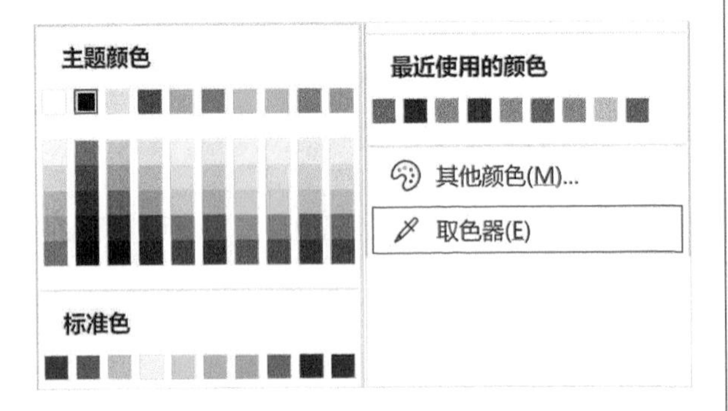

例如，使用取色器把下图中标题文字的颜色由黑色改成菠萝色。

执行“开始＞字体＞字体颜色＞取色器”命令，然后吸取图片中菠萝绿色部分的颜色。

标题文字“菠萝说”的颜色就变成了菠萝色。

同样，还可以吸取图片中菠萝黄色部分的颜色，更改副标题文字“我为自己代言”的颜色。

这样一来，整个画面的色调就统一了。

变体换色

可以通过“设计”选项卡“变体”组中的“颜色”功能实现快速换色，但前提是编辑PPT时使用的是主题颜色。

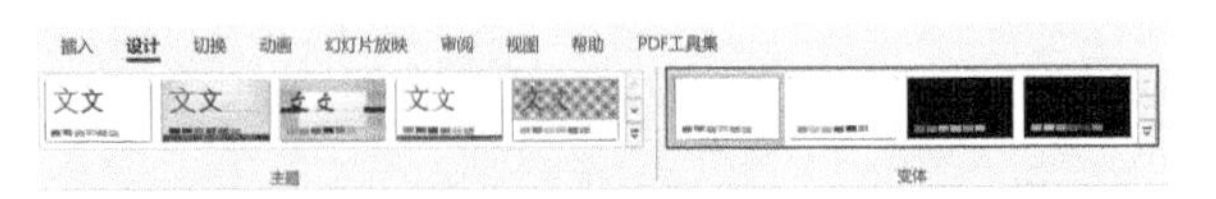

以下面这个PPT模板的颜色更换为例进行讲解。

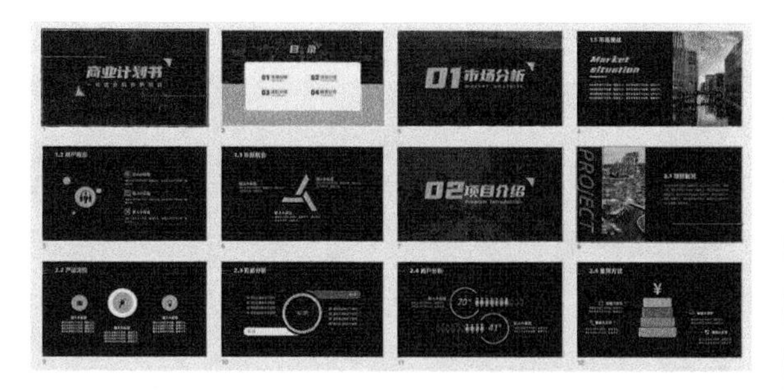

执行“设计＞变体＞其他＞颜色＞蓝绿色”命令，整个PPT的文字和图形颜色即可更换为蓝绿色。

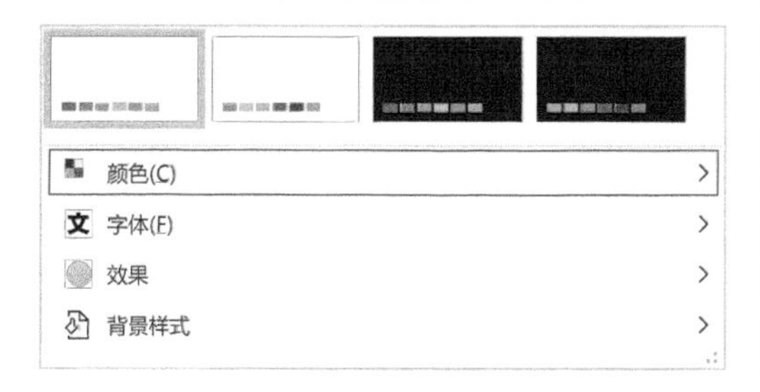

插件换色

Onekey Lite插件中有很多非常好用的神奇功能，可以弥补PPT软件本身的不足。例如，“取色器”功能，可以实现快速批量换色。具体设置详见“061 好用的排版插件”。

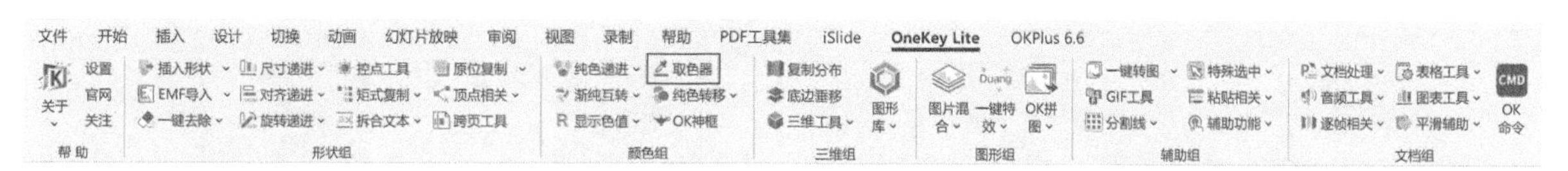

040 设置渐变色

渐变色包括颜色渐变和透明度渐变两种，两者在文字和形状中都有应用。

双色渐变

这是最简单的一种渐变效果，即从一种颜色过渡到另一种颜色。只需设置“渐变光圈”的两个色标的位置、颜色等属性，一个色标的位置在0%，另一个色标的位置在100%，然后分别设置不同的颜色即可。

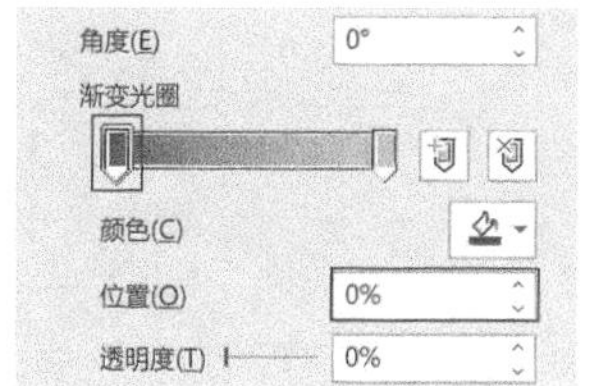

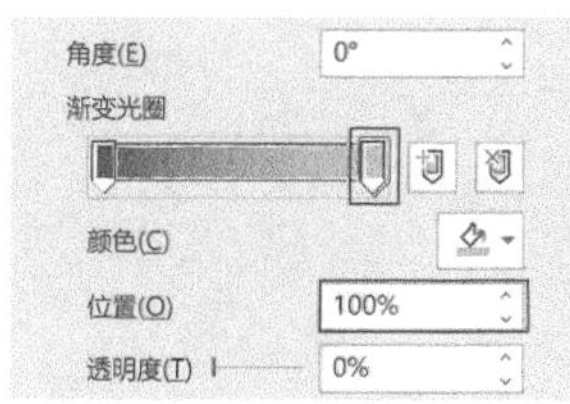

双色渐变通常用来制作背景。其最终效果如下。

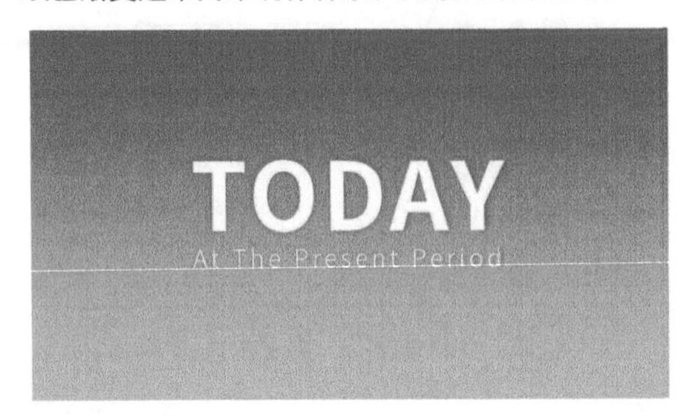

多色渐变

多色渐变指两种以上颜色的渐变。使用多色渐变，可以制作出复杂多彩的渐变效果。需要几种颜色就设置几个“渐变光圈”的色标，色标的位置决定了渐变颜色的位置和范围。

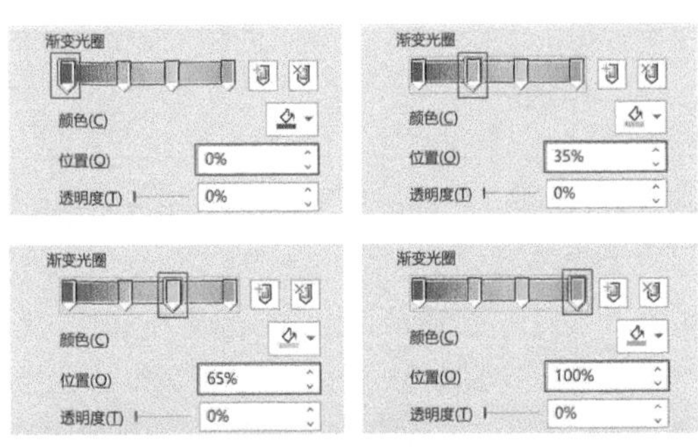

多色渐变可以用来制作特殊图形效果，如半透明的彩色蒙版效果。其图层顺序示例如下。

多色渐变应用于半透明的彩色蒙版效果示例如下。

透明渐变

透明渐变是在不修改颜色的前提下，只通过修改透明度实现渐变效果。设置透明渐变时，“渐变光圈”的两个色标颜色相同，但透明度不同。例如，要设置从完全不透明到完全透明的红色渐变，可以将“渐变光圈”色条上左侧色标的“透明度”设置为0%，右侧色标的“透明度”设置为100%。

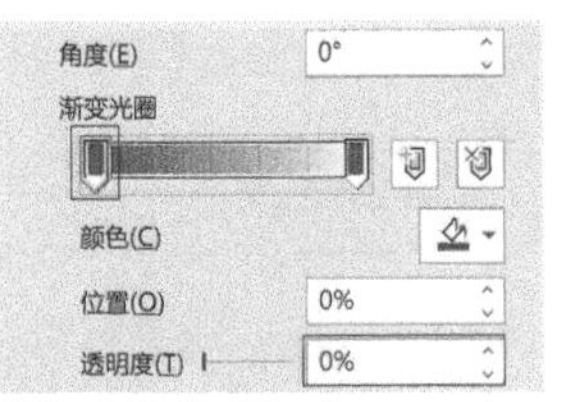

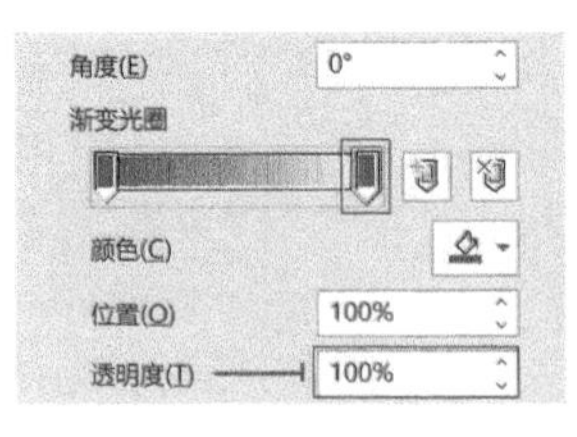

透明渐变通常用来制作蒙版层，以黑白色居多。使用透明渐变制作蒙版层的图层顺序示例如下。

使用透明渐变制作蒙版层的示例效果如下。

041 进行HSL调色

HSL调色，听起来好像很高级，其实实现起来非常简单。

前面讲解过RGB 颜色模式，即任何一种颜色，都是由红、绿、蓝三原色（光的三原色）以不同的比例相加而成。

但是，RGB 颜色模式不能直观地表达颜色，如一种颜色是由50%红、40%绿和80%蓝组成的，大家能想象出是哪种颜色吗？

因此，为了方便肉眼识别，人们设计出了HSL色彩，用色相（Hue）、饱和度（Saturation）和亮度（Lightness）三种颜色属性来更加直观地表达颜色。

色相：指色彩所呈现出来的质的相貌。即人们平常所说的颜色名称，如红、黄、蓝、绿、紫。色相是色彩的首要特征。

饱和度：指色彩的纯度。饱和度越高，色彩越纯越浓。反之，则逐渐变灰。

亮度：指色彩的明暗程度。亮度越高，色彩越偏白；亮度越低，色彩越偏黑。

“两纵一横”调色法

即便大家完全没有色感，只要遵循该方法，色彩搭配也基本不会出错。

先选中形状，执行“开始＞绘图＞形状填充＞其他填充颜色”命令，在弹出的“颜色”对话框中选择“自定义”选项卡，设置“颜色模式”为“HSL”即可。

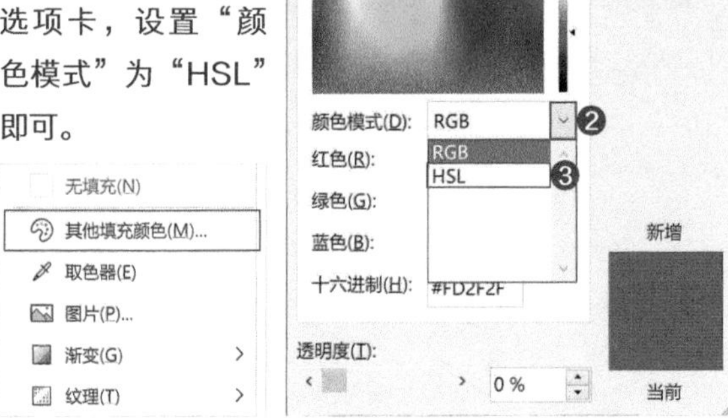

这时，大家只需要记住一条原则——“水平或垂直，数值只改其一”即可。也就是说，要么修改色调的数值，要么修改饱和度的数值，要么修改亮度数值，三者只能选其一。

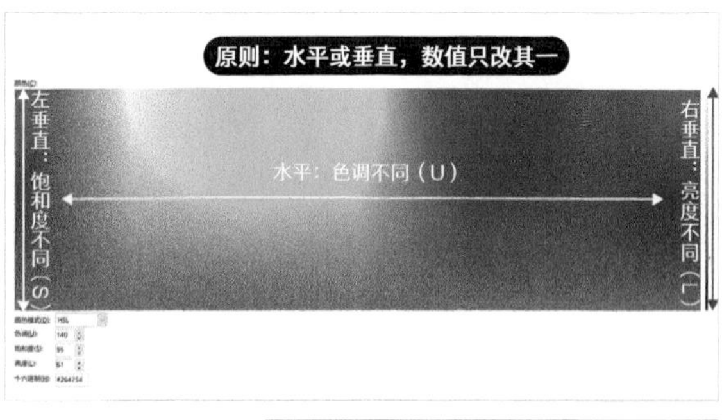

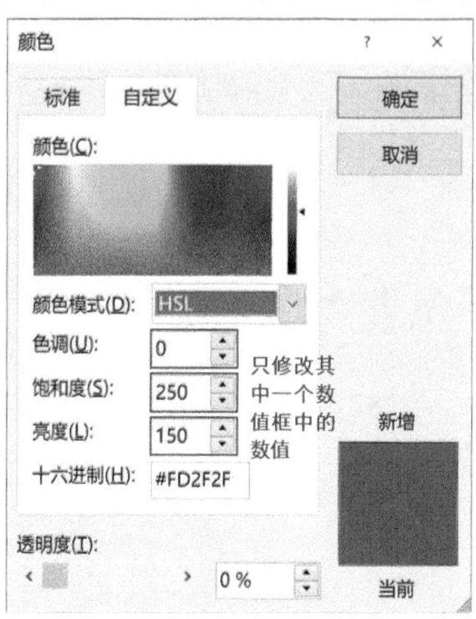

制作渐变色背景

例如，制作一张渐变色封面。设置“渐变光圈”色条上左侧色标的“色调”为10，右侧色标的“色调”为240，两者“饱和度”均为180，两者“亮度”均为140。

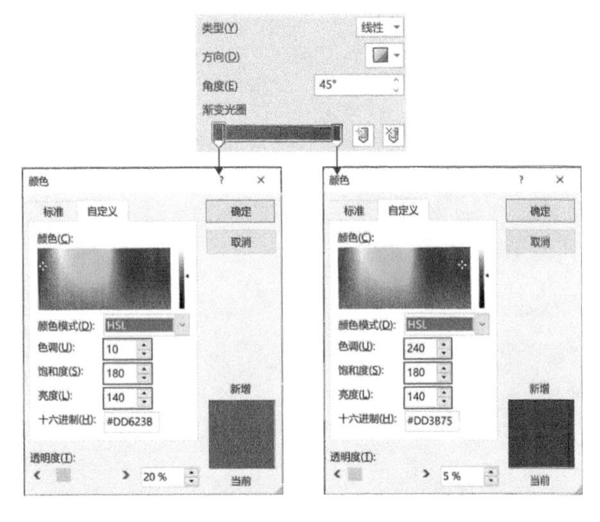

叠加底图，适当调高透明度，最终渐变效果如下。

制作渐变色蒙版

同理，也可以制作纵向渐变色蒙版。

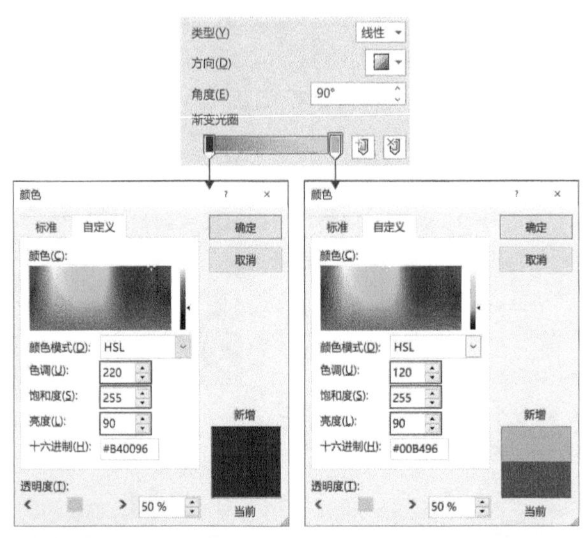

> **提示**
>
> 以上演示了只修改色调的效果。在具体操作中，可以试试只修改饱和度或亮度。

042 为什么套了模板内容不好看

看起来很漂亮的模板，为什么换上自己的内容就变丑了呢？究其原因，大家可能犯了以下这些错误。

忽视文字元素

许多初学者在使用模板时，往往直接把文字内容粘贴进去，而不考虑字号大小、内容多少，以及断句和标题转行是否合理，然后就成了右图所示的样子。

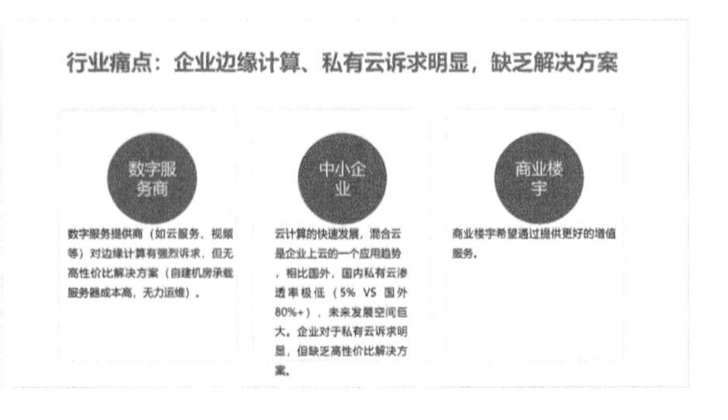

仔细分析一下，可以发现模板是没问题的，而文字部分却存在以下三大问题。

问题1：主标题过于冗长，需要精简提炼关键信息。

问题2：圆圈内的小标题没有按照正常的词语阅读习惯进行合理的转行。

问题3：三段简述内容的多少差异过大（第2段偏多、第3段过少），版面不协调。

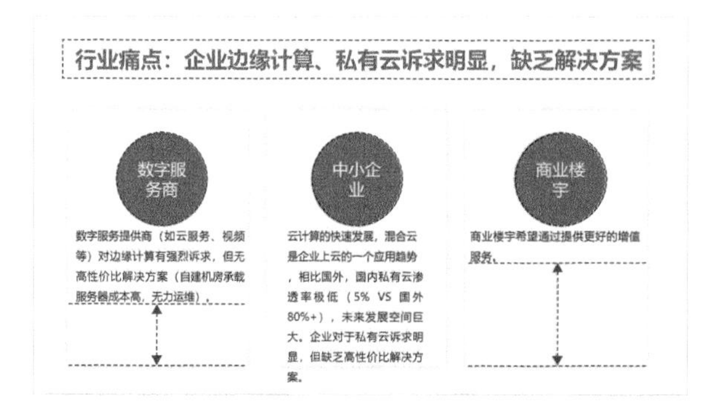

因此，这个版面修改的重点在于文字。针对上述三个问题对文字部分稍作修改，整个版面看起来就干净清爽多了。

滥用图片/图标

不要小瞧图片和图标的作用，当心“一图毁所有”哦！

◎ 随意拉伸图片

例如，使用右侧这张竖向的图片制作PPT背景图片。

有的人会直接将图片拉伸铺满整个背景，导致图片中本该圆圆的橙子完全变形了，画面看起来很奇怪。

正确的做法是，将图片拉伸之后，执行“图片格式>大小>裁剪>填充”命令。这样图片就能恢复原始比例了。

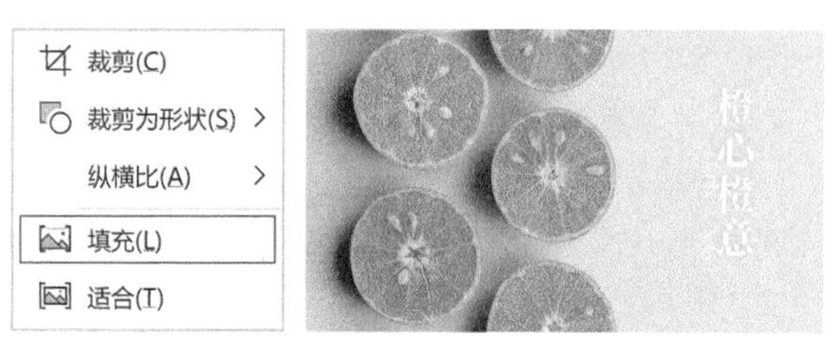

◎ 滥用图标

图标很容易被忽视和滥用，但有时偏偏细节决定成败。

- **图标不统一**

例如，图标大小不统一，就会看起来很混乱。

或者图标大小统一，位置合理了，但有的图标是实心，有的图标却是空心，仍然看起来不协调。

正确的做法是，将三个图标均设置为实心，并且大小一致，在圆圈背景内水平和垂直方向均居中对齐。

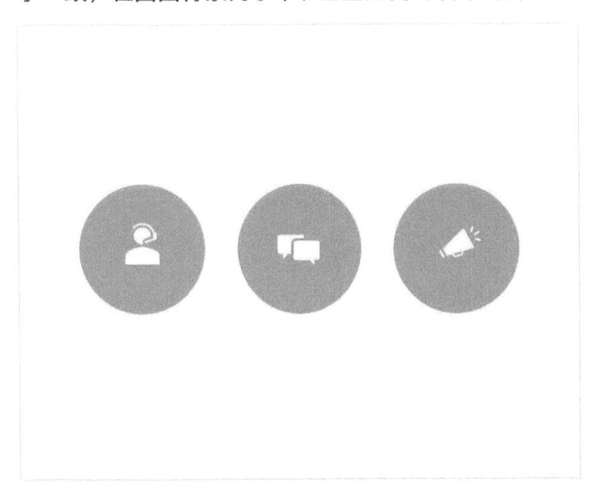

- **与内容不符**

例如，内容讲的是品牌、招商和人才，却用了毫不相关的“手机”图标和“航海”图标，明显的“文不对题”，让观众觉得制作者很敷衍。

正确的做法是，换上与内容相关的图标，最终效果如下。

043 排版的“万能公式”

设计师罗宾·威廉姆斯在《写给大家看的设计书》一书中讲述了“设计的四大原则”，即“对比”“重复”“对齐”“亲密性”。掌握这四大原则，大家的PPT排版就一定不会难看！

对比

对比就是要避免过度相似，可以通过表现不同来突出重点、区分主次，第一时间吸引观众注意力。例如，下图中“对”“比”二字在字号大小、字体粗细、背景颜色方面都使用了对比。

例如，下面这张“阶段工作成果”幻灯片，标题和正文的字体、字号大小、颜色完全一样，阅读起来很容易视觉疲劳。

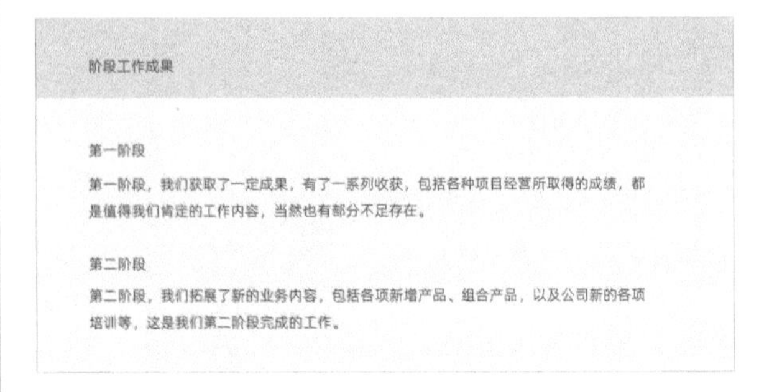

如要做出调整，可先将标题字号放大、正文字号缩小，然后给标题加粗、更换不同颜色和背景，与正文有所区别，再更改一下段落标题的颜色。这样阅读起来层次就清晰多了。

再如，下面这张“工作履历”幻灯片，由于三个方框的内容排版、用色完全一样，也无法第一时间分出主次。

可以修改中间方框的内容，通过字体大小、背景颜色深浅对比，突出重点“现任工作”，弱化非重点“曾任工作”。这样，不仅画面有了重点，版式也更活泼。

重复

重复指相同或相似的元素反复出现，增加画面的条理性和统一性。当然，重复并不意味着完全相同，例如，下图中重复使用的三角元素，其大小、颜色均有所不同，重复中透出有规律的变化。

例如，下图中的蓝色对话气泡和小圆圈，就构成了有规律、有变化的重复，让整个画面活泼却不凌乱。

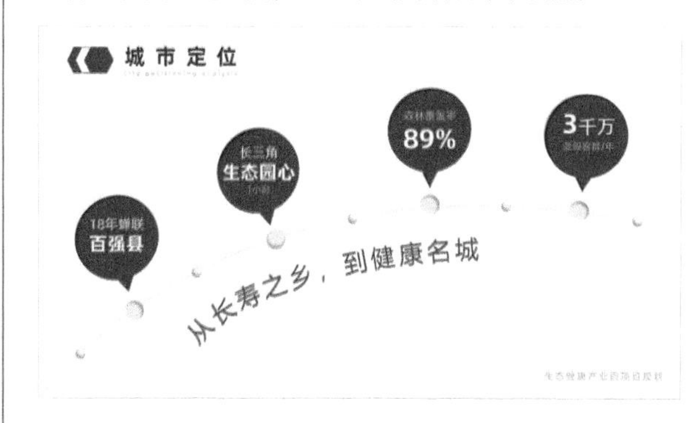

又如，像下图这样，用“布尔运算”做出有规律的切割圆弧，也是运用了重复的设计原则。

对齐

对齐指多个元素整齐排列，给画面带来一种有秩序的美感。例如，下图中“对”和“齐”二字高度、宽度、字体与边框的间距均保持一致，整个画面就显得规则、有秩序。

3种常见的水平对齐方式为左对齐、水平居中对齐和右对齐。

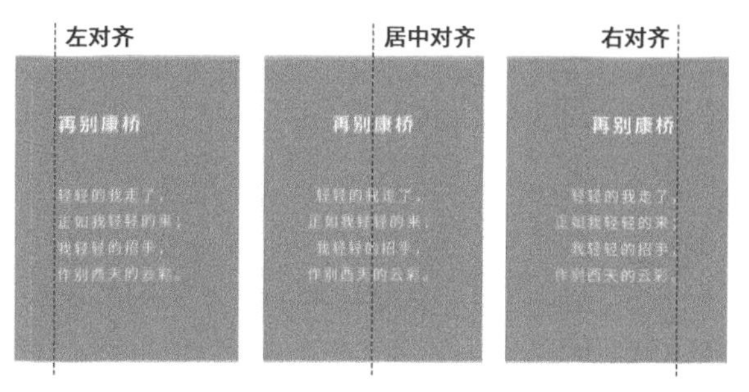

例如，下图的文字和形状在水平方向和垂直方向均没有对齐，整个画面就显得很混乱。

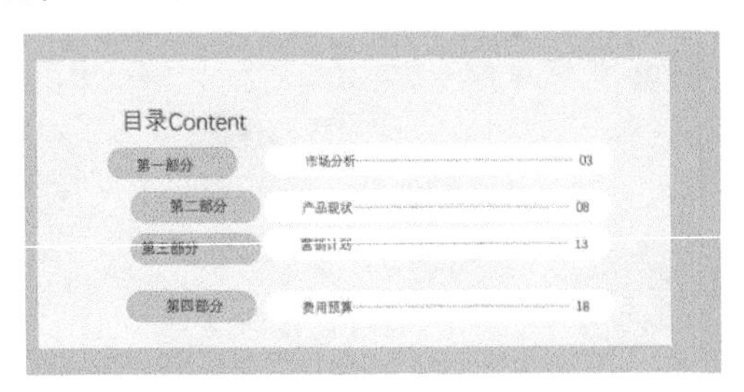

整理一下，让形状上下左右间距一致，让形状中的文字在水平和垂直方向都保持居中对齐，这样画面就变得平衡又美观了。

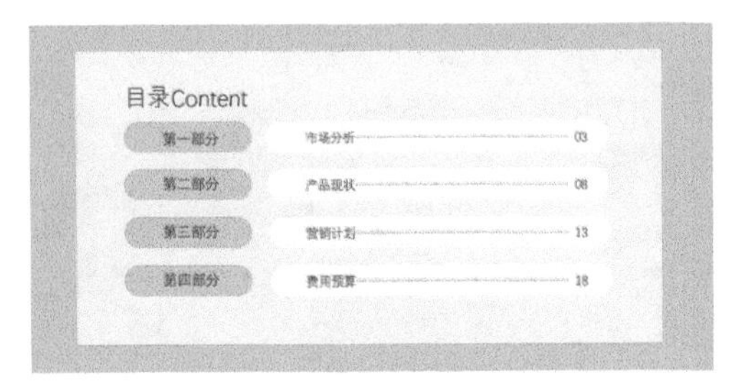

亲密性

靠近的元素会被看作一个整体，所以要把关联性强的内容放在一起，而不是让其相互独立存在。

例如，下图中3个矩形之间保持一定的间距，就很容易让人明白它们代表了3个不同部门。

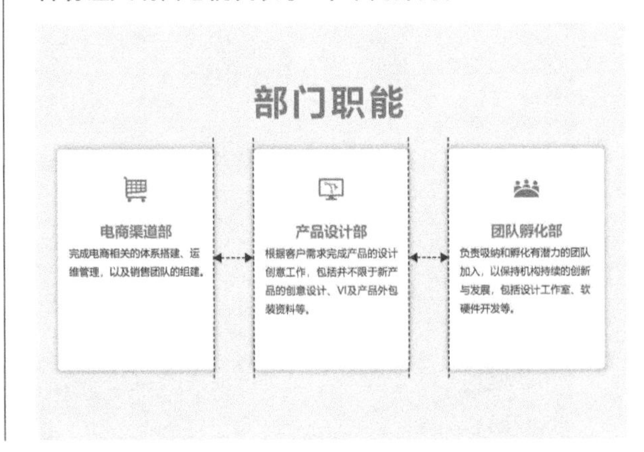

044 突出重点内容

演示幻灯片时，观众通常没有耐心逐字阅读。为了让观众更容易理解演讲者的观点，我们在设计页面时应尽可能做到重点突出、简明扼要。

颜色着重

这是一种最简单也最常用的方法，重点标题、重点文字等可用不同颜色突出标示。

◎ 文字着色

将重要的文字、数字用不同颜色着重标示，这样读者不必通读全文，就能在第一时间获取重点信息，激发阅读兴趣。

提示

注意，重点标示的文字颜色要与画面主色调统一，不能随意取色。

例如，下图中的红色文字会被最先阅读。

下面这张图中，最先被阅读的应该是左侧标题，其次是“现场”“当地”“全国”“全球”这几个词语，再次是数字，最后是白色文字。

◎ 背景着色

除了用不同的颜色标示文字，还可以用背景色块来突出内容。例如，页面背景中有大面积白色时，读者第一时间注意到的一定是唯一的蓝色“产品”色块，这也正是我们想要标示的重点。

局部放大

让重点内容占据更大的面积，自然也就使其更容易被看到了。

◎ 放大字号

下面这张幻灯片中，文字均是白色的，但很明显“珍珠运营中心”是主标题，因为它的字号最大最醒目。

同样，下面这张幻灯片中，大号的“先设定方向”必然是重点。

◎ 放大图形

想要突出某个局部或细节时，可以把它单独放大显示，予以强调。

视线引导

可以通过让画面中的人物看向某个位置，来做视觉引导。

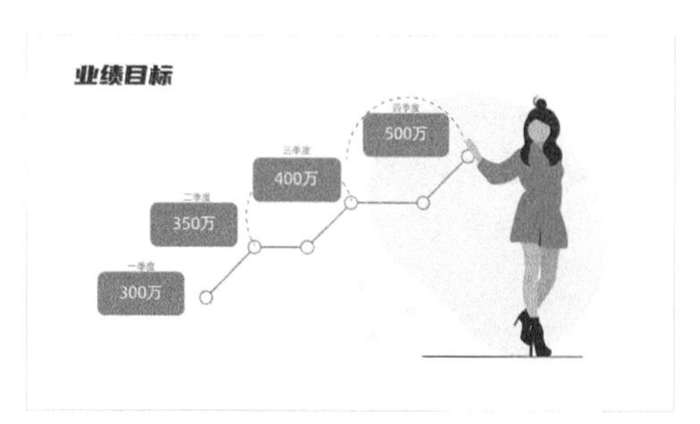

同样，镜头聚焦的地方，也是整个画面的焦点位置。把重点内容放在这里，也能突出重点。

添加蒙版

当画面中背景图片的颜色过重，影响文字内容阅读时，可以添加半透明色块作为蒙版，让文字突显出来。

添加了蒙版效果的图层关系：半透明矩形蒙版在文

字图层和背景图层中间。

得到的最终效果如下，可以看到文字非常清晰。

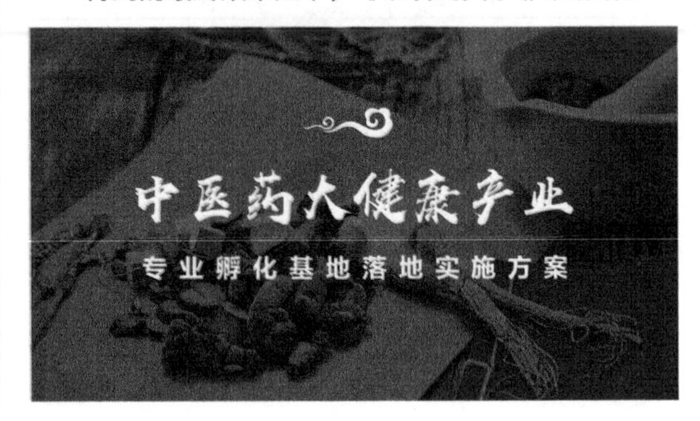

045 文字的排版原则

文字是PPT表意的核心，而很多人却只顾着搜寻“好看的模板”。事实上，哪怕是纯白色的背景（可以想象成Word），只要文字排版适当，即使未做任何花边设计，这个PPT也是赏心悦目的。

四倍对比

标题文字的大小至少是正文的4倍，才能做到一眼分明。

标题32号+

正文16号+

字体统一

一份PPT文档中的字体不要超过3种，尽量使用同一种字体，标题和正文可以通过不同的字重（字体粗细）来区分。

标题：思源黑体 CN Blod

正文一级：思源黑体 CN Medium

正文二级：思源黑体 CN Normal

正文三级：思源黑体CN Light

对齐方式一致

应避免在页面中混合使用多种文本对齐方式（不要某些文本居中对齐，而另外一些却左对齐或右对齐）。如果实在不知道该选择哪种对齐方式时，应尽量使用左对齐。

间距合适

间距包括行间距和字间距，其设置应该合理且适宜阅读。

◎ 行间距

PPT软件默认的行间距是1倍，效果上上下行会比较拥挤。合理的正文行间距参考值为1.2~1.5倍。

执行“开始 > 段落 > 行距”命令，有5种预设行距可供选择。如果仍不合适，可以选择“行距选项”一项。

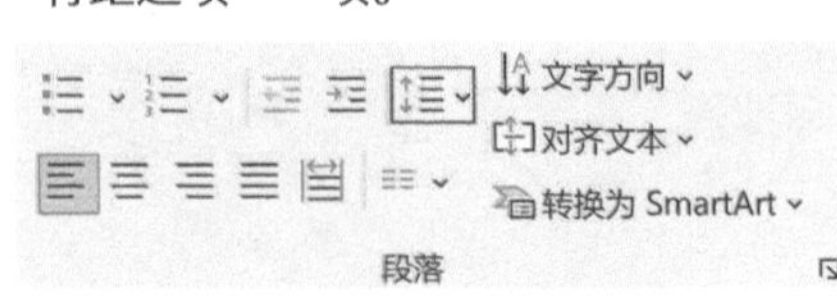

1.0
1.5
2.0
2.5
3.0
行距选项(L)...

在弹出的“段落”对话框中选择“缩进和间距”选项卡，然后在“行距”下拉列表中，选择“多倍行距”选项，“设置值”设置为“1.3”，单击“确定”按钮即可。其最终效果如下。

◎ 字间距

字间距指字与字之间的距离。通常标题文字稀疏些看起来会更舒服。

执行“开始＞字体＞字符间距”命令，同样有5种预设效果可供选择。标题选择“稀疏”即可。

如果需要特别的间距，可以执行“开始＞段落＞分散对齐”命令，文字会在整个文本框当中均匀分布。

中 国 茶 文 化

046 文字太少/太多怎么办

相信PPT的初学者们都遇到过这两种情况：一种是封面只有一个标题，画面太空不知道该怎么办；另一种是一整页Word文本粘贴到PPT中，字太多放不下。面对这两种极端情况，该怎么处理呢？

文字太少

只有一排文字，画面显得很空洞，那就要考虑做“加法”。例如，一张幻灯片只有“公司简介”4个大字，这时就需要添加其他元素。

◎ 加装饰线

如果不会设置较复杂的效果，换个背景，加两条装饰线都会比孤零零的文字要好。

◎ 加边框

或者添加一个半透明的矩形蒙版层，突出中间部分。

◎ 加英文

把标题的英译文作为副标题和线条纹理修饰。

公司简介
ABOUT US

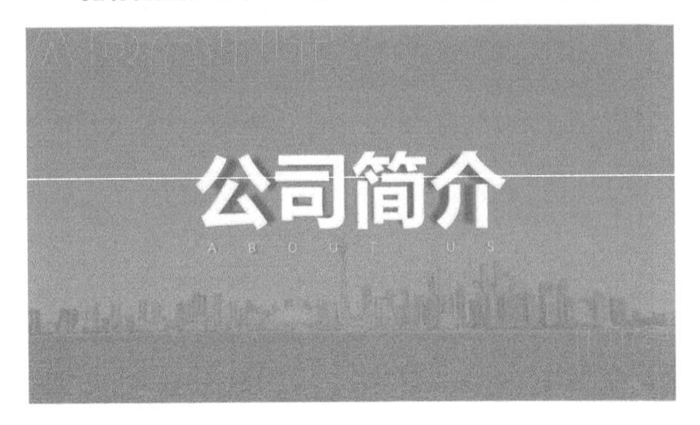

文字太多

与文字太少相反，文字太多时则要考虑做“减法”。例如，下面这张幻灯片的内容，是直接从Word文档中复制后粘贴的，没有任何分段，读起来会很累。

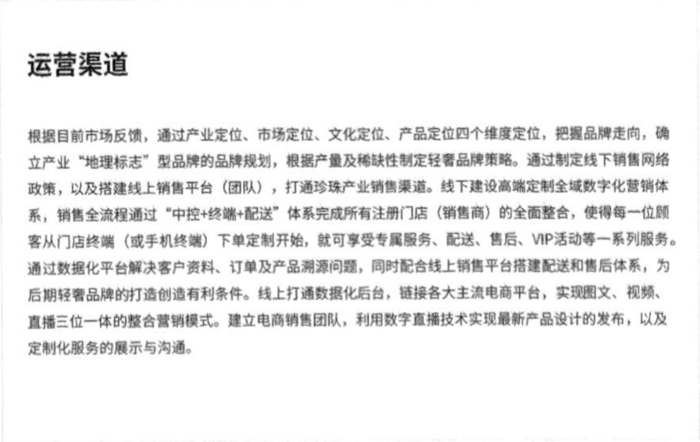
运营渠道
根据目前市场反馈，通过产业定位、市场定位、文化定位、产品定位四个维度定位，把握品牌走向，确立产业“地理标志”型品牌的品牌规划，根据产量及稀缺性制定轻奢品牌策略。通过制定线下销售网络政策，以及搭建线上销售平台（团队），打通珍珠产业销售渠道。线下建设高端定制全域数字化营销体系，销售全流程通过“中控+终端+配送”体系完成所有注册门店（销售商）的全面整合，使得每一位顾客从门店终端（或手机终端）下单定制开始，就可享受专属服务、配送、售后、VIP活动等一系列服务。通过数据化平台解决客户资料、订单及产品溯源问题，同时配合线上销售平台搭建配送和售后体系，为后期轻奢品牌的打造创造有利条件。线上打通数据化后台，链接各大主流电商平台，实现图文、视频、直播三位一体的整合营销模式。建立电商销售团队，利用数字直播技术实现最新产品设计的发布，以及定制化服务的展示与沟通。

◎ 提炼标题

给内容分段，提炼每段的重点内容或关键词，删减非重点内容，并添加小标题。

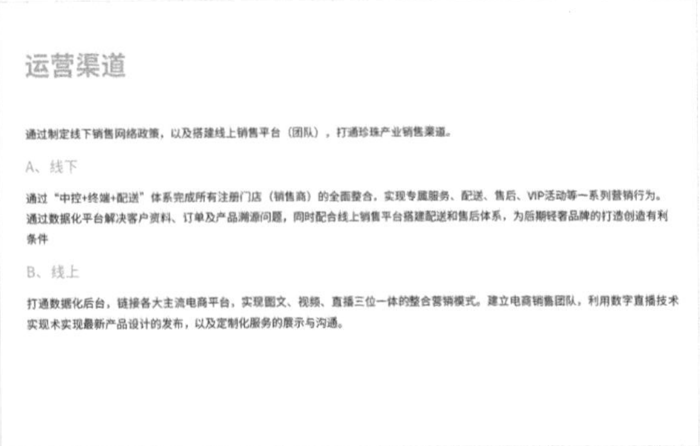
运营渠道
通过制定线下销售网络政策，以及搭建线上销售平台（团队），打通珍珠产业销售渠道。
A、线下
通过“中控+终端+配送”体系完成所有注册门店（销售商）的全面整合，实现专属服务、配送、售后、VIP活动等一系列营销行为。通过数据化平台解决客户资料、订单及产品溯源问题，同时配合线上销售平台搭建配送和售后体系，为后期轻奢品牌的打造创造有利条件
B、线上
打通数据化后台，链接各大主流电商平台，实现图文、视频、直播三位一体的整合营销模式。建立电商销售团队，利用数字直播技术实现术实现最新产品设计的发布，以及定制化服务的展示与沟通。

◎ 精简内容

如果文字还是太多，可继续精简并分行逐条显示。

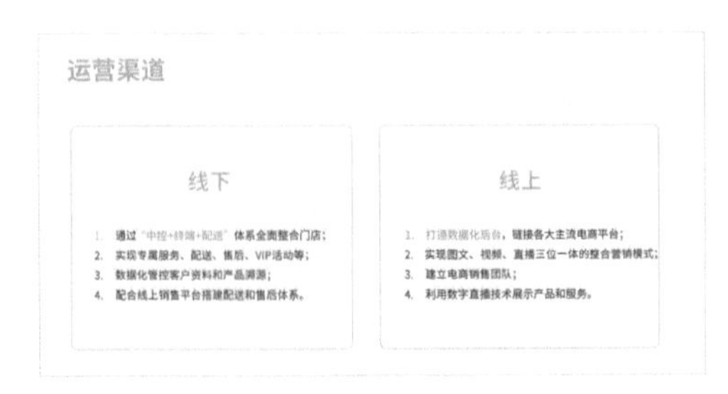

运营渠道
线下
1. 通过“中控+终端+配送”体系全面整合门店；
2. 实现专属服务、配送、售后、VIP活动等；
3. 数据化管控客户资料和产品溯源；
4. 配合线上销售平台搭建配送和售后体系。
线上
1. 打通数据化后台，链接各大主流电商平台；
2. 实现图文、视频、直播三位一体的整合营销模式；
3. 建立电商销售团队；
4. 利用数字直播技术展示产品和服务。

再添加背景色块简单美化一下版面。

运营渠道
线下
线上

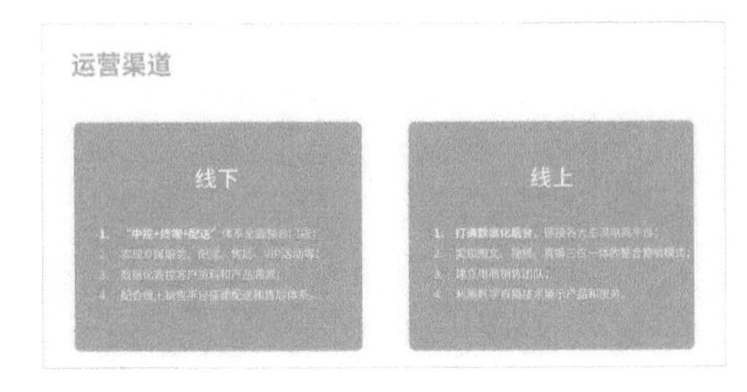

◎ 拆分页面

如果内容很多却又不能删减文字，可以先分页，然后再分别排版。

运营渠道
A、线下
建设高端定制全域数字化营销体系，销售全流程通过“中控+终端+配送”体系完成所有注册门店（销售商）的全面整合，使得每一位顾客从门店终端（或手机终端）下单定制开始，就可享受专属服务、配送、售后、VIP活动等一系列服务。通过数据化平台解决客户资料、订单及产品溯源问题，同时配合线上销售平台搭建配送和售后体系，为后期轻奢品牌的打造创造有利条件。

运营渠道
B、线上
打通数据化后台，链接各大主流电商平台，实现图文、视频、直播三位一体的整合营销模式。建立电商销售团队，利用数字直播技术实术实现最新产品设计的发布，以及定制化服务的展示与沟通。

这时，只需为每一页PPT添加与内容相关的背景图片，很容易就能做出一个简单、实用的版面。

运营渠道-线下

运营渠道-线上

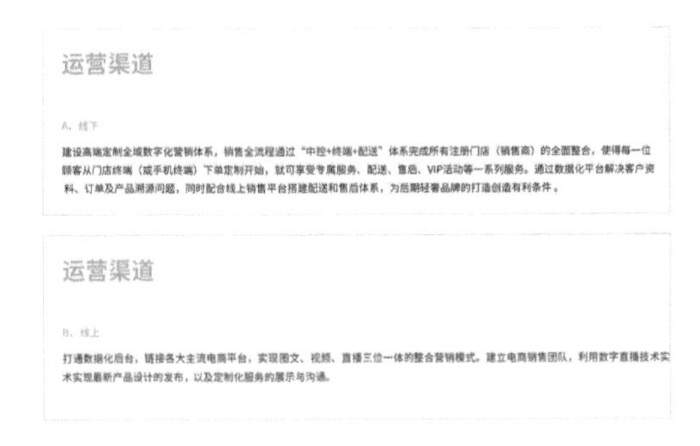

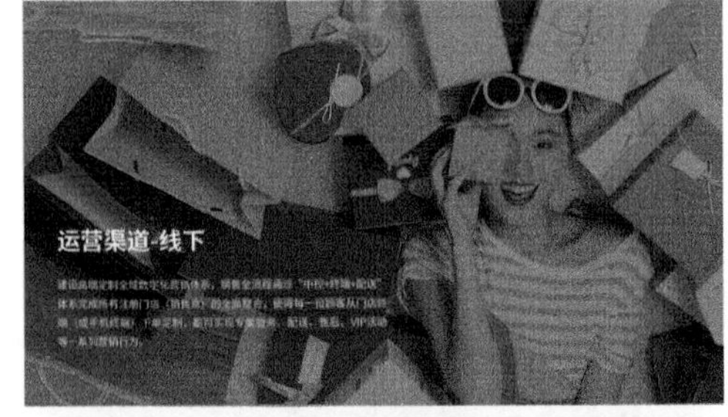

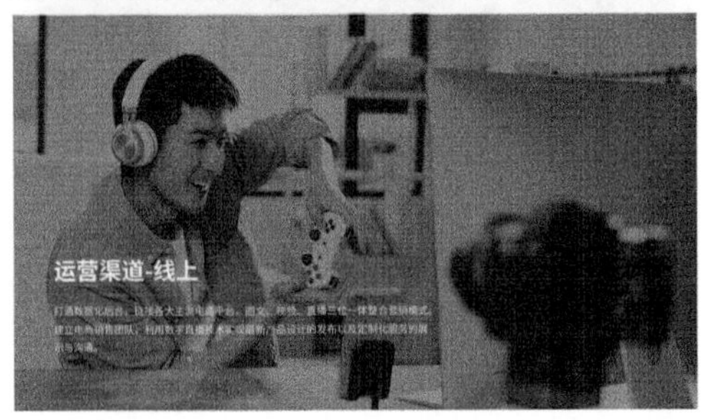

047 利用辅助线/形状排版

利用辅助线排版可以帮助我们更好地定位内容区域，保证元素与元素之间、页面与页面之间的整齐统一。

参考线

参考线可以控制页面上、下、左、右的留白，编辑时，所有内容都要处于参考线控制的区域内，不能出界，这样整个PPT会显得更加规范和整洁。

◎ 自带参考线

勾选“视图 > 显示 > 参考线”复选框。

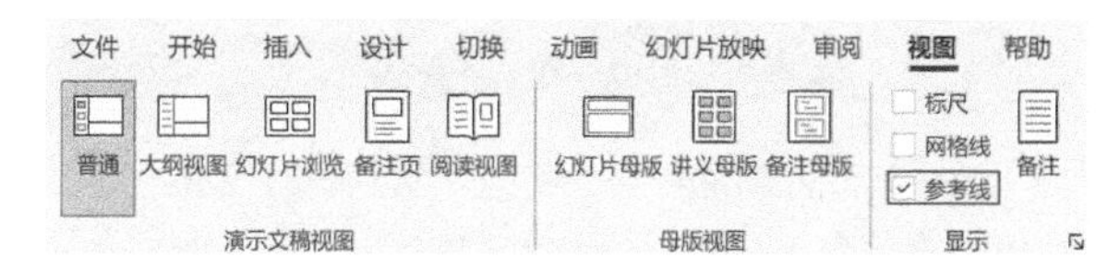

此时，幻灯片编辑区会出现一横一纵两条虚线，这就是参考线。

向左拖动纵向参考线到距离幻灯片编辑区边缘1cm处，记下位置数据（下图为“16:00”），释放鼠标。

然后按住Ctrl键向右拖动左侧参考线到右侧对应位置（即“16:00”处），释放鼠标。

与设置左、右纵向参考线类似，对横向参考线执行向上移动和向下移动操作。设置完成后，页面的上、下、左、右都有了同样的留白。

为了美观，在PPT编辑完成后，可取消“参考线”复选框的勾选状态，隐藏参考线。

另外，排版操作时容易误移动参考线，因此可以把它放到母版中。先执行“视图 > 母版视图 > 幻灯片母版”命令，然后勾选“参考线”复选框，再进行上文所述的操作即可。

◎ iSlide参考线

iSlide插件预设了几种常用的参考线形式，可以快速一键设置。

> **提示**
> 关于插件具体设置方法的讲解，请详见“061 好用的排版插件”。

◎ 表格线

本书“036 表格的另类用法”介绍过表格应用于图片排版，划分和对齐版面都非常方便。

例如，先插入一个1列2行的表格。然后，选择在第一行填充图片，在第二行粘贴文字，就可以制作出上下等分的画面效果了。

形状划分

制作多张拥有形状/图片等分版面效果的页面时，直接插图不容易计算每个形状的长宽值。

这时，可以先并排插入4个宽高一致的矩形，并按快捷键Ctrl+G将它们组合在一起。

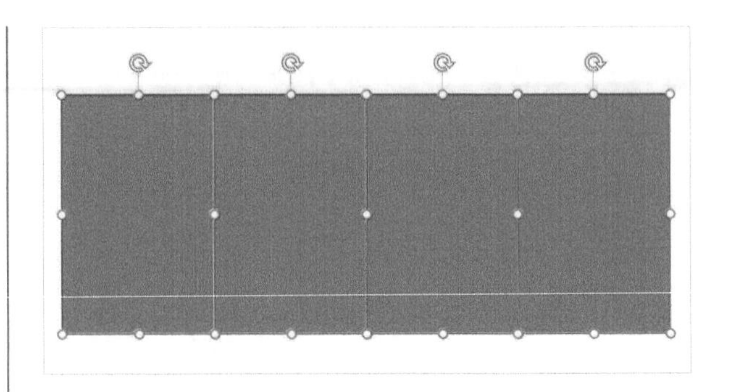

然后再将组合后的大矩形拉伸铺满整张幻灯片，选中大矩形右击，在弹出的快捷菜单中选择“组合＞取消组合”选项，4个小矩形即可等分画面了。

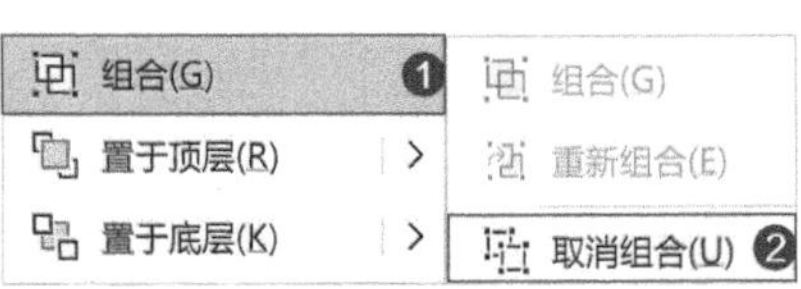

如果要制作图片排版，将插入的4张图片和4个矩形分别两两对应执行“形状格式＞插入形状＞合并形状＞相交”操作，即可得到想要的图片等分版面效果。

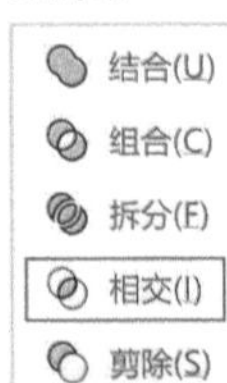

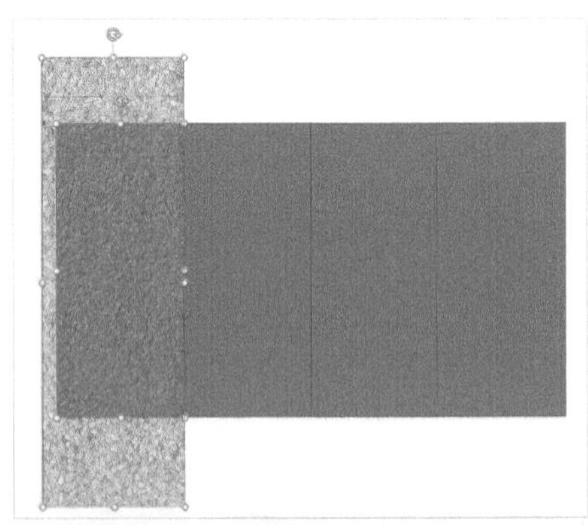

048 选择合适的动画效果

动画，制作好了是“震撼”，制作不好就是“灾难”。在日常PPT制作中，记住一条原则：如果动画效果不能给内容加分，就不要添加动画效果。那么，怎样的动画效果才算是给内容加分的动画效果呢？ 这里可以从3个维度去判断：一是是否合理引导阅读顺序，二是是否强调重点内容，三是是否帮助理解信息。

引导阅读顺序

这是动画效果用法中较为简单、直接的一个用法，能帮助观众理解内容层次。

◎ 出现顺序引导

当一页PPT中有多个要点需要讲解时，可以让这些要点随着演讲者的讲述节奏顺次出现。例如，下图中1出现的时候，观众的视线集中在1，不会受2、3的干扰，但同时又会对2、3的空白位置抱有期待。

那么，上述效果该如何实现呢？按住Ctrl键并依次选中1、2、3，执行“动画>动画>淡化”命令，设置“开始”为“单击时”，这样1、2、3就会依次、逐个出现了。

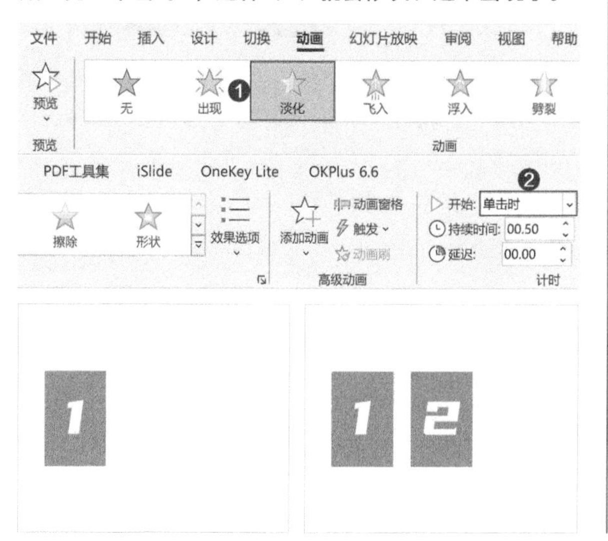

此时，“动画窗格”窗格中的图层状态如右图所示。

这一动画效果应用到示例中的效果如下。

◎ 视线方向引导

让内容遵循一定的规律，如从左至右、从上至下地出现，通常用于时间轴、流程表的展示。

视线方向引导

例如，选中箭头形状，为其设置“擦除”效果后，执行“动画>动画>效果选项>方向>自左侧”命令。

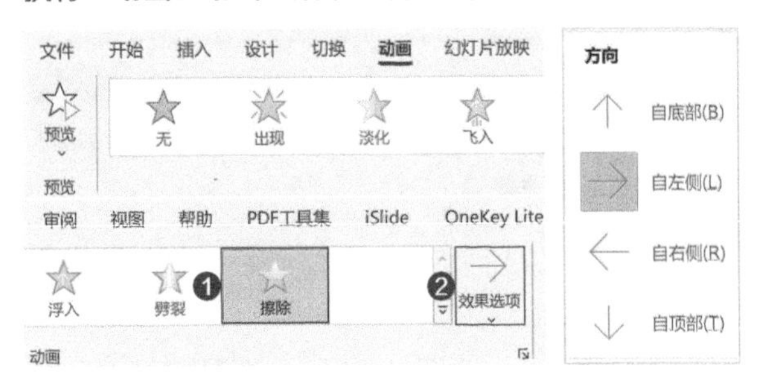

这样，箭头就会从左至右逐步展现了。

该动画效果应用到示例中的效果如下。

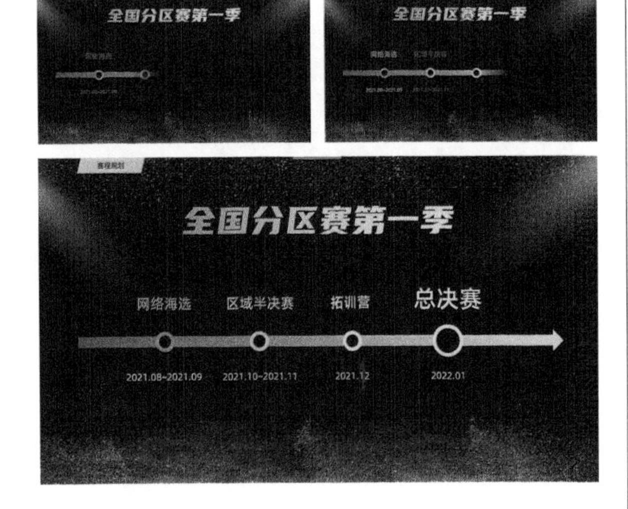

强调重点内容

给画面中想要突出强调的数字、文字加上强调动画效果，可以进一步吸引观众的注意力。

◎ 脉冲放大

应用“脉冲”效果，文字会在放大的同时闪烁一下，再恢复原状。

例如，想要给下图中的数字“3000”应用“脉冲”效果，选中数字“3000”，执行“动画>动画>其他>强调>脉冲”命令即可实现。

◎ 文字变色

如果想强调得更明显一些，可以让文字变色。选中数字“3000”，执行“动画>动画>其他>强调>字体颜色”命令即可。

如果对强调效果下默认的字体颜色不满意，还可以选中数字后，执行“动画>动画>效果选项”命令，然后像修改文字颜色一样选择想要的字体颜色。

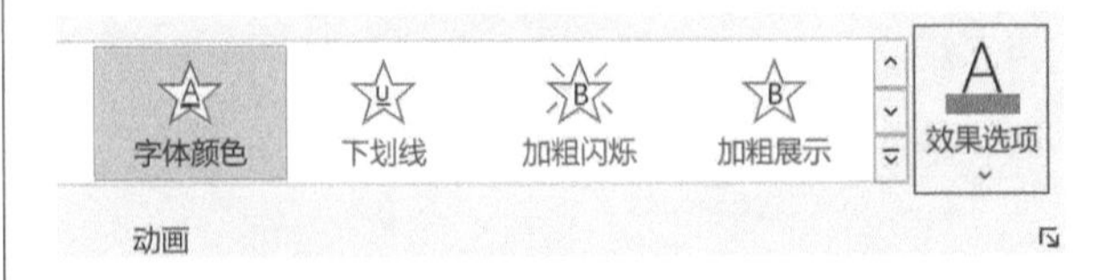

帮助理解信息

有些信息在静态页面中不好表达，但在动画中却可以清晰地呈现。例如，可以用切换效果中的“平滑”动画模拟树木的生长过程。

先制作好第1张幻灯片，然后复制1张幻灯片，将第2张幻灯片画面中的小树拖动放大。

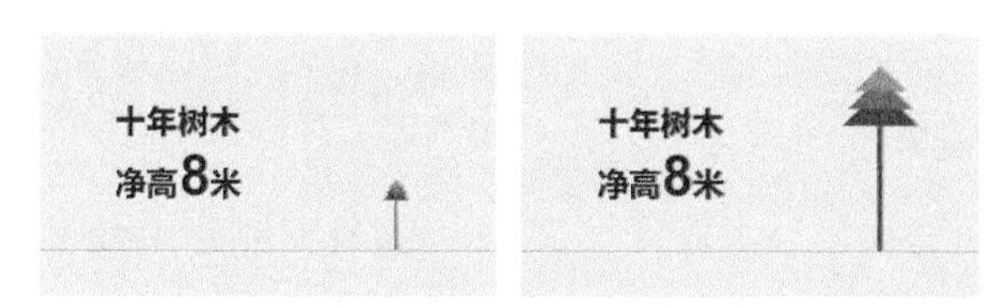

选中第2张幻灯片，执行“切换>切换到此幻灯片>细微>平滑”命令，这样播放时就能看到小树慢慢长大的模拟效果了。

049 编辑动画效果

前面介绍了如何选择合适的动画效果，下面将介绍如何编辑动画效果。例如，“飞入”动画默认是从下往上飞，但想从右往左飞该怎么办？或者动画出现的太快，想让它慢下来该怎么调整呢？

在这里，可以将编辑动画效果分3个步骤进行：先选择动画效果，然后调节动画方式/文字属性，最后设置动画出现时间和顺序。

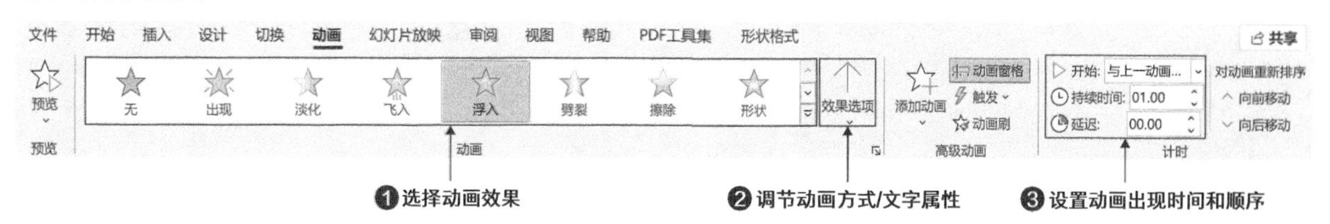

选择动画效果

选中操作对象后，在“动画”选项卡“动画”组中直接选择想要的效果，即可添加动画效果。例如，想要添加“出现”动画效果，执行“动画>动画>出现”命令即可。

选择更多效果

如果预览效果里面没有想要的动画效果，可以执行“动画>动画>其他”中的“更多”系列选项命令。

例如，执行“更多进入效果”命令，在弹出的“更多进入效果”对话框中选择想要的效果后，单击“确定”按钮即可。

添加多个动画

可以给一个对象添加多个动画效果。添加第1个动画效果时，可直接在“动画”选项卡“动画”组中选择要添加的动画效果。如果想继续添加第2个、第3个或更多个动画效果，就要执行“动画>高级动画>添加动画”命令，选择相应的效果了。

删除动画效果

如果想删除某个动画效果，选中对象后执行“动画＞动画＞无”命令即可。

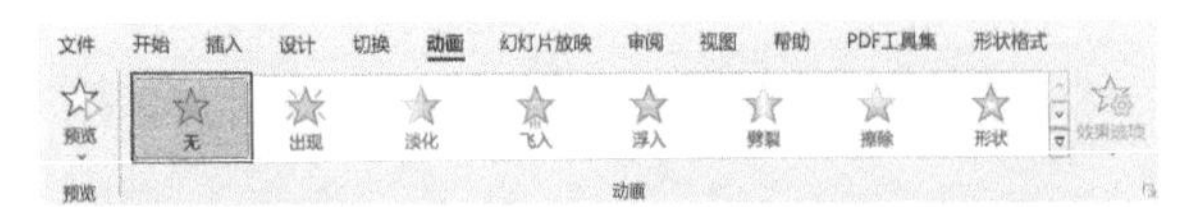

同一对象添加了多个动画效果，如果只想删除其中某一个效果，可以打开“动画窗格”窗格，在想要删除的效果上右击，在弹出的快捷菜单中选择“删除”选项（或按Delete键）即可。

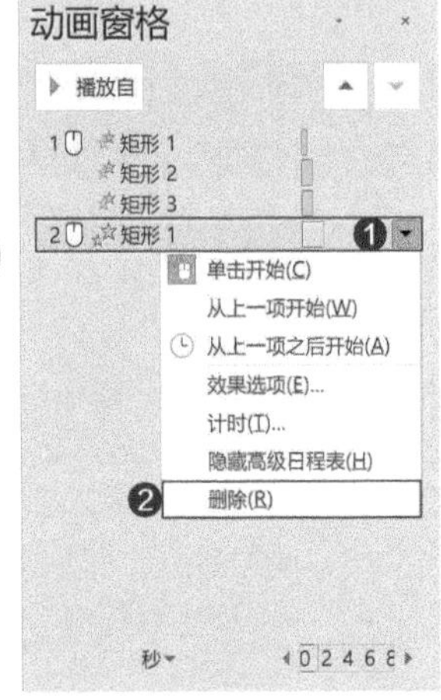

调节动画方式/文字属性

“效果选项”图标默认情况下处于灰色禁用状态。当给一个对象添加了动画效果后，“效果选项”图标如果变成启用状态，表明该动画效果有多种演示方式可选。

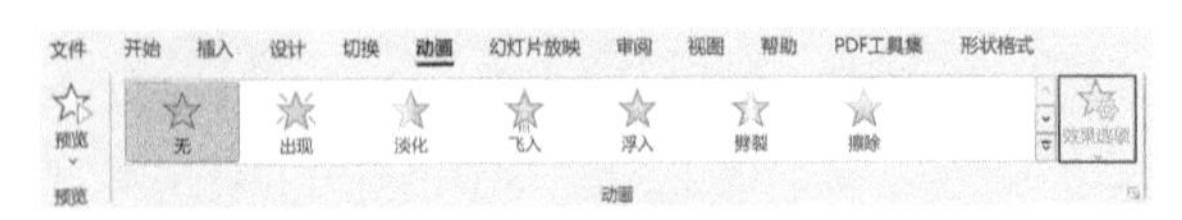

◎ 调节动画方式

例如，添加“浮入”动画效果后，“效果选项”下会出现“方向”选项，可以在这里选择“上浮”或“下浮”。

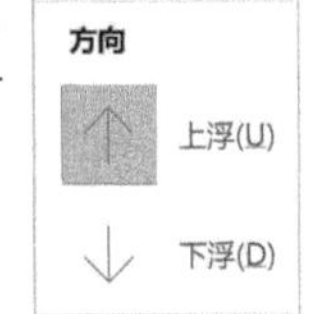

如果添加了“形状”动画效果，“效果选项”下会出现“方向”和“形状”选项。

◎ 更改颜色

如果给文字添加了与颜色相关的动画效果，如“对象颜色”，“效果选项”下会出现颜色库。

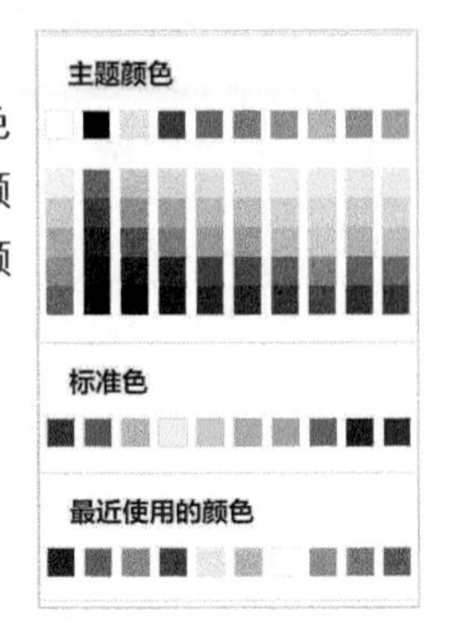

如果不想使用默认颜色，可以打开“动画窗格”窗格，在刚刚设置的动画上右击，在弹出的快捷菜单中选择“效果选项”选项。

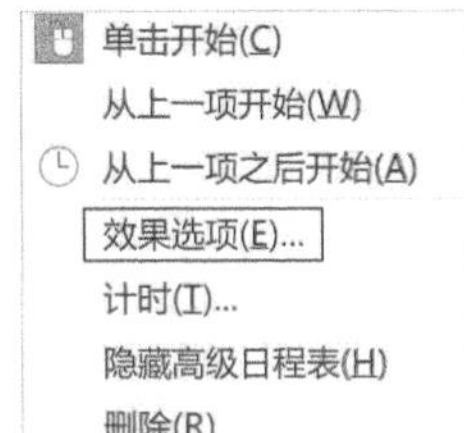

然后在弹出的“对象颜色”对话框中，选择“效果”选项卡“颜色”下拉列表中的“其他颜色”选项，再在弹出的“颜色”对话框中更改颜色即可。

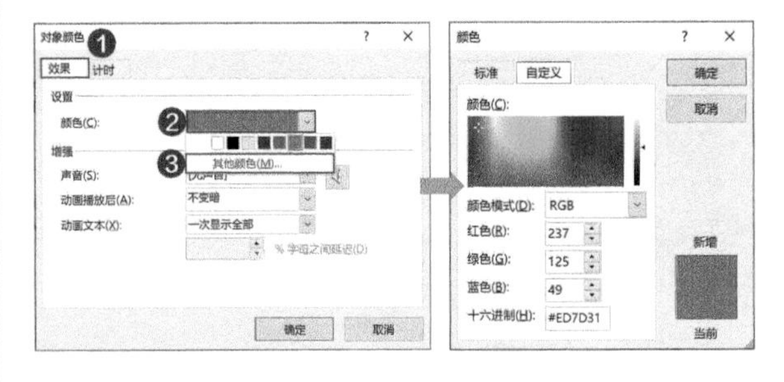

设置动画出现时间和顺序

设置动画出现的时间和顺序，主要是为了调节动画节奏。

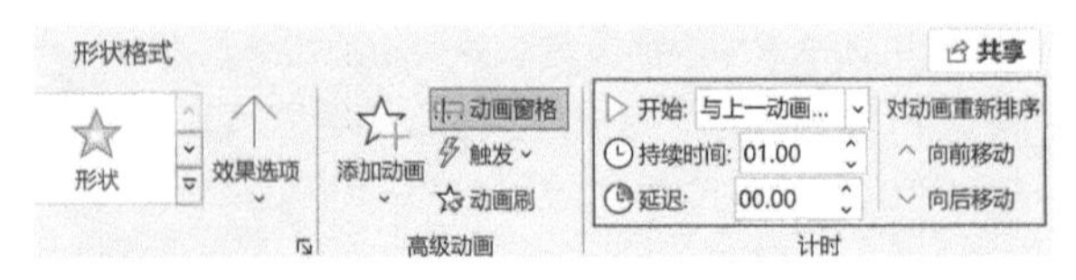

◎ 开始方式

开始方式有以下3种选择。

（1）单击时。即幻灯片播放时单击一次鼠标，播放一个动画，顺次进行。

（2）与上一动画同时。即当上一动画播放时，这个动画也同时开始播放。

（3）上一动画之后。即当上一动画播放完毕，这个动画开始播放。

◎ 持续时间

“持续时间”指一个动画播放的时间长度。例如，“01.00”就是1秒钟，可以按上下小箭头按钮调节时间长度，也可以直接在数值框中输入数值。时间越短，播放速度越快。

◎ 延迟

“延迟”指在动画开始播放前停留等待的时间。例如，有两个动画效果同时开始，第1个效果设置“延迟”为“00.00”，第2个效果设置“延迟”为“01.00”，那么第2个动画效果就会比第1个动画效果晚1秒钟播放。

◎ 动画排序

在“对动画重新排序”下选择“向前移动”或“向后移动”就可以调节动画出现的次序。或者打开“动画窗格”窗格，直接拖动动画排序会更直观。

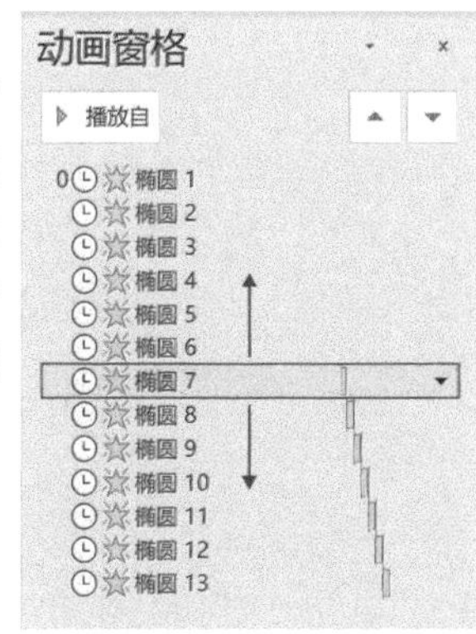

设置高级动画效果

在“动画窗格”窗格中，还隐藏了高级动画效果的设置入口“效果选项”。例如，想让某个动画重复循环播放，或者改变文字动画的出现顺序等。

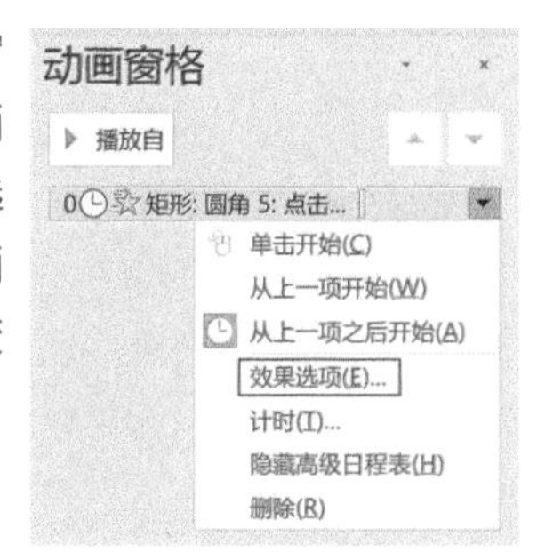

重复播放

一些特殊场合，如提示单击的入口或抽奖按钮等，需要某个动画效果持续播放，这时就要用到“重复播放”动画效果了。

例如，给右图的“点击查看”按钮添加强调动画“脉冲”效果，按钮只会跳动播放一次。

如果想让按钮一直跳动，持续引发观众的关注和好奇心，就需要给它设置“重复播放”动画效果了。打开“动画窗格”窗格，在这个圆角矩形的“脉冲”动画名称上右击，在弹出的快捷菜单中选择“效果选项”选项，然后在弹出的“脉冲”对话框中选择“计时”选项卡，设置“重复”为“直到下一次单击”，最后单击“确定”按钮，脉冲动画效果即可重复播放了。

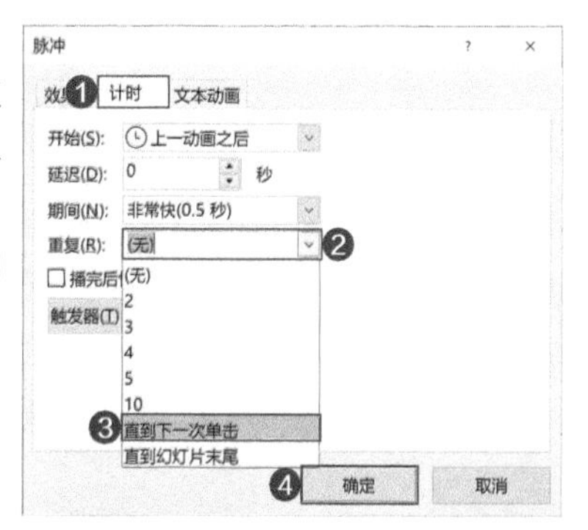

让文字逐个显示

给一个文本框添加动画效果时，如果想让文字逐个显示而非同时出现，可使用同样的方法，在弹出的对话框（如挥鞭式对话框）中选择“效果”选项卡，设置“设置文本动画”为“按字母顺序”，再单击“确定”按钮即可。

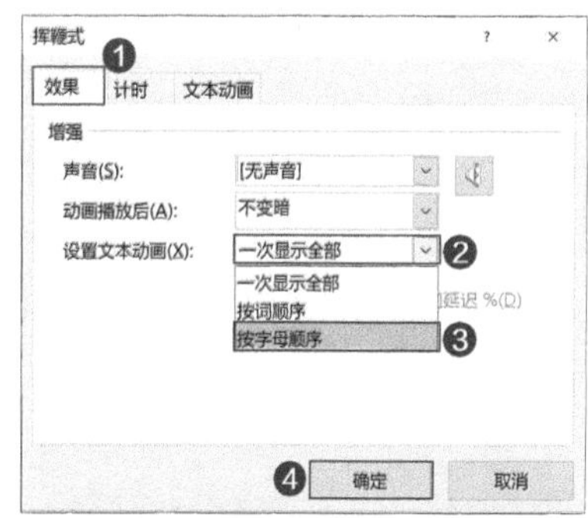

“设置文本动画”中其他的选项作用解释如下。

一次性显示全部：所有文字同时出现。

按词顺序：文字会以词语为单位逐个出现。

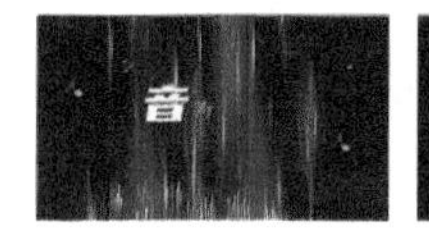

050 自定义路径动画

路径动画是让对象按照指定的路线来运动。例如，让一个屏幕中的圆球从屏幕左侧滚动到屏幕右侧，从左到右的路线就是圆球的动画路径。

设置动作路径

动画的“动作路径”大类的位置在“退出”大类下方，有直线、弧形、转弯、形状、循环、自定义路径6种。

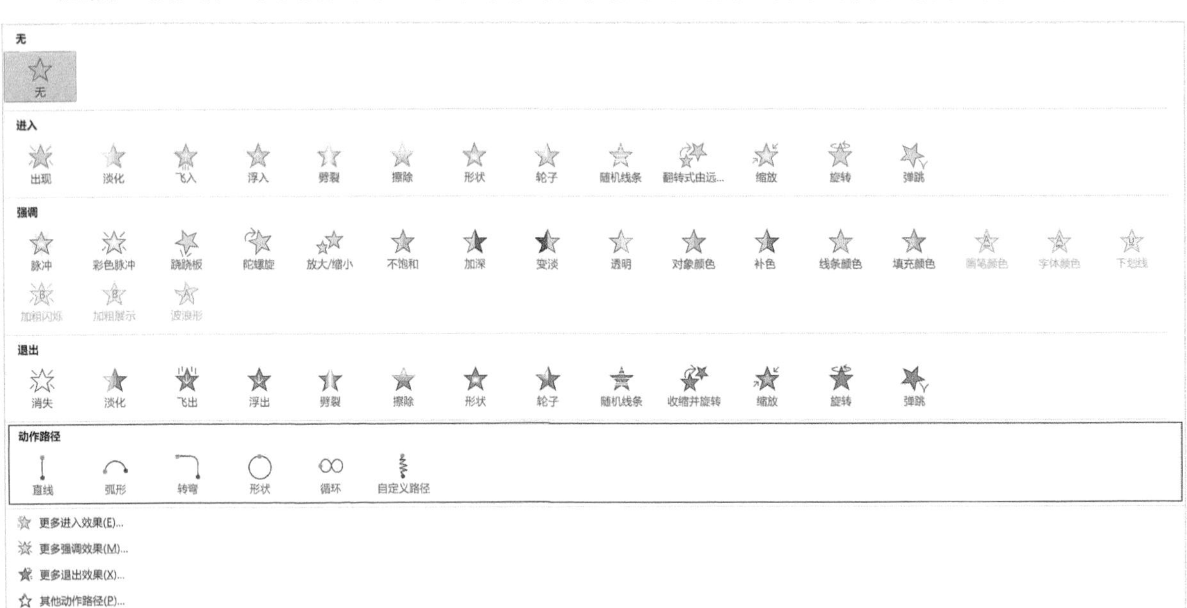

◎ 修改路径轨迹

想让下图中的太阳从左至右先升后落，就可以为太阳添加“弧形”动作路径。

方向选择“向上”，这时画面中出现了虚线路径，示意太阳的运动轨迹。左侧绿色点为动作路径开始点，右侧红色点为动作路径结束点。

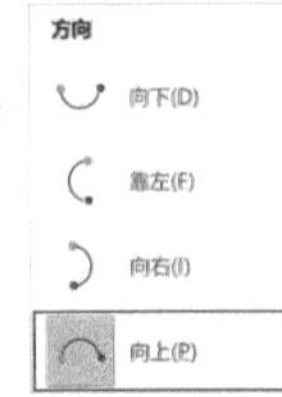

但这个动作路径过短，我们想让太阳落到屋顶右侧。选中上图中的结束点，当鼠标指针变成“双向斜箭头”状时，将结束点向右拖动至屋顶右侧合适位置，释放鼠标，太阳的动作路径制作完毕。

预览动画效果，可以看到太阳从左至右，先升后落。

◎ 调节动画时长

用同样的方法给画面中的红、蓝两辆小车添加直线动作路径，设置红色小车的“方向”为“右”，蓝色小车的“方向”为“靠左”。此时，两辆小车都只能朝着各自的前进方向移动一小段距离。

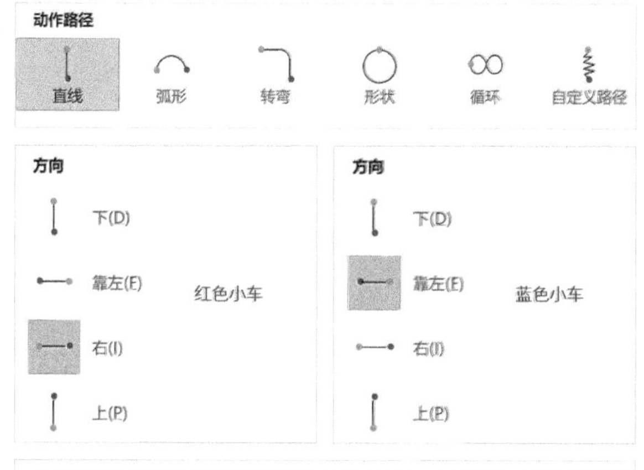

分别拖动上图中两辆小车的终点到幻灯片编辑区以外区域，让两辆小车相对行驶。

假设蓝色小车速度较慢（动画持续时间长），红色小车速度较快（动画持续时间短），设置红色小车的动画“持续时间”为“02.00”，蓝色小车的动画“持续时间”为“05.00”，这样红色小车的速度就会更快一些。

开始: 单击时
持续时间: 02.00
延迟: 00.00
对动画重新排序
向前移动
向后移动
计时

最终得到的动画效果如下。

自定义路径

如果默认的几种动作路径都不理想，还可以自定义路径。

例如，准备飞机和天空素材，制作一张飞行轨迹图。

为了方便观察动画路径，先在纯色背景上加工飞机和轨迹素材。

绘制两个椭圆，执行“形状格式 > 插入形状 > 合并形状 > 剪除”命令，即可得到一条飞行轨迹。

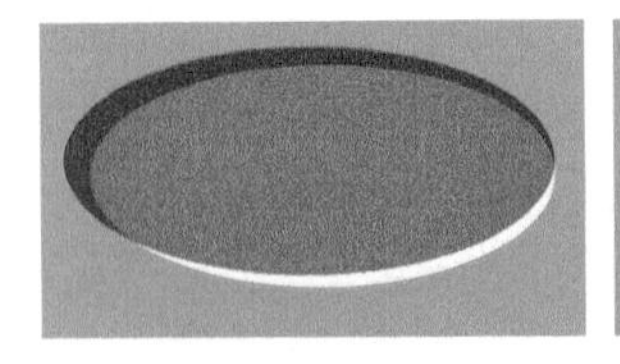

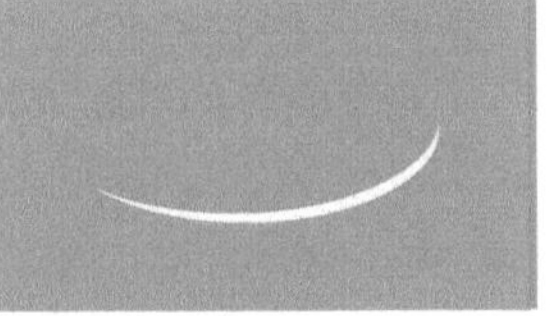

拖入飞机素材，放到飞行轨迹的起始位置。

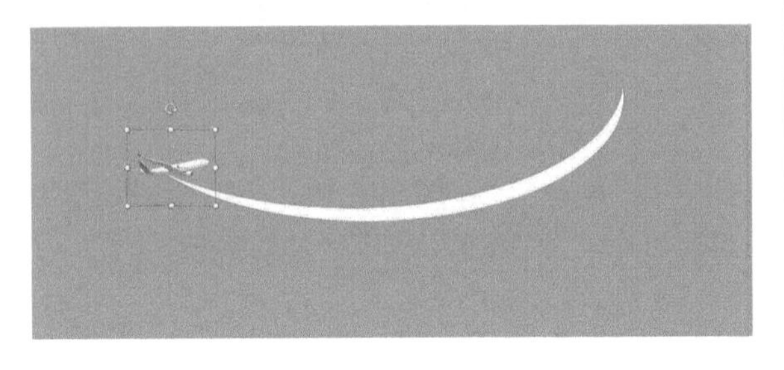

执行“动画 > 高级动画 > 添加动画 > 动作路径 > 自定义路径”命令，设置效果类型为“曲线”。

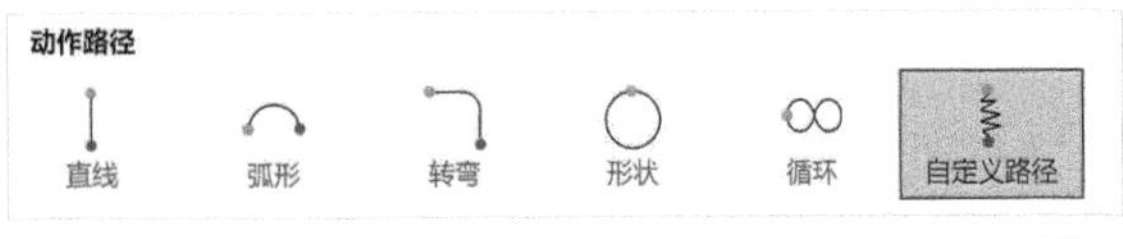

绘制飞机飞行的动作路径。从飞行轨迹的起始位置开始，在弧形飞行轨迹上顺次找几个定位点并单击，直到飞行轨迹末端，双击结束绘制。

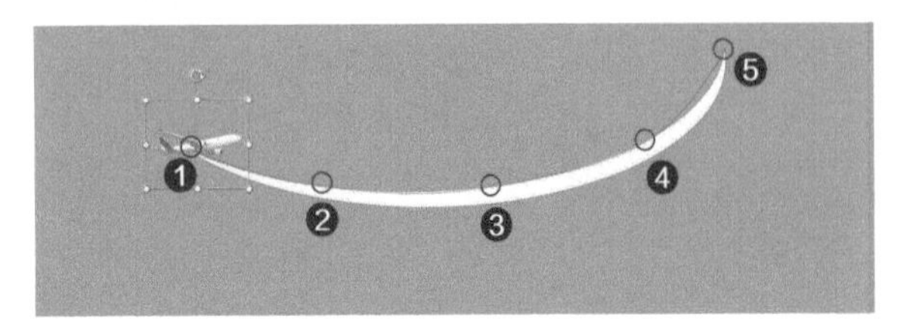

如果对绘制的路径不满意，可以执行“动画 > 动画 > 效果选项 > 路径 > 编辑顶点”命令，拖动定位点修正路径。

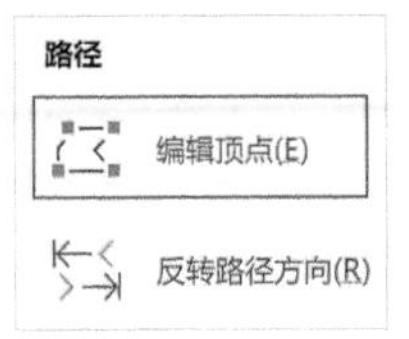

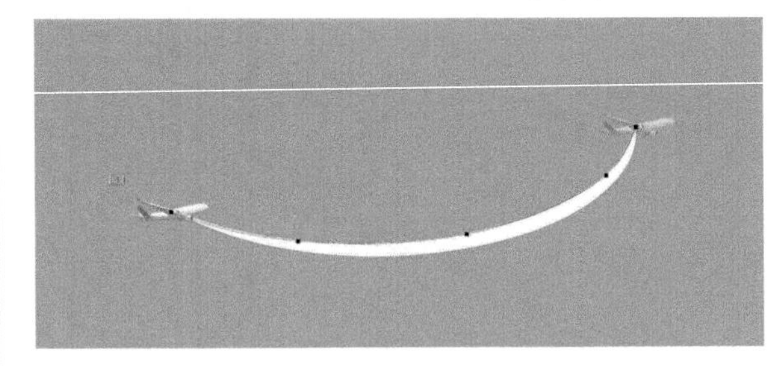

绘制完飞行路径后，打开“动画窗格”窗格，在飞机素材上右击，在弹出的快捷菜单中选择“效果选项”选项。

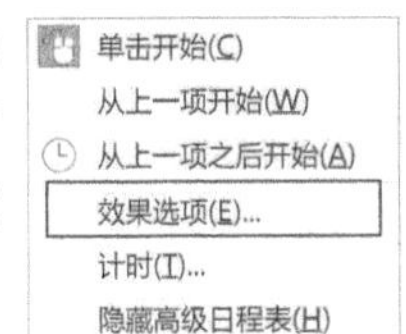

在弹出的“自定义路径”对话框中，设置“平滑开始”和“平滑结束”均为“0秒”，单击“确定”按钮，即可让画面中的飞机匀速飞行。

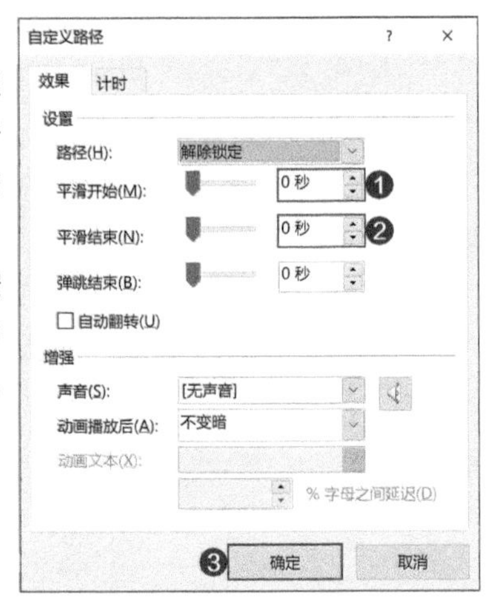

为了让飞机的飞行效果更逼真，给其添加出现动画“淡化”和强调动画“陀螺旋”。“陀螺旋”动画默认旋转角度太多，我们可根据需要进行设置。打开“动画窗格”窗格，在其名称上右击，在弹出的快捷菜单中选择“效果选项”选项，在弹出的“陀螺旋”对话框中修改“数量”为“自定义：60°”，勾选“逆时针”复选框，单击“确定”按钮。

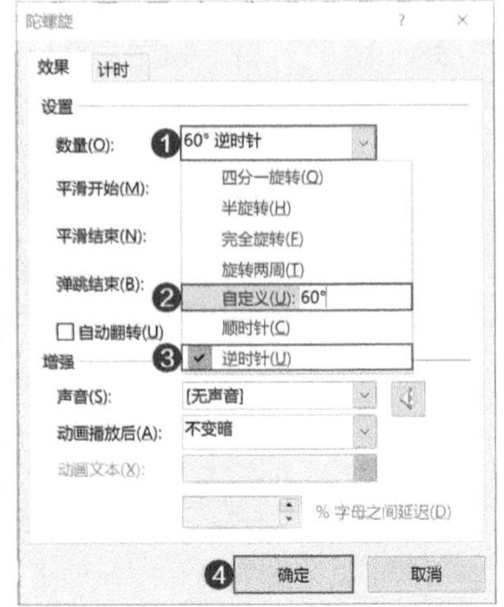

为飞行轨迹添加进入动画"擦除"，设置效果方向为"自左侧"，"持续时间"为2秒。

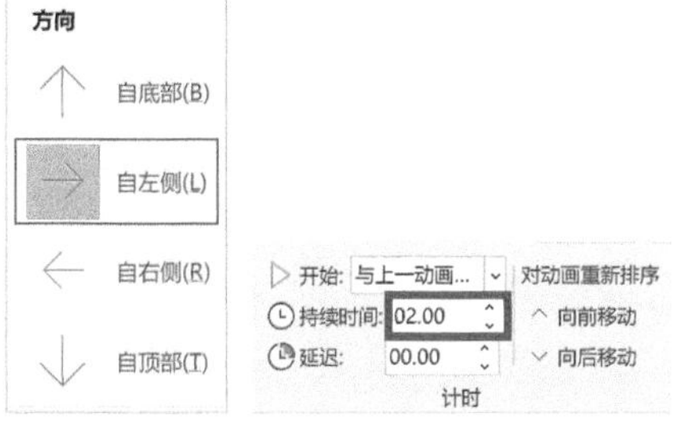

在"动画窗格"窗格中调整动画排序，将进入动画"淡化"放到第一位。全选所有动画，设置"开始"方式为"与上一动画同时"。

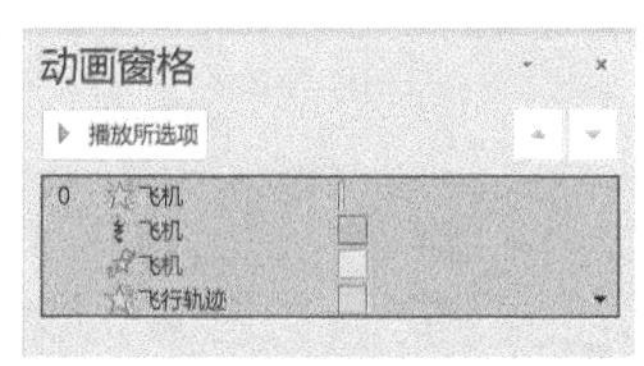

最后加上背景图片和文字，即完成整个动画的制作。

完成后的动画效果如下。

051 使用动画触发器

"触发"是一种特殊的动画开始条件，它有两种方式：一种是单击指定对象时触发动画；另一种是视音频播放到指定位置时触发动画。

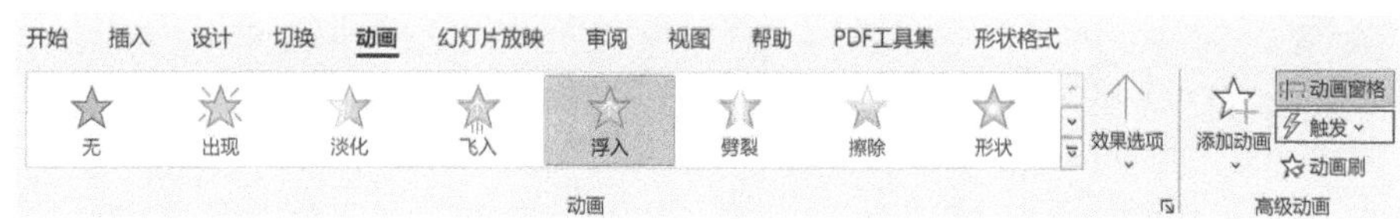

单击触发

单击触发指单击一个对象时，会触发预设的动画效果。

◎ 触发原理

例如，单击形状1，会触发形状2消失，就是一个触发动画。

要实现这个触发效果，需要先给形状2添加退出动画"淡化"，然后执行"动画>高级动画>触发>通过单击>矩形1"命令。

提示

如果页面中对象太多，分不清哪个是哪个，可以按快捷键Alt+F10打开"选择"窗格，双击对象名称进行修改以便区分。

◎ 触发案例：翻牌子猜谜游戏

下面利用动画触发器来制作一个翻牌子猜谜游戏。有3张卡牌供随机选择，任选一张首次单击出现谜语，再次单击给出谜语答案。

先准备三样素材，包括牌面、谜语和答案。如果牌面和谜语由多个对象组成，可以按快捷键Ctrl+G将它们组合在一起。

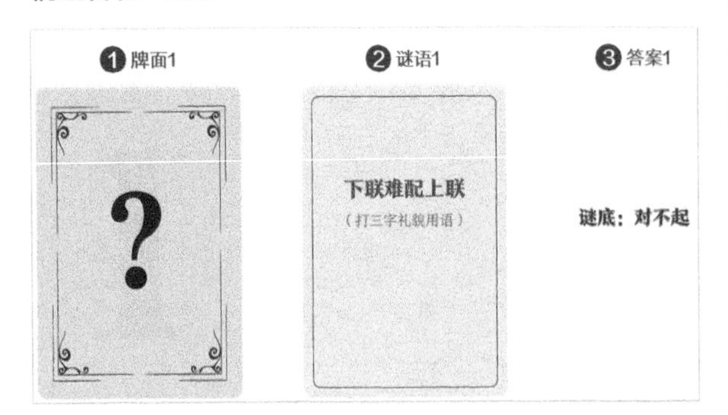

给牌面1添加进入动画“出现”，在“上一动画之后”开始，退出动画“收缩”。给答案1添加进入动画“淡化”。

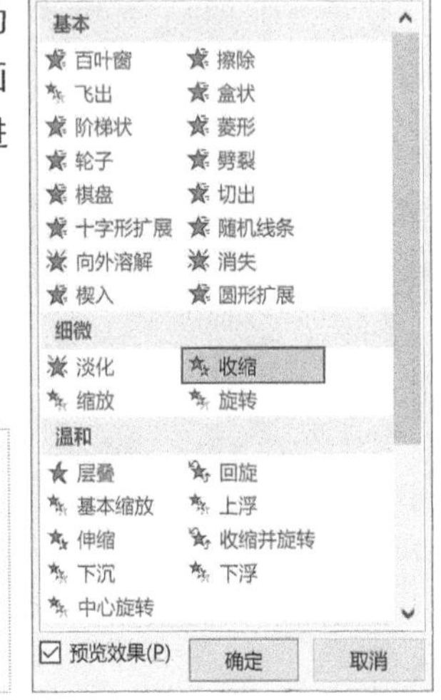

> **提示**
>
> 退出动画“收缩”在“高级动画”组“添加动画”的“更多退出效果”里找哦！

打开“动画窗格”窗格，选中牌面1的退出动画“收缩”，执行“动画>高级动画>触发>通过单击>牌面1”命令。

然后选中答案1，执行“动画>高级动画>触发>通过单击>谜语1”命令。

3个图层从顶层至底层排序，依次是牌面、答案、谜语，然后对齐叠放到一起，就做好了第1张卡牌。

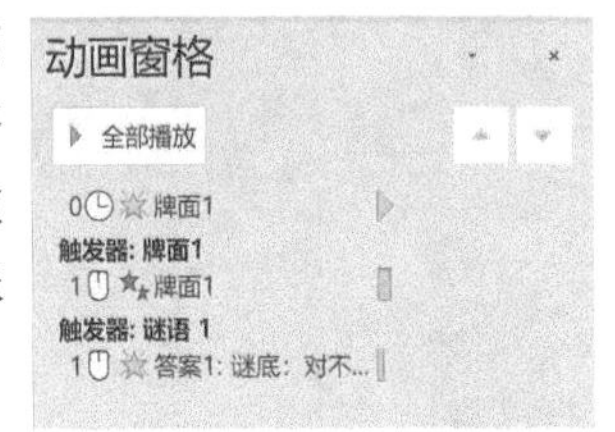

将第1张卡牌复制两份，修改牌面序号、谜语和答案文字，三张卡牌即制作完毕。此时，动画排序与触发状态如下。

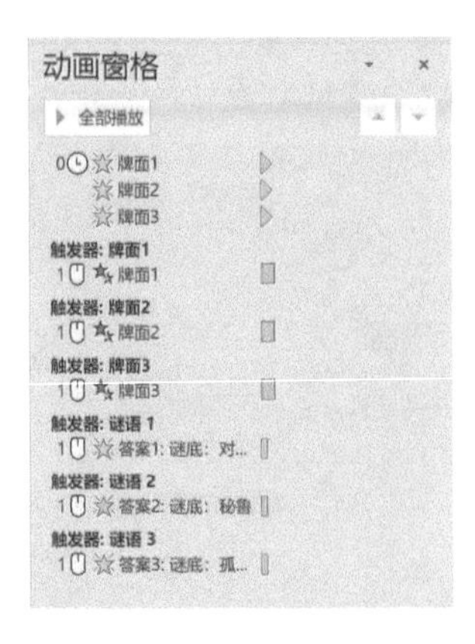

制作完毕后，游戏效果如下。

书签触发

插入视频后，可以执行“播放>书签>添加书签”命令为其添加书签，然后通过书签的时间位置来触发动画。

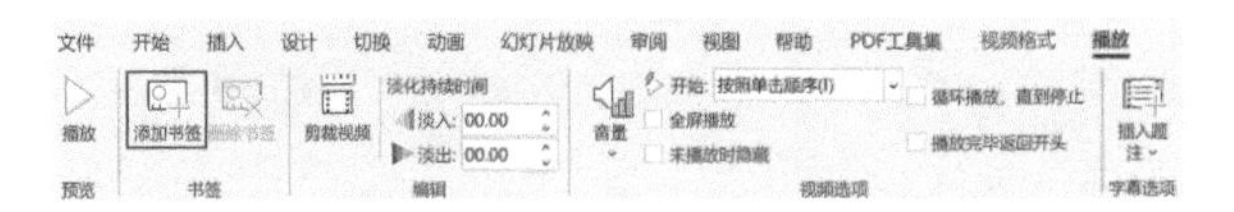

◎ 触发文字标题

利用书签触发功能，可以对视频进行简单的后期处理，如添加标题、字幕、配音解说等。下面以添加文字标题为例进行讲解。

先在幻灯片中插入视频素材。

选中视频，播放几秒后添加第1个书签，再播放几秒后添加第2个书签。准备好标题文字“长江三峡”，将文字组合在一起备用。

给文字“长江三峡”添加进入动画“淡化”，执行“动画 > 高级动画 > 触发 > 通过书签 > 书签1”命令。

给文字添加退出动画“淡化”，执行“动画 > 高级动画 > 触发 > 通过书签 > 书签2”命令。

这样，标题“长江三峡”就会在书签1的位置淡入，在书签2的位置淡出了。此时，动画的触发状态如下。

◎ 模拟弹幕效果

将书签触发功能直线动作路径相结合，可以模拟弹幕效果。

继续使用前面的视频素材，在幻灯片编辑区右侧准备多条弹幕文字。

框选所有的弹幕文字，执行“动画 > 高级动画 > 添加动画 > 动作路径 > 直线”命令，然后执行“动画 > 动画 > 效果选项 > 方向 > 靠左”命令，再把动作路径结束点拖动到幻灯片编辑区左侧外部区域。

框选所有的弹幕文字，执行“动画>高级动画>触发>通过书签>书签2”命令。

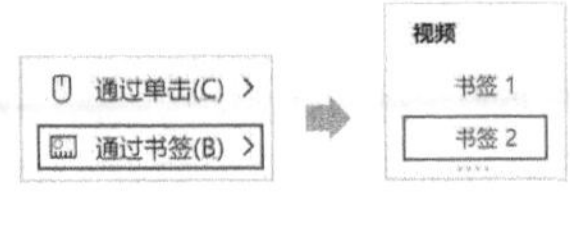

设置动画开始方式为“与上一动画同时”，在“动画窗格”窗格中随意拖动弹幕文本框的时间条，让弹幕出现的延迟时间略有不同。

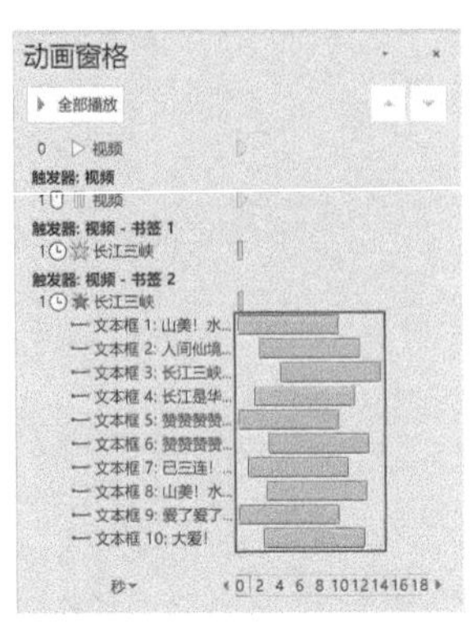

最终得到的弹幕效果如下。

052 快速添加/删除动画

当画面中有多个对象时，批量添加/删除操作可以帮助节约时间、高效办公。

批量添加动画效果

如果要为多个对象添加相同的动画效果，可以同时选中它们，批量添加效果。

◎ 所有对象添加同一动画

要给下图中红、黄、蓝三个矩形添加进入动画“淡化”，可以按快捷键Ctrl+A全选矩形（或用鼠标框选矩形），然后执行“动画>动画>淡化”命令。

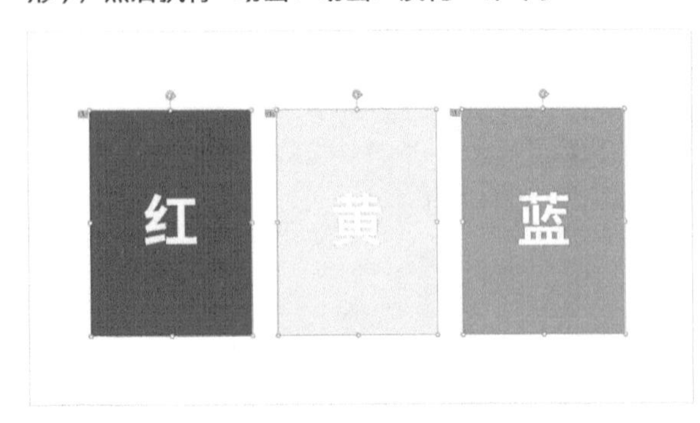

◎ 多个对象添加同一动画

如果只想给图中的红、蓝矩形添加进入动画“淡化”，可以按住Shift键点选红色和蓝色矩形，然后执行“动画>动画>淡化”命令。

◎ 动画刷快速复制动画

给红色矩形添加动画后，如果想给蓝色和黄色矩形添加与红色矩形相同的动画效果，可以用“动画刷”工具快速复制动画效果并添加给黄色和蓝色矩形。

例如，先选中红色矩形，执行“动画>高级动画>动画刷”命令，然后选中黄色矩形，即可给黄色矩形添加和红色矩形一样的动画效果。如果想把红色矩形的动画效果连续复制给多个其他对象，可以双击“动画刷”工具，再选中其他矩形。

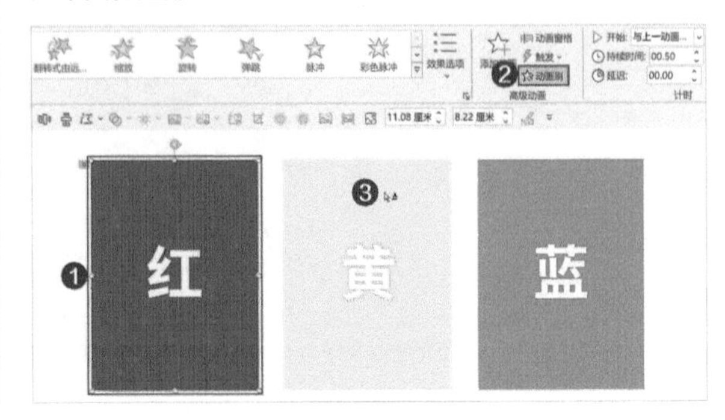

提示

“动画刷”和格式刷的用法相似，单击可供刷一次，双击可供刷多次。

批量删除动画效果

添加了动画效果的幻灯片，不是每次放映时都需要播放动画，这时不必逐个删除已添加的动画效果，只需勾选“放映时不加动画”复选框即可。

执行“幻灯片放映 > 设置 > 设置幻灯片放映”命令。

在弹出的“设置放映方式”对话框中勾选“放映时不加动画”复选框，单击“确定”按钮，动画效果即可被批量“删除”。如果下次放映时需要播放动画，取消“放映时不加动画”的勾选状态即可。

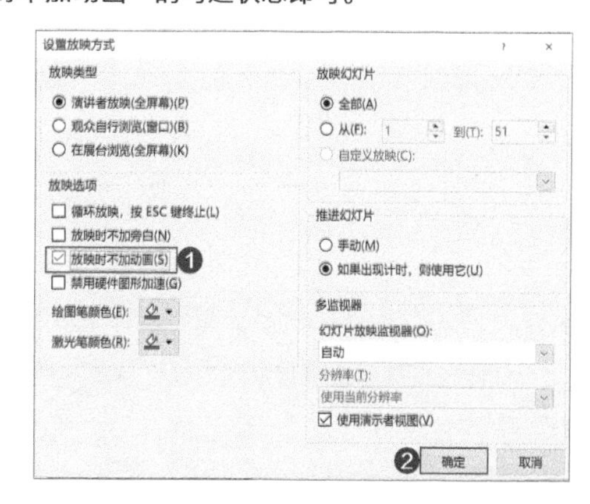

053 制作跨页面链接动画

前面介绍的动画效果都是在同一张幻灯片内添加的，下面将介绍如何制作跨页面链接动画。

缩放定位

“缩放定位”是PowerPoint 2019和PowerPoint 365的新增功能，位于“插入”选项卡的“链接”组中。使用该功能，可以快速制作镜头缩放效果。

◎ 单图缩放效果

制作一个墙壁挂画，得到挂画放大铺满全屏的效果。

准备一张墙壁背景图片、一张挂画图片，让背景图片和挂画图片各自铺满一张幻灯片。

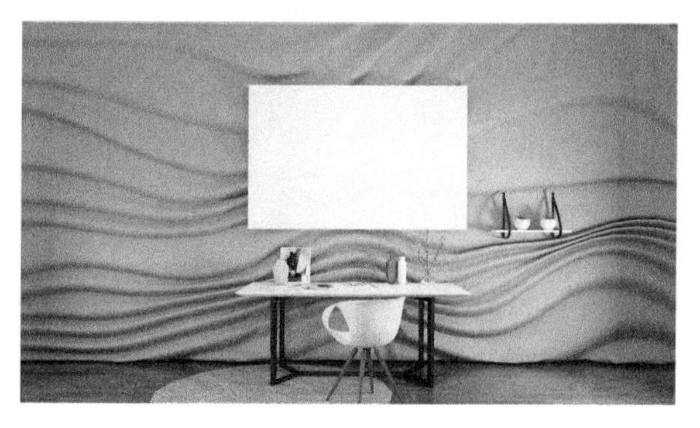

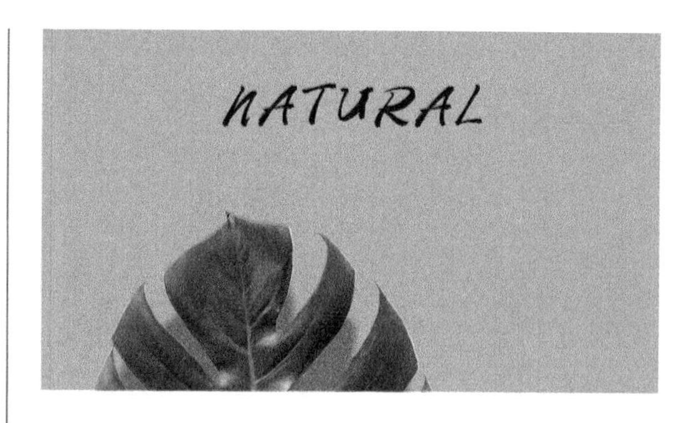

- **方法一**

在墙壁背景页面，执行“插入 > 链接 > 缩放定位 > 幻灯片缩放定位”命令。

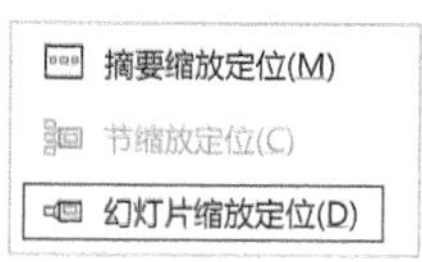

在弹出的“插入幻灯片缩放定位”对话框中勾选“2.幻灯片2”复选框，单击“插入”按钮，插入挂画。

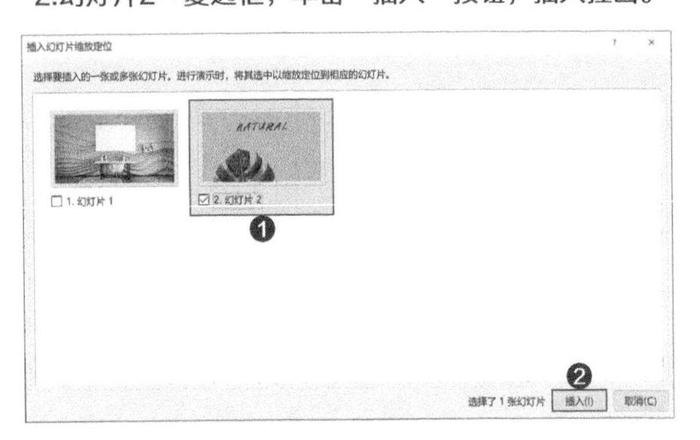

把挂画摆放到墙壁背景空白处，缩放定位效果即制作完毕。

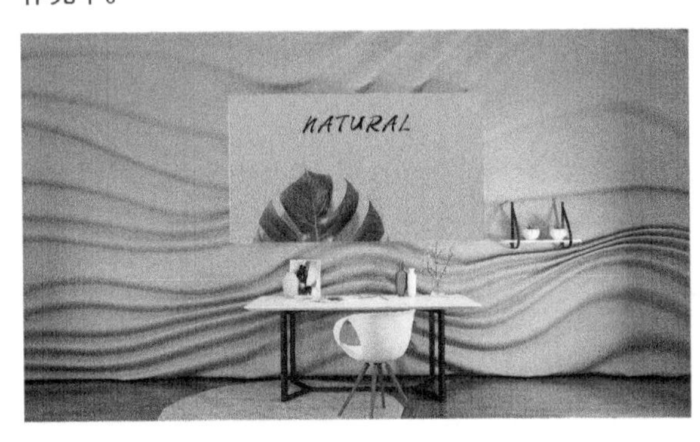

· **方法二**

把第2页PPT的缩略图拖进第1页PPT，然后调整好大小、位置，效果就制作好了。

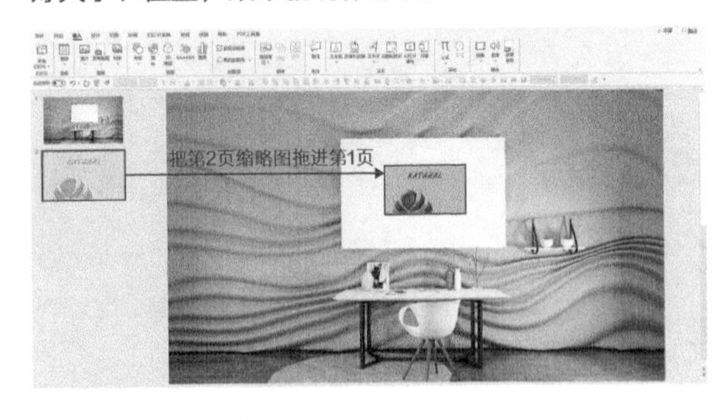

最终的动画效果如下。

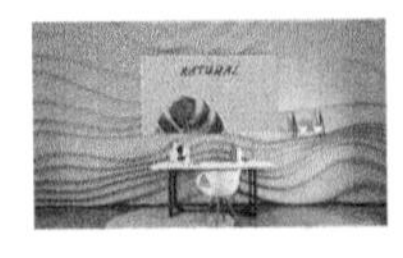

◎ 快速制作章节目录

利用缩放定位功能，可以快速制作简单又直观的目录页（章节摘要），让观众更清晰地看到内容的逻辑框架。

先制作3个章节的过渡页。

执行“插入 > 链接 > 缩放定位 > 摘要缩放定位”命令，在弹出的“插入幻灯片缩放定位”对话框中勾选3个章节页，单击“插入”按钮。

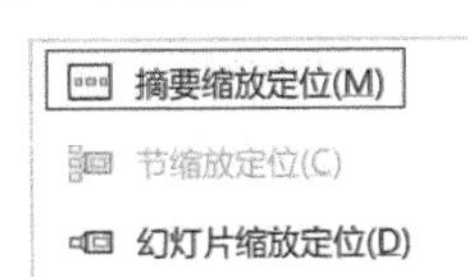

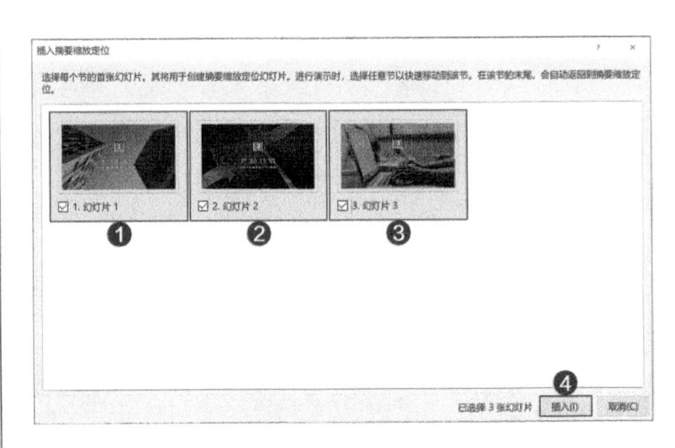

这时，PPT会自动给章节过渡页添加节标题，并生成“摘要部分”页面，也就是缩放定位的预览页面。

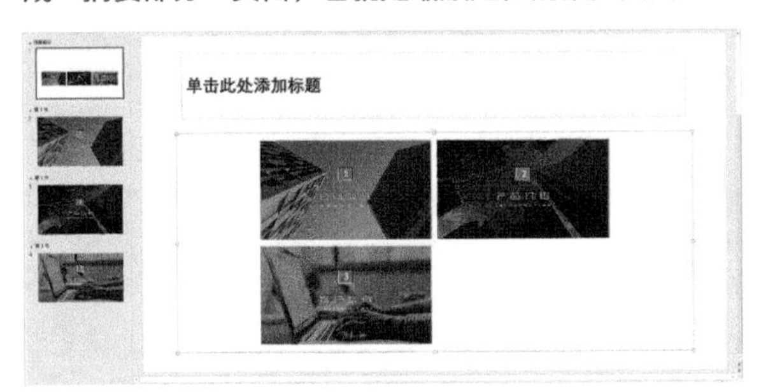

在“摘要部分”页面调整3张过渡页图片的位置和大小，添加标题“目录”，缩放定位目录页就制作好了。

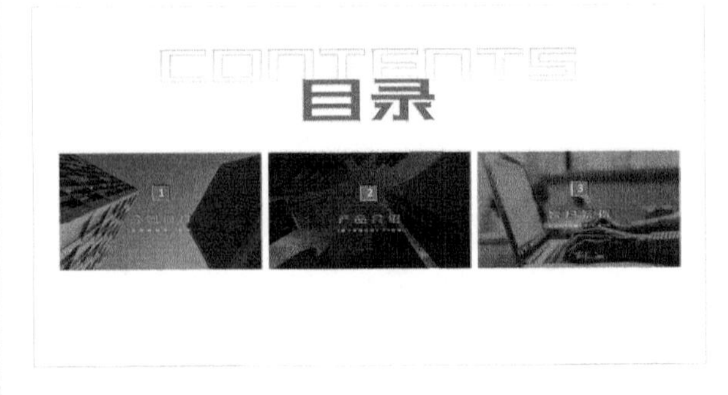

单击目录页中任意章节缩略图，就会缩放进入该章节大图页，再次单击又会回到目录页。

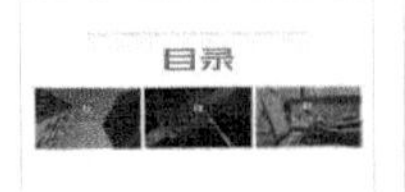
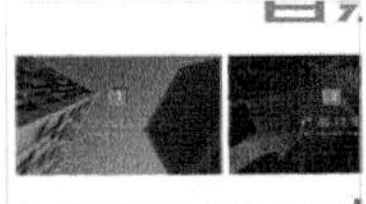

动作

“动作”命令位于“插入”选项卡的“链接”功能组中。人们可以通过鼠标动作打开指定的幻灯片、程序应用（如视频播放器、绘图软件等），以及播放声音等，从而建立更多的内外链接操作。

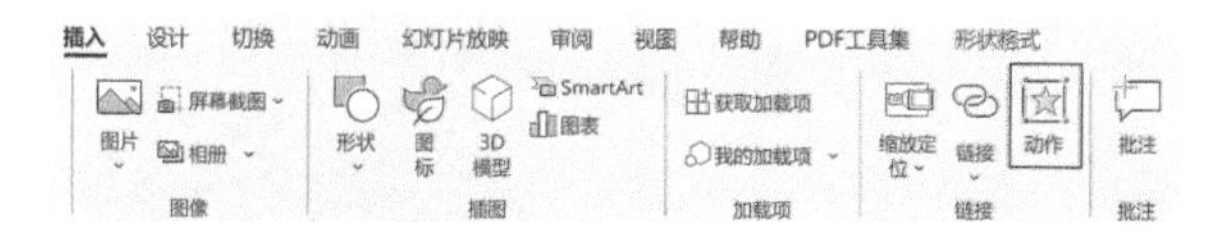

◎ 链接其他演示文稿

动作的控制方式有两种：一种是单击鼠标，另一种是鼠标悬停。例如，想在某个PPT的结尾插入下一个PPT，只需在这个PPT结尾插入一张预览图或一段文字，执行“插入＞链接＞动作”命令，在弹出的对话框中设置超链接到“其他PowerPoint演示文稿”，然后选择接下来要演示的PPT，单击“确定”按钮即可。这样，在上一个PPT演示即将结束时，只要单击预览图，就可以直接跳转到下一个PPT了。

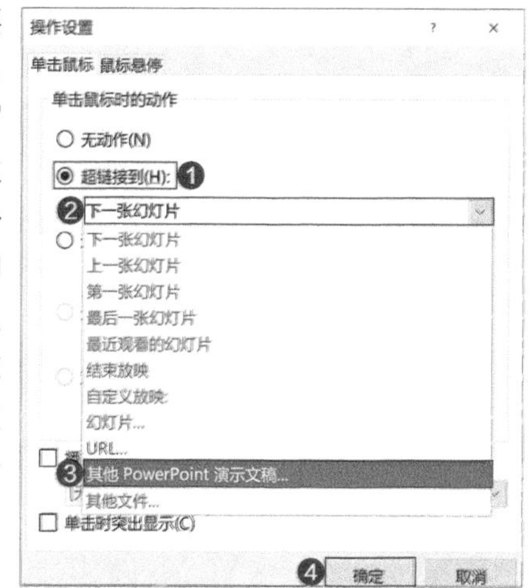

◎ 鼠标悬停突出效果

“鼠标悬停”动作可以用来制作特殊的展示效果，如鼠标悬停到图片中的某个产品上时产品亮起，鼠标离开时产品又变暗（突出单个产品，避免其他画面信息干扰）。

首先，准备4枝不同颜色的玫瑰花作为产品素材，并用与之相对应的四色矩形作为背景，然后将这一张幻灯片复制3份（共4张幻灯片）。

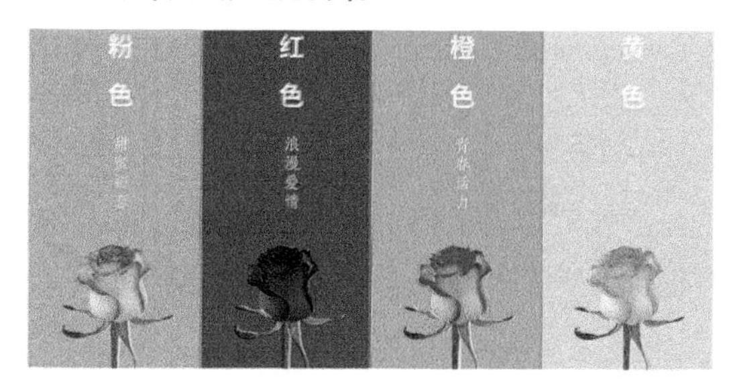

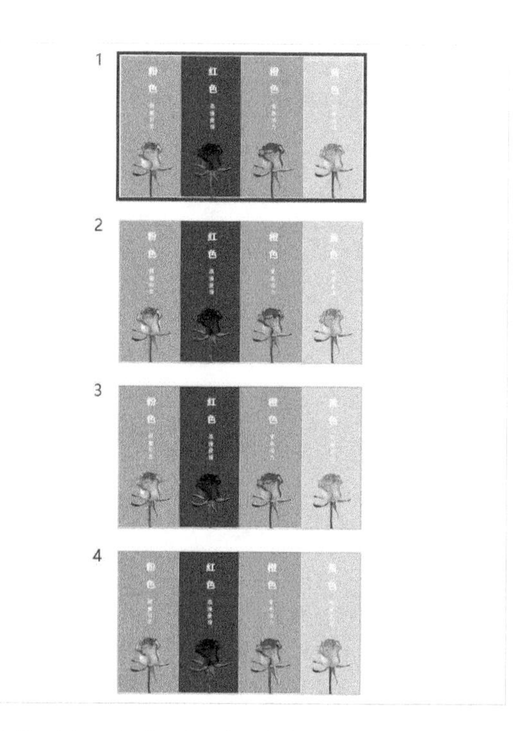

在第1张幻灯片上覆盖4个黑色半透明矩形，设置“透明度”为50%，要求刚好对齐遮盖在4个彩色矩形上方。

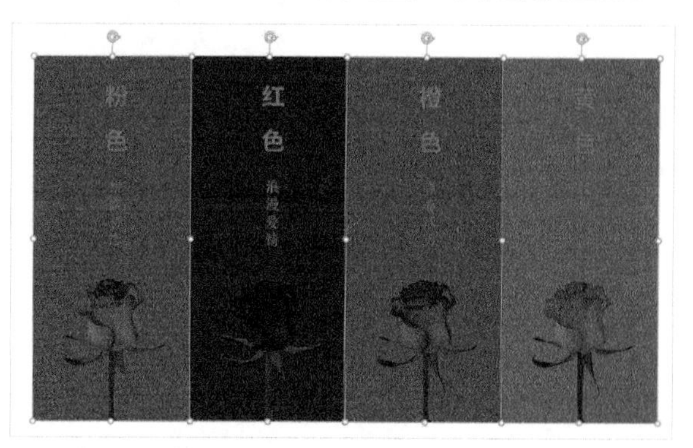

选中左侧第1个半透明黑色矩形，执行“插入＞链接＞动作”命令，在弹出的“操作设置”对话框中设置鼠标悬停时，超链接到“幻灯片”。

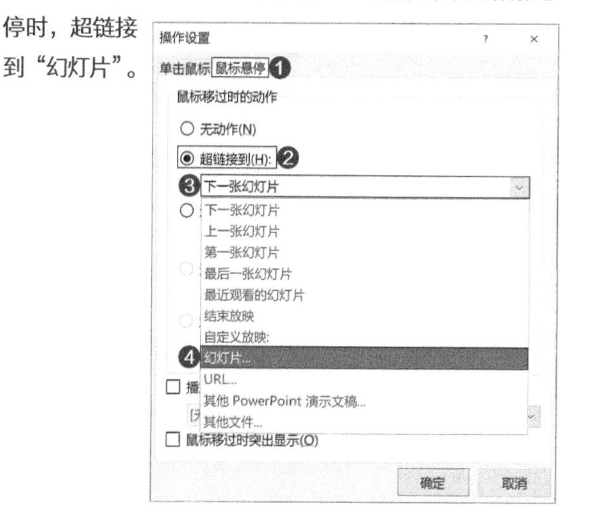

在弹出的“超链接到幻灯片”对话框中选择幻灯片标题“幻灯片1”，单击“确定”按钮。

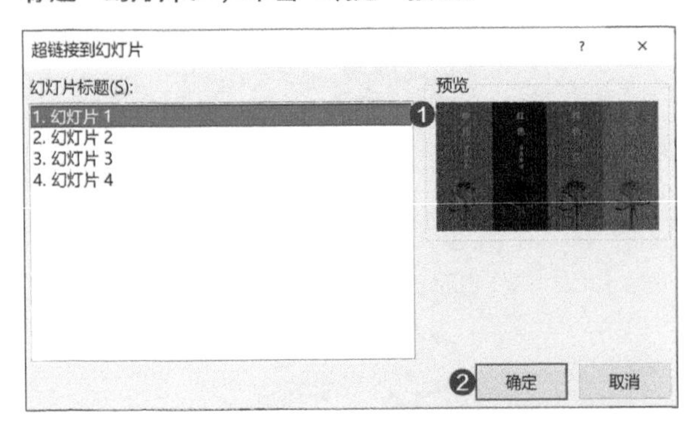

然后，依次用同样的方法给其他3个黑色半透明矩形设置鼠标悬停操作。第2个黑色半透明矩形超链接到“幻灯片2”，第3个黑色半透明矩形超链接到“幻灯片3”，第4个黑色半透明矩形超链接到“幻灯片4”。设置完毕后，将4个黑色矩形复制，原位粘贴到幻灯片2、幻灯片3和幻灯片4中。

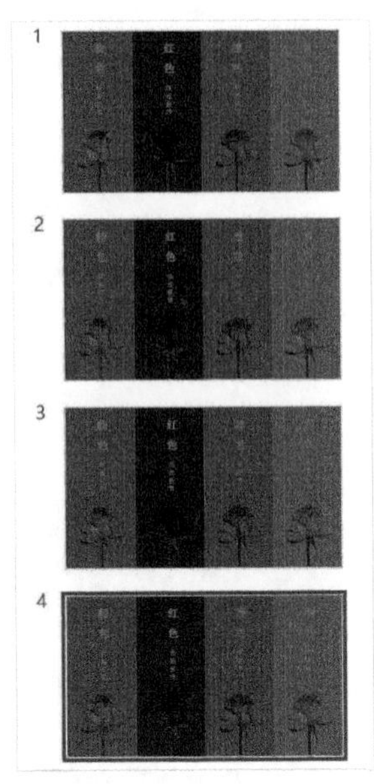

最后，删除第1张幻灯片的第1个黑色矩形、第2张幻灯片的第2个黑色矩形、第3张幻灯片的第3个黑色矩形、第4张幻灯片的第4个黑色矩形，效果即制作完毕。

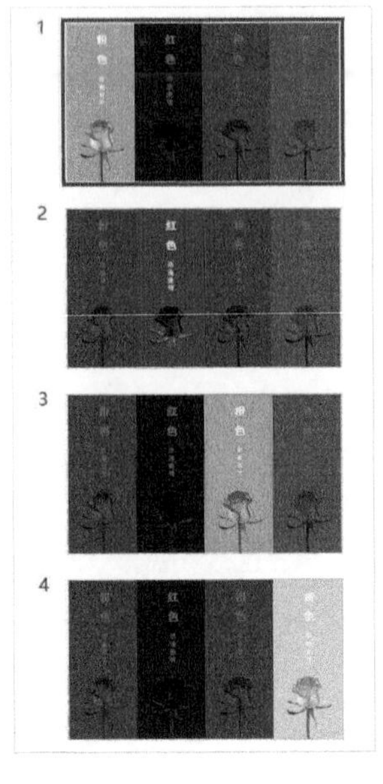

播放PPT，移动鼠标，就能看到鼠标悬停的位置玫瑰花亮起，鼠标离开后玫瑰花变暗的效果了。

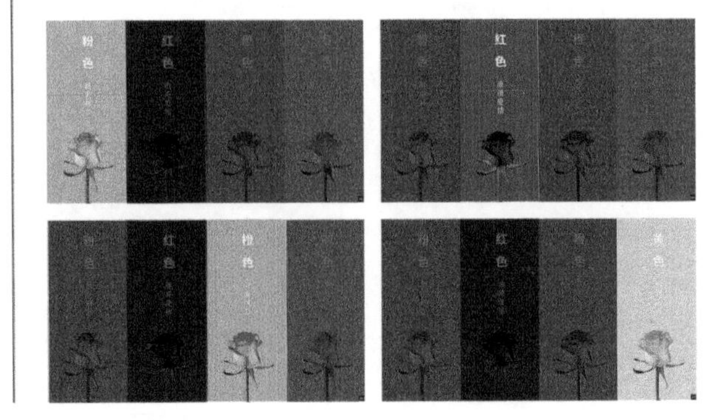

054 编辑视频/音频

视频、音频素材太长，需要剪辑怎么办？文件太大了，PPT卡顿怎么办？怎么让视频、音频跟随幻灯片自动播放呢？下面就来解决这些问题。

编辑视频

PPT软件自带简单的视频编辑功能，包括剪裁视频、编辑视频格式和播放方式等。

◎ 剪裁视频

有时需要剪掉视频开头或结尾的某一段，此时可以直接在PPT中进行剪裁操作。

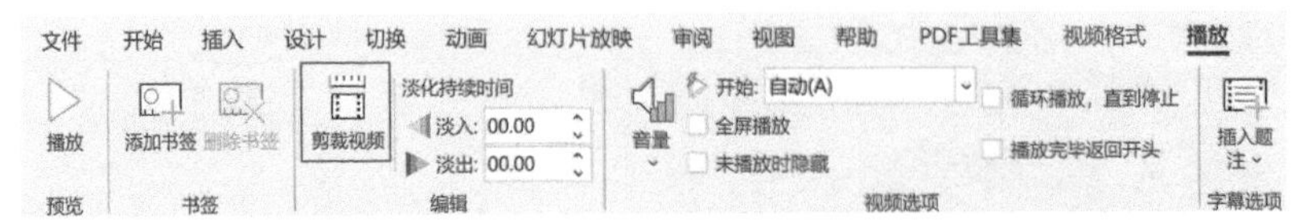

选中一段视频，功能区出现“播放”选项卡，执行“播放>编辑>剪裁视频”命令，在弹出的“剪裁视频”对话框中拖动进度条左右两侧的滑块，就可以调节视频开始和结束的时间了。

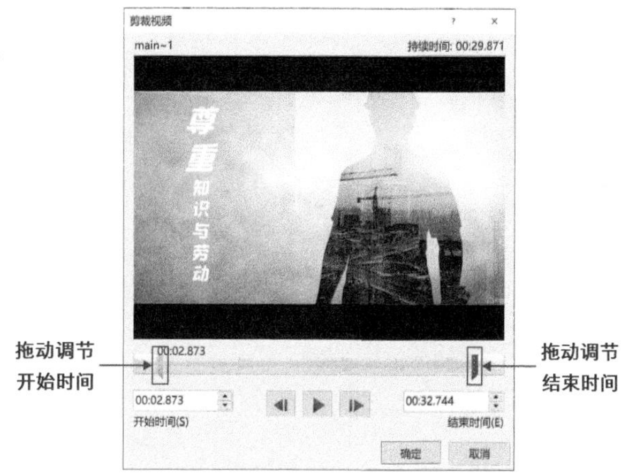

◎ 编辑视频格式

插入视频后，功能区还会多出一个“视频格式”选项卡，其用法与“形状格式”选项卡类似。

例如，选中视频后，可以执行“视频格式>调整>颜色”命令，选择一种颜色样式，快速给视频换色。

又如，选中视频，执行“视频格式>视频样式>视频形状>基本形状>椭圆”命令，将视频画面改成椭圆。

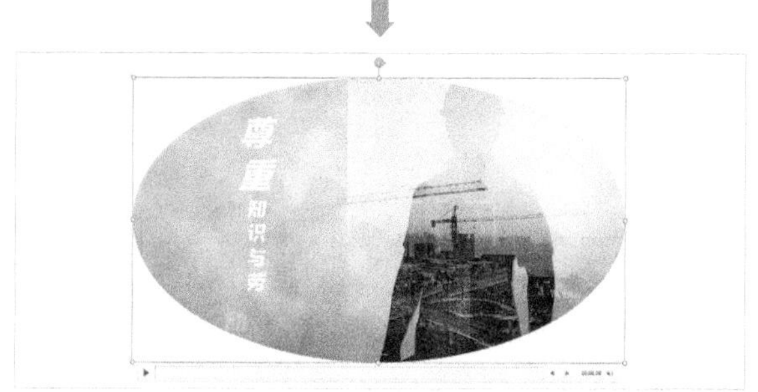

◎ 压缩视频

视频文件往往比较大，当计算机性能不足时，PPT中播放视频就会出现严重卡顿，甚至当场“崩溃”。因此，过大的视频文件最好先压缩一下再使用，推荐使用“格式工厂”软件压缩视频。

首先，打开“格式工厂”软件，进入其主界面。

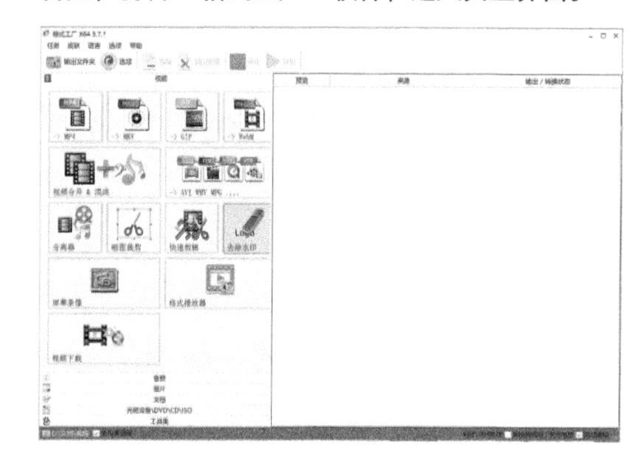

然后，直接拖入视频文件，设置“视频”格式为“MP4”，单击“确定->开始”按钮。

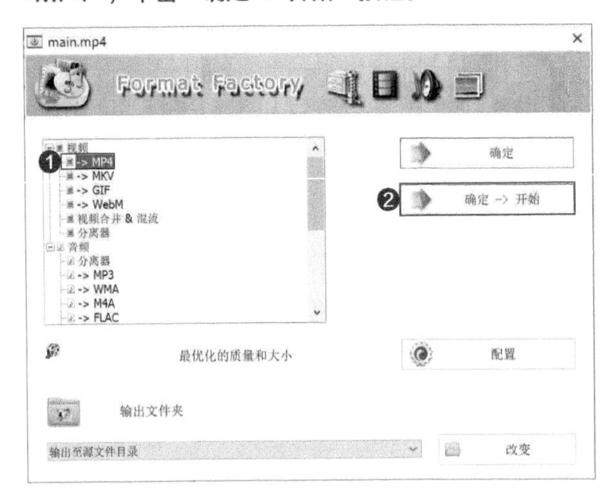

等待片刻，视频转换完毕后单击“文件夹”按钮，打开视频文件的保存位置，就可以看到转换好的视频了。

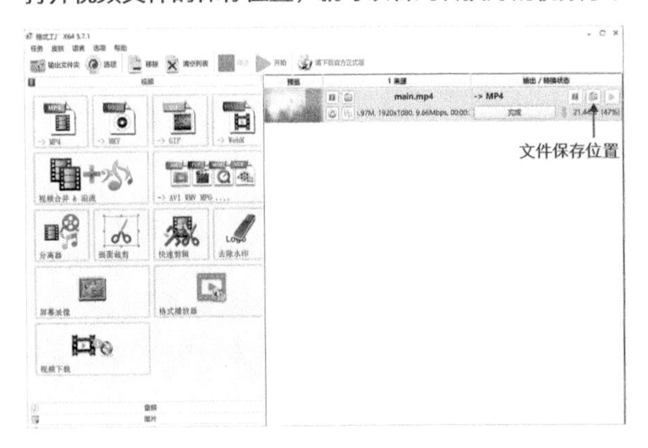

◎ 视频自动播放

在演示场合，让视频自动播放，显然感官体验会更好，避免了手动单击的停顿感。插入视频后，在“播放”选项卡的“视频选项”组中，设置“开始”为“自动”，视频即可自动播放。

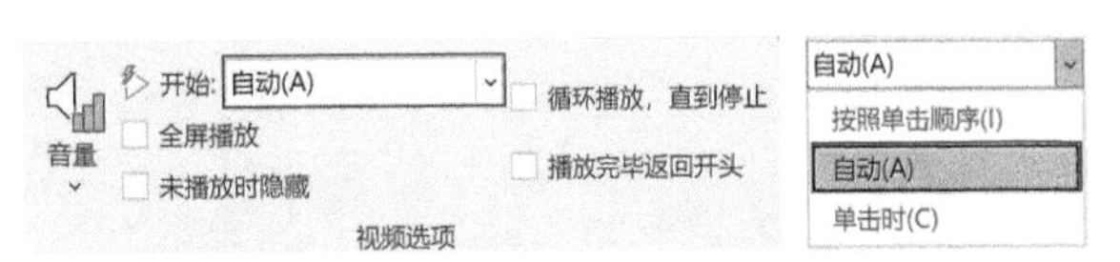

注意，如果到此，视频仍没自动播放，原因可能是页面中有其他素材的动画排在了前面。打开“动画窗格”窗格，将视频层的排序拖动到第1位即可解决这一问题。

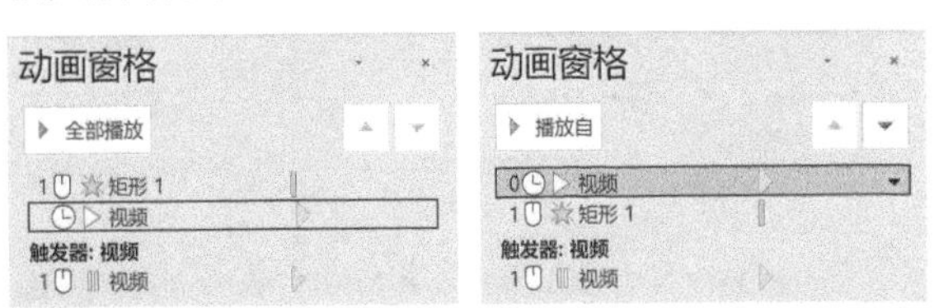

编辑音频

音频与视频的编辑方法基本相似。

◎ 剪裁音频

可以直接在PPT当中剪裁音频。

选中一段音频，执行“播放>编辑>剪裁音频”命令，在弹出的“剪裁音频”对话框中拖动进度条左右两侧的滑块，即可调节音频的开始和结束时间。

◎ 压缩音频

同样可以用“格式工厂”软件来压缩音频，方法与压缩视频基本相同。拖入音频文件后，设置“音频”格式为“MP3”即可。

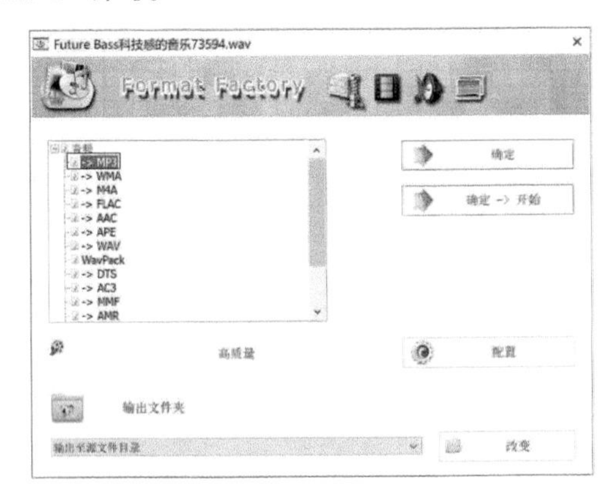

◎ 隐藏音频图标

插入的音频仅作为背景音乐时，音频图标是不需要出现的。选中音频，在“播放”选项卡的“音频选项”组中，设置“开始”为“自动”，并勾选“放映时隐藏”复选框，再播放PPT时音频图标就不会出现了。

提示

直接把音频图标拖动到幻灯片编辑区以外，也是一种隐藏音频图标的方法哦！

CHAPTER 3

三

高手篇

注意，前方高能

055 快速整理PPT提纲

在本书“002　制作PPT的步骤和所需素材”中，编者提到过该如何梳理文案提纲。手写后对照打字，或者从Word文档中复制粘贴都不是最快捷的方法。本节将介绍如何快速整理文案提纲，并将其导入和应用于PPT。

提示

这里要注意，不要在没有思路时“套模板”，否则可能会被模板“套住”！因为模板是“死的”，会限制大家的思路。一定要先有内容提纲，再有表现形式，不能反着来。

通过XMind快速列提纲

XMind是一款简单好用的思维导图软件。制作PPT之前，先花几分钟用Xmind列个提纲，快速厘清思路，可以减少后期不必要的修改。XMind文件还可以导出为PNG、SVG、DOCX/DOC等多种格式，直接应用于Office软件，非常方便。

提示

还可以用XMind来绘制组织结构图，然后导出为PNG或SVG格式粘贴到PPT中。

下载并安装好XMind软件，双击打开XMind软件，任选一种思维导图样式，单击“创建”按钮。

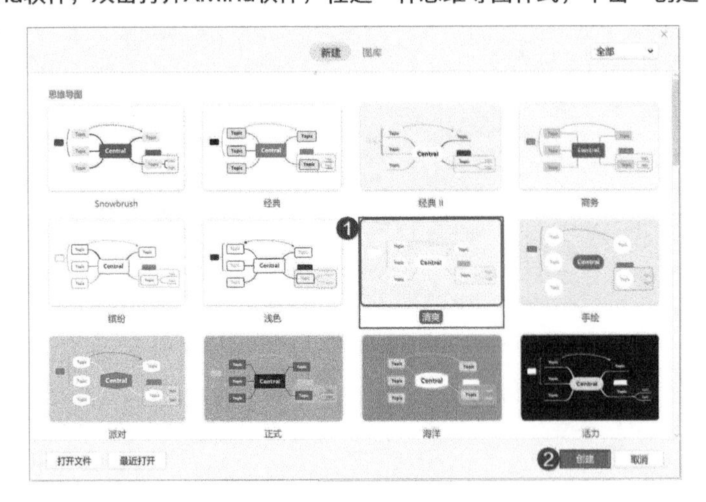

双击界面中的任意主题，可以输入或编辑文字；选中任意主题后按Tab键，可以创建下一级子主题；可以直接拖动某个分支到其他主干；不需要某个主题时可按Delete键删除；单击右上角的“格式”图标，可以打开“格式设置”窗格，与PPT的操作类似。

从XMind导出到Word

在XMind中编辑好的思维导图，可以导出为DOCX/DOC格式。

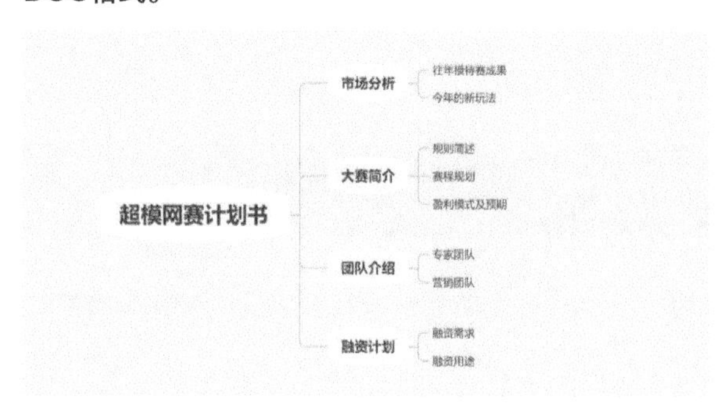

执行“文件>导出>Word”命令，在计算机中选择合适的存储路径，为文件命名并将其保存为DOCX/DOC格式后，单击“保存”按钮。

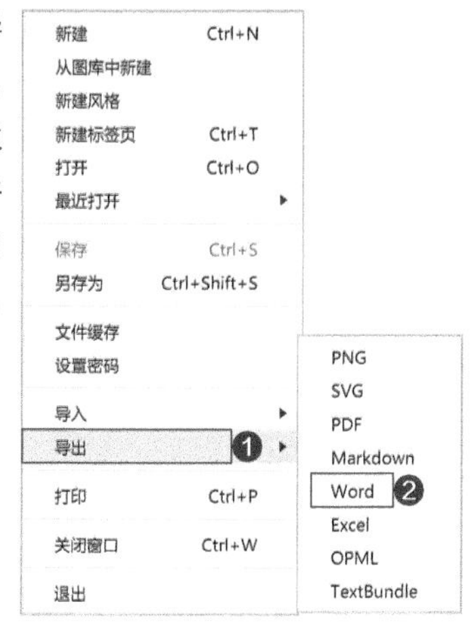

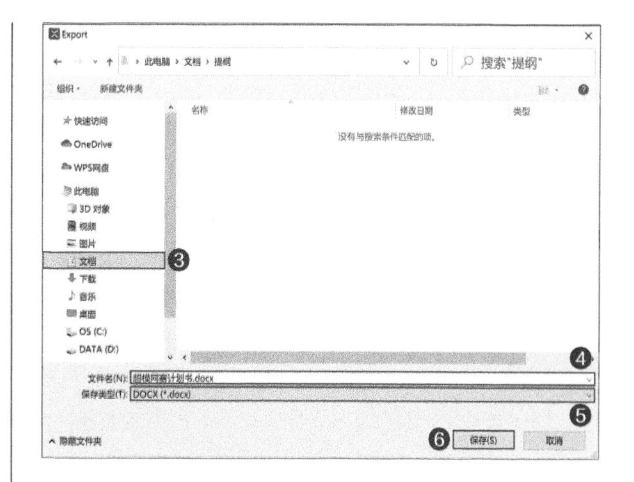

这时，XMind文件已经保存为Word文档。如果用Word应用程序打开这个文档，执行“视图>视图>大纲视图”命令，可以看到原有内容虽然改变了文本格式，但层级关系（缩进级别）保留了下来。

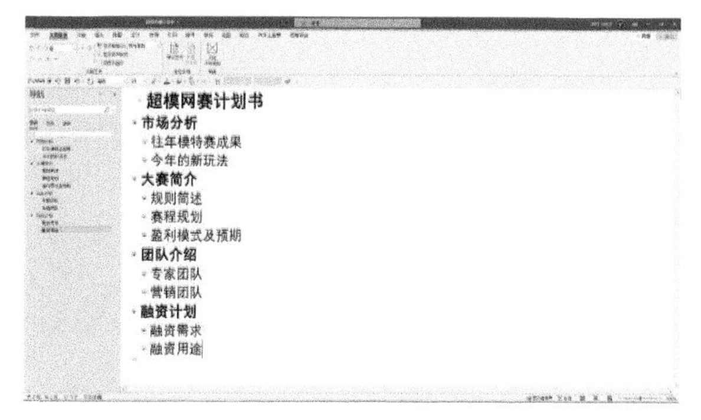

将Word文档导入PPT

打开PPT，执行“开始>幻灯片>新建幻灯片>幻灯片（从大纲）”命令。

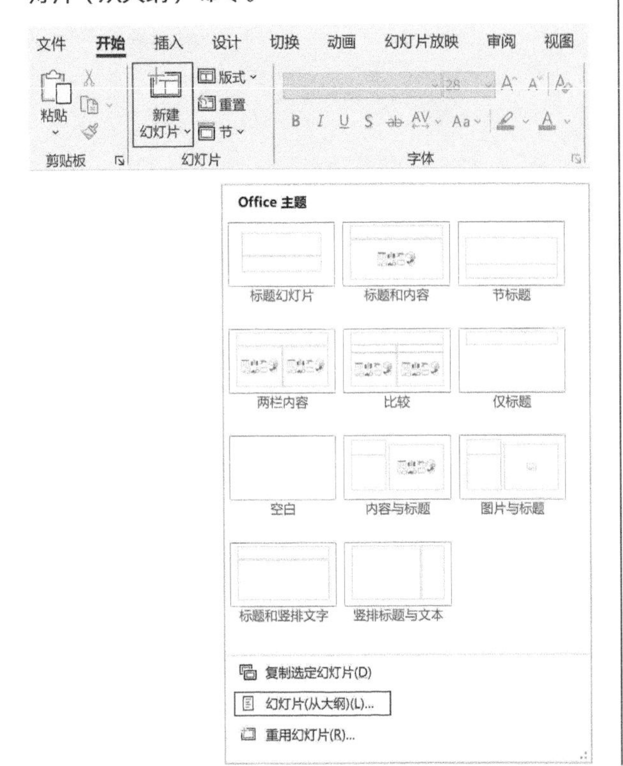

在弹出的“插入大纲”对话框中，找到刚刚保存好的Word文档，单击“插入”按钮（或双击文件），思维导图即以大纲的形式被导入PPT。

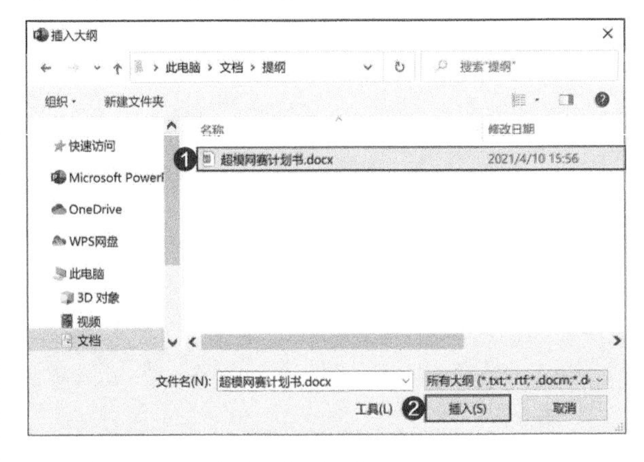

接下来直接进行美化就可以了。

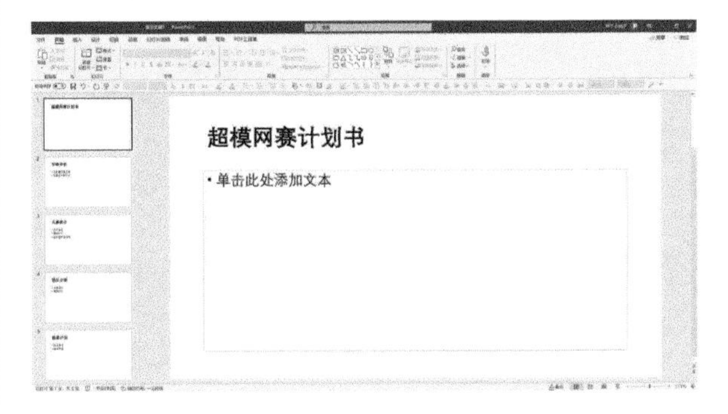

056 利用母版快速统一PPT风格

如果想要所有的幻灯片都包含相同的字体和图像，并且能够在同一个位置快速修改它们，那就要用到母版功能了。

母版的概念

母版是设置整个PPT样式［包括字体、颜色、图像（如背景图片、LOGO）等］的地方。只要在这里设置一次，每张幻灯片就都默认拥有相同的样式，可以大大提高排版效率。

怎样使用母版

执行“视图>母版视图>幻灯片母版”命令，即可进入幻灯片母版视图。

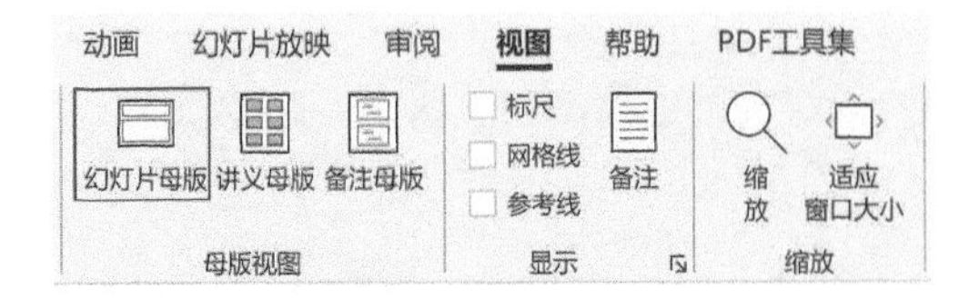

在幻灯片母版视图中，第1页是“总母版”，在这一页添加或删除内容，所有的PPT页面都会随之改变；从第2页开始是“子母版”，可以分别设置不同的布局版式，如封面布局、章节布局、正文布局、图片布局等。

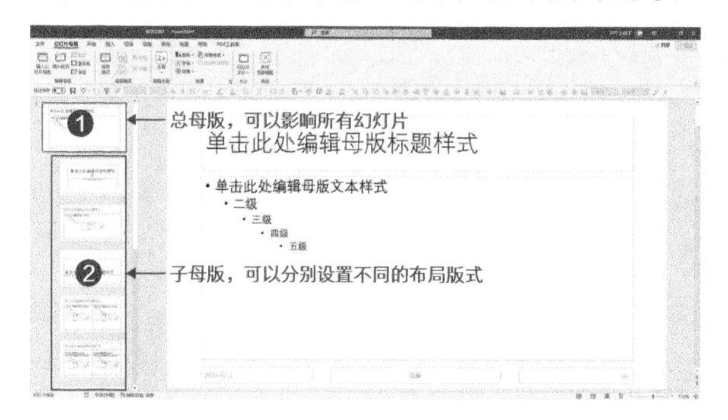

◎ 使用主题

执行“幻灯片母版>编辑主题>主题”命令，选择一种主题样式，就可以直接应用该主题了。

设置完成后，单击功能区右侧的“关闭母版视图”☒按钮，就可以在普通页面中看到效果了。

执行“开始>幻灯片>版式”命令，可以选择不同的版式效果。

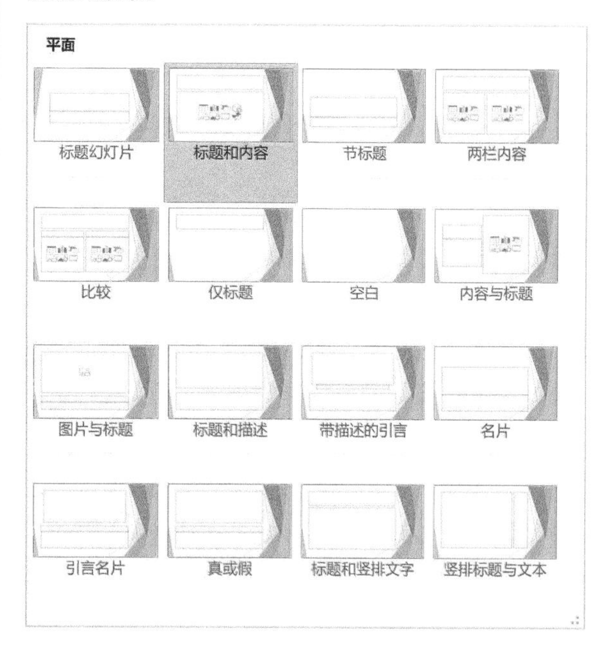

◎ 自定义图片/颜色/字体

除了使用预设的主题，也可以自定义图片、颜色、字体等。设置完还可以保存下来，下次一键套用。

- **统一图片**

插入背景图片。例如，选择一张星空素材图片拖到总母版中（置于底层），这样所有幻灯片就都是同样的星空背景了。

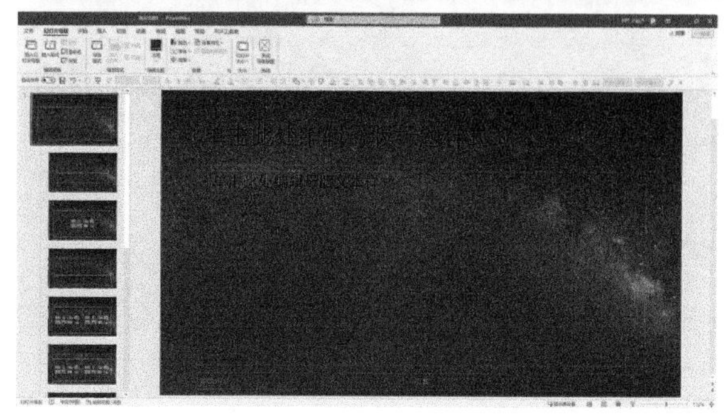

插入LOGO。例如，在总母版页面右下角插入“PPT小玩子”字标，那么所有的PPT页面就都有了这个字标。

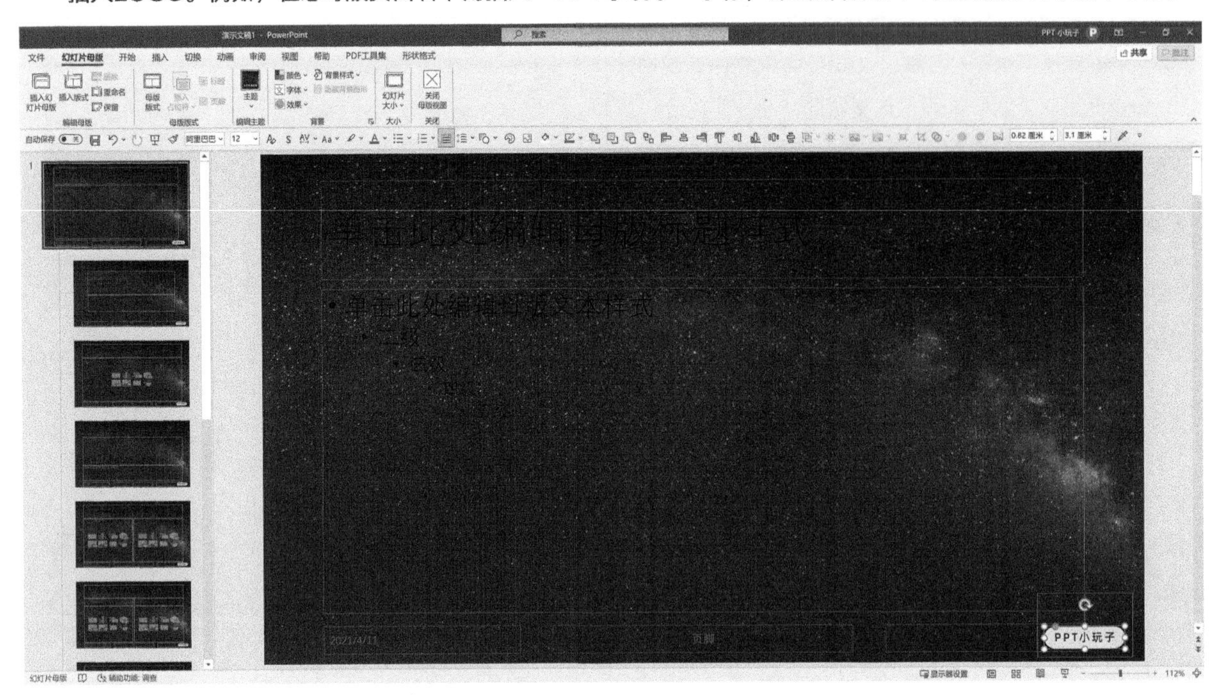

- **统一颜色**

在总母版中直接修改文字颜色，所有PPT页面的文字都会被修改为同样的颜色。

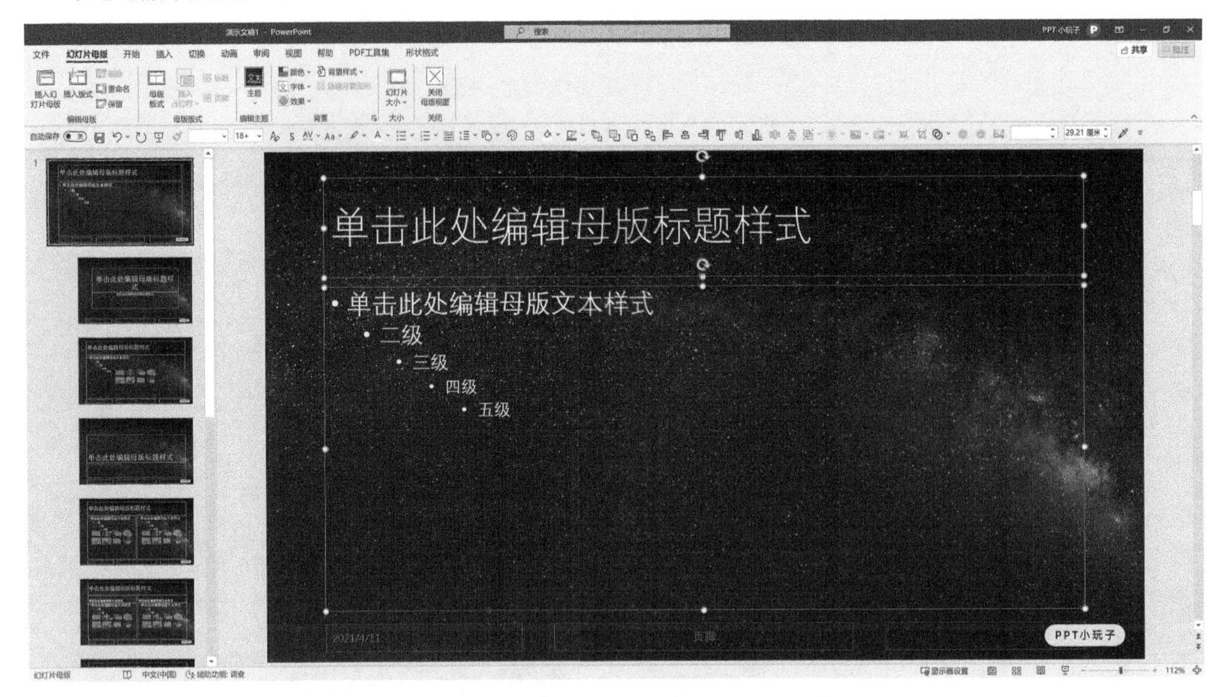

执行“幻灯片母版 > 背景 > 颜色”命令，可以选择不同的配色方案，或者选择“自定义颜色”选项。

> **提示**
>
> 这里的“颜色”和“设计”选项卡“变体”组中的“颜色”是一样的哦！

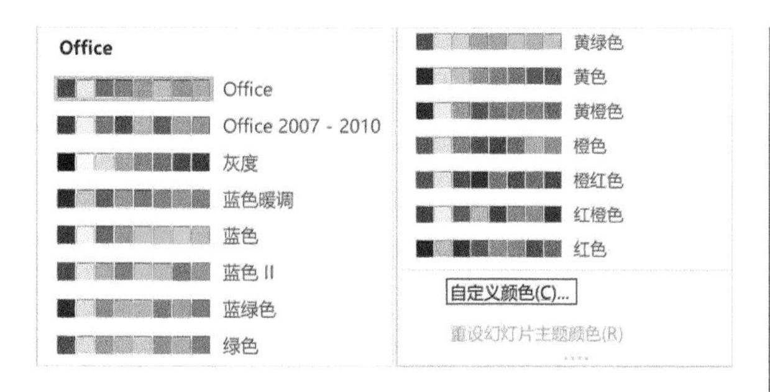

自定义颜色，包括设置文字/背景颜色、图形配色（着色1~6）、超链接颜色等，设置方法和普通页面的颜色设置一样。

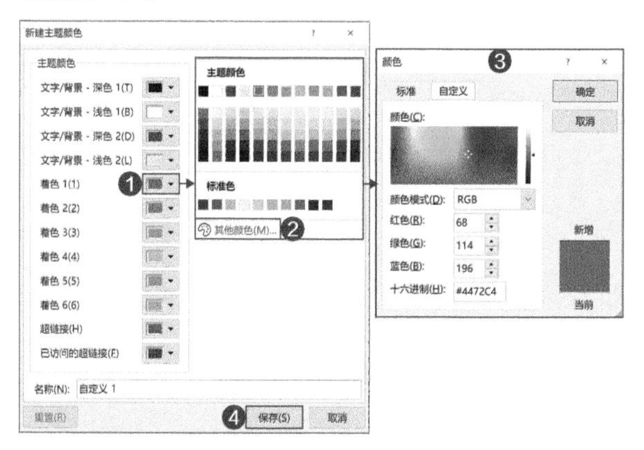

自定义颜色保存后，可在“颜色”下拉菜单的“自定义”栏中找到，下次使用时直接选取即可。

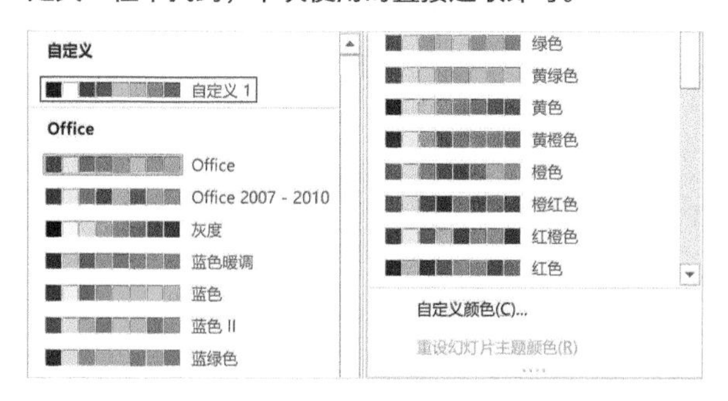

· **统一字体**

执行“幻灯片母版＞背景＞字体”命令，可以选择不同的字体方案，或者选择“自定义字体”选项。

如果选择“自定义字体”选项，可在弹出的“新建主题字体”对话框中，选择想要设置的中英文标题字体、正文字体，单击“保存”按钮即可保存。

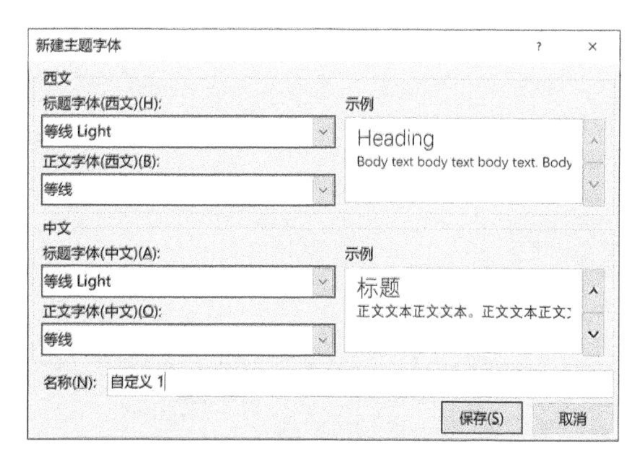

同样，设置完后下次也可以直接选用。

◎ 快速保存/使用主题

执行“幻灯片母版＞编辑主题＞主题＞保存当前主题”命令，弹出“保存当前主题”对话框。

在对话框中的“文件名”输入框输入文件名，单击“保存”按钮即可将主题进行保存。

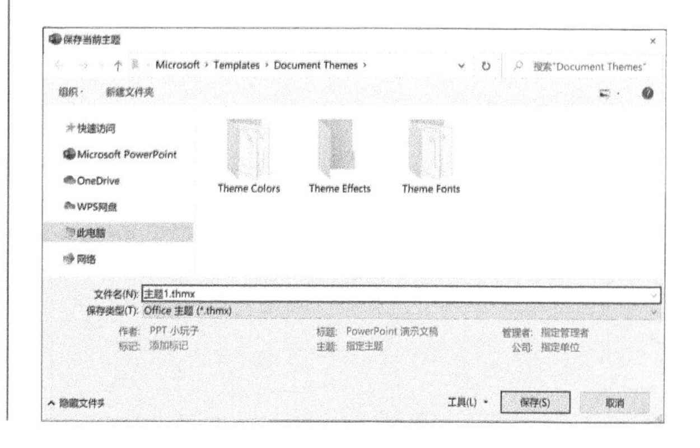

下次想要使用这个主题时，执行“幻灯片母版＞编辑主题＞主题＞浏览主题”命令。

然后选中保存好的主题文件，单击“打开”按钮（或双击主题文件），就可以将其应用到PPT中了。

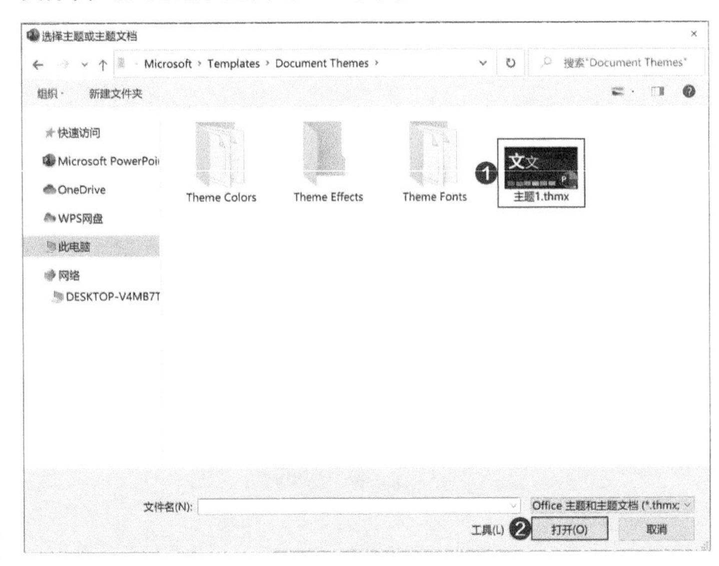

057 功能区/工具栏如何设置使用更顺手

想节省时间，就要让工具更符合自己的使用习惯，把常用的功能都放到一眼就能看见的位置。应尽量减少单击鼠标的次数、缩短移动鼠标指针的路径，避免不必要的重复操作。

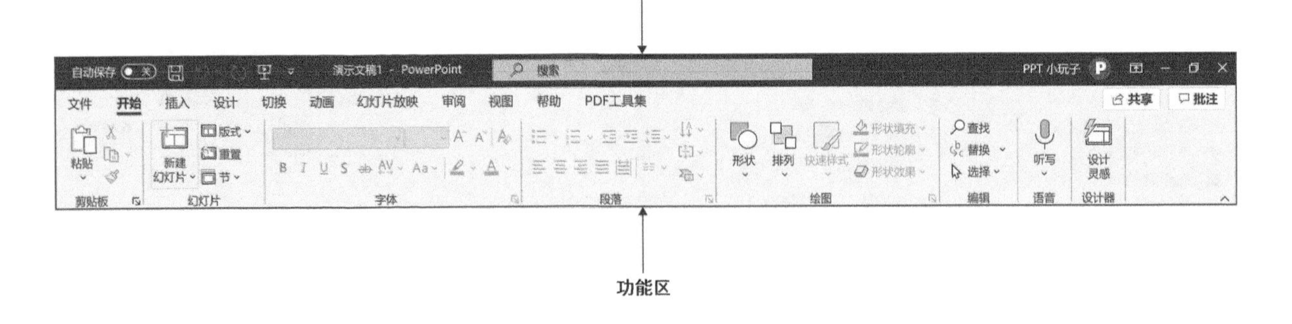

自定义功能区

可以把自己常用的功能（如对齐、排列）添加到功能区的“开始”选项卡中，把不常用的功能删除或隐藏。

在功能区任意空白处右击，在弹出的快捷菜单中选择“自定义功能区”选项。

在弹出的“PowerPoint选项”对话框中，选择“自定义功能区”选项，在“从下列位置开始选择命令”下拉列表中选择“所有命令”选项。

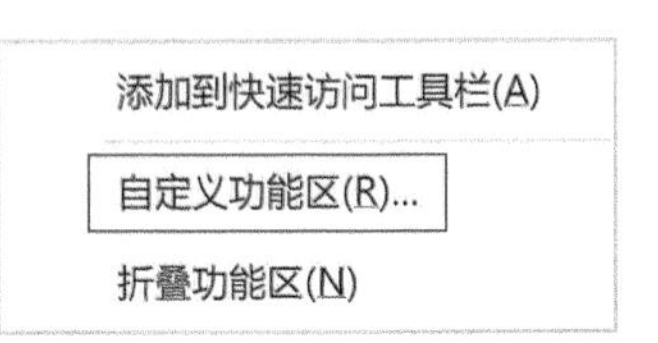

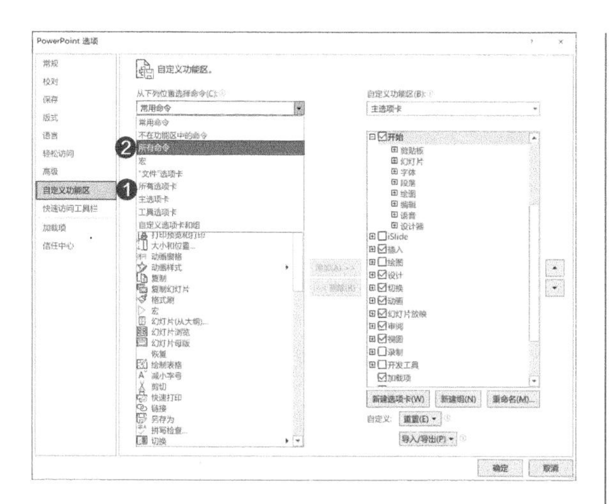

找到自己常用的命令，设置“自定义功能区”为“主选项卡”，单击“新建组”按钮，然后选中想要添加的功能，单击“添加”按钮（同理，不想要就单击“删除”按钮），最后单击“确定”按钮。

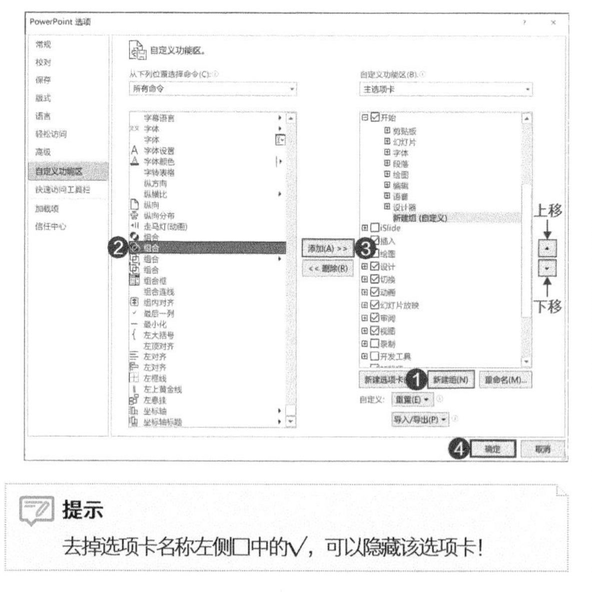

提示

去掉选项卡名称左侧□中的√，可以隐藏该选项卡！

例如，刚刚添加的“组合”功能已经出现在了“开始”选项卡的“新建组”组中了。但它的位置有点偏，如要调整，可回到“PowerPoint选项”对话框，选中“新建组”(或某个功能)，单击“向上”按钮或“向下”按钮调整位置排序即可。

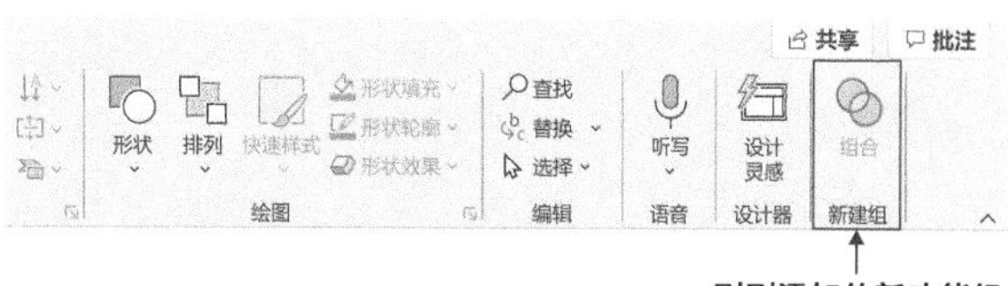

刚刚添加的新功能组

自定义快速访问工具栏

比起自定义功能区，“自定义快速访问工具栏”更精巧好用，尤其适合PPT的熟练使用者使用。

“快速访问工具栏”默认位于功能区上方，先把它移到功能区下方，离操作页面近一点。单击“快速访问工具栏”右侧的小箭头图标，选择“在功能区下方显示”。

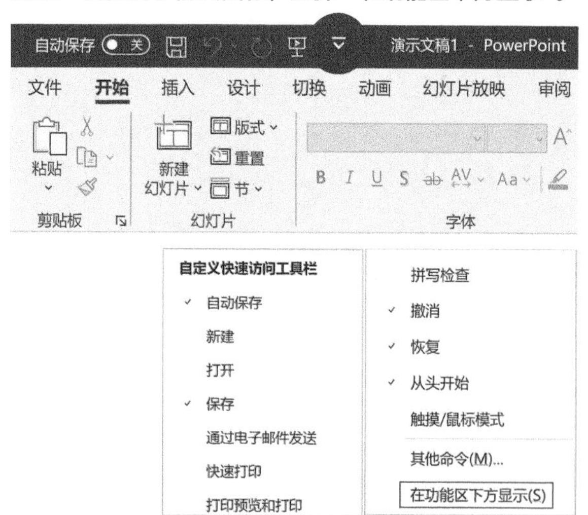

这样，“快速访问工具栏”就移到了功能区下方，离幻灯片编辑区更近，鼠标操作路径也更短。

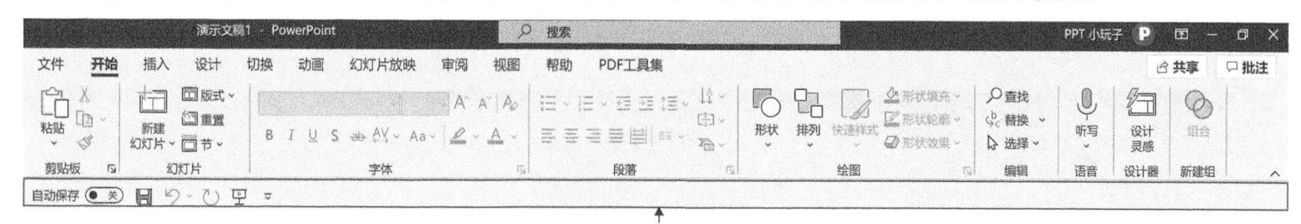

快速访问工具栏移到这里了

在任意功能图标上右击，在弹出的快捷菜单中选择“添加到快速访问工具栏”选项，即可将该功能添加到快速访问工具栏。

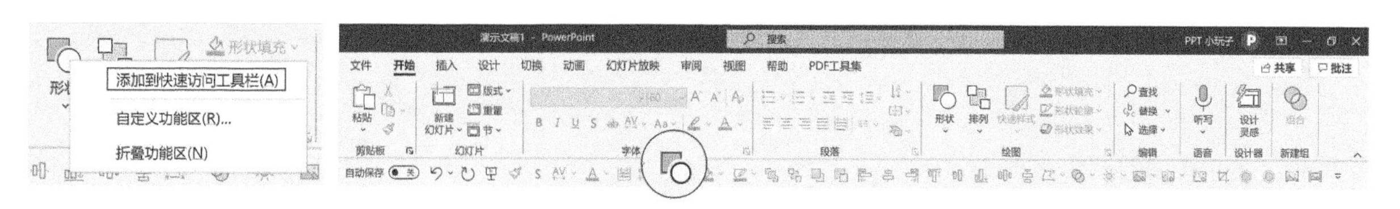

如果想删除已经添加的功能，可以直接在该功能图标上右击，在弹出的快捷菜单中选择“从快速访问工具栏删除”选项即可。

从快速访问工具栏删除(R)
自定义快速访问工具栏(C)...
在功能区上方显示快速访问工具栏(S)
自定义功能区(R)...
折叠功能区(N)

常用功能配齐了，单击功能区右侧的“折叠功能区”图标，将功能区收起来，屏幕瞬间就宽敞了。该方法特别适用于笔记本式计算机等，可节省屏幕空间。

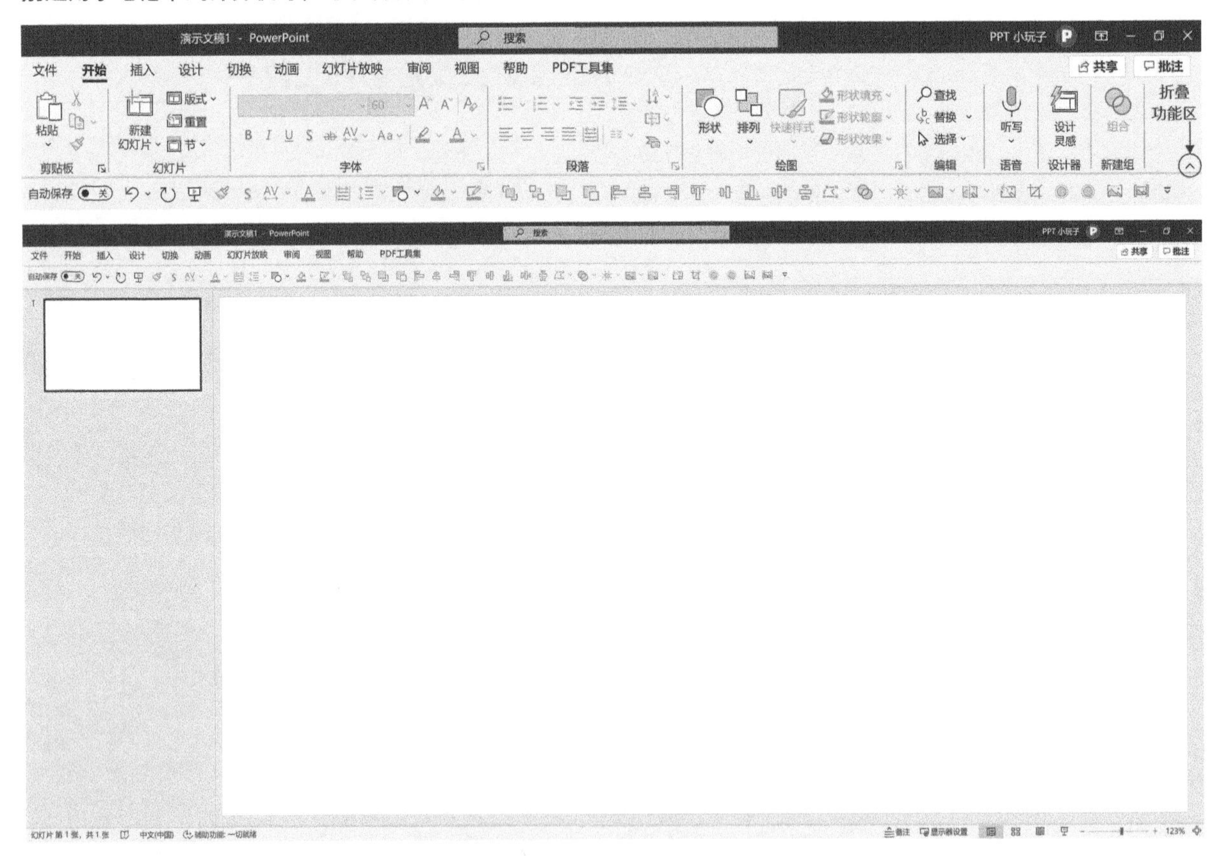

这时，功能区处于使用时展开、使用完即折叠的状态。如果想恢复固定展开状态，单击功能区右下角的“固定功能区”图标，即可恢复固定。

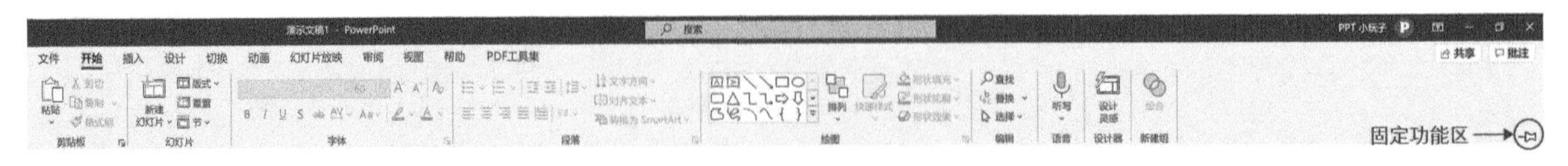

058 使用格式刷与默认形状、文本框

格式刷可以把画面中一个对象身上的效果快速复制到另一个对象身上，被“刷”的对象可以是文字、形状、线条、图片等。用好格式刷，可以避免很多重复劳动。

格式刷

格式刷可以把文字/形状的效果（字体、字号、颜色、阴影、发光等各种属性）快速复制给其他文字/形状，避免了每个对象都重新编辑一次。

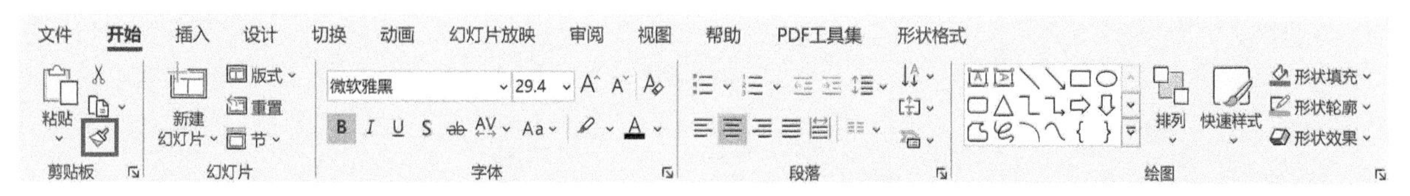

例如，下右图中，选中1号圆角矩形，执行“开始 > 剪贴板 > 格式刷”命令，鼠标指针变成小刷子状，“刷”一下2号圆角矩形，2号圆角矩形即拥有和1号圆角矩形一样的效果了。

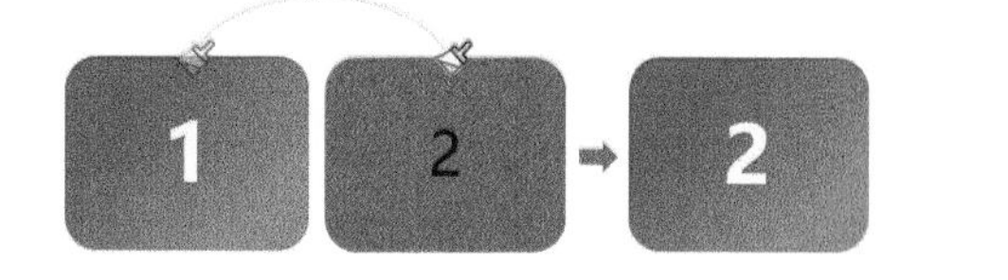

提示

如果想连续“刷”多个形状，可以双击“格式刷”图标哦！

例如，下左图中，先制作好左边圆角矩形的效果，然后双击“格式刷”图标，去“刷”中间和右边的圆角矩形，这样3个圆角矩形的效果就快速统一了。

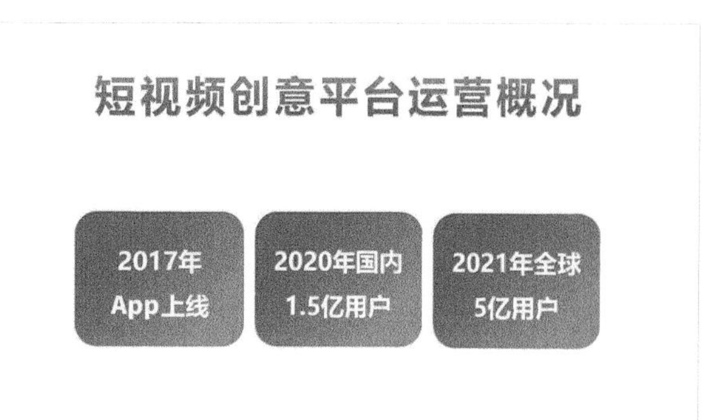

默认形状/文本框

制作好形状或文字效果范例后，将其设置为默认形状/文本框，这样后面再插入的形状或文本框就拥有同样的效果了，可以大大节约制作时间。

◎ 设置默认形状

制作好一个形状样式后，在形状上右击，在弹出的快捷菜单中选择“设置为默认形状”选项，这样后面再插入的形状，就都拥有同样的效果了。

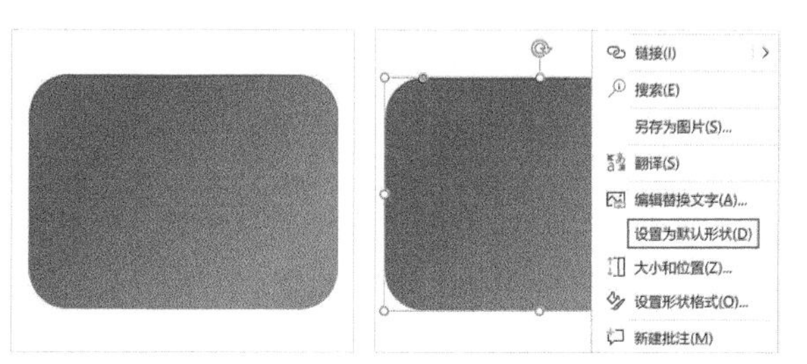

◎ 设置默认文本框

制作好一个文本框样式后，在文本框上右击，在弹出的快捷菜单中选择“设置为默认文本框”选项，这样后面再插入的文本框就都拥有同样的效果了。

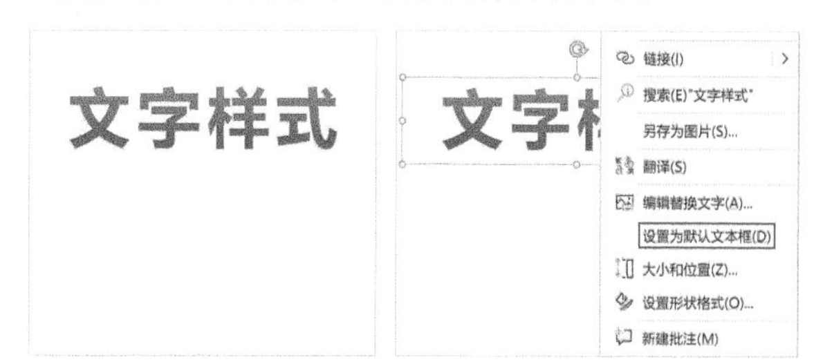

059 使用SmartArt图表

SmartArt可以说是PPT软件自带的最高效的排版功能了，使用它，几秒钟就能快速做出一个简洁、有序的版面，增删及换色等修改也非常方便。

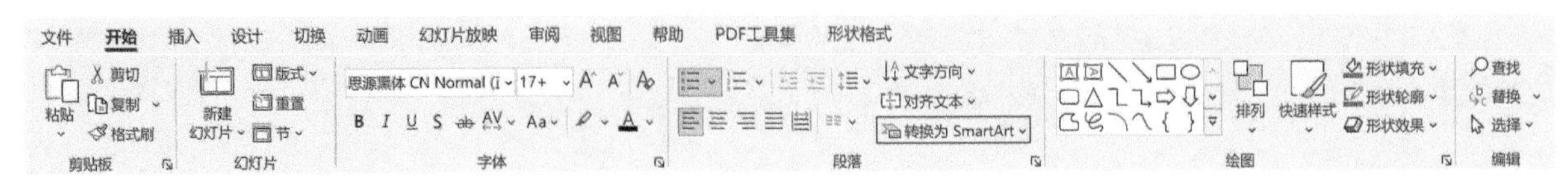

制作层次结构图

在日常工作中，层次结构图的使用频率非常高。例如，每个公司都会用到人员架构图，就可以用SmartArt图表快速制作。

先在文本框中输入所有的职位名称，每个名称都单独排一行。

然后，按照职级高低调整各职位名称的缩进量。本例中职级由高到低的顺序为“总经理＞部门经理＞主管＞专员”。先选中“总经理”级别以下的职位，执行“开始＞段落＞提高列表级别”命令，结果如下所示。

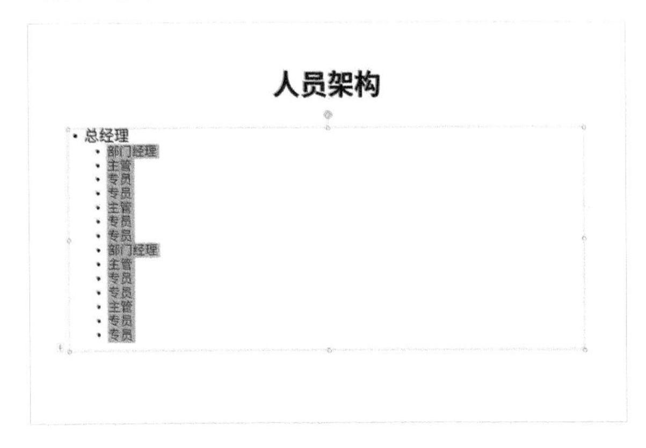

选中“部门经理”级别以下的职位（按住Ctrl键可以选中多段不连续文本），继续提高列表级别。

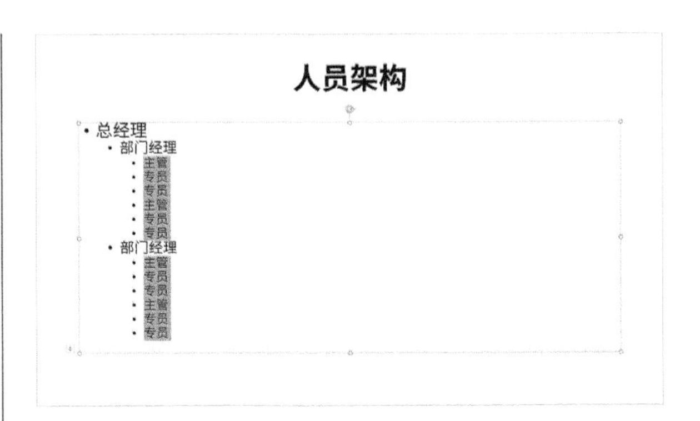

“主管”级别以下的职位也做同样的操作。最后分好的层级结构如下所示。

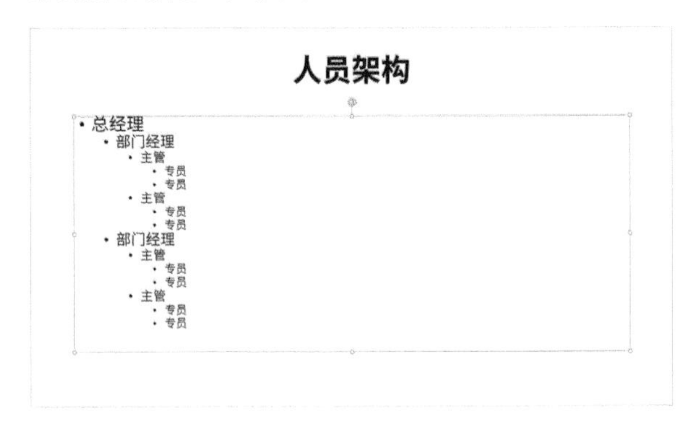

层级结构划分好后，执行“开始＞段落＞转换为SmartArt＞其他SmartArt图形”命令。

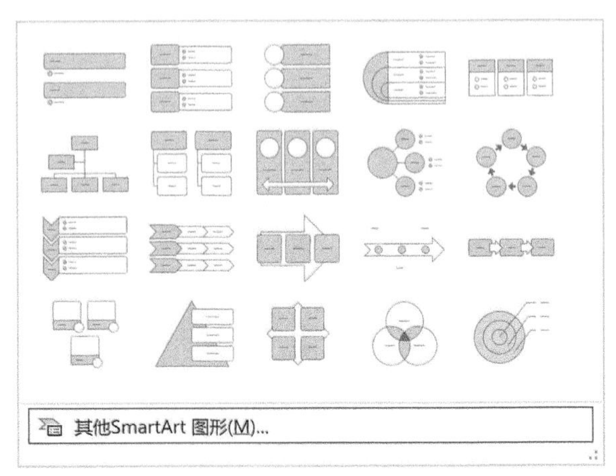

在弹出的“选择SmartArt图形”对话框中选择“层次结构”中的“姓名和职务组织结构图”模型，单击“确定”按钮。

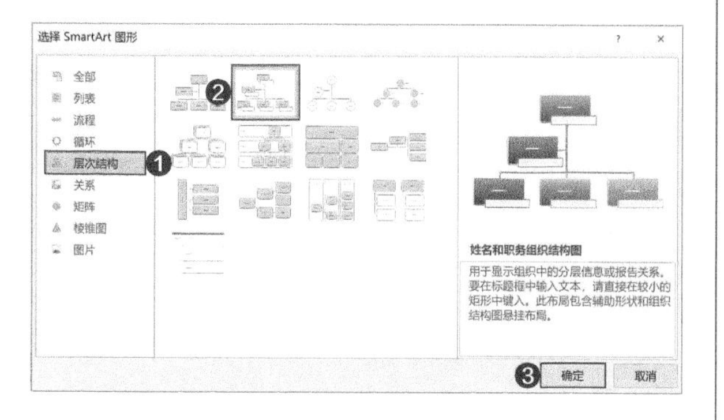

这样，人员架构图的雏形就基本制作完成。

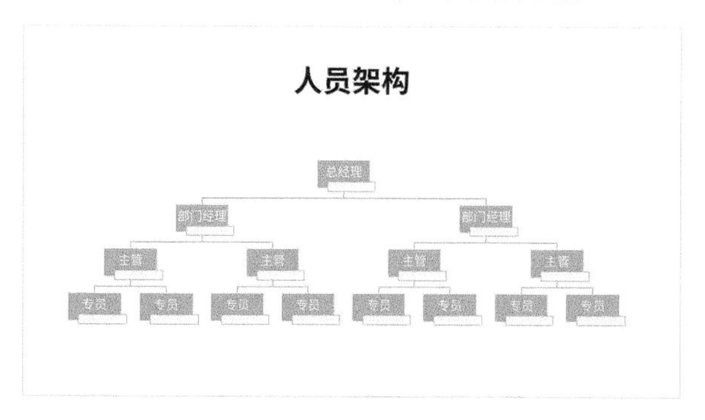

如果对默认效果不满意，还可以在“SmartArt设计”选项卡中更换版式、更改颜色等。

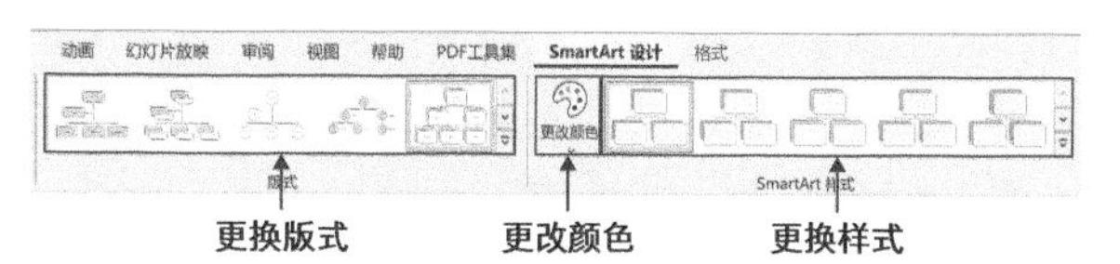

例如，更换了版式，再美化一下标题，就得到了一张简约工作风的人员架构图。

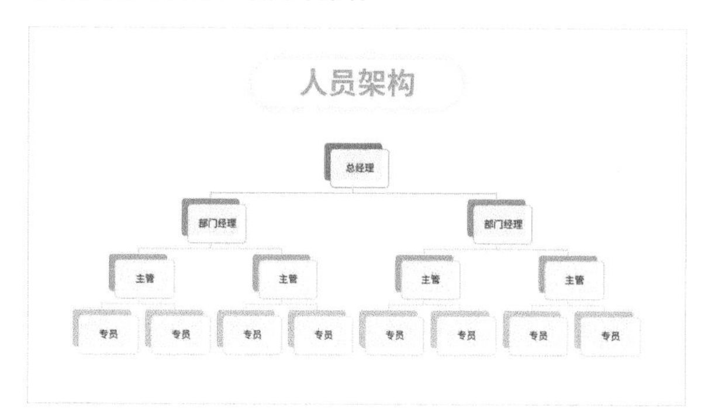

制作流程图

学会制作层次结构图，再来学习制作流程图，就相当容易了。

先在文本框中输入所有流程，每个流程各排一行。

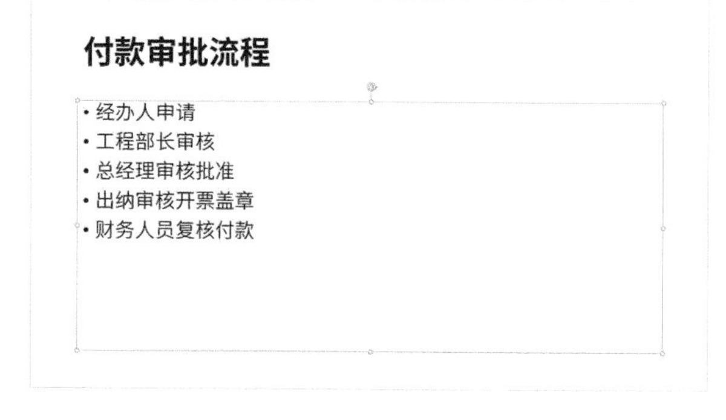

选中文本框，执行“开始 > 段落 > 转换为SmartArt > 基本流程”命令。

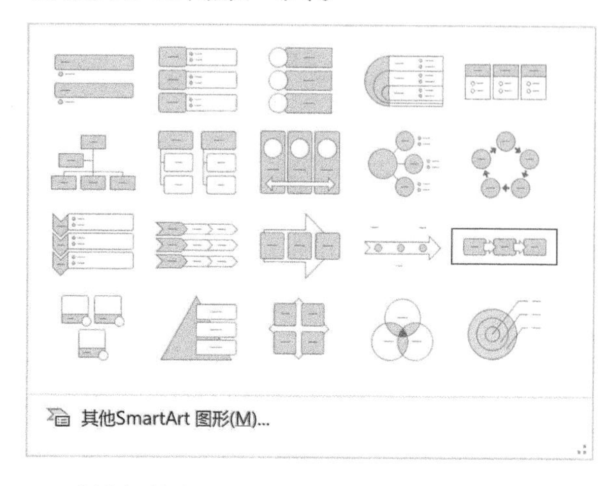

制作好的流程图效果如下。

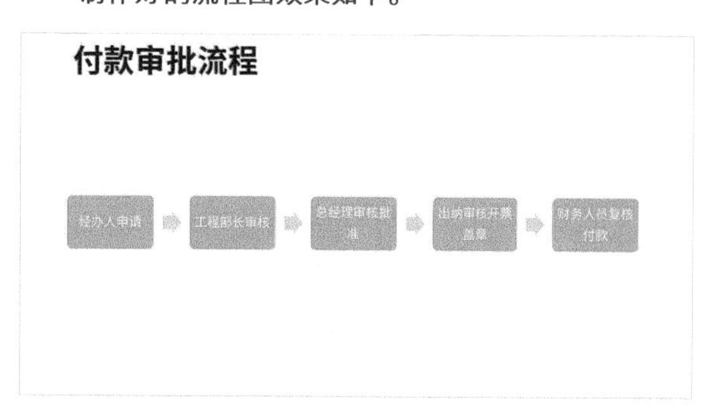

如果觉得画面有点空，可以加上背景色块，调整一下文字细节。

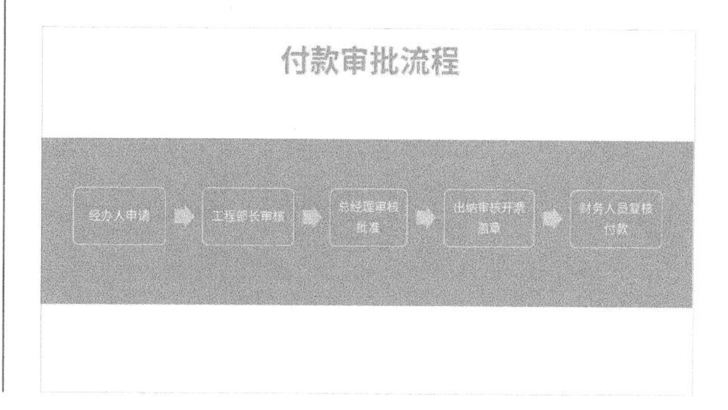

进行图片排版

SmartArt可以用于多张图片排版，且完全不需要对图片进行裁剪、对齐。

直接从计算机中拖动需要排版的图片到PPT幻灯片编辑区。

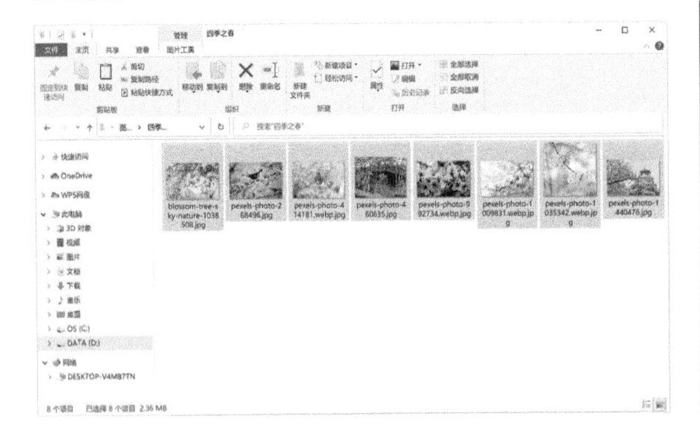

按快捷键Ctrl+A全选这些图片。

执行“图片格式＞图片样式＞图片版式＞蛇形图片半透明文本”命令。

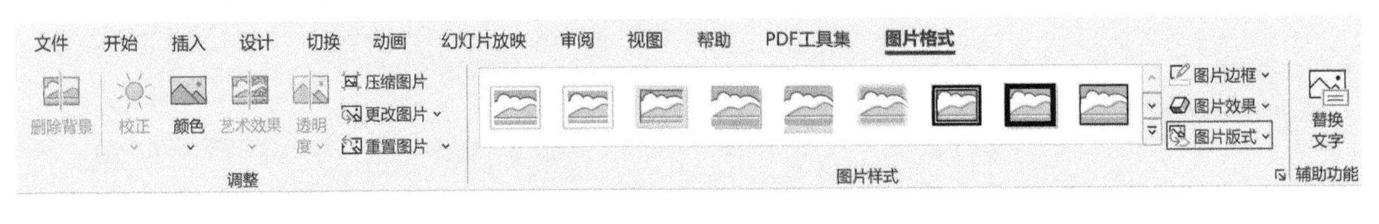

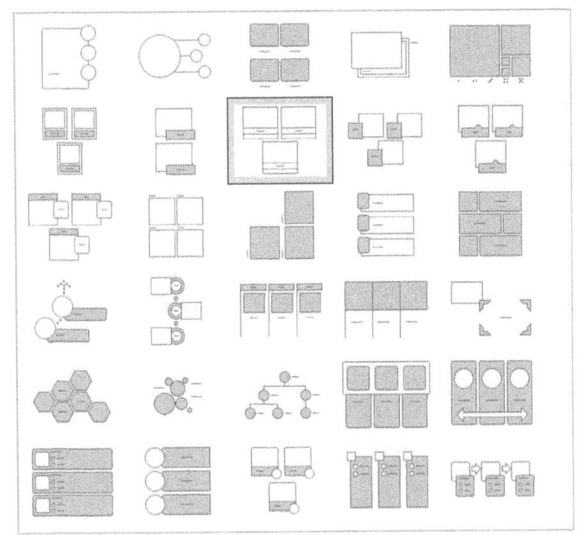

这时，图片版式有了，但还不是我们想要的排列效果。拖动任意边角的控制点，调整画面大小。

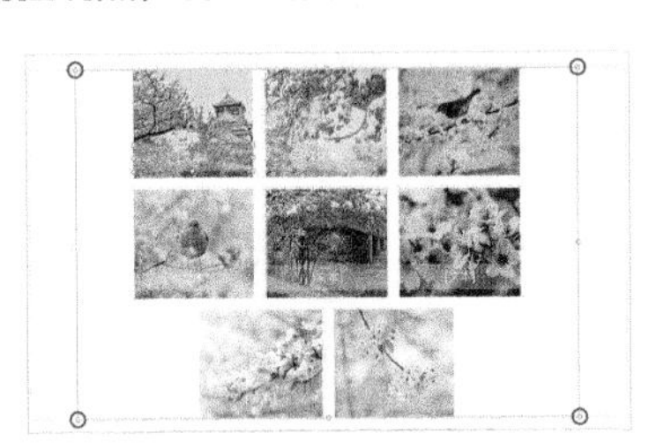

将图片摆放到合适的位置。

最后，加上标题和其他文字，多图排版就制作好了。

060 “设计灵感”怎么玩

很多人不想浪费时间排版，希望PPT能够“自动排版”。PPT中的“设计灵感”就是大家喜闻乐见的自动排版功能了。

“设计灵感”的“傻瓜操作”

这应该是PPT当中很简单的操作之一了，只要把文字、图片添加进幻灯片编辑区，界面右侧就会多出一个“设计理念”窗格。

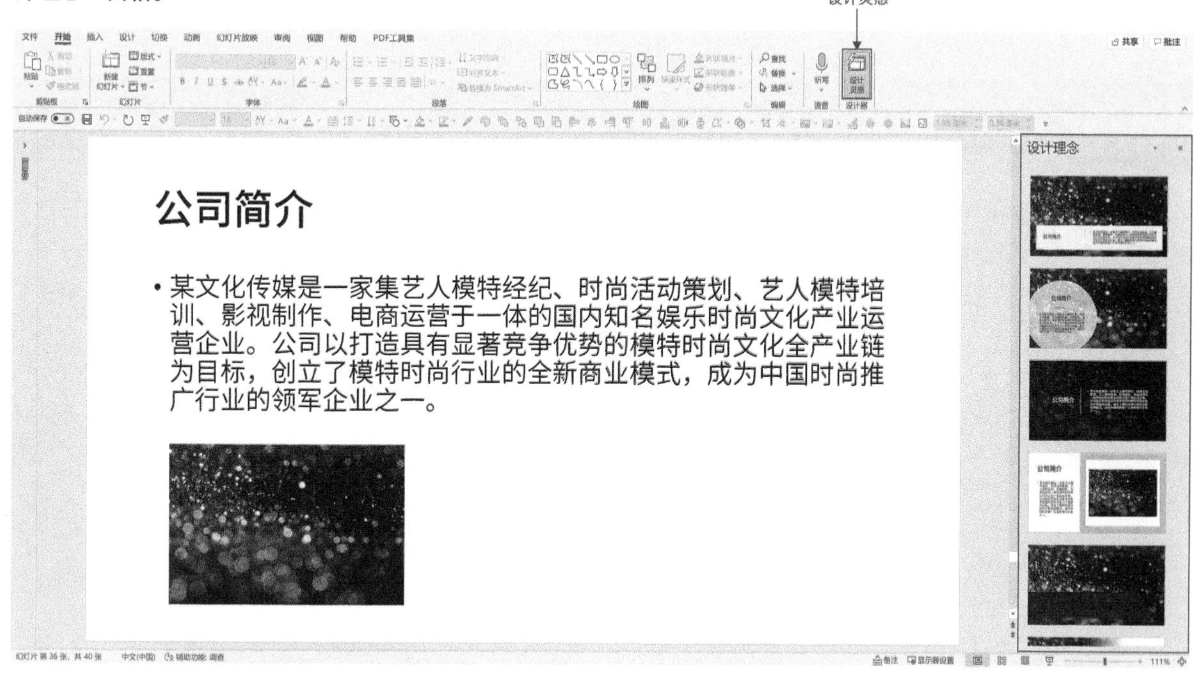

喜欢窗格中的哪个版式，直接点选就可以了，非常简单。

如果这个窗格没有主动打开，可以执行“开始>设计器>设计灵感”命令打开。

修改局部设计样式

“设计灵感”功能使用起来虽然方便，但其自带的版式中，有些线条、形状却无法被直接选中和修改。

例如，想把下面这个版式中绿色装饰线的颜色改成与画面背景一致的颜色，却没有办法直接选中它。

这时，就要用到“选择”窗格了。按快捷键Alt+F10打开“选择”窗格，点击“小眼睛”图标，就可以查看无法移动的图层是哪个了。

选择
全部显示 全部隐藏
内容占位符 2
Rectangle 32
Rectangle 30
标题 1
Rectangle 28

然后在这里选中它的名称，就可以修改颜色了。

执行“开始＞绘图＞形状填充＞取色器”命令，从画面中取色即可。

061 好用的排版插件

PPT里的插件就如游戏中的“外挂”，能够让大家拥有更多的“超能力”。熟练掌握PPT的基础操作之后，使用插件可以更好、更快地完成操作。

iSlide

iSlide是一款由成都艾斯莱德网络科技有限公司开发的PPT插件，它能解决找模板、找图片、颜色搭配、布局优化等各种问题。

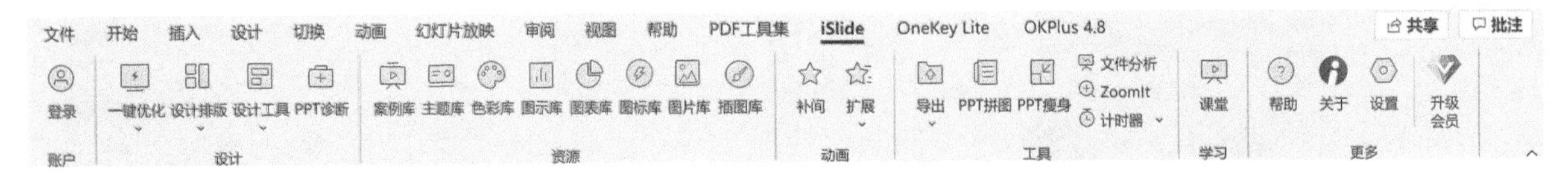

iSlide主要有设计、资源、动画、工具4组功能，还有一个常用工具栏，接下来将一一介绍其重点功能。

◎ 设计工具

安装好iSlide插件，打开PPT就会看到界面右侧多了一个“设计工具”窗格，日常使用频率高的小工具都汇总在这里。

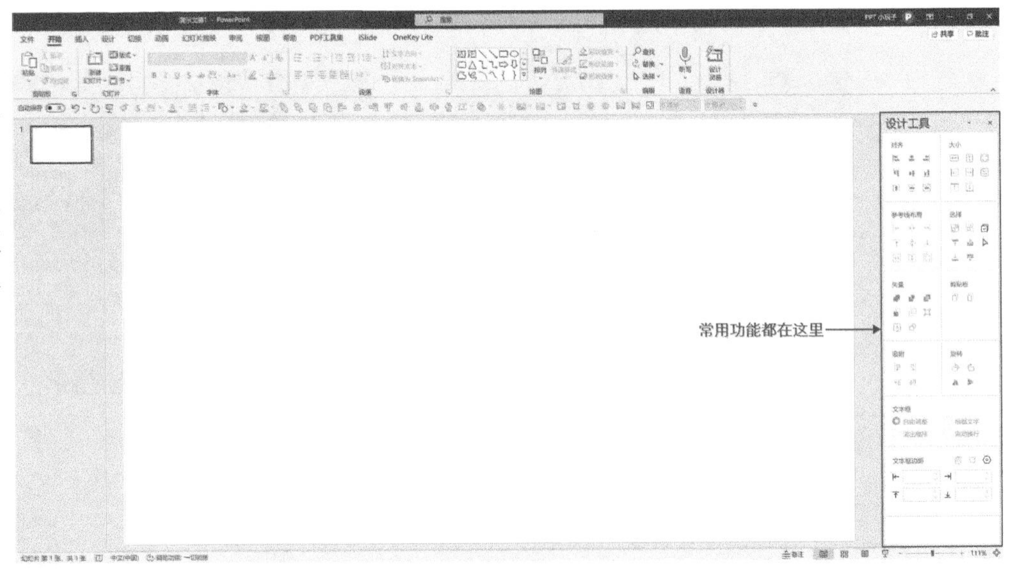

◎ 一键优化

使用“一键优化”功能可以快速统一字体、段落、色彩，以及绘制智能参考线。

一键优化

统一字体

统一段落

智能参考线

统一色彩

• 统一字体

执行“iSlide＞设计＞一键优化＞统一字体”命令，选择需要的中英文字体后，单击“应用”按钮，整个PPT的文字字体就全部统一为选定字体了。

• 统一段落

执行“iSlide＞设计＞一键优化＞统一段落”命令，在弹出的“统一段落”对话框中设置行距、段前间距和段后间距，并应用于“所有幻灯片”，再单击“应用”按钮，整个PPT的段落格式即可统一。

• 智能参考线

执行“iSlide＞设计＞一键优化＞智能参考线”命令，在弹出的“智能参考线”对话框中可以直接选用预设好的参考线效果，或者输入百分比数值自定义参考线效果。

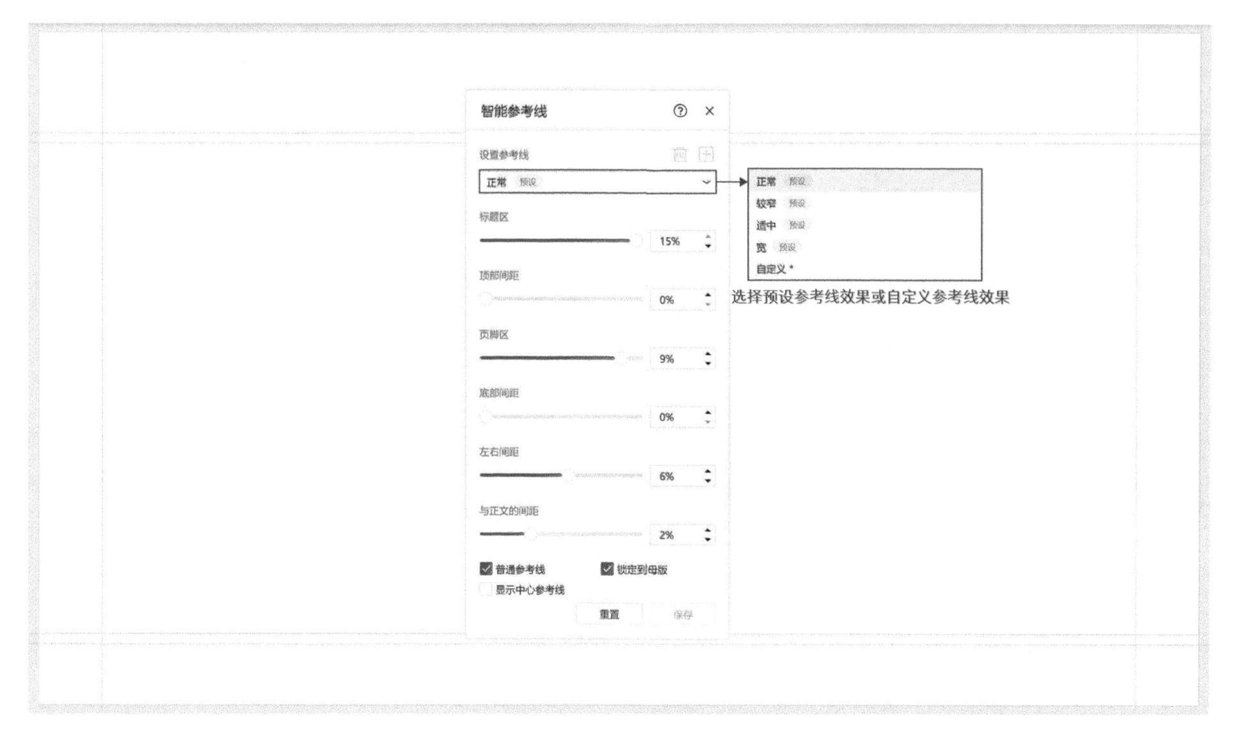

· **统一色彩**

执行“iSlide > 设计 > 一键优化 > 统一色彩”命令，在弹出的“统一色彩”对话框中勾选需要替换的颜色（带“!”的是非主题色），单击“替换主题色”按钮；在弹出的“替换主题色”对话框中先选择颜色应用的位置，再勾选一个替换后的主题色，单击“应用”按钮，色彩就替换好了。

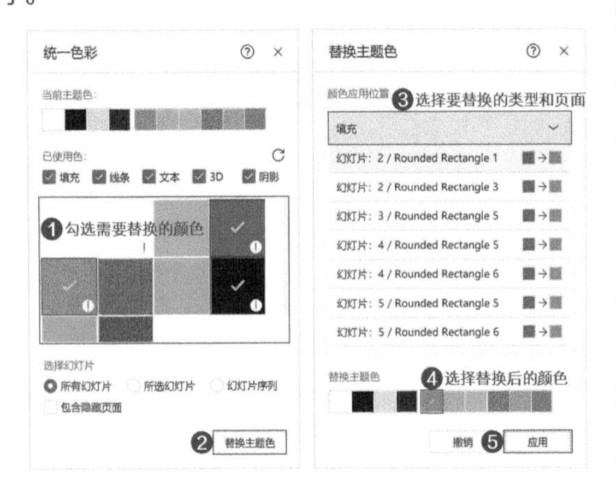

◎ 设计排版

快速排版布局和增删水印功能都非常好用。

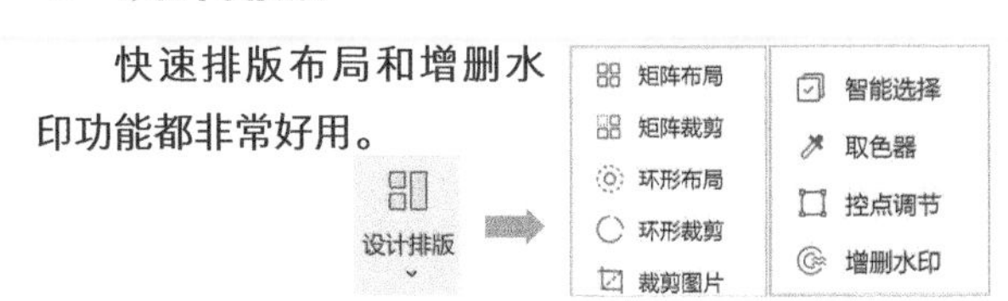

· **矩阵布局**

快速排版多个矩形色块。只需插入第一个矩形，然后输入“横向数量”和“纵向数量”并调整好间距，单击“应用”按钮即可。

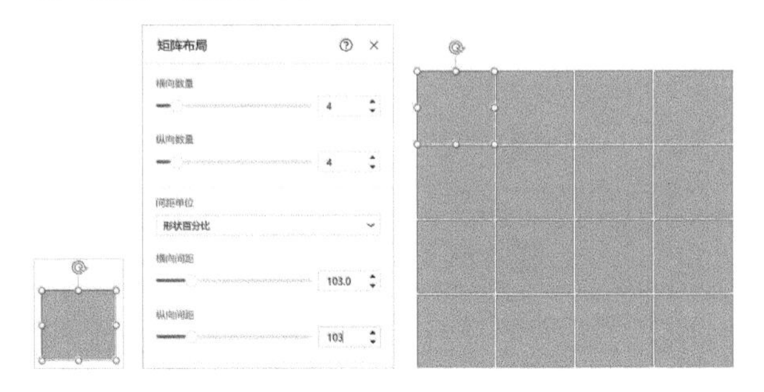

· **增删水印**

有时在母版中插入的LOGO会被上层图片遮挡，这时就可以使用“增删水印”功能解决问题。先在任意页面插入LOGO并选中它，然后执行“iSlide > 设计 > 设计排版 > 增删水印”命令，在弹出的“增删水印”对话框中选择“增加水印”，这样就在每页PPT最上层的同一位置添加了LOGO，因其位于最上层，所以不会被遮住。

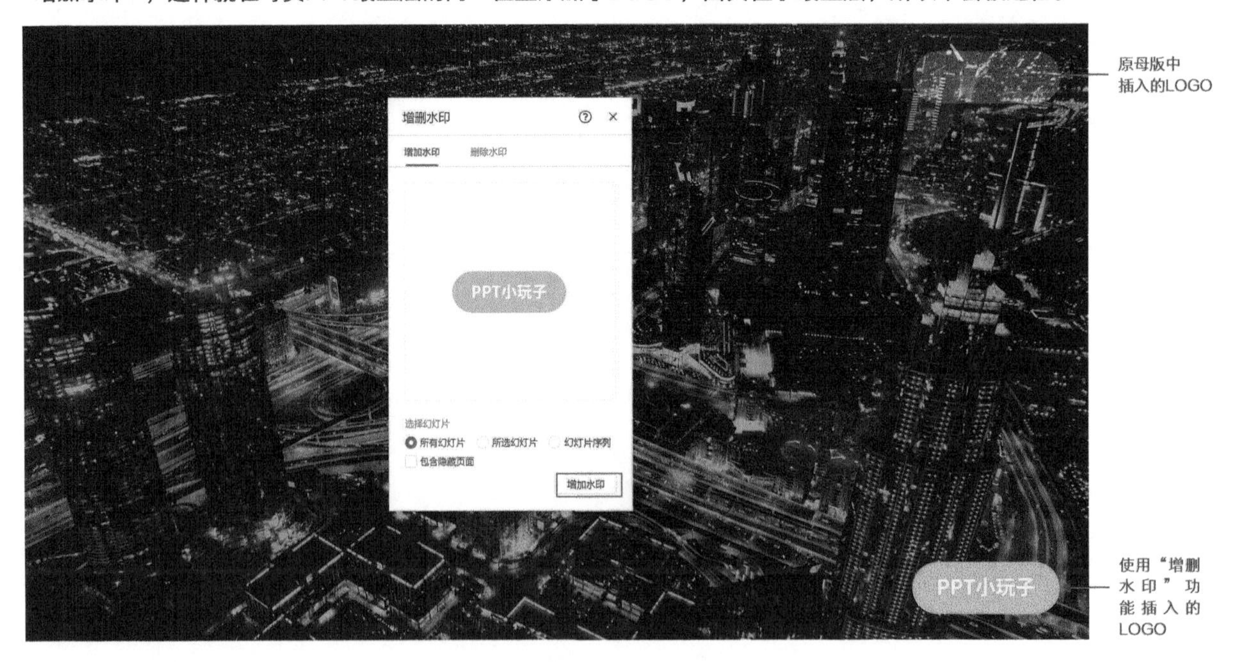

◎ 资源库

资源库有很多好用的模板资源，可以直接搜索关键词查找。尤其推荐“色彩库”“图示库”“图表库”“图标库”4个库，里面的免费资源均为 CC0 版权协议素材/作品，均可免费商用。

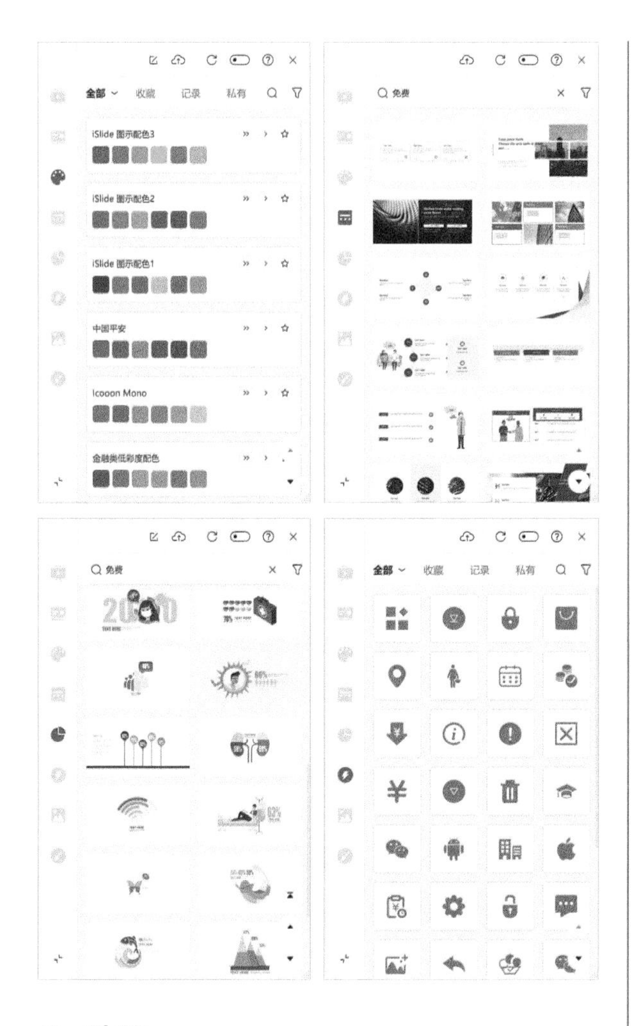

◎ 动画

虽说是“动画”工具，但用“补间”来制作图形排版也是极好的选择。

· 补间

一般指补间动画，制作者只完成动画过程中首尾两个关键帧画面的制作，中间的过渡画面由计算机通过各种插值方法计算生成。例如，下面这页PPT的背景使用“补间”功能来制作相当方便。否则一个个地绘制三角形，绘制完再对齐，非常浪费时间。

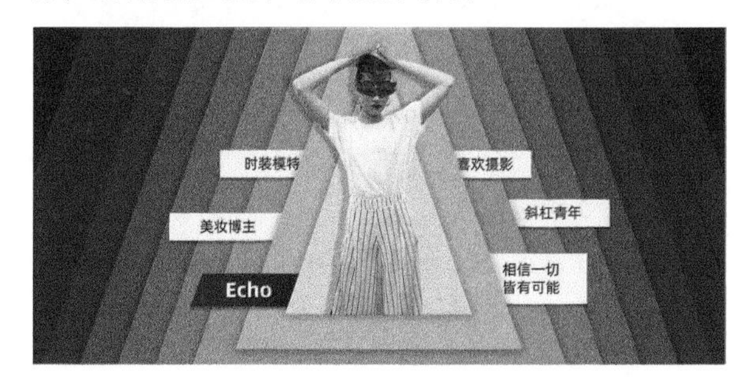

只需绘制最中心和最外层两个三角形（超出画布没关系，播放时不会显示），执行“iSlide>动画>补间”命令，在弹出的“补间”对话框中设置“补间数量”为7，然后单击“应用”按钮即可。

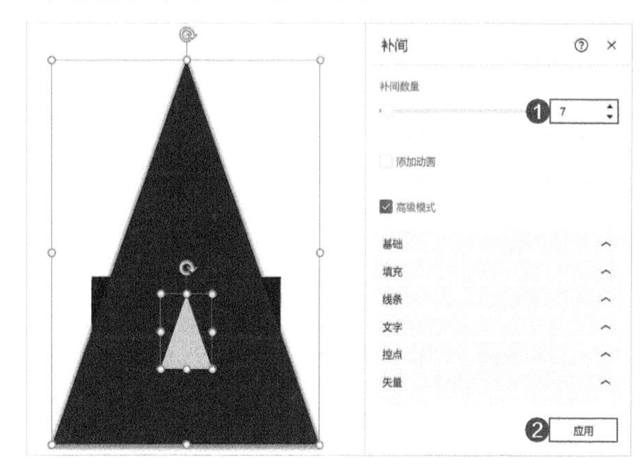

背景制作好后，插入人物和介绍文字即完成操作。

◎ 工具

“工具”组中的几个小工具，可以帮助用户解决PPT导出格式和文件压缩等令人头疼的问题。

· 导出

可以将PPT导出为图片、视频等多种形式，还可以单独导出字体。

导出

P 另存为全图PPT
导出图片
另存为只读PPT
导出视频
导出字体

虽然PPT本身也可以直接导出图片，但不能设置图片的宽度和高度。执行“iSlide>工具>导出>导出图片”命令，在弹出“导出图片”对话框中，可以设置的“图片宽度”最大为5000px。设置完后，单击“导出”按钮即可。

制作好的PPT，要发给客户或备份到其他计算机上时，需同时将其中所使用的字体一并发送或备份，但如果逐个整理字体会非常麻烦。这时，使用“导出字体”功能，在弹出的“导出字体”对话框中勾选需要导出的字体，然后单击“导出”按钮，就可以一键打包这些字体了。

- **PPT瘦身**

PPT文件过大时，除了直接压缩图片，还可以使用“PPT瘦身”功能执行“iSlide＞工具＞PPT瘦身”命令，在弹出的“PPT瘦身”对话框中快速勾选“无用版式”“动画”“不可见内容”等项目的“删除”控件，“图片压缩”也可以自定义百分比。设置完成后，单击“另存为”按钮保存即可。

OK插件

OK插件（OneKey Lite）是一款为PPT设计师开发的插件，专门用于解决PPT初学者遇到的各种棘手问题。大家可以关注其原作者的微信公众号“设计奇谈”，获取下载链接并安装。

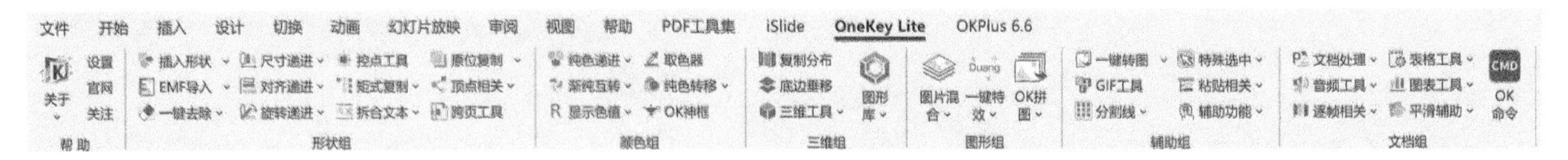

◎ 形状组

形状组包含各种与形状和文本框相关的小工具。

- **插入形状—全屏矩形**

全屏矩形的使用率非常高，如制作纯色背景或半透明蒙版。如果采用原始方法即插入矩形后再去除边框、调整大小和对齐，至少要花费几十秒的时间。而使用该功能，只需单击一下就可以插入无边框的满屏矩形，非常实用。

插入形状
全屏矩形
插入圆形

插入默认矩形示例如下。

插入全屏矩形示例如下。

- **拆合文本—拆为单字**

这里有多种拆合文本的方式，下面举例介绍“拆为单字”这种方式。

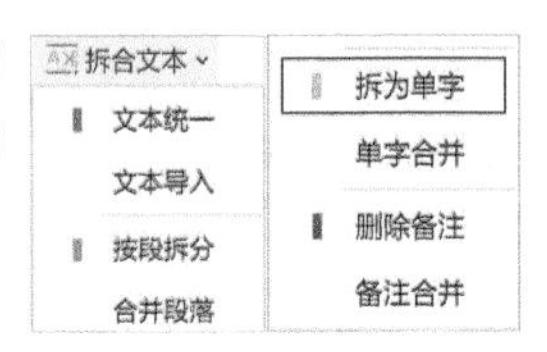

例如，制作封面时，有时需要逐个调整标题文字的大小和位置，如果为每个文字都新建一个文本框，费时费力。使用“拆为单字”功能，就可以在标题插入后为每个字都另外新建一个文本框，方便调整其大小和位置。

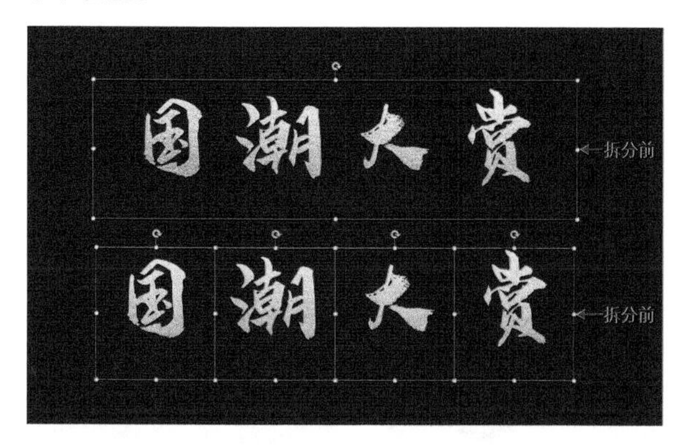

这样快速将标题拆分以后，再来给每个文字设置不同的字号，调整它们的位置就非常方便了。

- **原位复制**

使用快捷键Ctrl+C复制原对象后再用快捷键Ctrl+V粘贴新对象，两个对象会发生错位，手动对齐很不方便。使用“原位复制”功能可以方便地原位复制对象。

Ctrl+C复制

原位复制

◎ 颜色组

颜色组包含各种与颜色相关的小功能，简单好用。

- **显示色值**

如果需要明确某个形状（如模板里的形状）或图片的颜色色值，可以选中它，然后在“显示色值”下拉列表中选择需要的颜色模式。

R 显示色值
RGB色值
HSL色值
16进制色值

例如，选择“16进制色值”后，即可知道右侧这个矩形的十六进制色值为“#75BDA7”。

#75BDA7

- **取色器**

使用“取色器”可以快速替换形状和插画的颜色。例如，下面这张幻灯片使用的SVG插画是蓝绿色调的，与橙色文字搭配很不协调，但如果重新给插画填色，就太浪费时间了。

这时，执行“Onekey Lite＞颜色组＞取色器”命令，打开“取色器”，勾选需要替换颜色的“形状”“线条”“文字”复选框，然后单击“原色”颜色框，吸取SVG插画中的绿色，再单击“新色”颜色框，吸取文字的橙色，最后单击“替换”按钮，画面中所有的绿色就都被替换成橙色了。

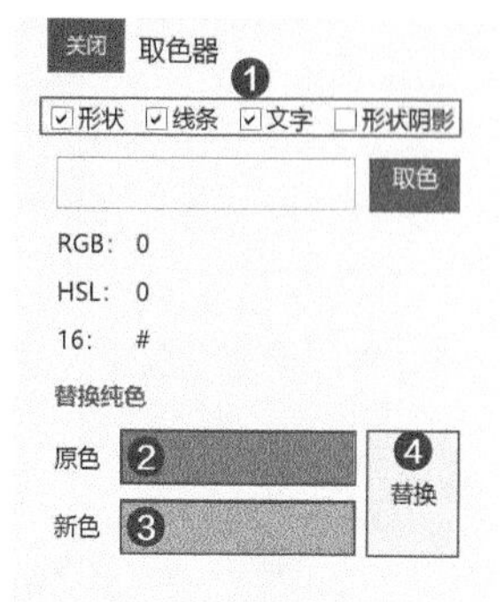

如何更全面地
评价一个员工?

同理，先单击“原色”图标，吸取SVG插画中的浅绿色，再单击“新色”图标，吸取画面中问号的浅橙色，然后单击“替换”按钮，画面中所有的浅绿色就都被替换成浅橙色了。

提示

最后，小小插一句，掌握OK插件之后，还可以探索一下OKPlus，在这款OK插件升级版中，各种令设计师“头秃”的平铺样机、毛玻璃效果等都被作者制作成了“一键生成”的便捷功能。

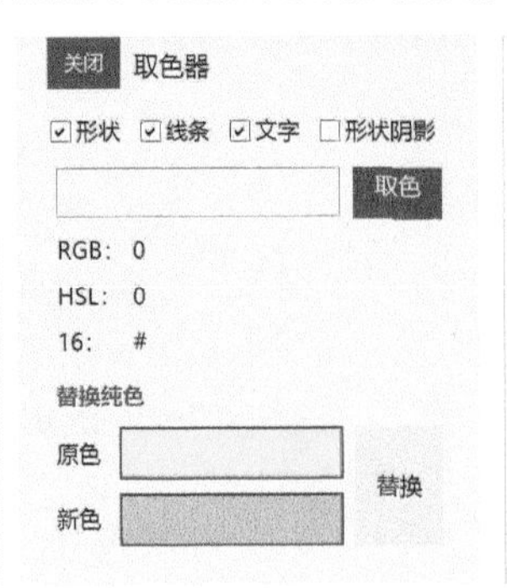

062 文字美化1：懒人最爱的图片填充法

“图片填充”可以说是文字美化最简单的方法了，几乎不需要什么技能，只要找一张好看的素材图片，就可以“投机取巧”制作出各种颜值炸裂的效果。它看似相当复杂，实则简单无比。下面举例进行介绍。

烫金字

烫金字经常用于各种庆典活动的PPT，烫金效果与深红、深蓝、黑色背景搭配会让画面显得非常大气、喜庆。这里以制作“年会盛典”封面图为例进行介绍。

先准备一张烫金纹理素材图片，按快捷键Ctrl+X剪切备用。

输入标题文字“年会盛典”，建议选择书法字体(案例使用的是“汉仪尚魏手书”)。

然后在文本框内右击，在弹出的快捷菜单中选择“设置形状格式”选项，在打开的“设置形状格式”窗格中，单击“文本选项”下的“文本与轮廓填充”图标，设置“文本填充”为“图片或纹理填充”，“图片源”为“剪贴板”，并勾选“将图片平铺为纹理”复选框，烫金效果就添加到文字上了。

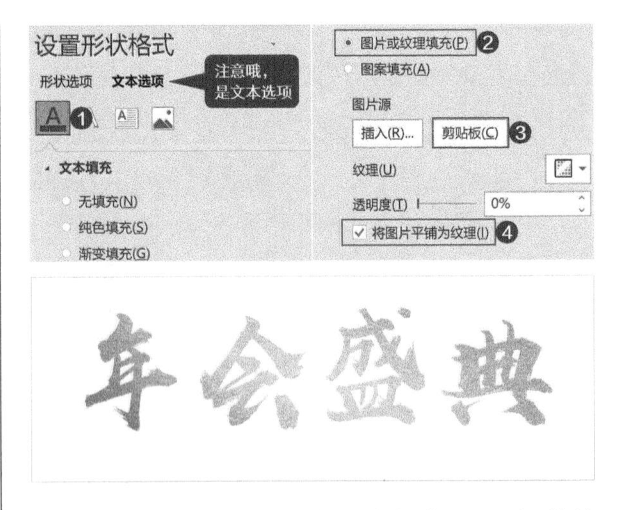

再用同样的方法制作副标题文字“凝心聚力·筑梦远航”，最后加上一张黑金色调的背景图，封面图即制作完成。

下面是纯色文字与烫金字的效果对比。

纯色文字

烫金字

图片字

除了纹理素材，色彩丰富的图片也可以直接用来制作文字填充效果。但有时候，直接使用“图片填充”不能让我们容易地调整文字取景的位置，这时使用“合并形状”功能会让效果更直观。

先准备好文字“Sport”需要的字体和墨迹素材。因为案例中要给“S”和“port”分别填充不同的图片，所以把它们分两个文本框输入。可以让文字稍稍旋转一定角度，表现出一点运动的感觉。

拖入第1张背景图，调整好其与字母“S”的位置和大小关系；按住Shift键先选中图片，再选中字母“S”。

执行“形状格式＞插入形状＞合并形状＞相交”命令，字母“S”就填充好了。

如果对位置不太满意，可以执行“图片格式＞大小＞裁剪”命令，直观地调整图片位置和大小。

给字母“port”和墨迹填充图片采用同样的方法，先选中背景图再选中文字和墨迹，执行“形状格式＞插入形状＞合并形状＞相交”命令。

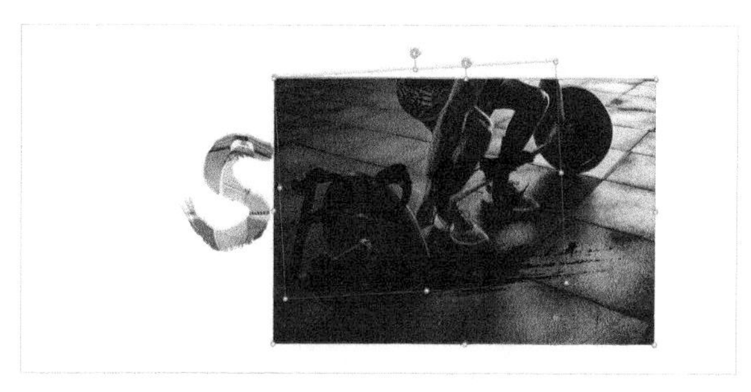

之后，得到如下图所示的效果。

觉得画面有点单调？给字母“S”添加一个墨迹色块作背景，可丰富画面层次。

063 文字美化2：简单实用的文字变形

有时，文字不仅仅用来阅读，稍加变化，也可以“化字为图”，与画面设计融为一体。

文字微变形

会议类的PPT不适合太花哨，却也想在规则中透出一点变化，可以对文字稍加改造。以下案例中，将使用“编辑顶点”功能对“新”字和“会”字做文字变形。

图片的标题文字添加了阴影效果，参数设置如右图所示。

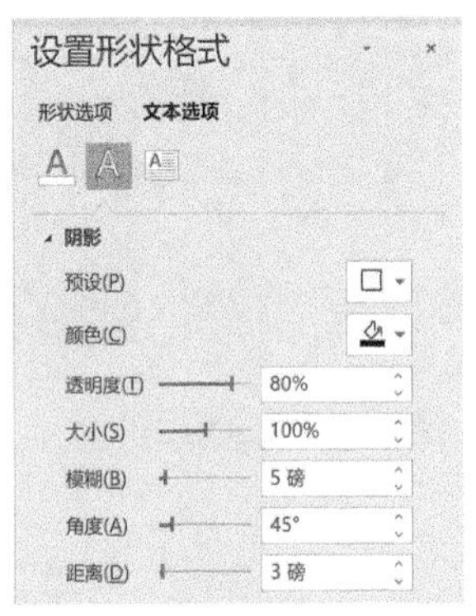

插入一个比文本框略大的矩形，然后按住Shift键先选中文字，再选中矩形，执行“形状格式＞插入形状＞合并形状＞相交”命令，将文字转换为矢量形状。

如果安装了iSlide插件，这一步就可以简化为直接选中文字，单击右侧“设计工具”窗格中的“文字矢量化”按钮一键转换。

选中转换好的矢量文字并右击，在弹出的快捷菜单中选择“编辑顶点”选项。

向左拖动“新”字的一“横”到合适位置，然后释放鼠标。

再向右拖动“会”字的一“横”到合适位置，然后释放鼠标。

在空白处单击，文字微变形效果就制作好了。

笔画拆分

汉字之美，以毛笔书法为上。制作一些古风PPT（如诗词赏析课件）时，完全可以用毛笔书法笔画作为底纹修饰。

例如，下面这张幻灯片的背景有些空洞，可以用拆分的毛笔书法笔画来丰富一下。

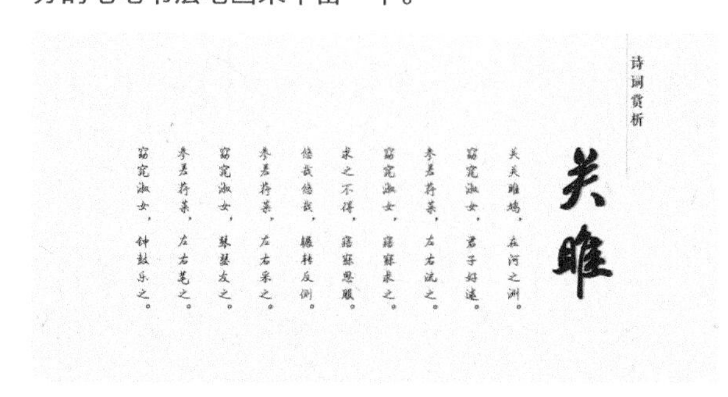

要拆分出“之”字的一点，可先插入一个椭圆形遮盖在要提取的笔画上方（椭圆形的颜色不限，只要能完全盖住笔画即可），接着按住Shift键的同时先选中“之”字，再选中椭圆，然后执行“形状格式＞插入形状＞合并形状＞相交”命令，“之”字的一点就提取出来了。

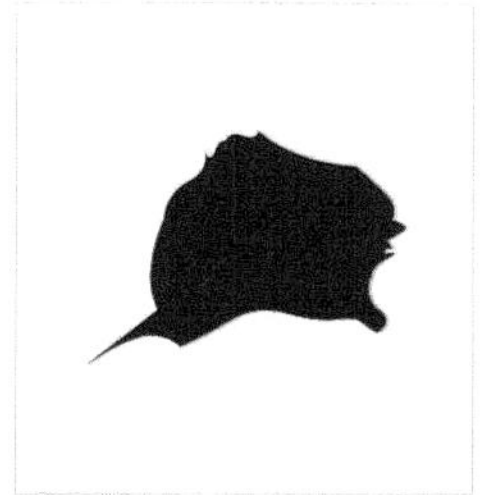

再用同样的方法拆分出其他笔画，注意根据笔画的形态来选择合适的形状，如果实在没有合适的形状，可以用“任意多边形”勾画出来。

在拆分好的笔画上右击，在弹出的快捷菜单中选择“设置形状格式”选项，在打开的“设置形状格式”窗格中，设置“透明度”为95%，调整一下笔画的大小和位置，将其置于底层，即完成制作。

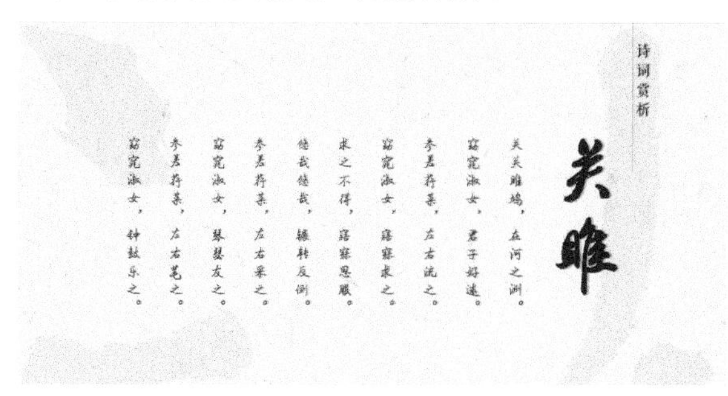

笔画剪除

此外，还可以给文字做一点点的特殊处理，玩个“小心机”。

例如，下面这张图片的标题文字效果有点普通，可以故意“剪”去文字的一角，让其变得特别。

插入5个矩形，分别遮盖5个文字的右下角；拖动矩形的旋转控制点，稍稍调整其倾斜角度。

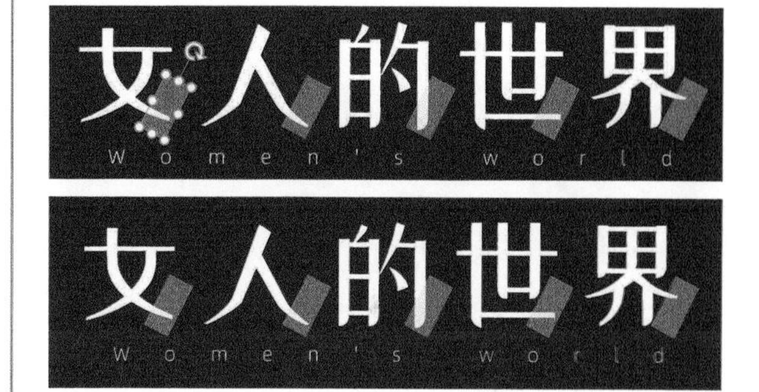

按住Shift键的同时选中文字和旋转后的矩形，执行“形状格式＞插入格式＞合并形状＞拆分”命令，得到拆散的形状块。

删除多余的形状块，插入直线作为装饰线。其最终效果如下。

064 文字美化3：将渐变玩出高级感

相比纯色而言，渐变色细节更为丰富。特别是透明度渐变，可以通过低调的细节变化将渐变玩出高级感。

色彩渐变

使用渐变色背景时，如果主题文字是纯色，未免显得有点生硬。如果主题文字也是渐变效果，就能很好地融合到画面中了。

选中文字（案例字体为“站酷庆科黄油体”）并右击，在弹出的快捷菜单中选择“设置形状格式”选项，在打开的“设置形状格式”窗格中设置“文本填充”为“渐变填充”，“角度”为90°。“渐变光圈”色条上色标1“颜色”为“#FE9F6A”，“位置”为0%；色标2“颜色”为“#FE6A7C”，“位置”为80%，文字的渐变效果即制作完成。

直播平台孵化基地

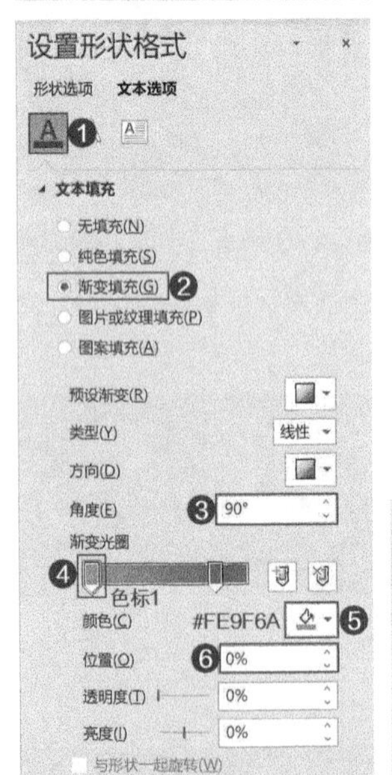

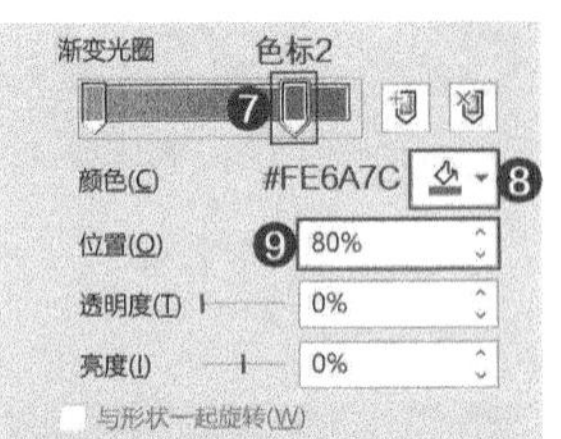

直播平台孵化基地

> **提示**
>
> 不会设置渐变色的读者，还记得HSL调色法吗？如果忘记了可以去复习一下。

纯色字与渐变字分别搭配渐变背景的画面效果对比。

纯色字

渐变字

透明度渐变

透明度渐变用在文字上，会让文字拥有一种“低调的华丽”感。

先逐个输入文字，即有几个字就插入几个文本框。

框选所有文本框并右击，在弹出的快捷菜单中选择“设置形状格式”选项，在打开的“设置形状格式”窗格中单击“文本选项”下的“文本填充与轮廓”图标，设置“文本填充”为“渐变填充”，“角度”为0°。“渐变光圈”色条上色标1“颜色”为“#FFFFFF”，“位置”为50%，“透明度”为0%；色标2“颜色”为“#FFFFFF”，“位置”为100%，“透明度”为90%。

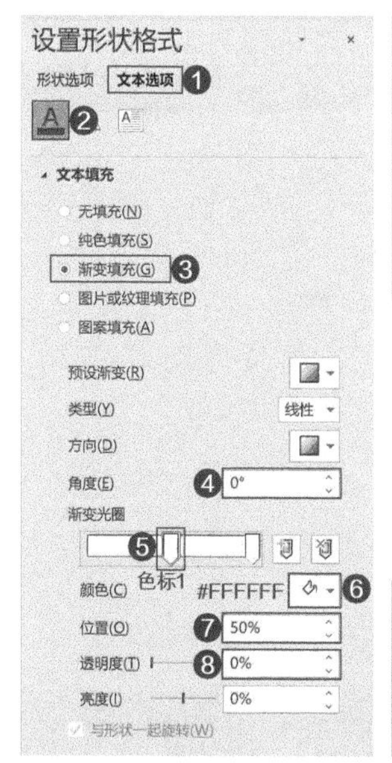

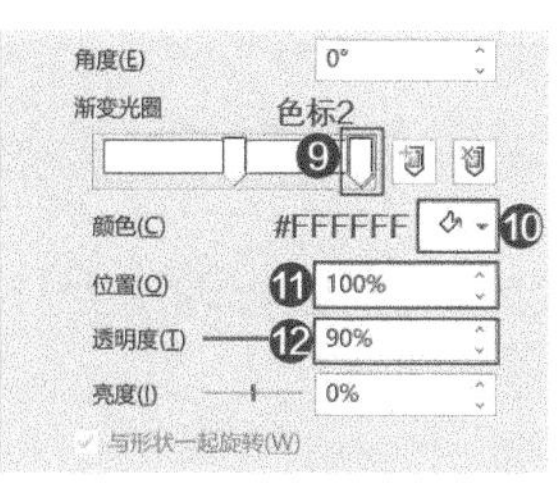

文字效果制作好后，加上背景图片，并重新调整文字间距，使文字稍稍重叠。完成效果如下。

笔画渐变

叠加笔画之后，字体会显得更有层次感。其方法是在文字上叠加渐变色块。

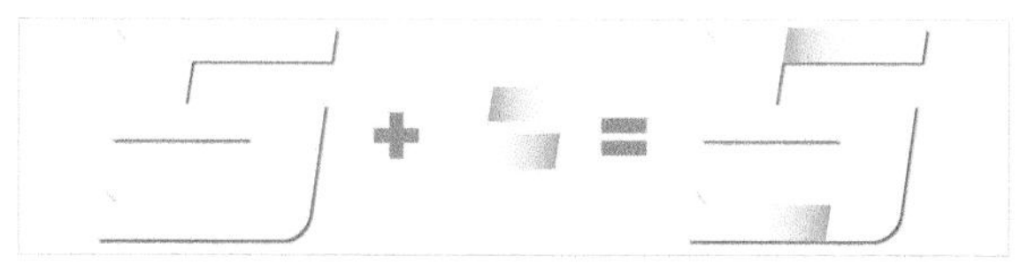

插入文本框并输入文字，为了方便对位和造型，可以先将文字转换为形状（执行“形状格式 > 插入形状 > 合并形状 > 相交”命令或使用iSlide插件的“文字矢量化”功能）。

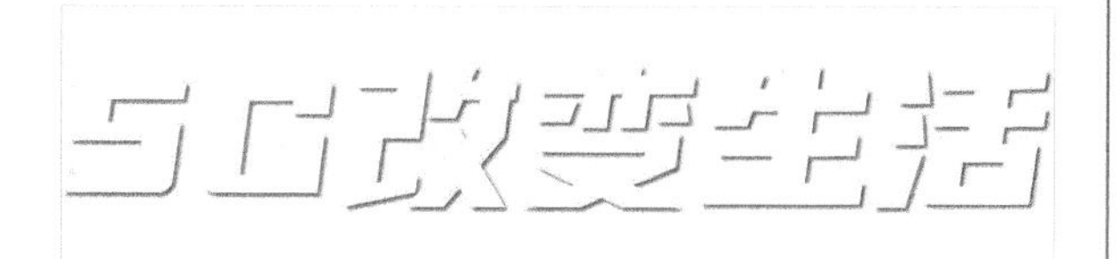

插入一个平行四边形，设置“填充”为“渐变填充”，“角度”为0°。“渐变光圈”色条上色标1“颜色”为“#4BB4F6”，“位置”为0%，“透明度”为0%；色标2“颜色”为“#FFFFFF”，“位置”为100%，“透明度”为100%。

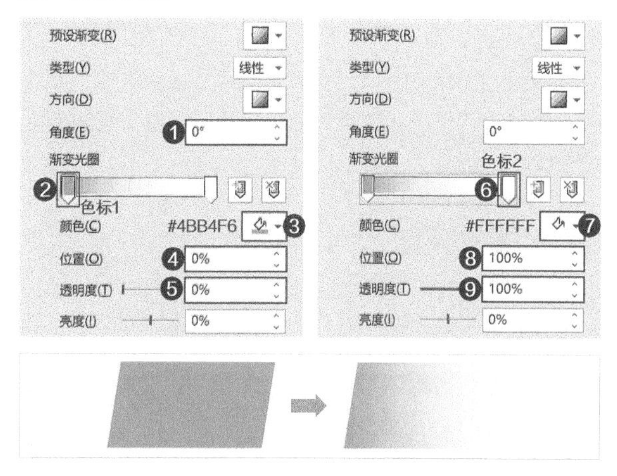

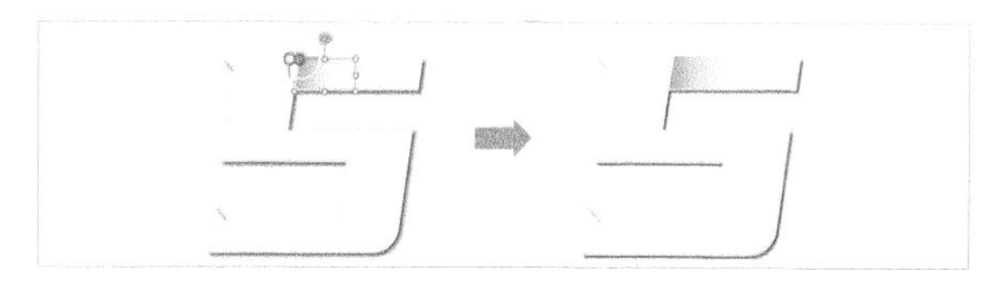

然后调节橙色控制点，让平行四边形的倾斜角度与文字的一致。

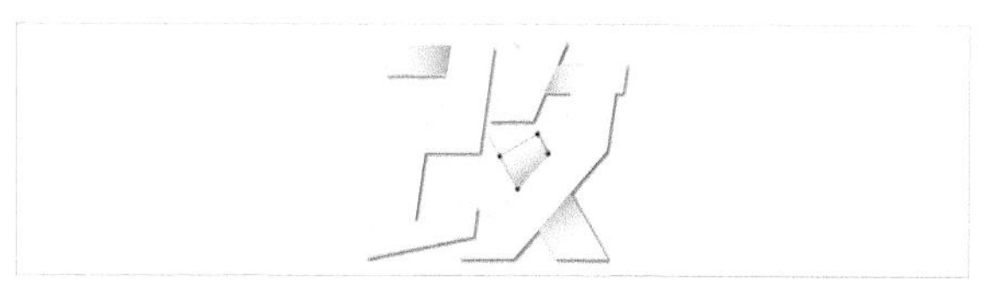

接下来，复制粘贴制作好的平行四边形，调整其倾斜角度，以便对位到其他文字笔画部位。遇到一些特殊的笔画部位，还可以使用“编辑顶点”功能改变四边形的形状。

最后，加上背景图，一张互联网风格的封面图就制作完成了。

提示

聪明的你，想一想“G”和网络信号是怎么制作的呢？

065 文字美化4：发光字与霓虹字

发光字与霓虹字的制作思路相似，都是利用文字的发光和轮廓效果变化而来。

发光字

发光字常用于蓝黑科技风的PPT，暗色背景中闪亮的蓝字非常醒目。

◎ 文本发光字

先输入文字（案例字体为“汉仪细圆筒”），并设置其颜色为白色。

选中文字并右击，在弹出的快捷方式中选择“设置形状格式”选项，在打开的“设置形状格式”窗格中单击“文本选项”下的“文字效果”图标，展开“发光”节点，设置“颜色”为“#FFFFFF”，“大小”为8磅，“透明度”为80%。这样，文字就有了边缘发光的效果。

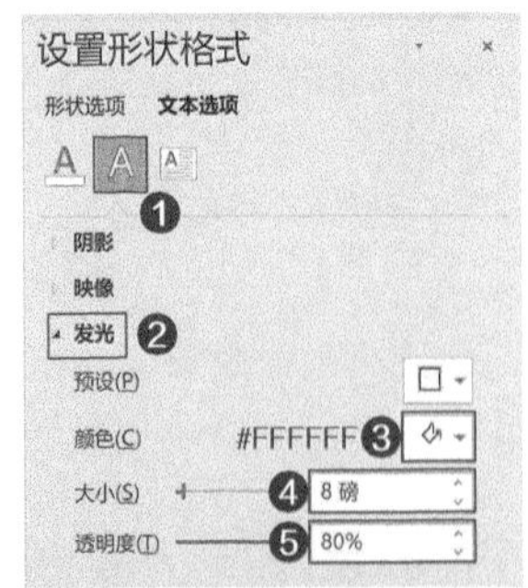

同样的文字，把字体改为较粗的“站酷小薇LOGO体”，“颜色”改为“#4BDCFC”后，再设置发光效果，也是不错的搭配。也可以试试选择预设的发光效果，并设置颜色为“#4BDCFC”。

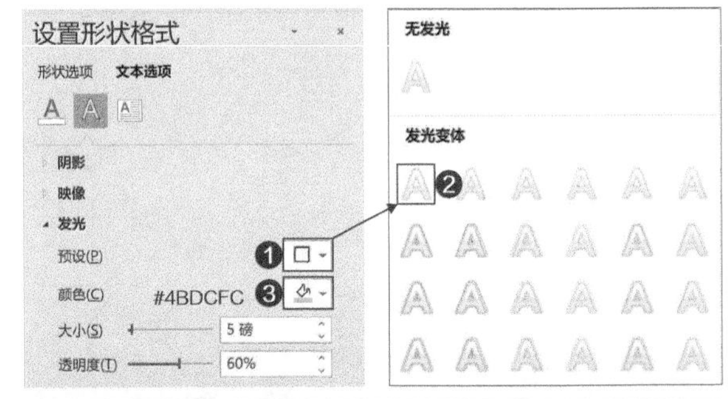

◎ 轮廓发光字

轮廓发光字是利用“文本轮廓”的“复合类型”来制作的特殊文字效果，可以借此打开文字美化的思路。

先输入文字（案例字体为“站酷高端黑”），选中文字并右击，在弹出的快捷方式中选择“设置形状格式”选项，在打开的“设置形状格式”窗格中单击“文本选项”下的“文本填充与轮廓”图标，设置“文本填充”为“无填充”，“文本轮廓”为“实线”，“颜色”为“#FFFFFF”，“宽度”为4磅，“复合类型”为“双线”。

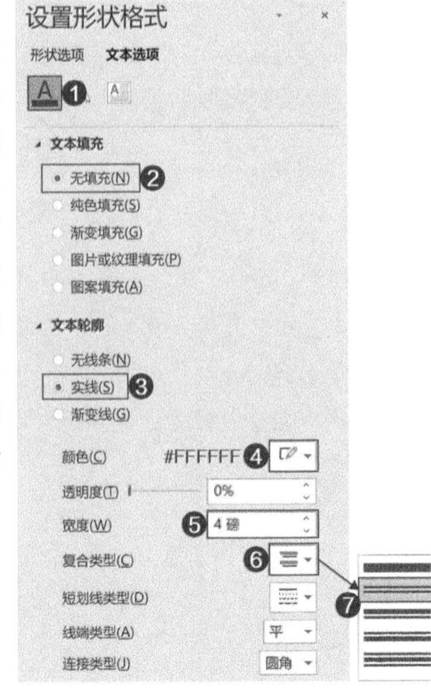

这样，文字就变成了双线轮廓字。

接下来设置文字效果，这里用到了发光和三维旋转效果。打开“设置形状格式”窗格，单击“文本选项”下的“文字效果”图标，展开“发光”节点，设置“颜色”为“#00CFFF”，“大小”为5磅，“透明度”为60%。展开“三维旋转”节点，可以选择预设效果，或者参考下图自定义效果，设置“X旋转”为325.5°、“Y旋转”为8.1°、“Z旋转”为7.9°、“透视”为80°（见标记步骤序号⑦⑧⑨⑩）。

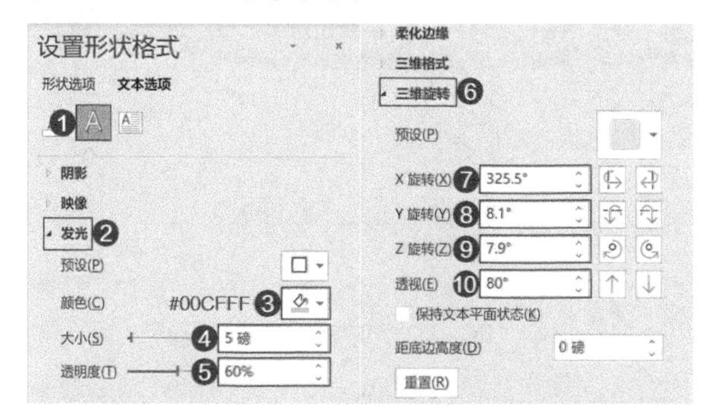

最后加上背景和装饰线（装饰线发光效果的设置方法与文字类似），画面效果即制作完成。

霓虹字

在学习了发光字的制作与使用之后，相信聪明的读者已经猜到霓虹字要如何使用。相对发光字而言，霓虹字的光效更有张力，文字颜色带点半透明效果。

先来设置大标题“不眠之夜”的样式。打开“设置形状格式”窗格，单击“文本选项”下的“文本填充与轮廓”图标，设置“文本填充”为“纯色填充”，“颜色”为“#00B0F0”，“透明度”为50%；“文本轮廓”为“实线”，“颜色”为“00B0F0”，“宽度”为2磅。

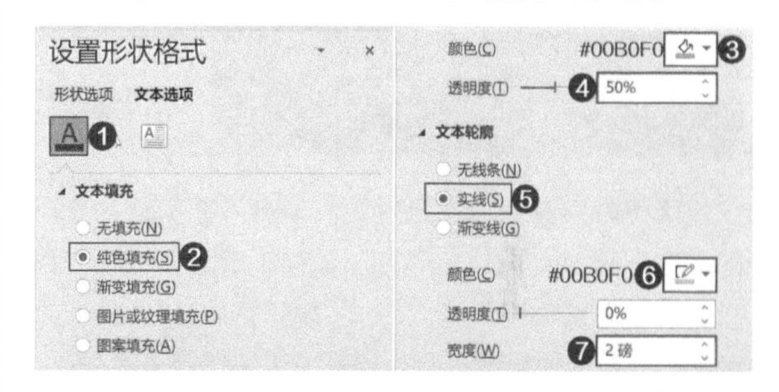

接下来为其添加发光效果。单击“文本选项”下的“文字效果”图标，展开“发光”节点，设置“颜色”为“#00B0F0”，“大小”为18磅，“透明度”为60%。这样，“不眠之夜”霓虹字就制作好了。

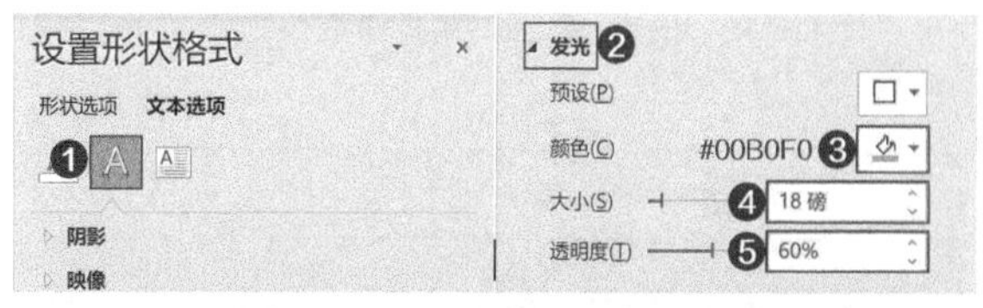

再来输入文字“Sleepless”并为其制作效果。首先，打开“设置形状格式”窗格，单击“文本选项”下的“文本填充与轮廓”图标，设置“文本填充”为“纯色填充”，“颜色”为“FFC000”，“透明度”为80%；“文本轮廓”为“实线”，“颜色”为“#FFC000”，“宽度”为2磅，“短划线类型”为“圆点”。

接下来为其添加发光效果。单击“文本选项”下的“文字效果”图标，展开“发光”节点，设置“颜色”为“#FFC000”，“大小”为10磅，“透明度”为85%。这样，“Sleepless”霓虹字就制作好了。

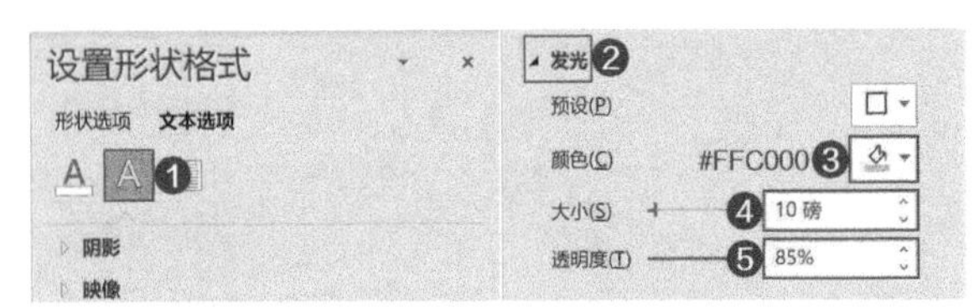

“Night”霓虹字的制作方法与“Sleepless”霓虹字的基本一致，只需把颜色改成“#FFFF00”即可。

加上背景图片后的最终效果如下。

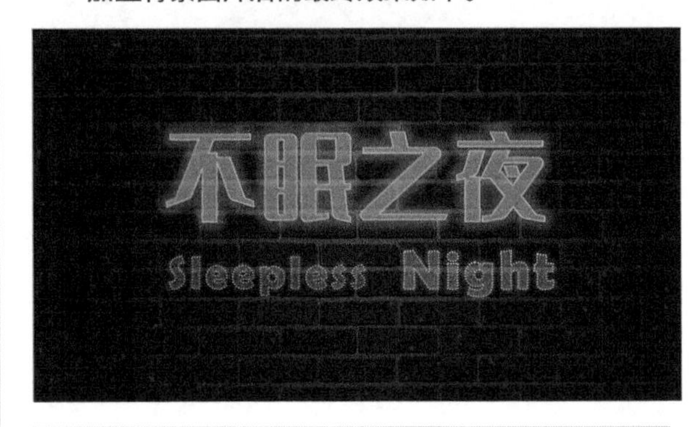

提示

大家可以试一试改用其他线型，看看还能制作出什么样的效果！

066 文字美化5：3D效果让文字立起来

PPT中文字的3D效果，主要通过设置三维旋转和三维格式两个效果的参数来实现。

三维旋转

为了更好地突显3D效果，需要准备有空间感的背景图，如无尽头的道路、长长的铁轨等。

插入文字“2022”(案例字体为“优设标题黑”)。

打开“设置形状格式”窗格，单击“文本选项”下的“文字效果”图标，展开“三维旋转”节点，设置“预设”效果为“角度>透视：宽松”。这时文字虽然有了透视效果，但还没有与路面平行。

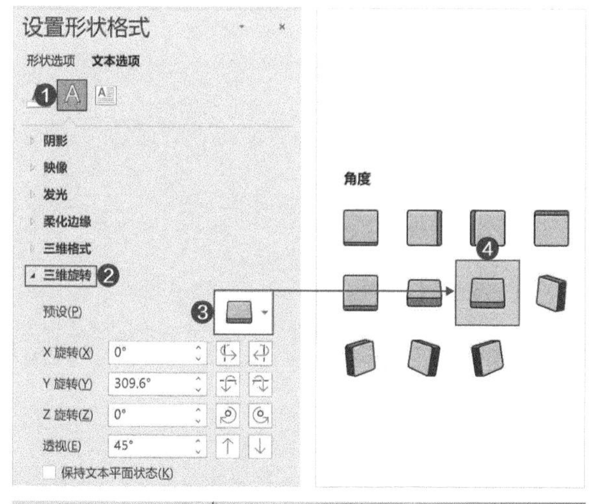

将透视值由45°改为120°，透视效果就刚刚好了。

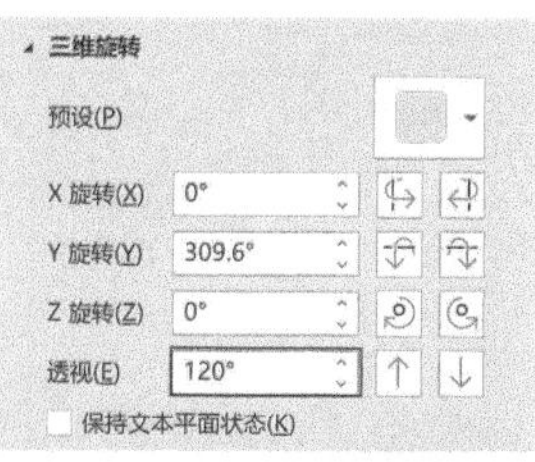

接下来插入形状“箭头：上”，然后用同样的方法为箭头设置透视效果即可。

三维立体

准备一张老火车的素材图，画面本身要有纵深感，主标题文字将随着画面中左右两辆列车进行三维排列。

先插入文字“时光”(案例字体为“思源宋体 CN Heavy”)。

打开“设置形状格式”窗格，单击“文本选项”下的“文本填充与轮廓”图标，设置“文本填充”为“渐变填充”，“角度”为90°。设置“渐变光圈”色条上色标1的“颜色”为“#FFFFFF”，“位置”为0%，“透明度”为0%；色标2的“颜色”为“#EE9800”，“位置”为100%，“透明度”为10%。

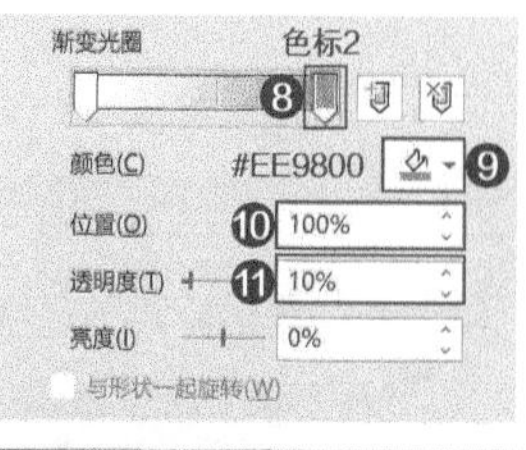

打开“设置形状格式”窗格，单击“文本选项”下的“文字效果”图标，展开“三维旋转”节点，设置“预设”效果为“角度>透视：右”，“X旋转”为306.4°，“Y旋转”为355.8°，“Z旋转”为2°，“透视”为90°，让文字与列车延伸方向平行。

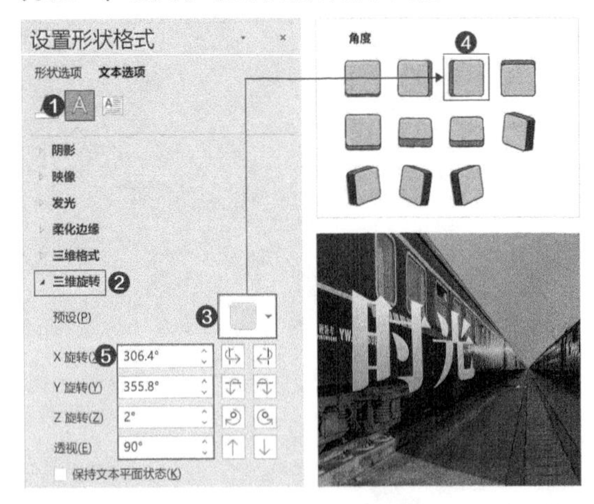

展开“三维格式”节点，设置“深度”的颜色为“#FEDA00”，“大小”为15磅；“材料”为“半透明>粉”。这样，文字就有了一定的厚度。

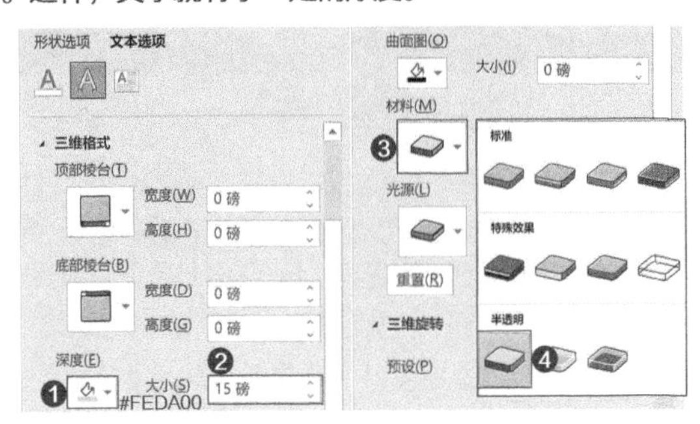

插入文字“之旅”，用格式刷把文字“时光”的效果“刷”过来。由于“之旅”两字的三维旋转效果与“时光”两字的有差异，所以需要对“之旅”两字的三维旋转参数进行调整。其中，“X旋转”更改为45.2°，“Y旋转”更改为4.2°，“Z旋转”更改为4.1°，“透视”更改为110°。最后加上装饰小字，其渐变色的设置与“时光”两字的一样。

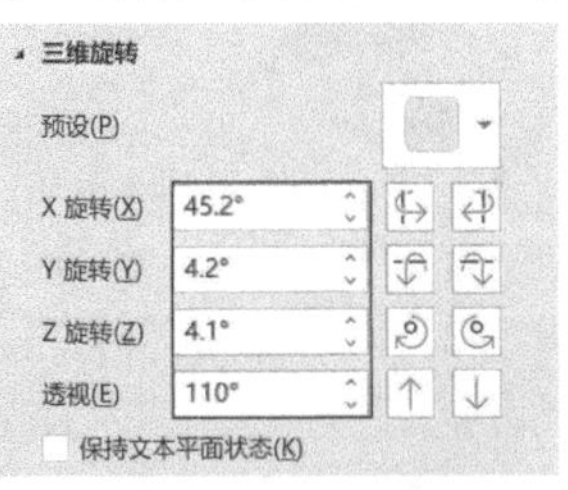

067 图片风格化1：不一样的颜色处理

根据不同画面的特点，有时需要采用一些特别的颜色处理方法。

黑白风

黑色天然带有沉重感，适合用来表达深沉、压抑、庄重、神秘的情绪，常出现在与疾病、灾难或经典时尚等相关的场景中。

例如，表达“抑郁症”的主题时，黑白图片就比彩色图片更具凝重和压抑的感觉。

彩色图片转黑白图片的处理方法如下。

选中图片，执行“图片格式 > 调整 > 颜色 > 重新着色 > 灰度”命令，彩色图片就变成黑白图片了。但采用这种方法得到的黑白图片会有点灰蒙蒙的感觉，需要再增加一点对比度。

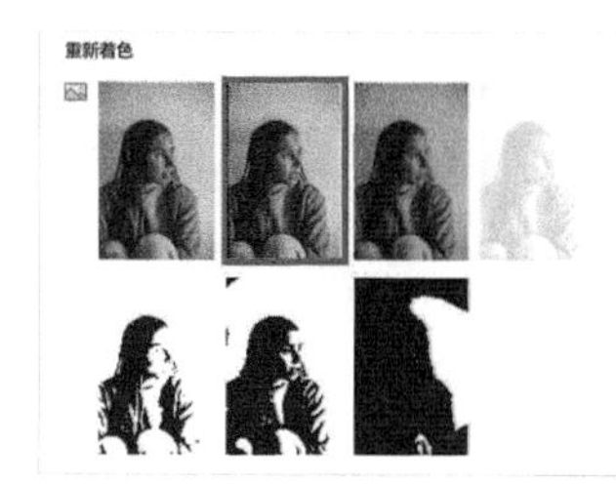

在图片上右击，在弹出的快捷菜单中选择“设置图片格式”选项，在打开的“设置图片格式”窗格中单击“图片”图标，设置“图片校正”效果的“对比度”为20%即可。

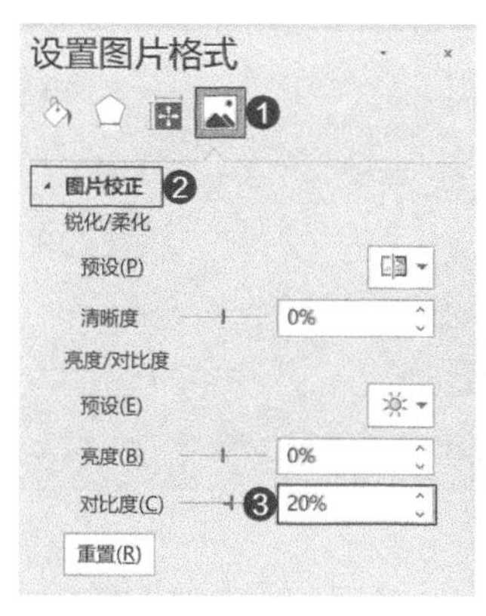

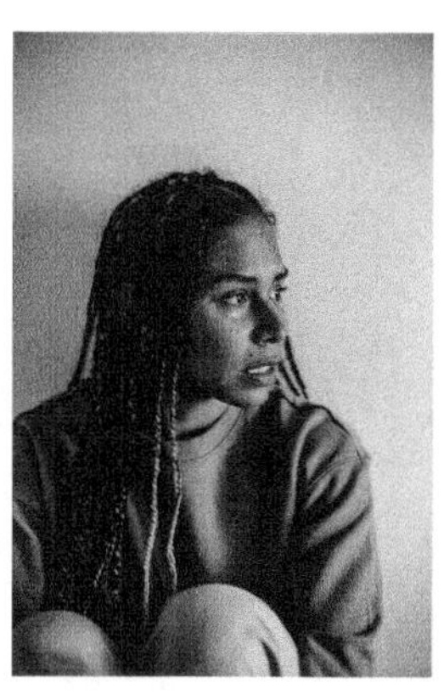

故障风

故障艺术指利用事物形成的故障进行艺术加工，使这种故障缺陷反而成为一种艺术品，具有特殊的美感。譬如，当电视机、计算机等因设备故障造成音视频播放异常时，屏幕会出现破碎、有缺陷的图像，而将这种故障图像应用于视觉创作，就成了一种打破常规的艺术手法。

下面以制作故障风的舞蹈培训海报为例进行介绍。先准备一张舞蹈主题的人物剪影图片作为背景图片。

接着对图片进行颜色处理。选中图片，执行“图片格式 > 调整 > 颜色 > 其他变体 > 其他颜色”命令。

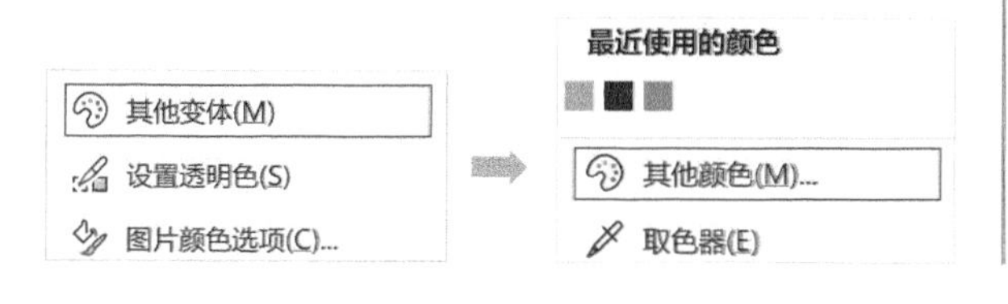

在弹出的“颜色”对话框中设置“十六进制”色值为“#FF1857”，单击“确定”按钮，图片就变成了红色风格。

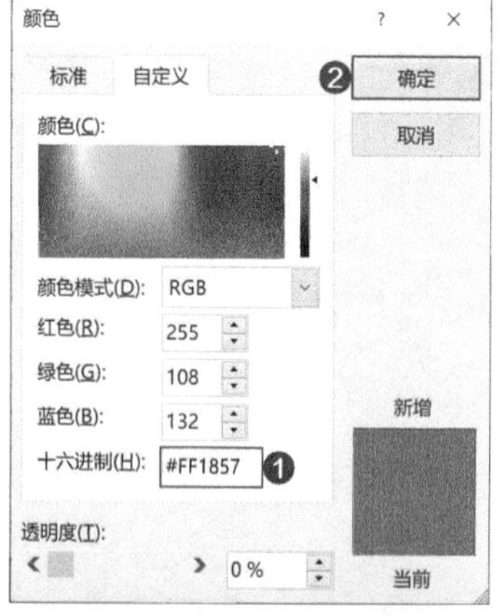

复制图片，再用同样的方法操作一遍，设置十六进制色值为“#4BFFFE”，这次得到了一张绿色风格的图片。

设置两张图片的透明度。分别选中图片，执行“图片格式 > 调整 > 透明度 > 透明度：50%”命令。将红色图片稍稍向左侧移动（或将绿色图片稍稍向右移动），就得到了错位重影的背景图片。

这时整个画面过于灰暗，可以再加上一层渐变色点缀一下。插入矩形，选中矩形并右击，在弹出的快捷菜单中选择“设置形状格式”选项，在打开的“设置形状格式”窗格中单击“形状选项”下的“填充与线条”

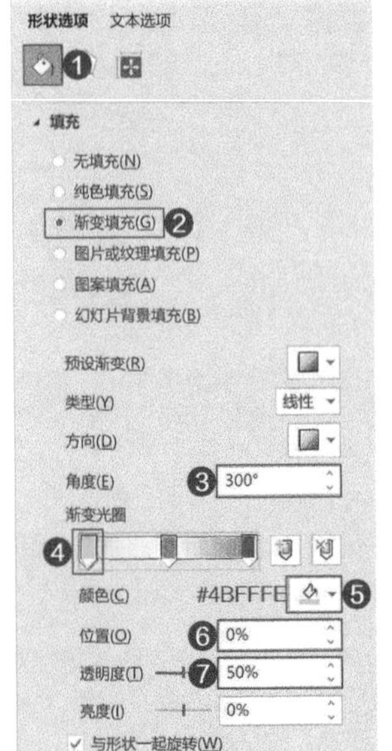

图标，设置“填充”为“渐变填充”，“角度”为300°。设置“渐变光圈”色条上左侧色标的“颜色”为“#4BFFFE”，“位置”为0%，“透明度”为50%；右侧色标的“颜色”为“#FF1857”，“位置”为100%，“透明度”为50%。

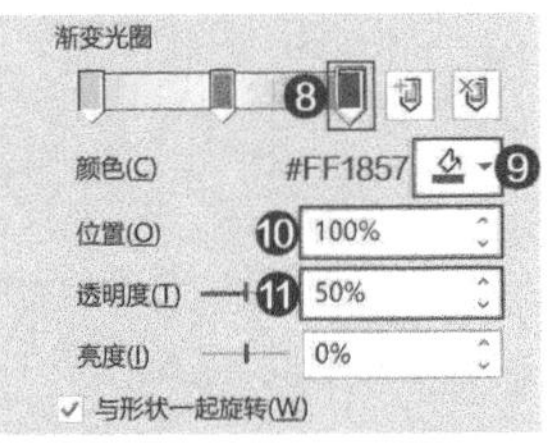

在“渐变光圈”色条的中间位置单击添加一个色标，不需要调整颜色，只需设置“位置”为50%，“透明度”为100%。

这样就给画面两侧增加了一点色彩。

最后，加上标题文字和装饰框，故障风的舞蹈培训海报即制作完成。

068 图片风格化2：通透的毛玻璃效果

目前流行的毛玻璃效果无论用在照片还是图形背景上，都非常醒目。下面将分享两种制作毛玻璃效果的方法。

照片毛玻璃（手工制作）

下面以“随心飞”（虚拟产品名）宣传图片为例进行讲解。

将照片铺满整个PPT背景，原位复制粘贴一层，执行“图片格式>大小>裁剪”命令，裁剪出一个矩形。

选中图片，执行“图片格式>大小>裁剪>裁剪为形状>矩形>矩形：圆角”命令，然后拖动橙色控制点调节一下圆角弧度。

继续选中矩形，执行“图片格式＞调整＞艺术效果＞虚化”命令。

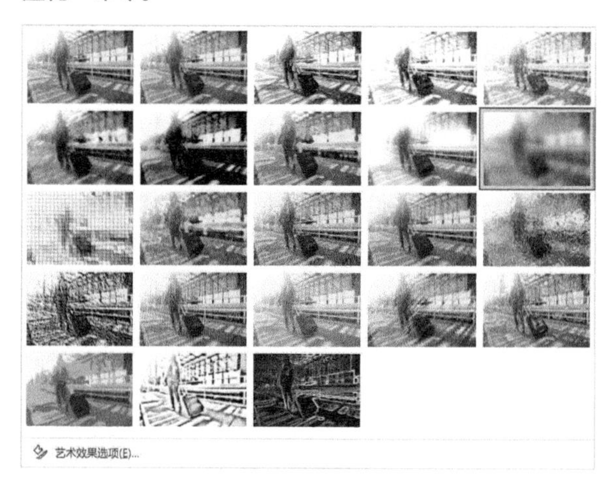

打开“设置图片格式”窗格，单击“效果”图标，展开“艺术效果”节点，设置“半径”为70，这样虚化效果就有了。

为了让虚化的矩形位置更突出，可以给图片加点阴影。打开“设置图片格式”窗格，单击“效果”图标，展开“阴影”节点，设置“预设”效果为“外部＞偏移：中”，“大小”为100%，“模糊”为20磅。

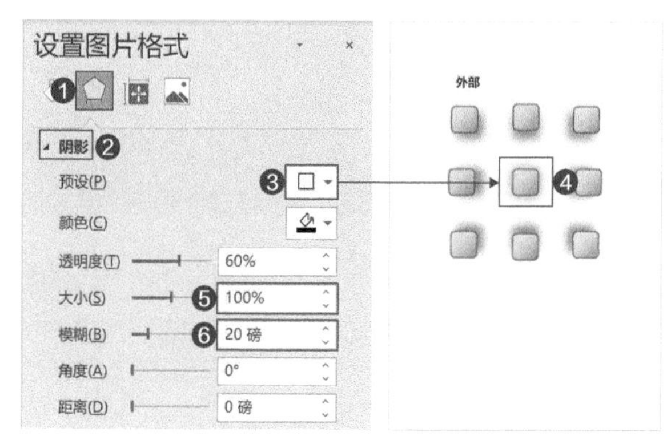

在“设置图片格式”窗格中单击“图片”图标，设置“图片校正”效果的“亮度”为10%，这样虚化效果就很明显了。

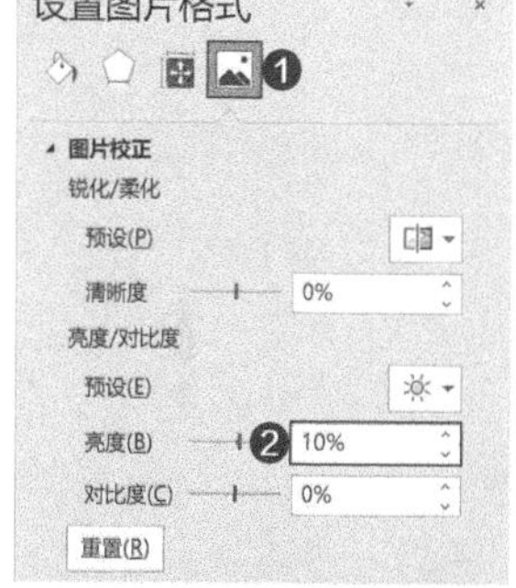

最后加上文字，即完成制作。其最终效果如下。

图形毛玻璃（使用插件制作）

OKPlus插件中内置了毛玻璃效果，可以帮我们“一键实现”毛玻璃效果，非常实用和方便。

先准备一张渐变色背景图片，颜色随意，可参考下图中的渐变色设置。

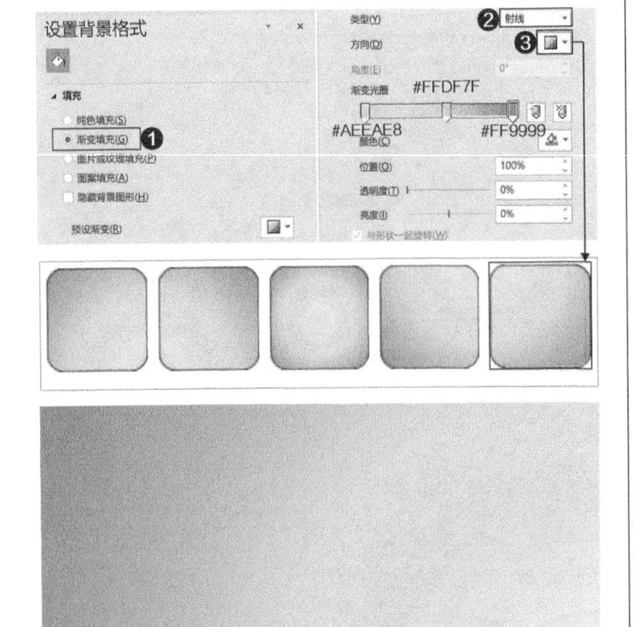

绘制几个渐变圆，其渐变类型与背景的保持一致，其渐变颜色与背景的保持同色系。

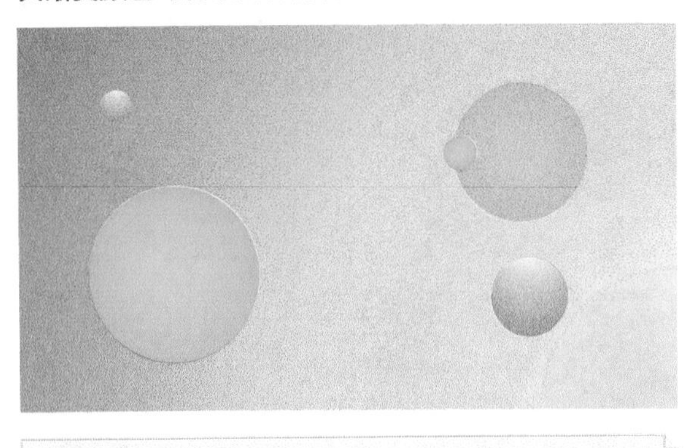

> **提示**
>
> 这里可以在设置好主题色后，直接从预设渐变效果中选择想要的效果。

插入一个圆角矩形。

安装OKPlus插件后，直接使用插件中的“毛玻璃”工具添加特效。

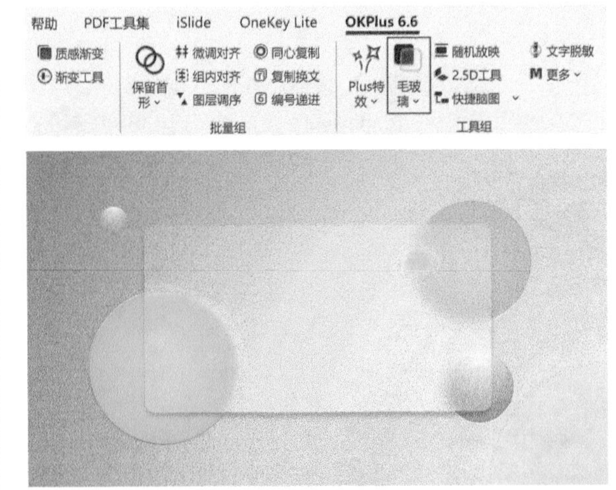

最后添加文字，即完成制作。

069 图片风格化3：手绘与铅笔画玩法

近几年，漫画风格越来越受大众喜爱。当我们习惯了一些高级感的画风之后，偶尔来点卡通风、铅笔画，感觉也挺不错。当然，可能有人会说，没有绘画基础怎么办？没关系，接下来就教大家怎么把呆板的图标变成可爱的儿童手绘、把普通的图片变成“酷酷”的铅笔画。

手绘效果速成

在最新版Microsoft 365中，PPT新增了一个非常好用的功能——草绘，使用它可以快速制作手绘效果。

了解“草绘”功能

插入任意形状后，执行“开始 > 绘图 > 形状轮廓 > 草绘”命令，在3种草绘样式中任选一种就可以了。

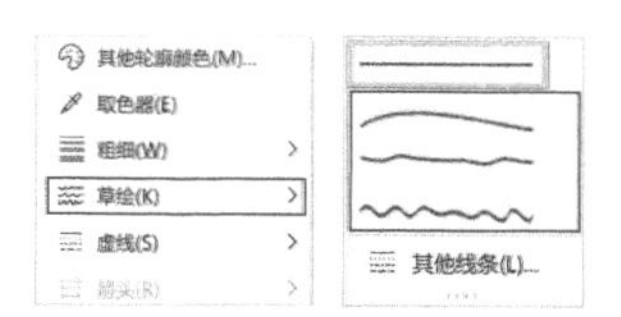

不同的草绘样式效果如下。

还可以把形状轮廓改为虚线线条，效果如下。

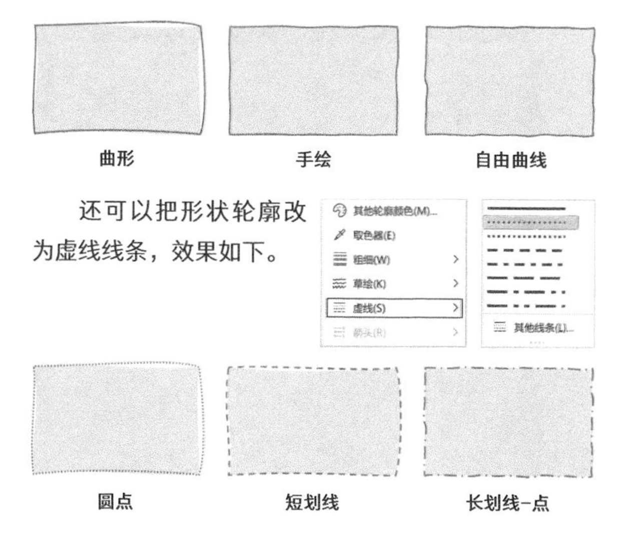

◎ 制作手绘效果

针对手绘效果的制作，下面将从3个层面进行讲解，分别是手绘图标、手绘组合形状和综合应用。

- **手绘图标**

针对手绘图标的制作，这里将分为黑白手绘图标制作和彩色填充手绘图标制作两种类型进行讲解。

先来讲解黑白手绘图标的制作。

插入一个心形，设置“形状填充”为“无填充”，“形状轮廓”的颜色为“#000000”，“草绘”为“曲形”。这样，规规矩矩的心形就呈现出拙朴的手绘效果啦！

更多黑白手绘图标效果如下。

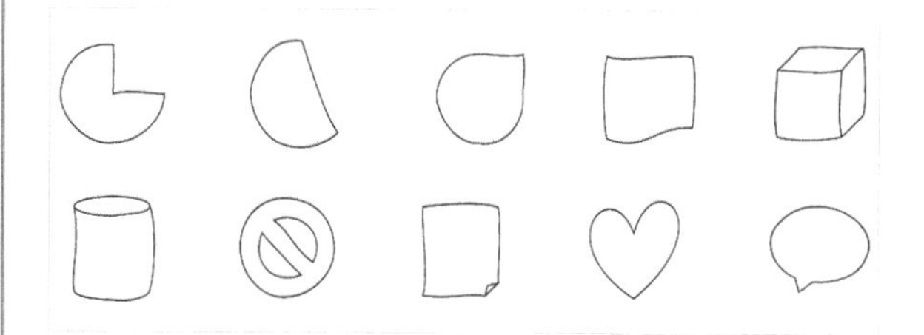

接下来介绍彩色填充手绘图标的制作。

彩色填充手绘图标的制作方法与黑白手绘图标的类似，只是增加了形状填充颜色，效果更明显。插入一个心形，设置“形状填充”颜色为“#FADEE3”，“形状轮廓”颜色为“#EA788C”，“草绘”为“曲形”，制作完成后的效果如下。

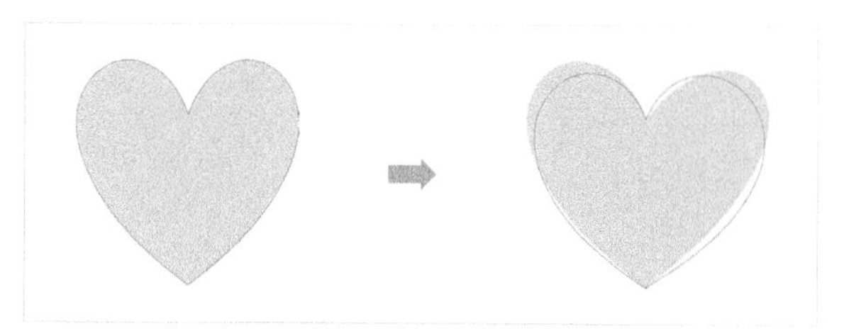

更多彩色填充手绘图标效果如下。

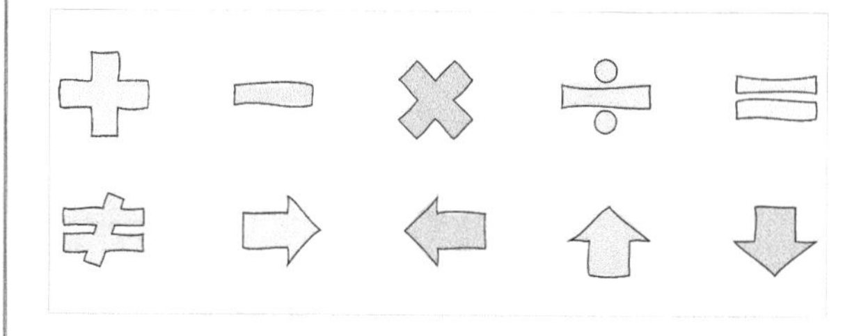

> **提示**
>
> 如果“形状”里的图标不够用，还可以通过执行“插入 > 插图 > 图标”命令查找更多图标。

- **手绘组合形状**

如果对通过以上方法制作的图标及其使用效果不太令人满意，可以自定义手绘组合形状效果的图标。

例如，矩形和梯形组合，可以制作笔记本式计算机图标，示例效果如下。

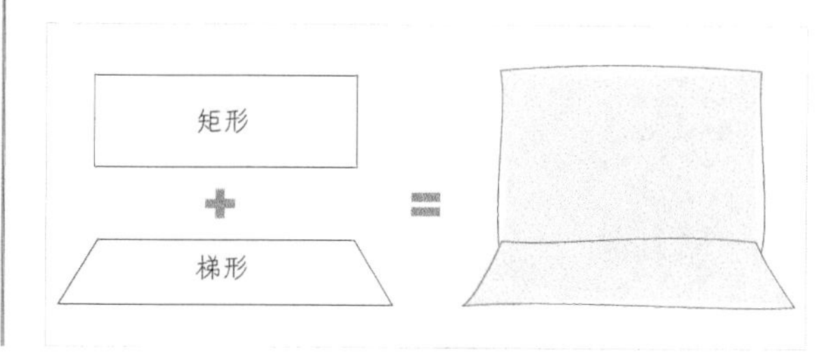

三个矩形组合，可以制作网络信号图标，示例效果如下。

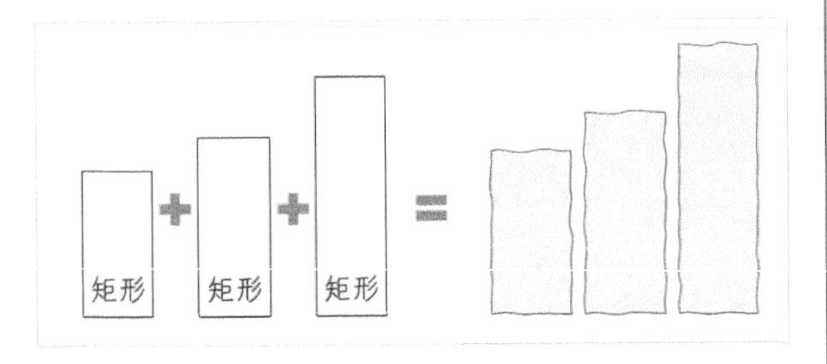

圆形、三角形、矩形组合，可以制作图画图标，示例效果如下。

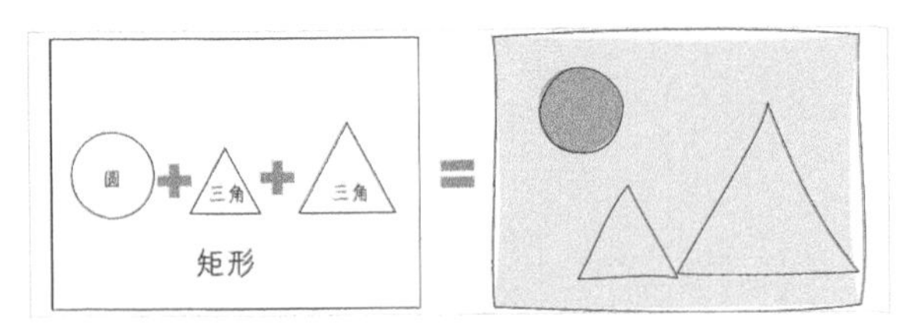

更多手绘组合形状图标效果如下。

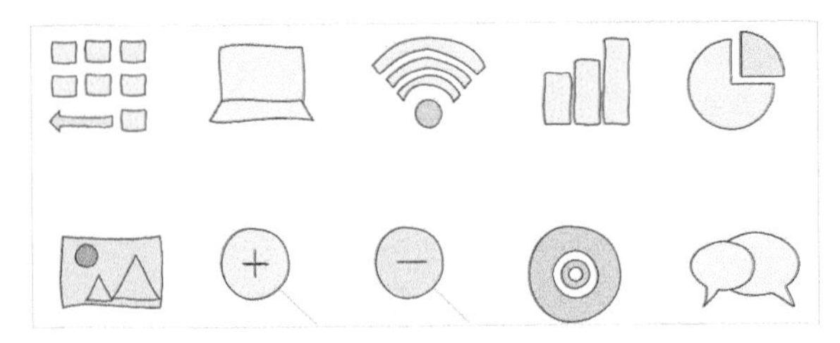

· 综合应用

学会了手绘图标制作，就可以制作出丰富多彩的手绘页面了。例如，一些小学课件PPT的页面就可以使用手绘页面。

在上文中制作的手绘效果的基础上，还可以加入图案填充效果，让图标效果更丰富。选中制作好的图标并右击，在弹出的快捷菜单中选择“设置形状格式”选项，在打开的“设置形状格式”窗格中单击“形状选项”下的“填充与线条”图标，设置“填充”为“图案填充”，“图案”为“对角线：深色上对角”，“前景”为“#335C67”，“背景”为“#FFFFFF”。

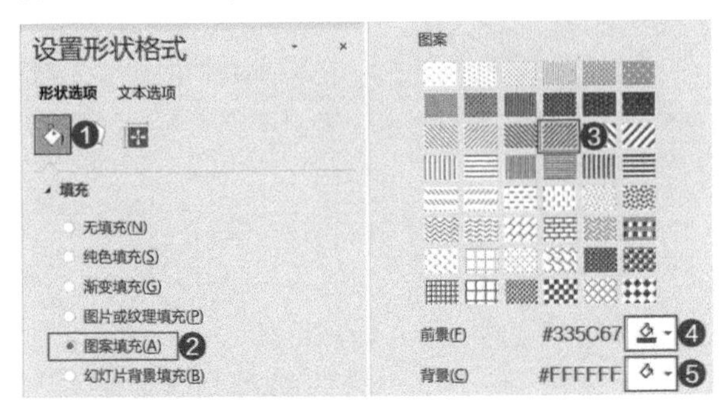

手绘页面的应用效果如下。

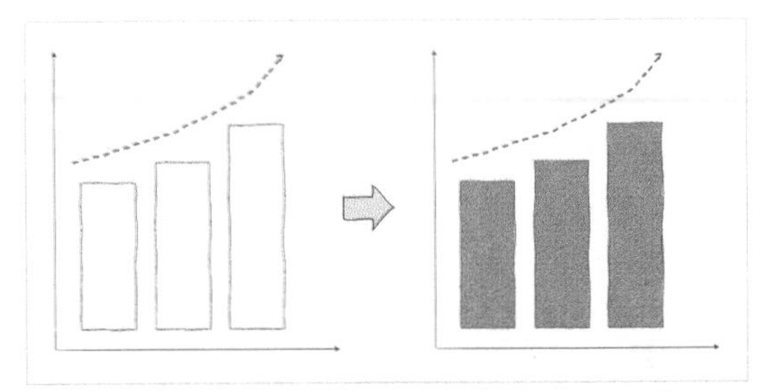

图片转铅笔画

不会使用Photoshop，怎样把一张照片变成铅笔画呢？

在这里，假设可以直接在PPT中执行“图片格式>调整>艺术效果>铅笔素描”命令，之后照片将变成下面的样子，细节损失太多，几乎无法使用。

下面换一种方法进行处理。选中照片，执行“图片格式>调整>颜色>重新着色>灰度”命令，将照片的颜色由彩色变成黑白色。

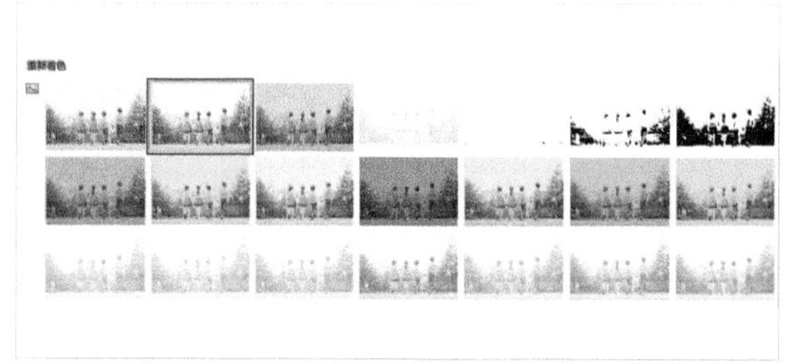

接下来，执行“图片格式>调整>艺术效果>影印”命令。

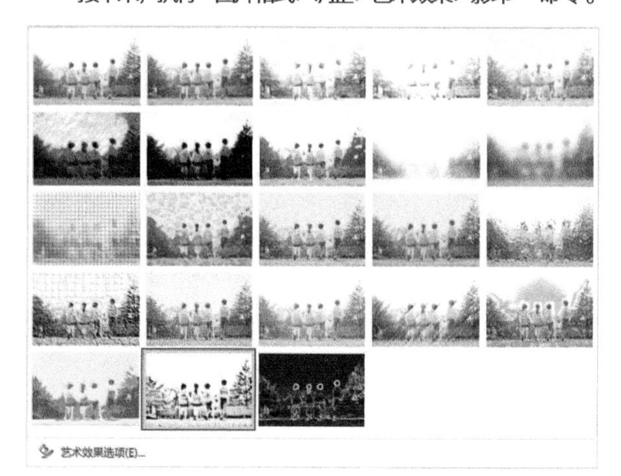

打开“设置图片格式”窗格，单击“效果”图标，展开“艺术效果”节点，设置“艺术效果”的“详细信息”为1。

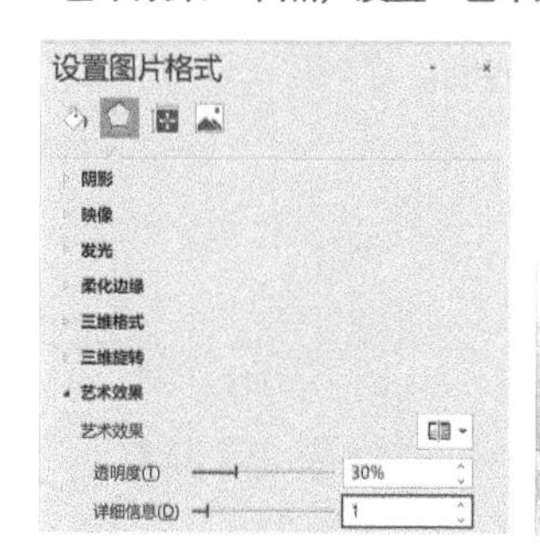

继续在打开的“设置图片格式”窗格中单击“图片”图标，设置“图片校正”功能的“清晰度”为100%，“亮度”为-10%，“对比度”为70%。

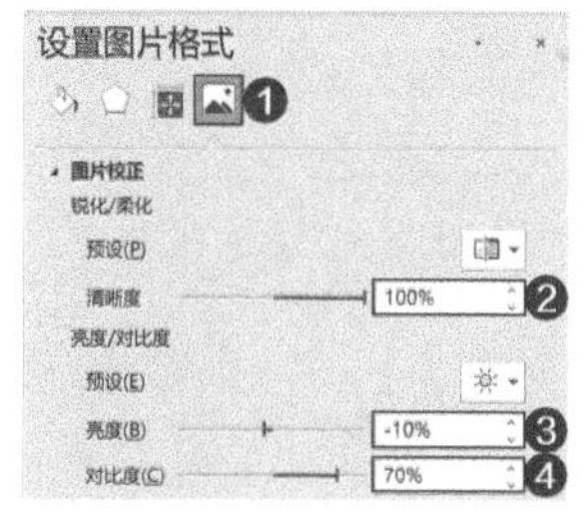

提示

本示例中，“图片校正”功能下相关参数的数值可以根据需要微调，直到图片线条清晰、画面无杂色就可以了。

最后加上手写体文字，一张特别的铅笔画效果图就做好了。

070 图片风格化4："破图"玩起来

"破图"是一种打破常规的设计技巧。简单来说，就是主体图形超出了背景的边界。这样做的好处是可以打破原本边框的严肃性，突出主体并且让画面更加活泼。

"破图"设计的重点一在思路，二在抠图。思路是想好"破"画面中的哪个元素，而抠图好坏则决定了最终的呈现效果。

破"色块"

下面这两张图片：第1张图片画面中规中矩、平淡无奇；第2张图片中汉堡刚好处于背景色块的连接位置，打破了黄色和白色的分界线，整个画面就瞬间被点亮了。

上述效果的制作方法如下。

准备一张汉堡的素材图片，最好为PNG格式免抠（背景透明）图片。

如果原始图片有背景，需要先进行抠图处理。这里会不会使用Photoshop都没关系，可以通过AI抠图网站，如"凡科快图"软件，来自动进行抠图。对于简单的图片,AI抠图的效果都不错。

抠取的图片阴影缺失，可以再给它补上。选中图片并右击，在弹出的快捷菜单中选择"设置图片格式"选项，在打开的"设置图片格式"窗格中单击"效果"图标，展开"阴影"节点，设置"预设"效果为"透视：左上"，"模糊"为10磅。

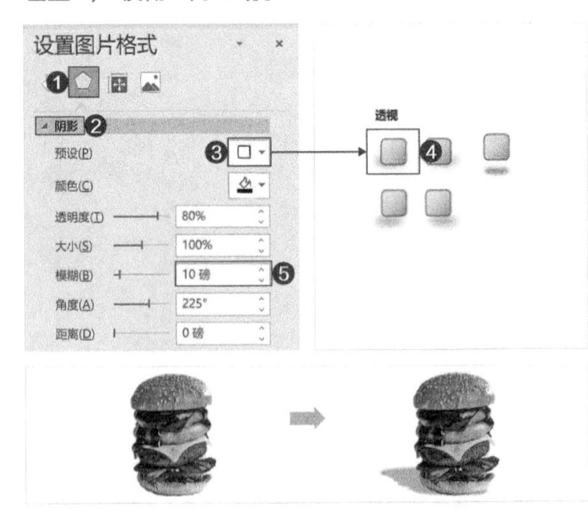

插入矩形色块，设置"填充"为"形状填充"，"颜色"为"#EEB02A"，然后将色块置于底层。按住Ctrl键向左拖动汉堡图片到合适位置。接着复制汉堡元素，适当调整其大小，执行"图片格式＞调整＞透明度＞透明度：65%"命令。

最后添加画面中的其他元素，即制作完成。

破“图文”

准备一张三口之家公园玩耍的素材图片，并抠取人物主体备用。本示例中的抠图重点是人物的上半身，下半身不用太仔细。

将原图拖入PPT页面作为背景，插入文本框，输入数字“80000”。

按住Shift键的同时先选中背景图片，再选中数字，执行“形状格式＞插入形状＞合并形状＞相交”命令，即可得到图片填充文字效果（图片字）。

提示

这里要注意找好人物与数字上方对齐的位置，让人物头部能完整切出。

插入抠取的PNG格式的人物主体图片，并将其与图片数字中的人物轮廓对齐。

选中人物主体图片，执行“图片格式＞大小＞裁剪”命令，裁剪出左侧人物（爸爸）大腿以上部位。用同样的方法裁剪出中间和右侧人物（女儿和妈妈）的保留部分，得到以下图形效果。

最后插入文字作装饰，将背景颜色填充为“#F6FBF3”，即完成制作。

071 图片风格化5：光与影的奇妙结合

光线是摄影师灵感的来源，也可以成为设计构图的亮点。有光的地方被照亮，背光的地方有阴影，这样人们眼中的世界才立体起来。可以利用光影原理突出画面主体、营造真实感，让PPT在细节中出彩。

光影

光影可以增加画面的立体感，填补画面空白。

◎ 增加立体感

默认的白色背景会让人感到单调，加一点光影素材，就会让画面变得立体。

例如，下面这页PPT平平无奇，且背景显得很空洞。

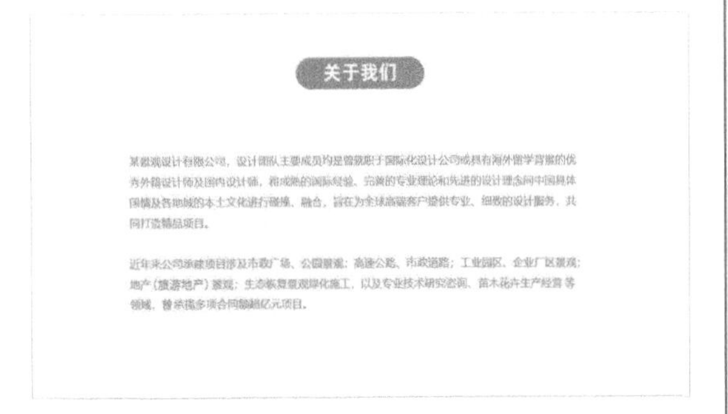

在网上下载一张光影素材图片作为背景。

执行“开始＞绘图＞排列＞排列对象＞置于底层”命令，整个画面就有层次了。

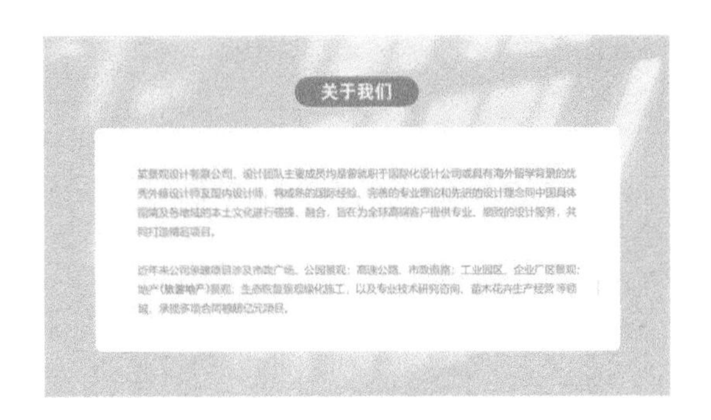

◎ 补足画面

如果画面中文字较少，也可以用光影来快速弥补。

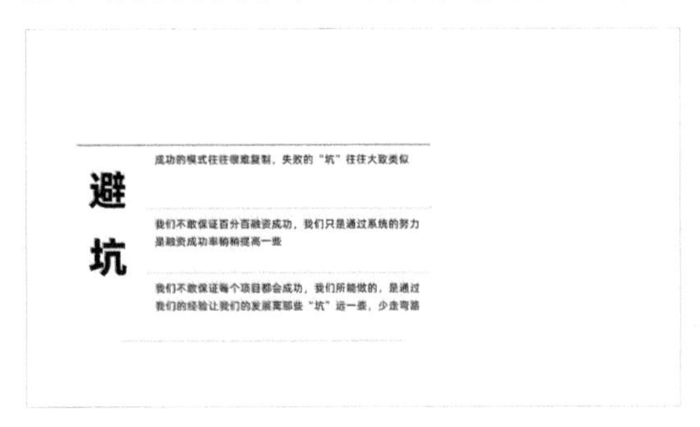

在网上下载一张光影素材（这里用到了树叶和窗户两种元素）图片。

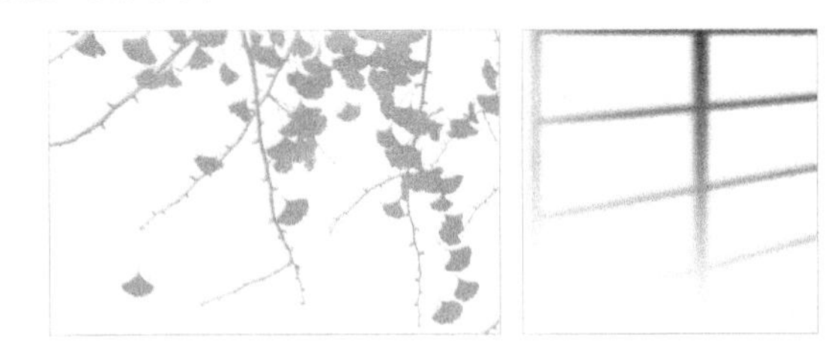

调整光影素材的大小和位置，然后执行“开始＞绘图＞排列＞排列对象＞置于底层”命令，效果就制作完成了。

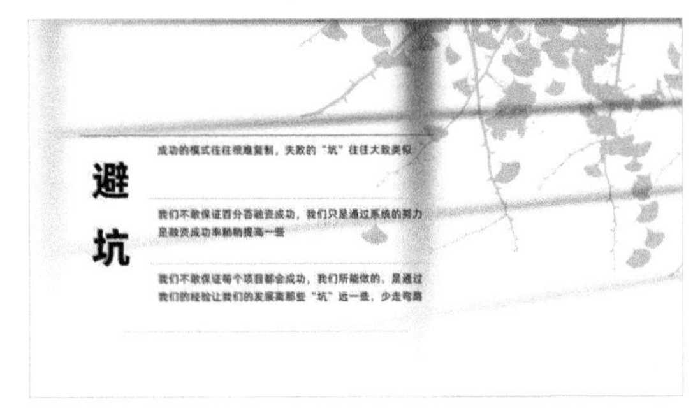

倒影

在拍摄水景照片时，很容易拍出“大片”效果。因为天空的倒影在水中，自然形成了重复构图。PPT中也可以运用同样的手法。

例如，右侧这页PPT因为画面中没有任何倒影，瓶子像是悬浮在半空，看起来有点假。

选中文字，打开“设置形状格式”窗格，单击“文本选项”下的“文字效果”图标，在“映像”下找到“预设”，单击其右侧的下拉按钮，选择一种合适的预设映像变体效果就可以了。

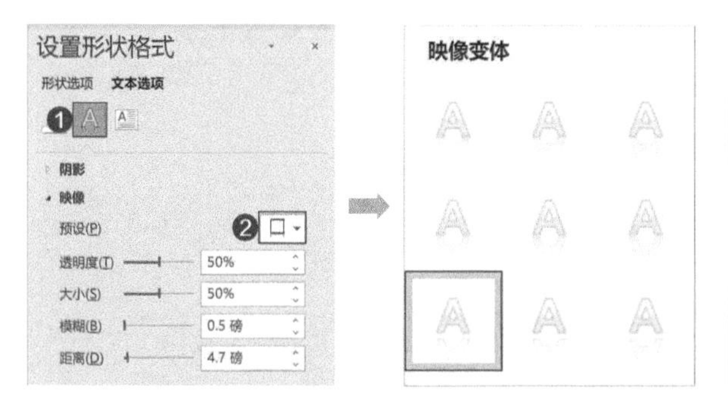

使用同样的方法，选中图片，打开“设置图片格式”窗格，然后选择一种合适的预设映像变体效果。

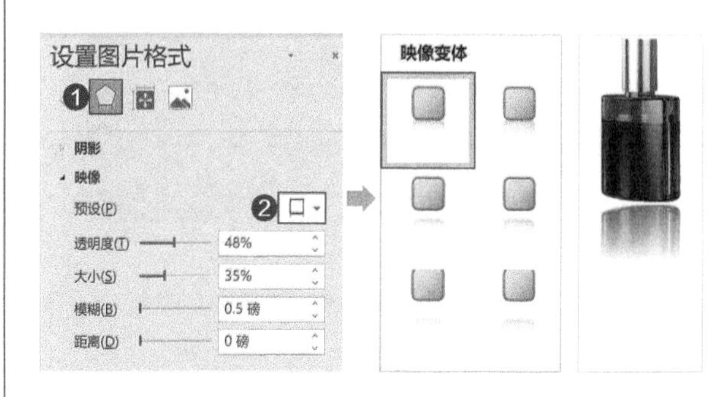

给文字和瓶子都加上浅浅的倒影后，画面看起来就真实多了，并且也进一步突显了瓶子的质感。

072 无图怎样制作好看的PPT

制作PPT时，很多制作者都觉得找图是件令人头疼的事情。一来总是不能快速地找到合适的素材图片，二来很多网络图片还涉及版权问题，不能轻易使用。但没有图片就不能制作PPT了吗？答案是否定的。

接下来，编者将教给大家在无图的情况下也能制作好看的PPT页面的4种方法。

文字玩法

无论汉字还是英文，笔画本身都可以成为设计元素，合理使用能给画面增光添彩。

下面以古诗《将进酒》课件PPT的封面制作为例进行讲解。

先任意输入几个笔画或汉字，如“、太宝冰永”，用于后面提取素材。调整文字字号并设置为软笔书法字体（案例字体为“方正字迹 黄陵野鹤行书简”）。

插入矩形，按住Shift键的同时先选中文字，再选中矩形。

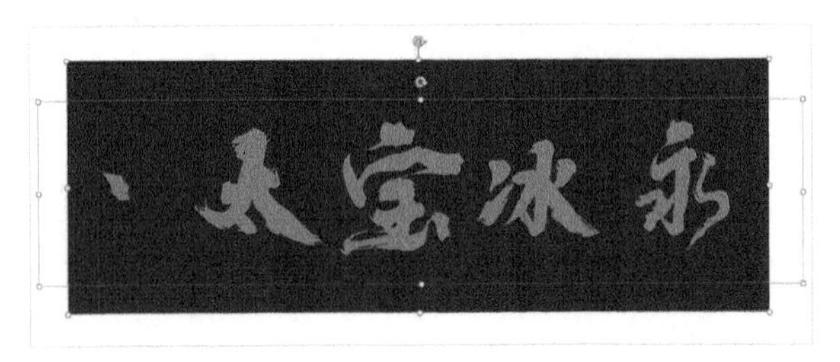

执行“形状格式>插入形状>合并形状>拆分”命令，得到一堆拆散的笔画。

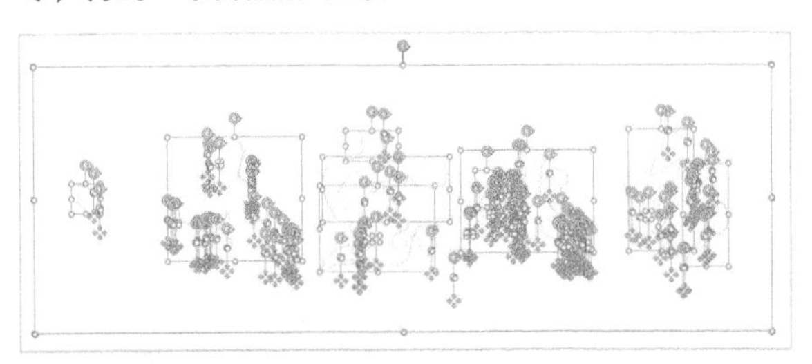

提取需要的笔画。

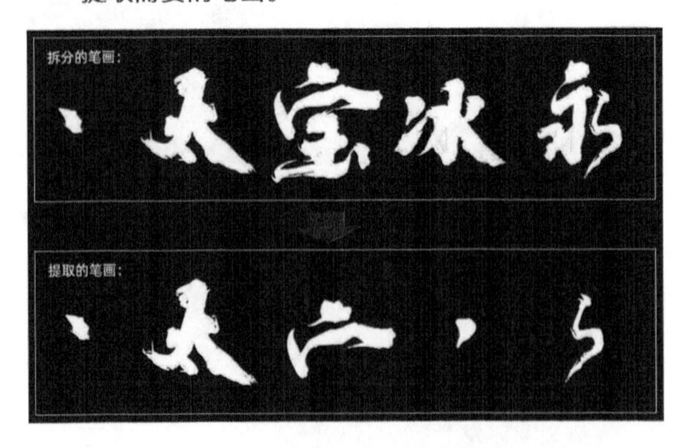

将选取出来的笔画在背景中摆好位置，设置“填充”为“纯色填充”，“颜色”为“#BF9000”，“透明度”为50%。

插入3个文本框，分别输入标题文字“将”“进”“酒”，设置“字体”为“方正颜宋简体 粗”，“形状轮廓”颜色为白色，模仿字帖的感觉。

再给文字设置一点渐变色，让文字更有质感。在“将”字上右击，在弹出的快捷菜单中选择“设置形状格式”选项，在打开的“设置形状格式”窗格中单击“文本选项”下的“文本填充与轮廓”图标，设置“文本填充”为“渐变填充”，“角度”为30°。然后设置“渐变光圈”色条上3个色标的“位置”依次为0%、50%、100%，“颜色”均为白色，另外将第2个色标的“亮度”设置为-35%。

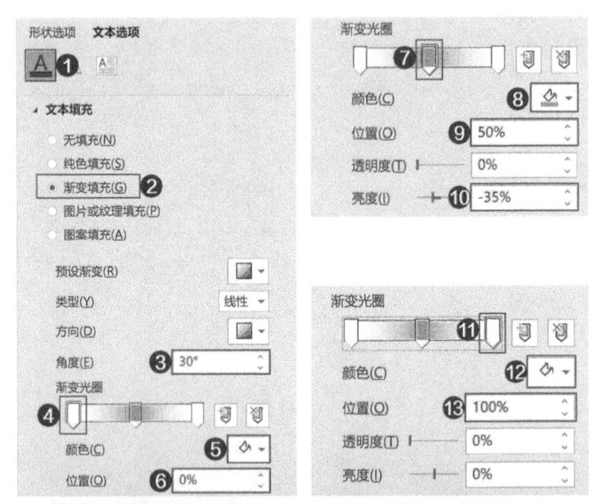

执行“开始>绘图>形状>任意多边形：形状”命令，随手画一个不规则的印章图形，然后为其填充颜色“#C00000”，再加上文字“李白”。印章元素制作好后，将其放到画面中标题的右下角，整个PPT封面即制作完成。

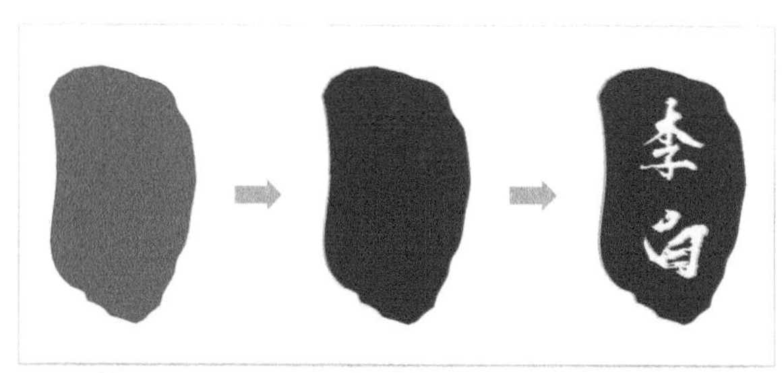

形状玩法

重复的几何图形搭配变化的颜色，就是无穷的新版式。

例如，在PPT中插入一些三角形，并旋转不同的角度，进行不同比例的缩放，也可以超出画面留下局部。

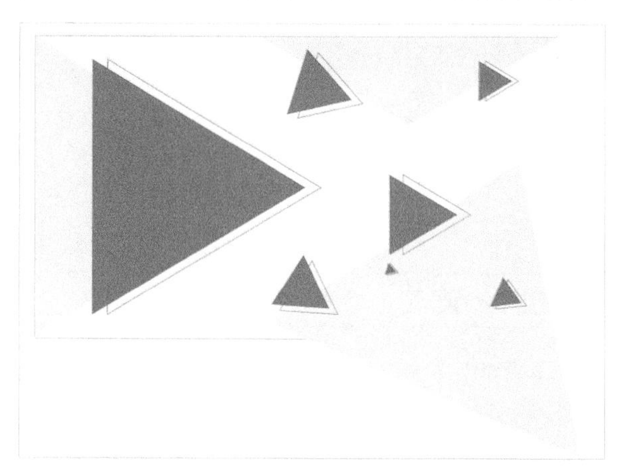

更改一下三角形的颜色，加上文字，就是一张课件PPT封面了。

渐变色玩法

渐变玩得好，高级感少不了。

先准备以下形状素材。执行“开始>绘图>形状>曲线”命令，随手画一个有波浪起伏的闭合曲线图。

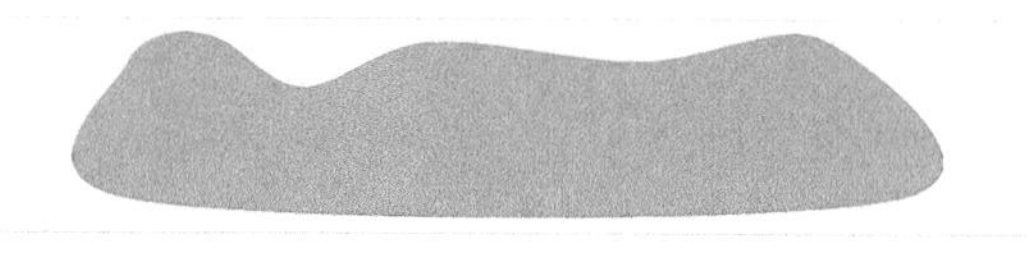

插入宽度与幻灯片的宽度一致的一个矩形，调整闭合曲线图的大小和位置（见下第一幅图）。框选两个形状，执行“形状格式>插入形状>合并形状>相交”命令，得到第1个修剪好的波浪形，拉伸其宽度至占满幻灯片。

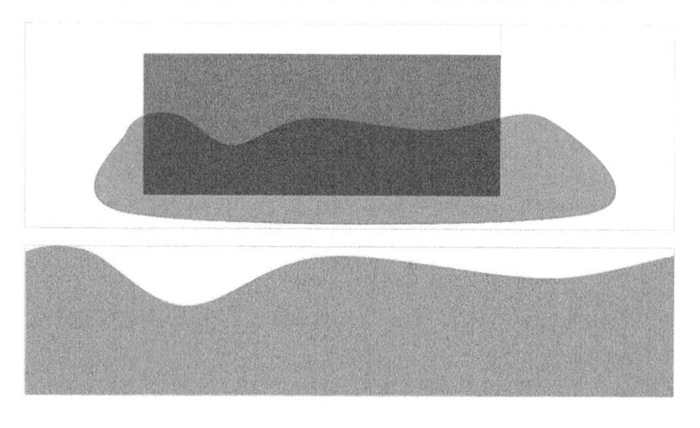

再用同样的方法绘制两个波浪形，波浪起伏可略有不同。

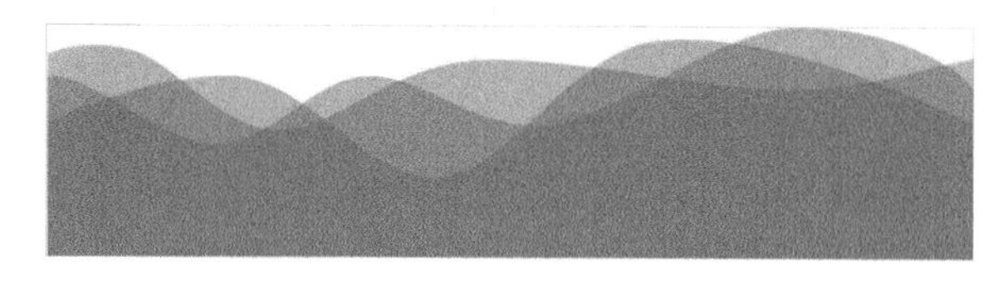

将绘制好的波浪形备用。新建一张幻灯片，设置渐变色背景。打开“设置背景格式”窗格，设置“填充”为“渐变填充”，“角度”为0°。设置“渐变光圈”色条上色标1颜色为“#951EF8”，“位置”为0%；色标2颜色为“#2A2BF0”，“位置”为100%。

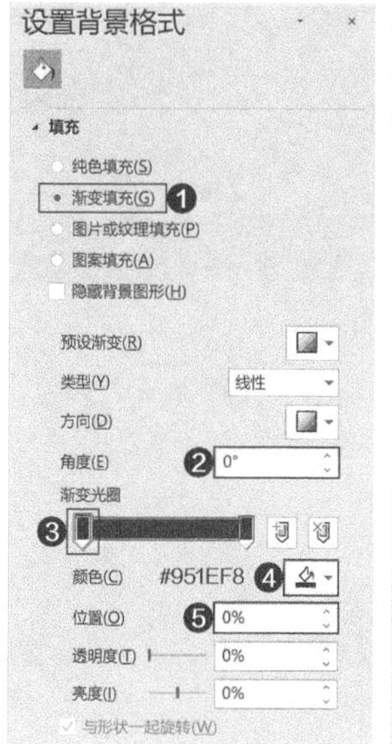

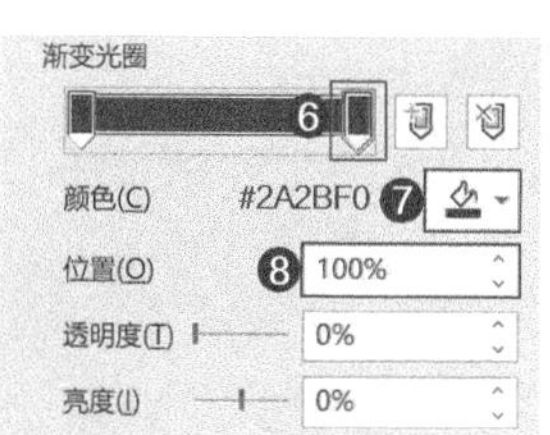

复制第1个波浪形并将其粘贴到渐变背景幻灯片中，选中它并右击，在弹出的快捷菜单中选择“设置形状格式”选项，在打开的“设置形状格式”窗格中单击“形状选项”下的“填充与线条”图标，设置“填充”为“渐变填充”，“角度”为0°。设置“渐变光圈”色条上左侧色标颜色为“#FFC000”，“位置”为0%；右侧色标颜色为“#951EF8”，“位置”为100%。

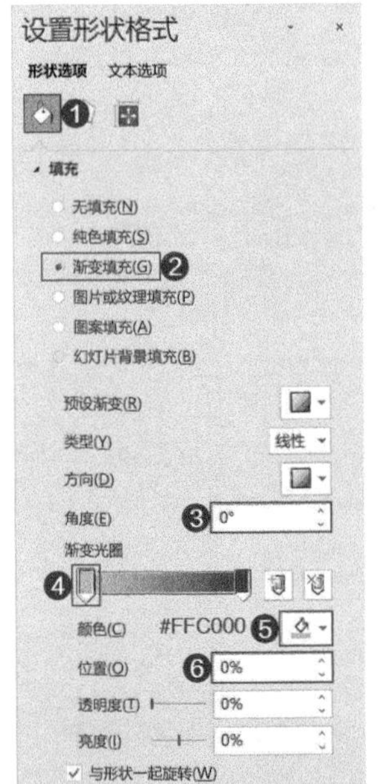

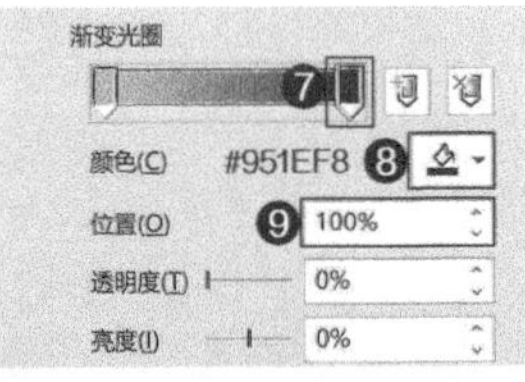

再粘贴另外两个波浪形，对两者分别采用同样的方式：打开“设置形状格式”窗格，设置“填充”为“纯色填充”，“颜色”为白色，“透明度”为80%。

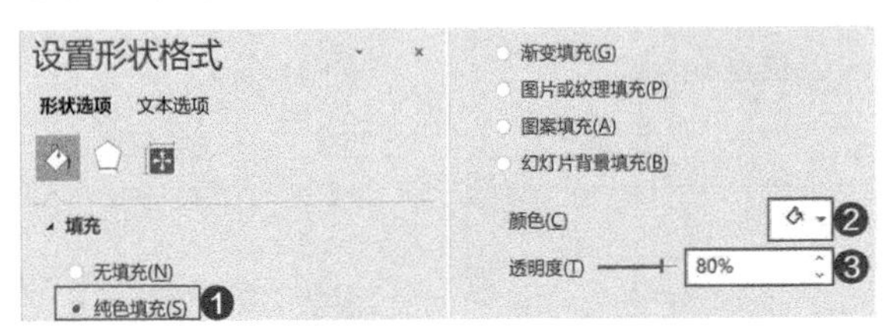

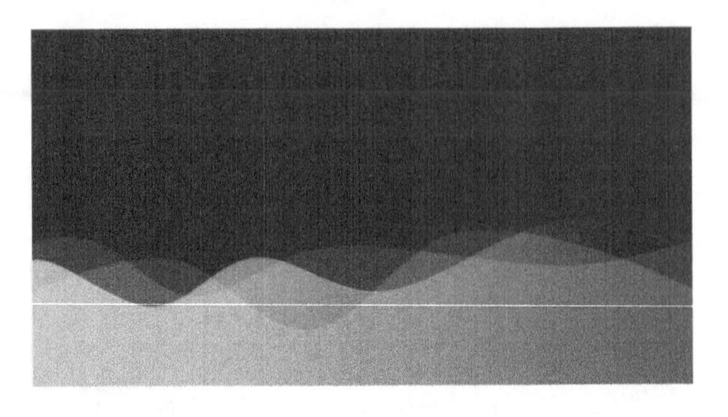

最后加上文字，设置主标题字体为“优设标题黑”，副标题可以加上纯色圆角矩形作为背景修饰，具体参数设置情况如下。

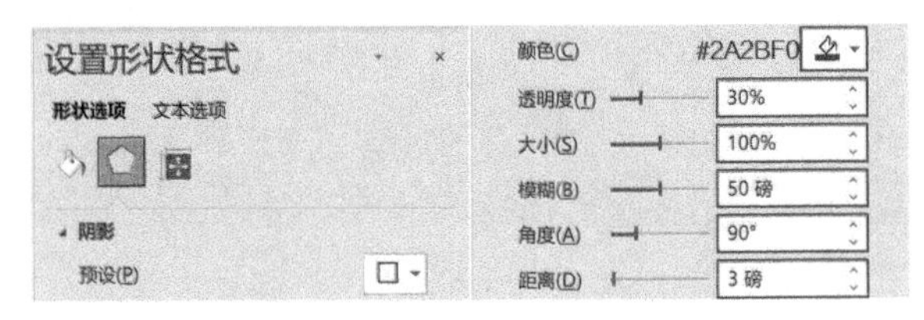

最终得到的效果图如下。

画图玩法

不需要太多技巧，随手一画，你就是“神笔马良”。这里以一个裂墙效果的制作为例进行讲解。

插入一个任意多边形，最好是有一定宽度的闭合图形，如下图。

插入一个矩形并铺满整张幻灯片，调整闭合多边形的大小及位置（见下第一幅图）。框选两个形状，执行“形状格式＞插入形状＞合并形状＞相交”命令，得到一个修剪过的任意多边形。

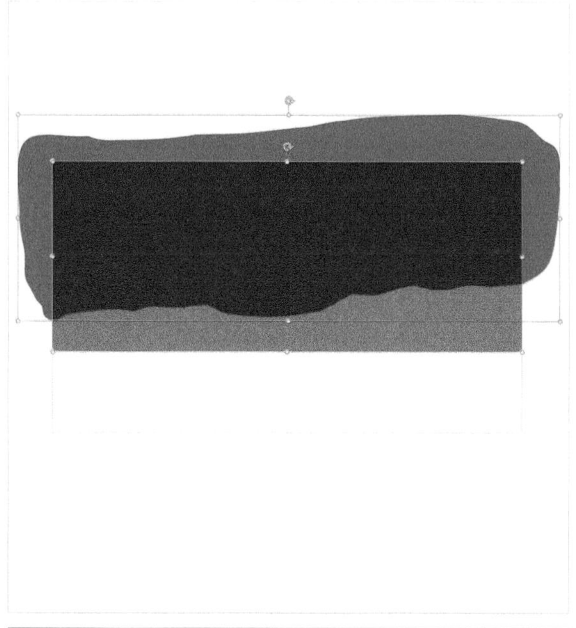

设置任意多边形的“形状填充”颜色为白色，“形状轮廓”为“无轮廓”。选中任意多边形，打开“设置形状格式”窗格，单击“形状选项”下的“效果”图标，设置“阴影”效果为“预设”效果中的“外部＞偏移：下”。

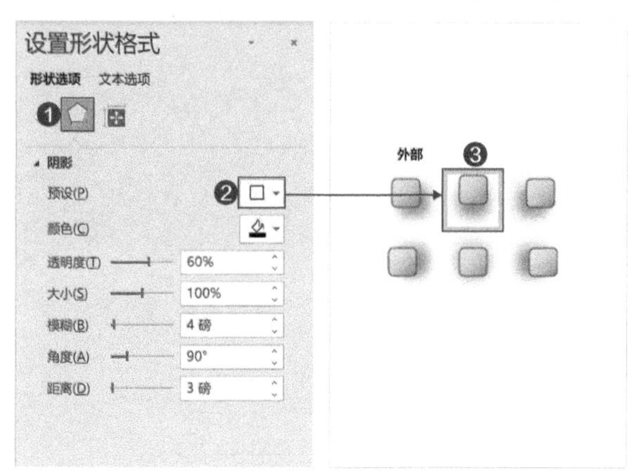

再单击幻灯片下半部分的空白区域，打开“设置背景格式”窗格，设置“填充”为“纯色填充”，“颜色”为“#1985A1”。这样，拥有裂墙效果的背景就制作完成。

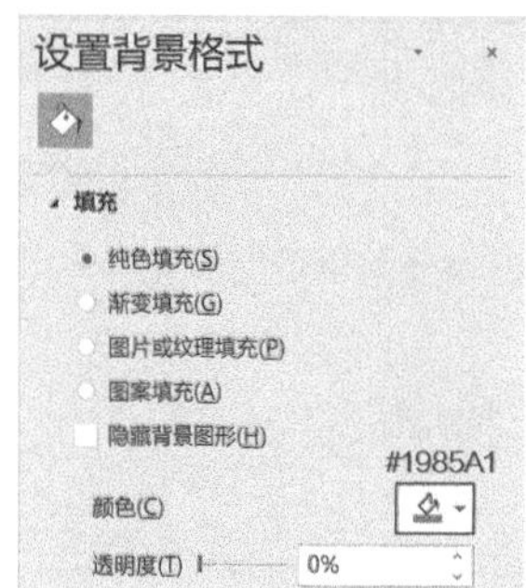

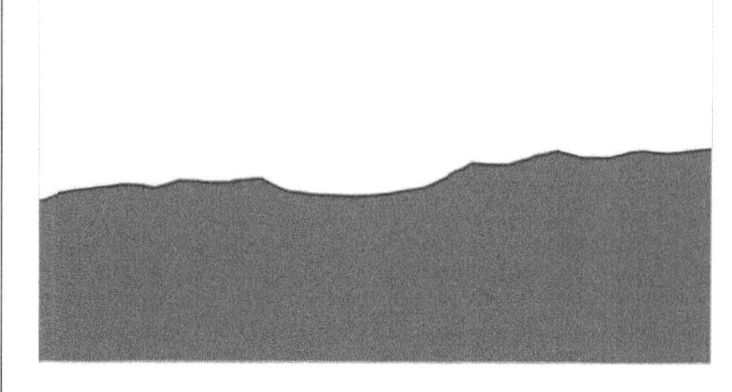

最后加上标题文字和装饰线（横线）。选中文字“几个坑”并复制一份，为两层文字分别填充颜色“#000000”和“#1985A1”，墨绿色的那层置于顶层并与黑色那层稍稍错位。打开“设置形状格式”窗格，单击“文本选项”下的“文字效果”图标，设置“阴影”效果为“预设”效果中的“透视：右上”。这样，整张幻灯片的效果制作完成。

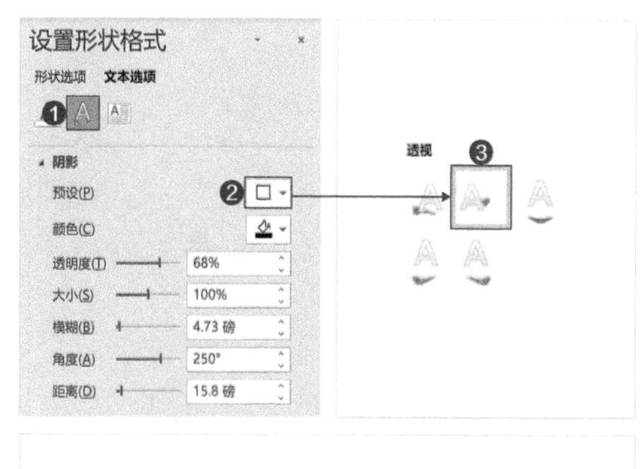

073 导出AI、PSD格式素材辅助设计

看到好看的海报模板素材时，想借用其中的背景图片，却苦于因它是AI或PSD格式文件而打不开；又或者看到很漂亮的墨迹图片，却是PNG格式，不知道怎么将它用到PPT中进行“布尔运算”。下面将针对这些问题进行解答。

JPG PNG GIF PSD AI EPS CDR MAX C4D AEP MP3 MP4 MOV PPTX DOCX XLSX

导出AI格式素材

Adobe Illustrator是一款矢量图形设计工具，其常见的文件格式有两种，扩展名分别为.ai或.eps。

PPT软件通常支持JPG、PNG和SVG等文件格式，想用AI格式的素材时，可以先将其转换成JPG、PNG和SVG等格式，再拖入PPT中使用。

◎ 导出完整素材

想导出下面这张插画素材，可以执行“文件 > 导出 > 导出为多种屏幕所用格式”命令。

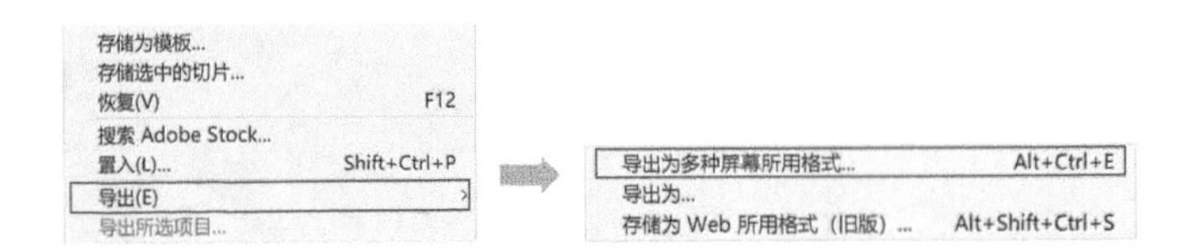

在弹出的“导出为多种屏幕所用格式”对话框中单击“格式”下拉按钮，选择所需的格式（如PNG格式），单击“导出画板”按钮，整张图片素材即可完整导出。

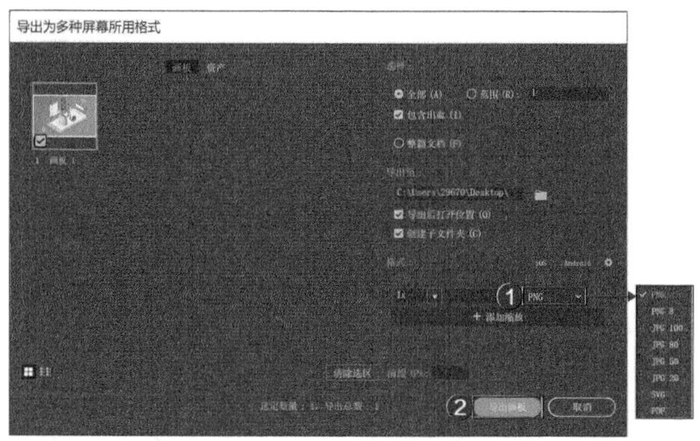

◎ 导出局部素材

有时不需要整张图片，只需要其中的某个部分，如只需要上图中的手机素材，这时应该怎么提取和导出呢？这里给大家介绍一种方法。

按住Alt键，拖动复制一个手机素材到空白位置，查看素材是否完整。如果手机素材是由多个碎片素材组成的，可以按住Shift键的同时点选多个碎片，再拖动到一侧。总之就是先把需要导出的部分选中。

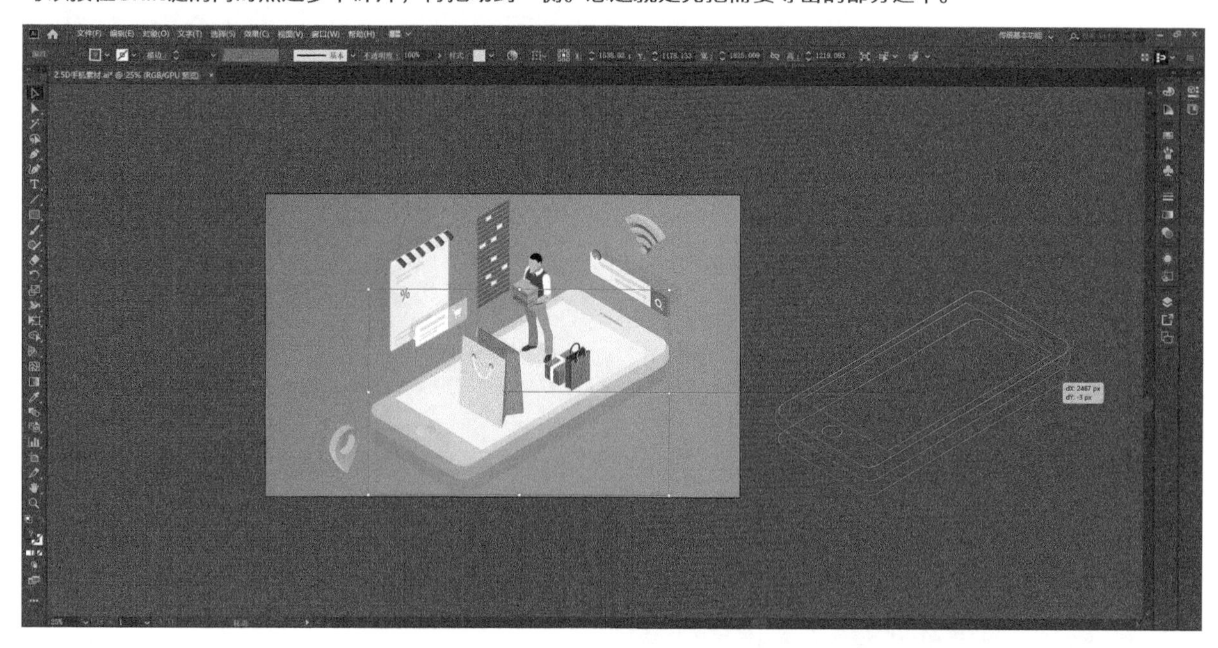

在拖出的手机素材上右击，在弹出的快捷菜单中选择“导出所选项目”选项。

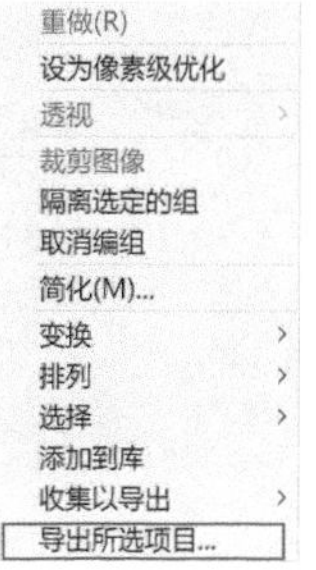

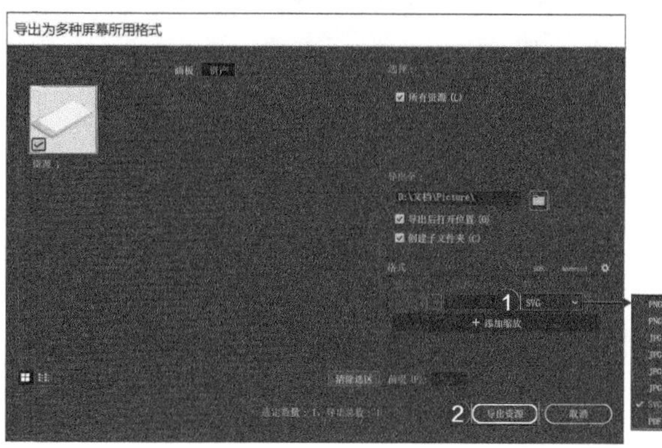

在弹出的“导出为多种屏幕所用格式”对话框中，选择要导出的格式，单击“导出资源”按钮，手机素材就被导出了。

提示

如果导出的素材不需要再编辑修改，首选PNG格式，这样局部透明和渐变色效果都能保留；如果还想在PPT中对其进行颜色修改、任意缩放，那就选择SVG格式，这样可编辑性更强。

同时要注意的是，SVG格式不能导出渐变色，在导出过程中，原有图片的渐变色部分将变成黑色。

如果导出为SVG格式，文件夹中默认显示的是浏览器的文件图标。

把它拖入PPT中，就会显示手机素材了。

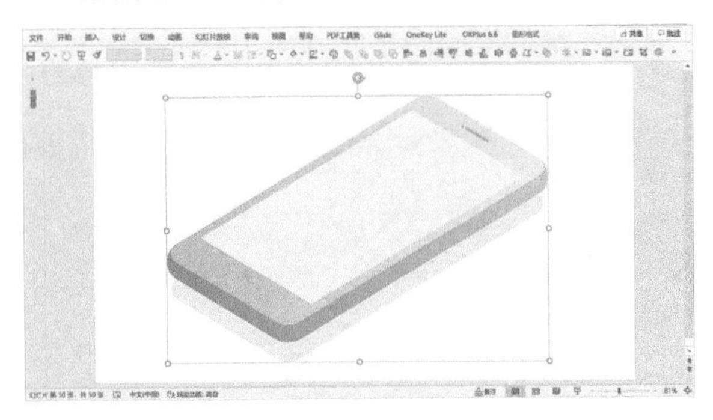

SVG格式的优点是可以对素材进行颜色更改和任意拉伸。如果想在PPT中继续编辑这个手机素材，就在手机素材上右击，在弹出的快捷菜单中选择“转换为形状”选项。

继续右击，在弹出的快捷菜单中选择“组合>取消组合”选项。

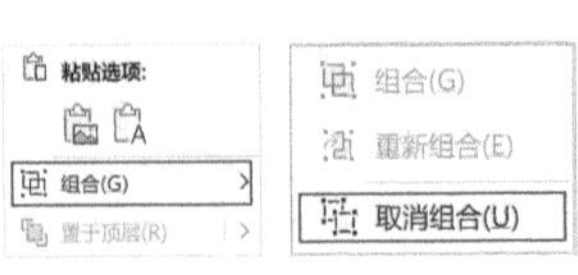

可以重复几次“取消组合”操作，直到手机素材被完全拆分为碎片素材，就可以选择某个碎片素材修改颜色了。

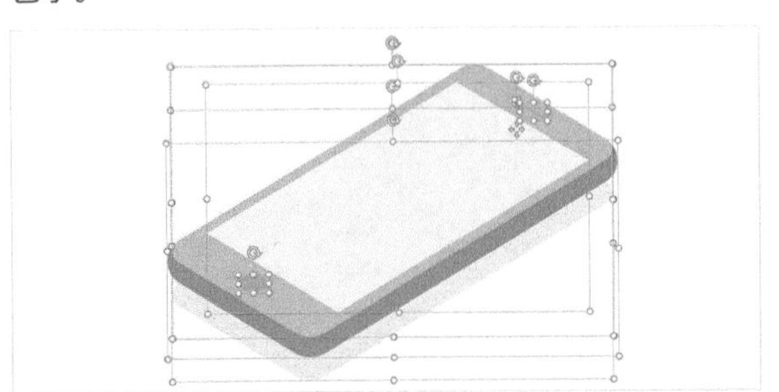

导出PSD格式素材

Photoshop（简称PS）主要用来精修和处理位图，其默认文件扩展名为.psd。

◎ 导出单个图层素材

打开一个PS文件，可以看到界面右侧有很多个图层名称，每个图层名称的左侧都带有小眼睛图标。单击打开/关闭小眼睛图标，可以让对应图层显示/隐藏。

如果想提取单个图层，可在该图层上右击，在弹出的快捷菜单中选择“快速导出为PNG”选项，然后保存图片即可。

◎ 导出多个图层素材

如果想导出全部或者多个图层，就关闭不需要图层的小眼睛图标，然后执行“文件>导出>导出为”命令，再在弹出的“导出为”对话框中选择所需的格式（如PNG格式），单击“导出”按钮就可以了。

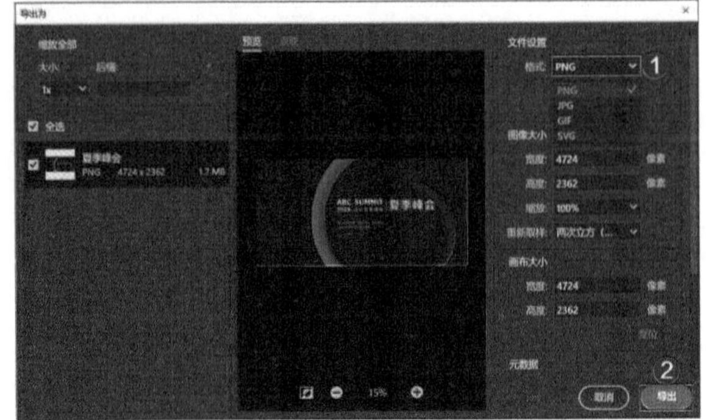

074 进行人物介绍

在PPT中经常看到一些人物信息的介绍，如个人履历、公司团队介绍等。那么，怎样才能让人物介绍PPT页面给人眼前一亮的感觉呢？

排版练习

制作人物介绍PPT页面有一个万能法则：图片重复使用。例如，用下面的图文作为素材，该怎样排版呢？

◎ 方案1 快速交作业

我们可以对图片进行二次构图，优化文字字体和颜色，并突出主标题和重点数字，快速制作一个简洁清爽的中分版面。

◎ 方案2 增强设计感

在上一个方案的基础上，保持文字部分不变，把人物形象抠出并复制一层，调整复制形象的“透明度”为80%并将其稍稍放置于底层。画面是不是有点感觉了？但背景还是有点空洞。

打开“设置背景格式”窗格，设置“填充”为“图案填充”，“图案”为“对角线：宽上对角”，“前景”为“浅灰色”。这样，画面就多了斜纹的阴影修饰，既填补了空白区域，又增添了时尚感。

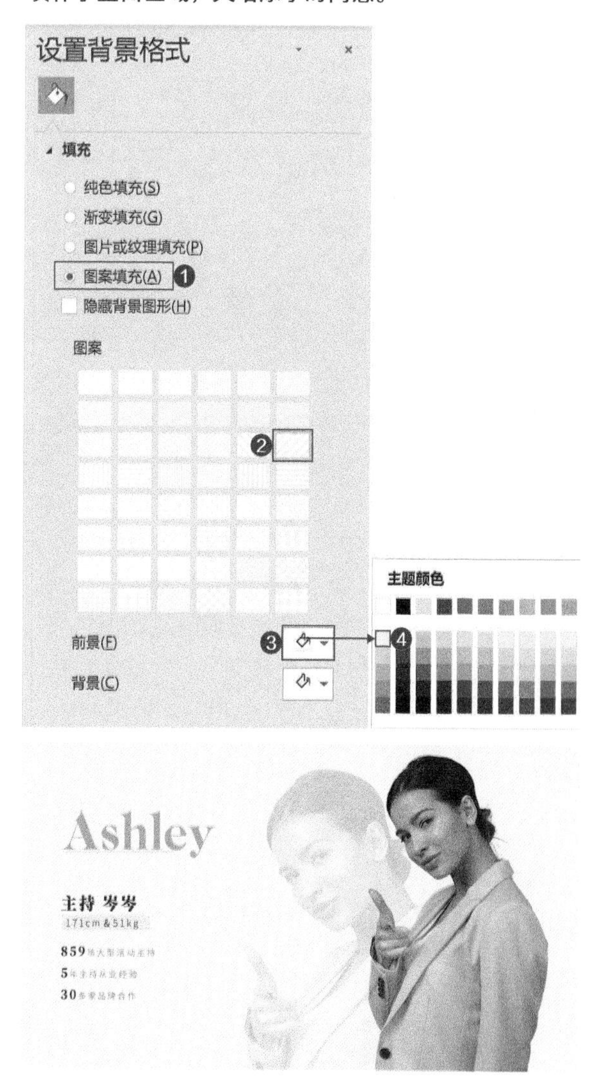

◎ 方案3 排版更出彩

素材还是那些素材，但运用可以再多些变化。

首先，填充衣服的相似色作为背景色，将复制的人物形象放大作为背景，且只突出有亮点的手势。

其次，改变文字排版，突出关键内容、删减次要内容。

最后，用与内容相关的英文字母修饰细节，对比突出主体文字。设置英文字母的“文本填充”为“无填充”。打开“设置形状格式”窗格，设置“文本轮廓”为“渐变线”，“角度”为90°。设置“渐变光圈”色条上色标1的“颜色”为“#FFFFFF”，“位置”为15%，“透明度”为50%；色标2的“颜色”为“#FFFFFF”，“位置”为75%，“透明度”为100%。这样，整个页面的效果制作完成。

案例训练

在PPT细节处理中，除了应用英文字母，还可以结合色块来表现。不过在使用基础色块时要尽量使用基本形状，如矩形、圆形、平行四边形、三角形等。同一画面中尽量只使用一种色块，并且色块按照统一的视觉方向排列。

◎ 时装模特人物介绍

同样是人物形象的局部重复，注意选取范围，保持色调统一，且不要影响文字。

◎ 体育运动员人物介绍

体育运动需要体现动感和活力，因此画面中文字排列可以稍稍倾斜，这样更有运动气息。

075 制作时间轴

很多人觉得时间轴不好制作，或者制作起来非常费力。其实制作时间轴的重点在于要找到一条“视觉引导线”，或者更简单点，找到一张好看的图片并利用起来。

排版练习

以下面个人履历PPT的制作为例，你能想到怎样的排版方式呢？

个人履历

- 2018实习生
- 2019企划专员
- 2020企划主管
- 2021部门经理

◎ 方案1　快速交作业

直接用方块和箭头来制作时间轴，很可能会是以下效果。

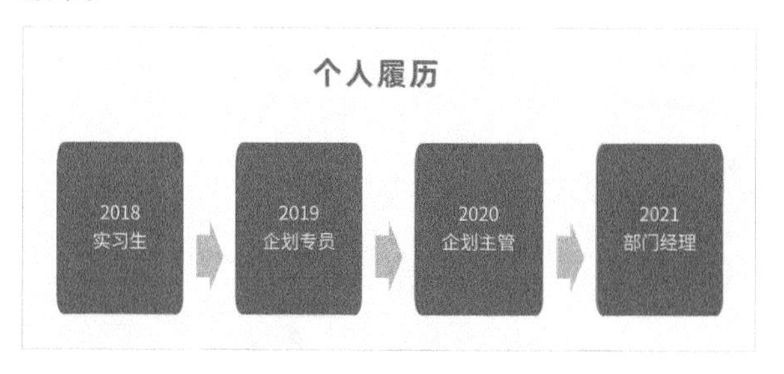

如果套用SmartArt图表的“基本日程表”样式，就可以制作出一个简洁的版面了。

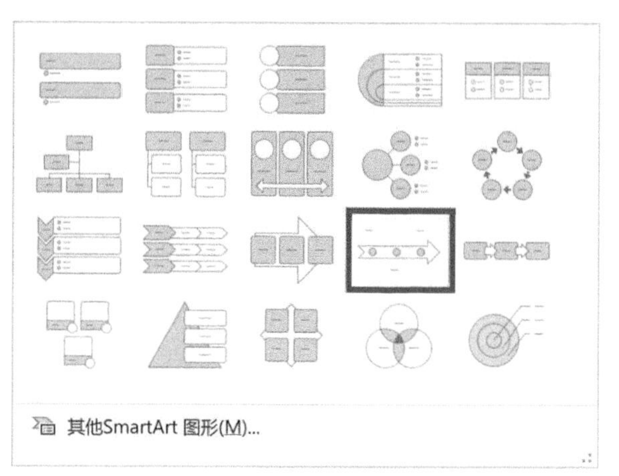

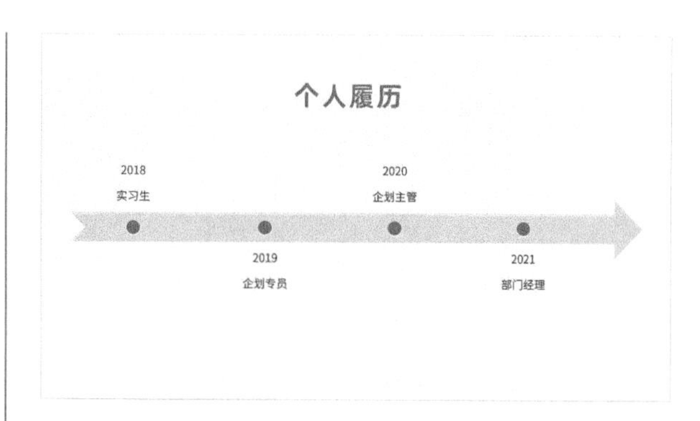

◎ 方案2　增强设计感

给时间轴换一套配色，加上头像插画进行修饰，这样画面就多了设计感。

◎ 方案3　排版更出彩

学习和工作的积累，就像尺子的刻度一点点增加，所以可以绘制一条标尺来代替时间轴。而标尺的设计也非常简单。

插入一个单圆角矩形，然后绘制一个长条矩形。

画出1cm的刻度线（即1条长线，9条短线），然后按快捷键Ctrl+G将它们组合在一起。

同时按住Ctrl键和Shift键，然后水平向右拖动复制一组刻度线。

连续按F4键重复复制操作，直到刻度填满整个长条矩形，标尺就制作好了。

插入一条纵向直线，然后将其对齐长刻度线，再按住Shift键向上垂直画线，打开“设置形状格式”窗格，设置“结尾箭头类型”为“圆型箭头”。

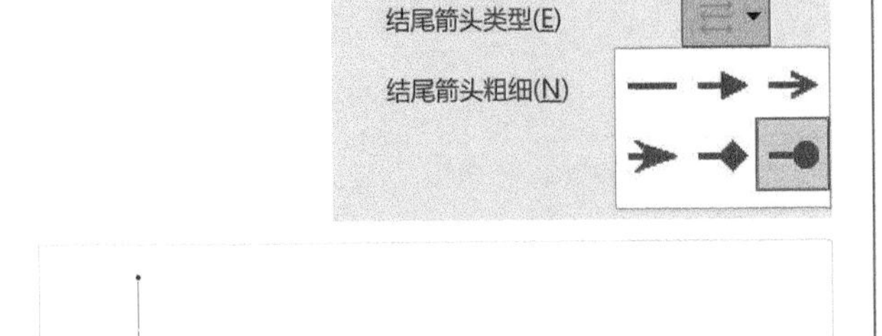

根据事件数量复制事件引线，最后加上文字，个人履历PPT页面即制作完成。其最终效果如下。

案例训练

除了自己制作时间轴，也可以用带有线条的图片来代替。

◎ 大桥建设历程

展示大桥的建设历程，就可以直接利用大桥作为时间轴。

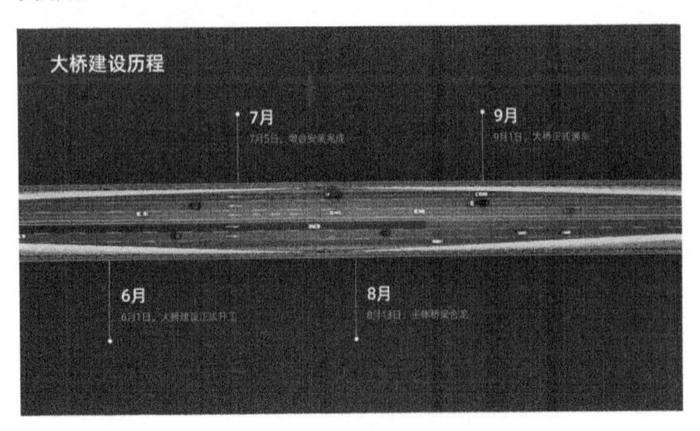

◎ 航空业务发展历程

要展示航空公司的业务发展历程，用机尾云（俗称“飞机拉烟”）作时间轴再合适不过了。要想得到斜向的事件引线，只需要按住线条的旋转控制点向左旋转就可以了。

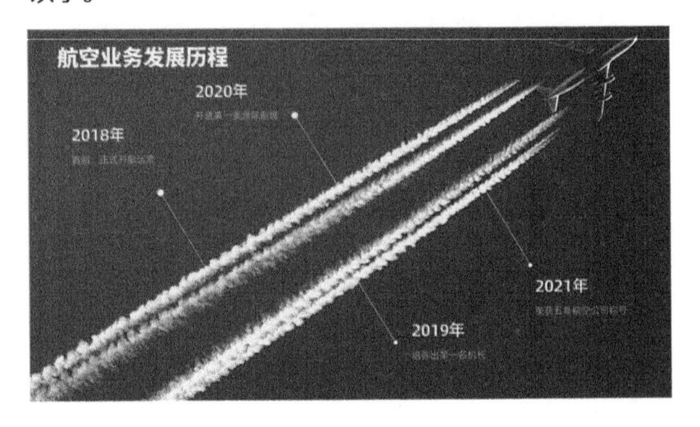

◎ 户外运动公司发展历程

户外运动免不了跋山涉水、攀登高峰，可以顺着山峰的走势绘制一条时间轴。

插入一条自由曲线，然后顺着山脉走势绘制。如果绘制完不满意，可在线条上右击，在弹出的快捷菜单中选择“编辑顶点”选项，修改线条走向直到满意为止。

制作完成后的页面效果如下。

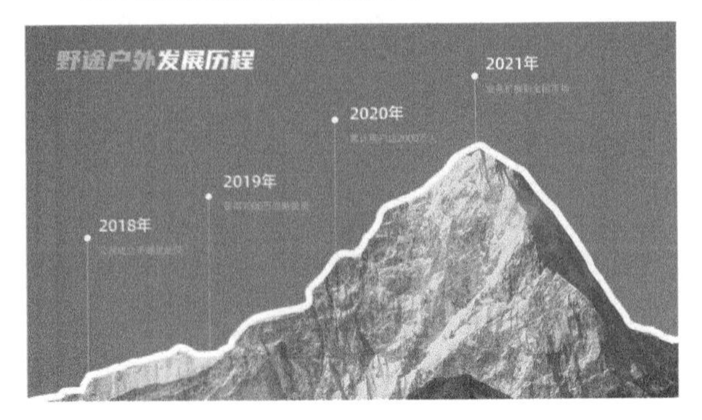

076 制作照片展示墙

满屏照片能带来强烈的视觉震撼力，但因为照片数量太多，一张张裁剪、对齐费时费力。下面就来介绍如何利用插件快速完成照片墙排版。

排版练习

以平铺照片为例，讲解如何制作全图背景墙。

◎ 方案1 快速交作业

按照16：9的比例统一裁剪所有照片，将它们排成行列数相等的背景墙。版式示例如下。

首先，准备36张图片并拖入PPT，按照16：9的比例统一裁剪后，排成6列6行。这一步可以借助iSlide插件快速完成。执行“iSlide＞设计＞设计排版＞裁剪图片”命令，在弹出的“裁剪图片”对话框中设置“裁剪尺寸”为“16：9”，单击“裁剪”按钮。这样，所有图片就全部按照16：9的比例裁剪完成。

接着，执行“iSlide＞设计＞设计排版＞矩阵布局”命令，在弹出的“矩阵布局”对话框中设置“横向数量”为6，单击“应用”按钮，图片就排列为规则的6列6行了。

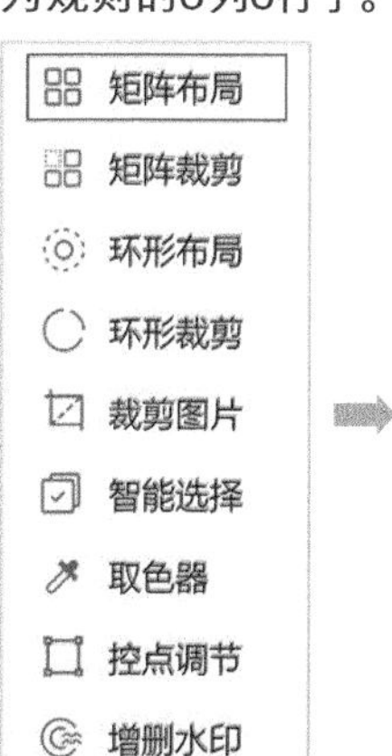

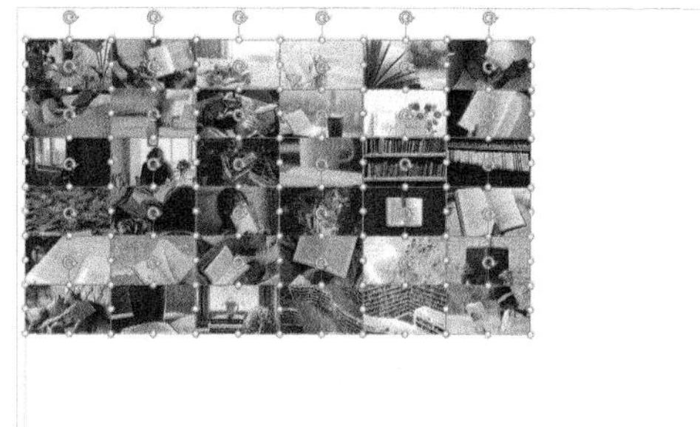

选中所有图片，按快捷键Ctrl+G将它们组合在一起。然后拖动图片矩阵右下角的控制点，等比例放大矩阵，使其铺满整张幻灯片。

最后，给画面叠加一个“透明度”为50%的黑色图层，并添加文字，一张“酷酷”的照片墙就制作完成了。

◎ 方案2 增强设计感

学会了全图背景墙的制作之后，也可以稍稍做点变化，如改为2列5行的1：1的图片，然后在顶部留白写下标题。

◎ 方案3 排版更出彩

可以把一部分图片替换成形状色块，然后添加编号或文字说明。版式示例如下。

> **提示**
> 注意，图片和形状要间隔排列哦！

例如，下面这张沙拉展示图中，主标题放在最左侧，图片和数字间隔排列，每个数字序号对应一种沙拉。

又如，下面的活动流程图中，文字说明与图片间隔排列，图文左右呼应。

案例训练

除了平铺版式，还可以借助三维格式，设计立体透视效果。

◎ 人物照片环绕图

较平铺版式而言，透视环绕布局更有立体空间感。版式示例如下。

插入5张人物图片，统一大小和间距。

选中5张图片，打开“设置图片格式”窗格，单击“效果”图标为5张图片添加三维旋转效果。设置1号图片的“X旋转”为340°，“透视”为80°；2号图片的“X旋转”为350°，“透视”为80°；4号图片的“X旋转”为10°，“透视”为80°；5号图片的“X旋转”为20°，“透视”为80°。

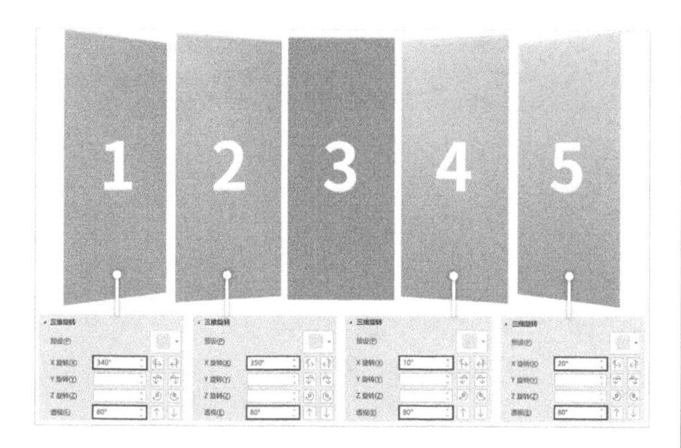

设置完后再分别缩放一下每张图片的大小，使它们的上下边线处于同一弧线。最后添加文字内容，完成排版。

◎ 立体海报展示墙

如果处理数量更多的图片，可以把竖向的图片按快捷键Ctrl+G组合在一起，然后用同样的排法进行排版。打开“设置图片格式”窗格，单击“效果”图标，展开“三维旋转”节点，设置1号图片的“X旋转”为320°，2号图片的“X旋转”为330°，3号图片的“X旋转”为340°，5号图片的“X旋转”为20°，6号图片的“X旋转”为30°，7号图片的“X旋转”为40°；1、2、3、5、6、7号图片的“透视”均为80°。

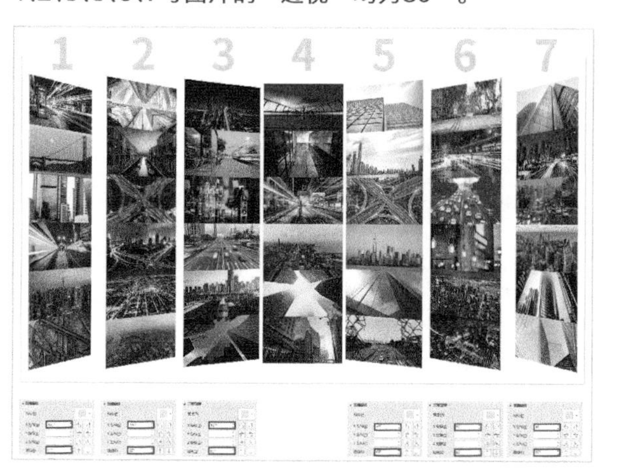

同样，透视效果设置完后，再分别调整每组图片的大小，保证每组图片的上下边缘处于同一弧线。

插入矩形，制作一个黑色渐变蒙版。在插入的矩形上右击，在弹出的快捷菜单中选择“设置形状格式”选项，在打开的“设置形状格式”窗格中设置“填充”为“渐变填充”，“类型”为“射线”，“方向”为“从中心”。设置“渐变光圈”色条上色标1的“位置”为0%，“透明度”为10%；色标2的“位置”为50%，“透明度”为30%；色标3的“位置”为100%，“透明度”为100%。

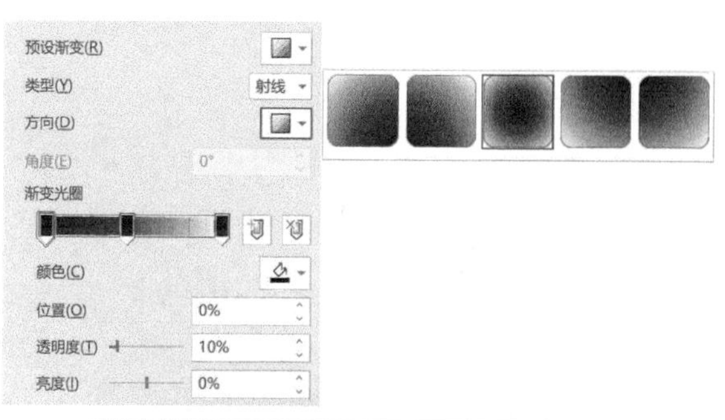

最后插入文字标题，排版完成。

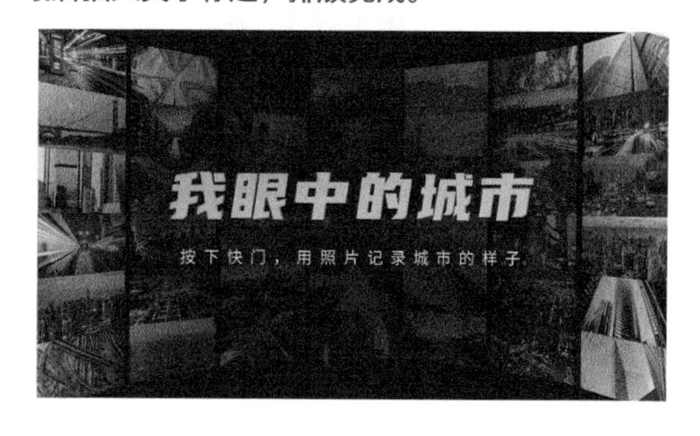

077 制作目录页

目录页提纲挈领，便于观众了解整个PPT的框架和演讲者的思路。

排版练习

通常来说，PPT目录页包含两个部分，即主标题“目录”二字和章节标题。

◎ 方案1 快速交作业

最简单的排法，就是左右版式。“目录”二字在左侧，章节标题在右侧，只要排列整齐就可以了。

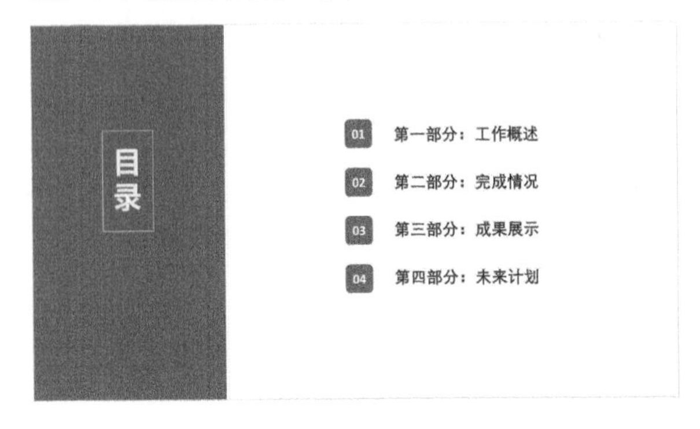

◎ 方案2 增强设计感

将“目录”二字所在的背景色块替换成图片，并增加英文小字修饰，比单色背景效果更好。

首先，准备一张底纹图片。

选中图片，执行“图片格式＞调整＞颜色＞重新着色＞灰度”命令，将图片的颜色改为黑白色。

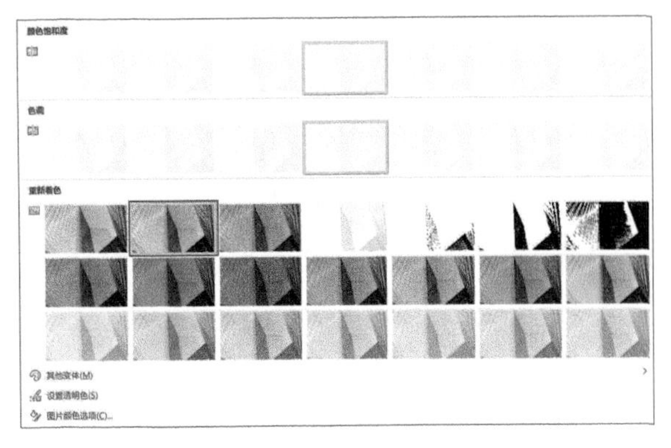

执行“图片格式＞调整＞透明度＞透明度：95%”命令，图片就拥有了浅浅的底纹效果。

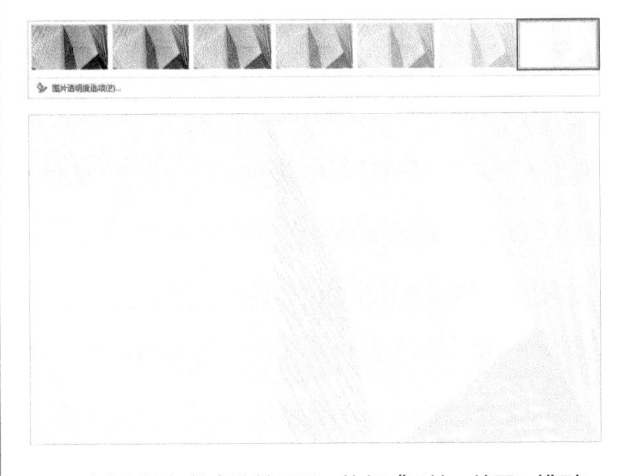

选中制作好的底纹效果图，执行“开始＞绘图＞排列＞排列对象＞置于底层”命令，再将素材原图裁剪局部置于“目录”文字层的下一层，最后加上英文修饰小字，整理下排版就可以了。

◎ 方案3 排版更出彩

如果想要这个版式再多点变化，可以给章节标题加上底框并错落排列，这样画面看起来更活泼些。

案例训练

学会了最普通的左右版式之后，就可以尝试更多其他的造型变化了。

◎ 上下版式

上下版式是常用的一种目录排版方式，“目录”二字在上，章节标题在下，整体保持中心对齐。

折线版式

折线版式不遵循左右或上下的版式规则，大家可以自己动手绘制几条折线，在折线上的每个节点处填写章节标题。

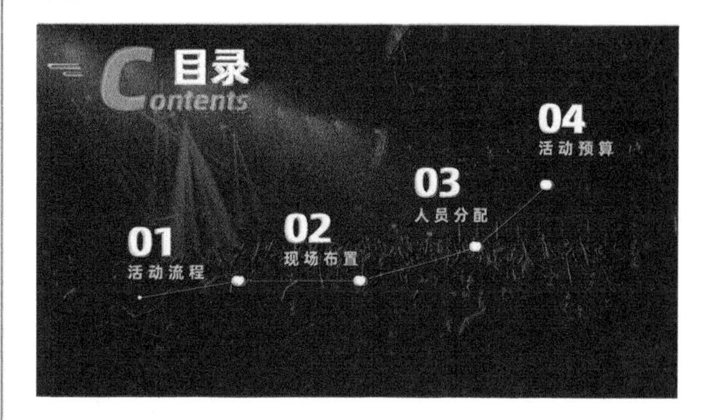

◎ 弧形版式

通过“布尔运算”制作出圆弧造型，围绕弧形放置章节标题。

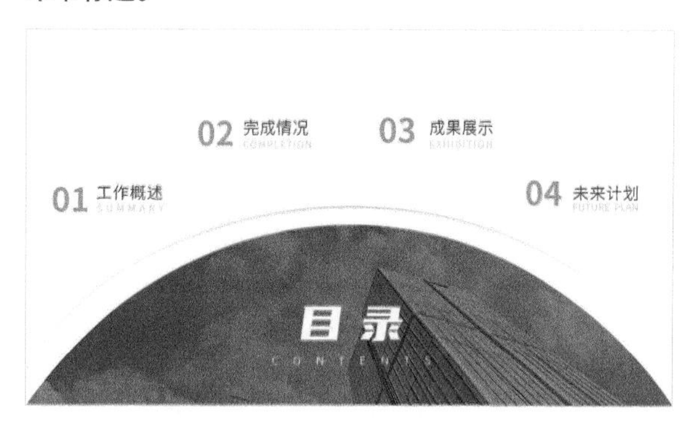

078 制作过渡页

过渡页一般起到承上启下的作用，其制作要点在于简明扼要。

排版练习

通常，章节页文本内容较少，需要丰富的细节和留白。

◎ 方案1 快速交作业

右侧过渡页的文本内容只有“01 市场分析”。

01 市 场 分 析

可以把01和“市场分析”分行，加上英文字母作为修饰，改变背景色，增加图版率。

◎ 方案2 增强设计感

可以把背景色改为渐变色，并增加图片作为背景纹理。注意调高图片“透明度”为80%~90%。给文字增加投影效果，加强立体感。

◎ 方案3 排版更出彩

用英文字母作为线条修饰字，再在空白的边角增加一些小圆圈，用来平衡画面。

案例训练

另外，也可以增加些形状、图片辅助设计。

◎ 不规则形状

可以在文字所在图层的下一层叠加不规则形状，把文字突显出来。

还可以将纯色背景换成图片，让画面信息更丰富。

◎ 图片填充

可以制作图片填充效果，如给数字序号“1”填充图片，再将这张图片处理成黑白半透明背景纹理效果，这样可以虚实呼应。

◎ 多章节预览

过渡页面中也可以有其他章节的信息，方便观众了解整个PPT的内容结构（注意，要突出放大当前章节信息）。

079 制作合作伙伴LOGO页

公司介绍PPT通常会在结尾页或者倒数第二页展示合作伙伴/客户的LOGO，用以体现公司客户众多、经验丰富。但不同公司的LOGO形态、颜色各不相同，如果直接拖入PPT页面会显得十分凌乱。这该怎么办呢？

排版练习

下面以上文提到的LOGO页的改造为例进行讲解。

◎ 方案1 快速交作业

想要版式整洁，先要让颜色统一，最快的方法是给所有的LOGO都添加白色背景。可以制作一些圆角矩形色块，然后把LOGO放进色块中。

制作好第1个色块，然后用iSlide插件的“矩阵布局”功能来快速完成其他色块的制作。

把LOGO逐个放进去，上下、左右分别居中对齐（注意，LOGO所占的面积不要太大，多一点留白会让画面显得整齐）。自带背景的LOGO，可以使用“设置透明色”功能快速“去除”其背景。

如果要适配深色PPT，可以给画面换种背景色，并加一点英文字母和形状进行修饰。

或者用线条来分割放置LOGO的区域，效果也不错。

◎ 方案2 增强设计感

想让众多LOGO排版得更整齐，可以将它们的颜色统一成白色，这样整个画面就非常干净了。将LOGO的“亮度”设置为100，可以快速将其颜色变成白色。但如果LOGO形态比较复杂，或者拥有渐变效果，就需要进行特别处理了，最好使用VI标准反白效果。

◎ 方案3 排版更出彩

如果展示LOGO只是为了体现客户众多，而不需要让观众看清客户具体有哪些，还可以将LOGO组合成特殊形状。这里，借助一个网页版的图标组合软件——微图云，导入图标素材，选择轮廓图形，就可以快速生成各种组合形状了。

例如，制作对话气泡，代表“客户口碑”。

案例训练

针对LOGO页的制作，还可以在形状和背景上实现更多的变化。

◎ 用“心”服务

可以将LOGO制作为心形，表达“用心服务”的理念。

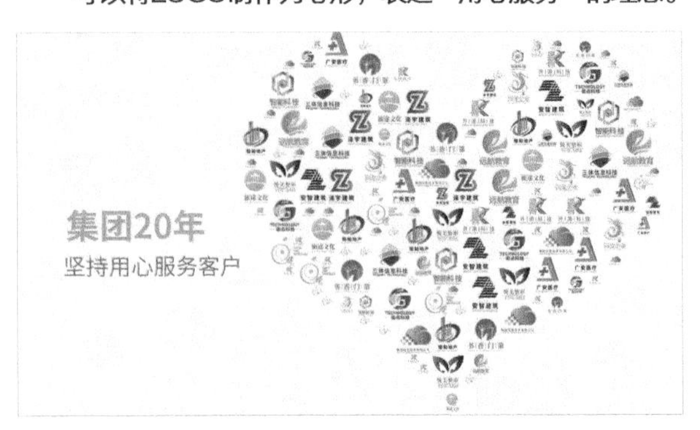

◎ 背景纹理

如果想体现客户众多，还可以将LOGO集合制作成背景纹理。

080 制作结束页

结束页是PPT演示到最后的停留画面，应该给观众留下更多的有效信息，如联系方式或者宣传口号等，千万不要只留下“谢谢观看”或“感谢聆听”！

排版练习

从风格上来讲，结束页应该与首页相呼应，版式上简洁明了即可。例如，企业介绍、展会宣传可以留下联系电话、办公地址、网址等信息。

◎ 方案1 快速交作业

先要保证信息的完整，哪怕只搭配纯色背景，文字居中对齐也是可以的。

◎ 方案2 增强设计感

加上具有半透明底纹效果的图片，让画面看起来层次更丰富。

◎ 方案3 排版更出彩

将文字放到画面的空白位置，增加细节图标、线条等作为装饰，突显设计感。

案例训练

除了留电话和地址，也可以留下二维码和宣传口号。

◎ 留二维码

在面对面做课堂分享的场景中，可以留下讲师个人的二维码名片，方便听众课后提问交流。

◎ 留宣传口号

如果参会者已经有了主讲人的联系方式，那么也可以直接展示宣传口号。

081 提取图片素材/截图文字

下载了PPT模板后，或者其他同事发来了项目资料后，想要提取其中的图片素材用到别处，该怎么办呢？客户发来的手写文字资料，需要重新输入吗？

下面就来介绍一些快速提取素材的方法。

提取图片素材

如果只需要一张图片，可以执行“另存为”命令。如果需要多张图片，就要用到特殊的快捷方法了。

◎ 提取单张图片

在需要提取的图片上右击，在弹出的快捷菜单中选择“另存为图片”选项，就可以将这张图片保存到计算机中了。

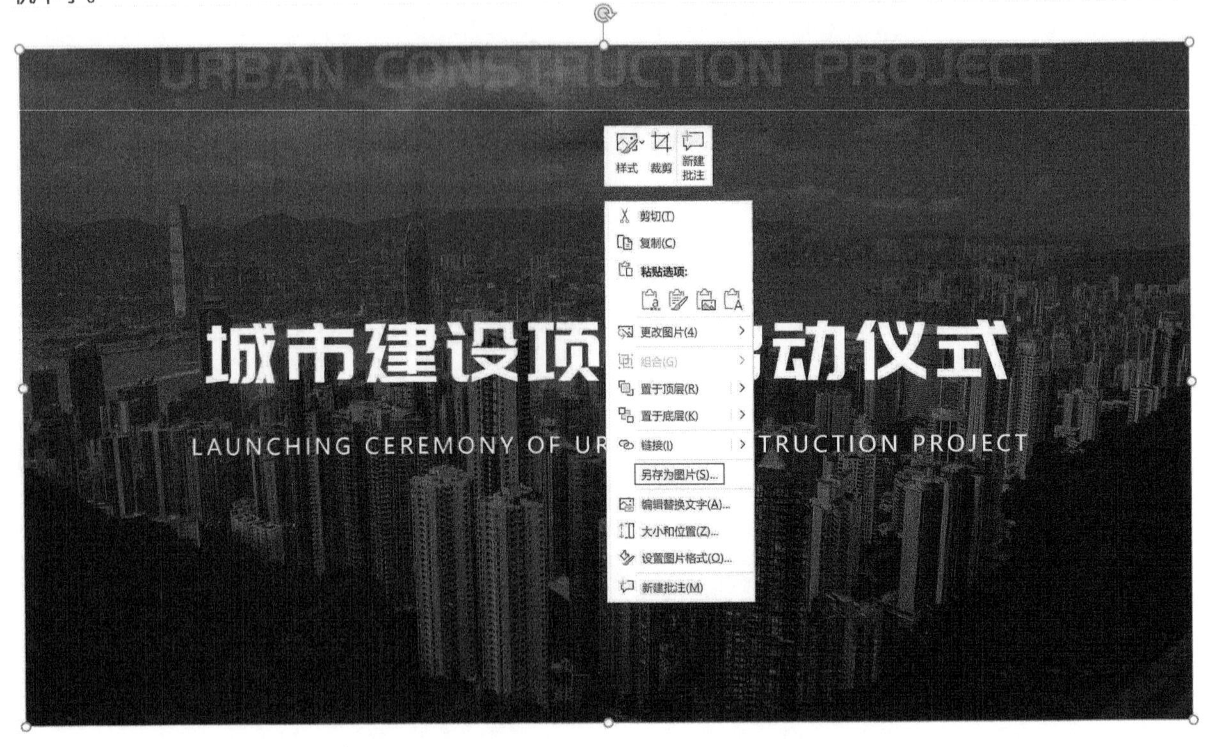

在弹出的“另存为图片”对话框中，可以在“保存类型”下拉列表中选择要保存的图片格式。通常默认为JPEG格式。如果图片有透明部分，可以选择PNG格式。

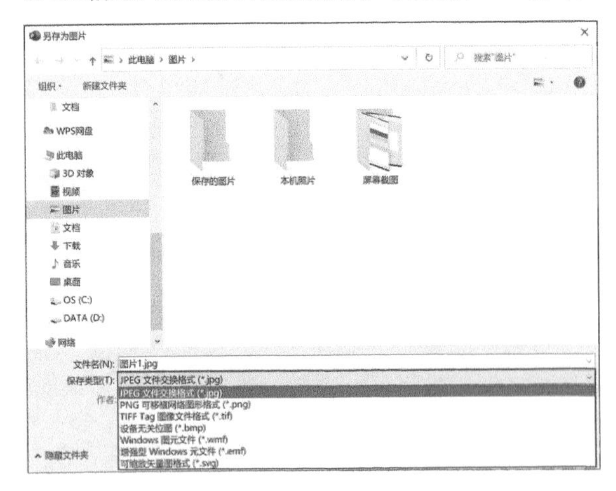

◎ 提取所有图片

如果图片素材被裁剪、缩放过，直接通过“另存为图片”命令保存的图片可能就不是高清原图了，这时就要用到另一种特殊的提取方法了。

先关闭PPT文件，在文件夹中的PPT文件图标上右击，在弹出的快捷菜单中选择“重命名”选项，将PPT文件的扩展名“.pptx”或“.ppt”改为“.rar”。

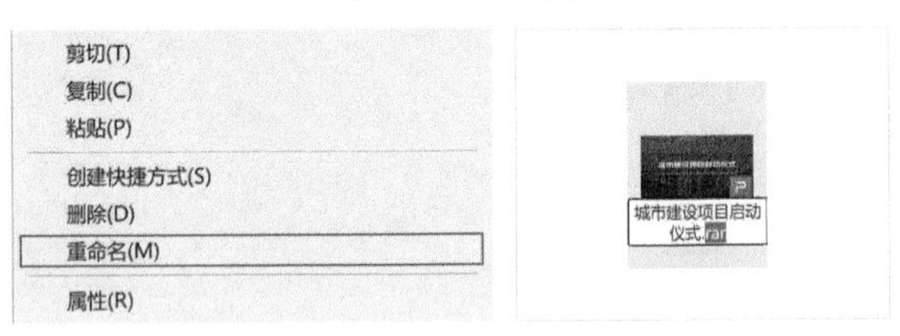

之后会弹出警告提示框，单击“是”按钮确认更改即可。

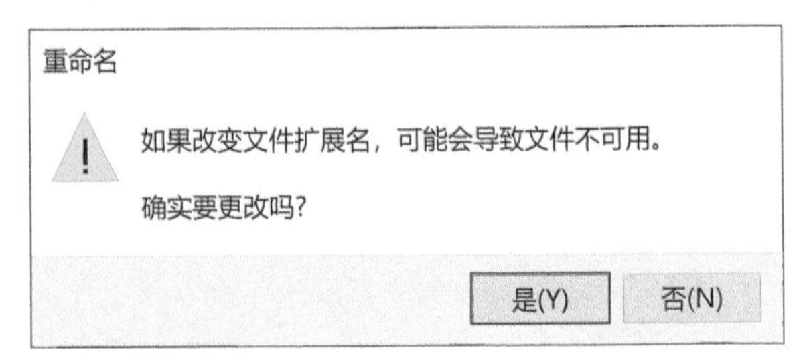

这时，PPT文件图标就变成了压缩文件图标。

在压缩文件图标上右击，在弹出的快捷菜单中选择“解压到（同名文件）”选项，这里是“解压到 城市建设项目启动仪式”，即可将文件解压。

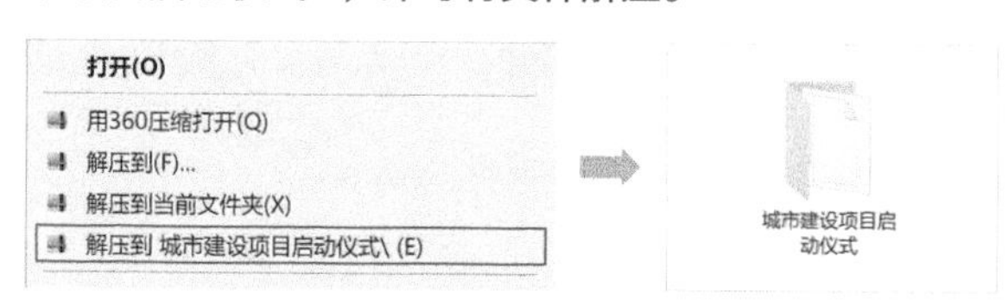

双击打开解压后的文件夹，继续双击打开“ppt”文件夹。

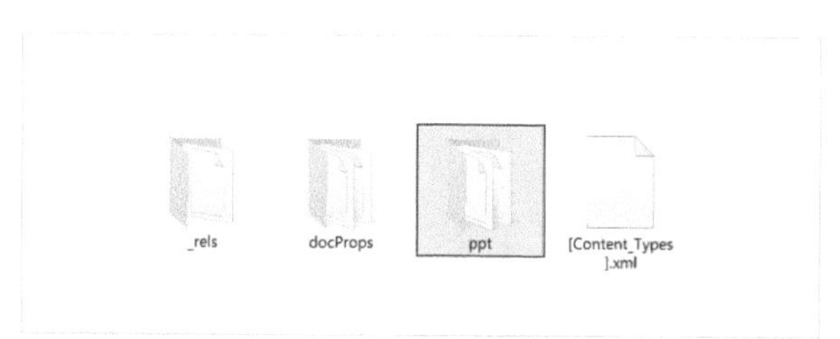

继续双击打开“media”文件夹。

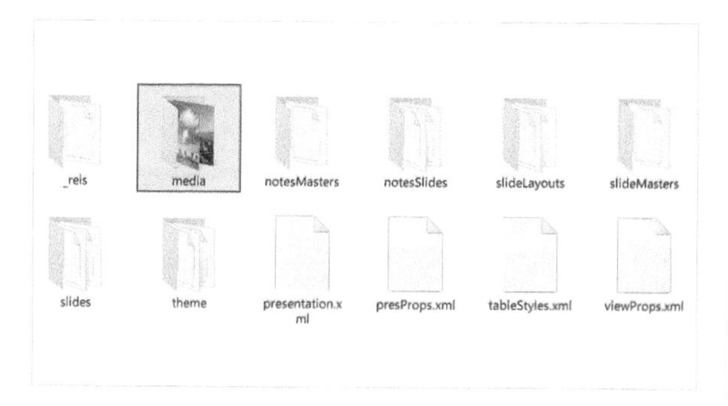

在“media”文件夹中，就可以看到该PPT所用到的全部图片素材了，并且都是高清原图。

提取截图文字

有时收到的文案素材可能不是整理好的Word文档，而是网页中某段文字截图或者拍摄的某段图书文字照片，这时需要把截图中的文本快速提取出来。

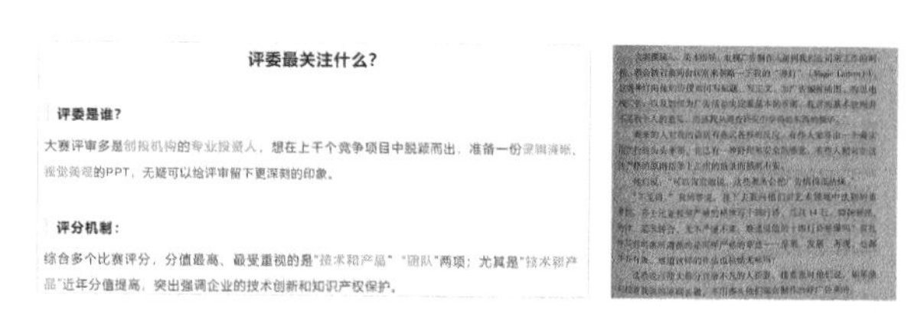

评委最关注什么？

评委是谁？

大赛评审多是创投机构的专业投资人，想在上千个竞争项目中脱颖而出，准备一份逻辑清晰、视觉美观的PPT，无疑可以给评审留下更深刻的印象。

评分机制：

综合多个比赛评分，分值最高、最受重视的是“技术和产品”“团队”两项；尤其是“技术和产品”近年分值提高，突出强调企业的技术创新和知识产权保护。

现在提取文字的平台很多，如微信。直接把需要提取文字的图片发送给“文件传输助手”(或者不介意被打扰的通讯录好友)，然后在手机中点开图片再长按，在弹出的功能选项面板中点击“提取文字”选项。

文字提取结束后，全选复制文字，通过手机微信回传到计算机即可。

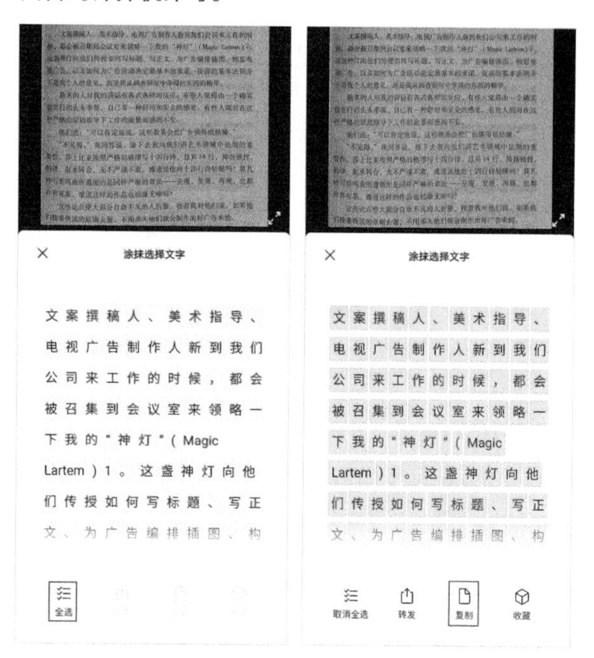

082 使用PPT快速制作相册/视频

出差旅行回来，想制作电子相册，或者制作产品图册给客户展示，需要一张张贴图吗？答案是不需要。因为PPT自带“相册”功能，使用它可以快速导出视频和GIF动图。

制作相册

“相册”功能是PPT中很好用的一个内置功能，哪怕有几十上百张照片，也可以快速生成电子相册。

执行“插入>图像>相册”命令。

在弹出的“相册”对话框中，单击“插入图片来自”下方的“文件/磁盘”按钮。

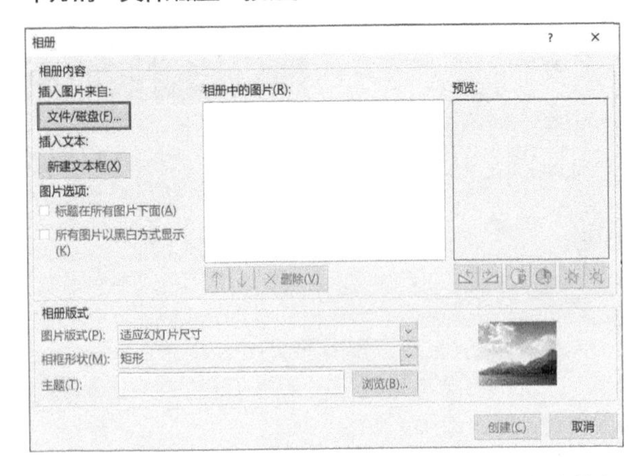

在弹出的“插入新图片”对话框中，从计算机中选择需要插入的图片，单击“插入”按钮。

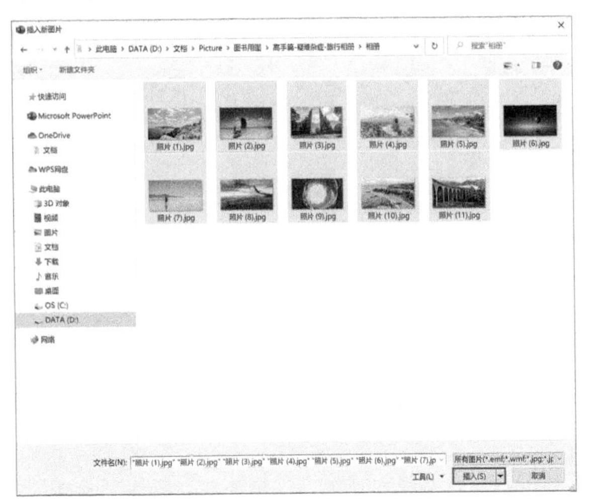

在“相册”对话框中单击“创建”按钮，等待片刻，PPT相册即可自动生成，并且每张图片都是单独的一页PPT。

制作视频

下面以刚刚创建的相册为基础来快速制作一个小视频。

先简单美化一下封面。

执行“切换 > 切换到此幻灯片 > 其他 > 华丽 > 随机”命令。

在“切换”选项卡“计时”组中取消“单击鼠标时”复选框的勾选状态，勾选“设置自动换片时间”复选框，并设置时长为“00:03.00”(3秒)，单击“应用到全部”按钮。

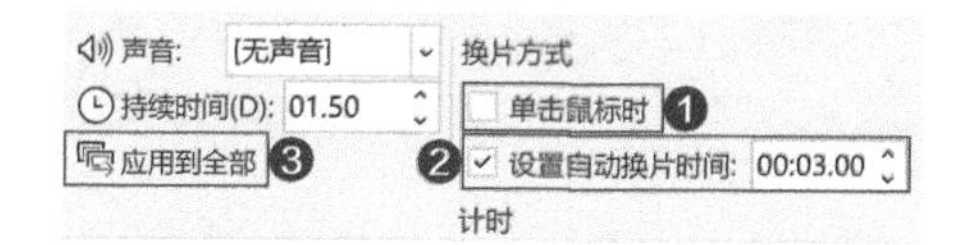

这样就设置好了每3秒切换一张幻灯片的视频相册，接下来导出视频查看效果。执行“文件 > 导出”命令，在打开的“导出”窗口中选择“创建视频”选项，设置“放映每张幻灯片的秒数”为“03.00”(3秒)，单击“创建视频”按钮。

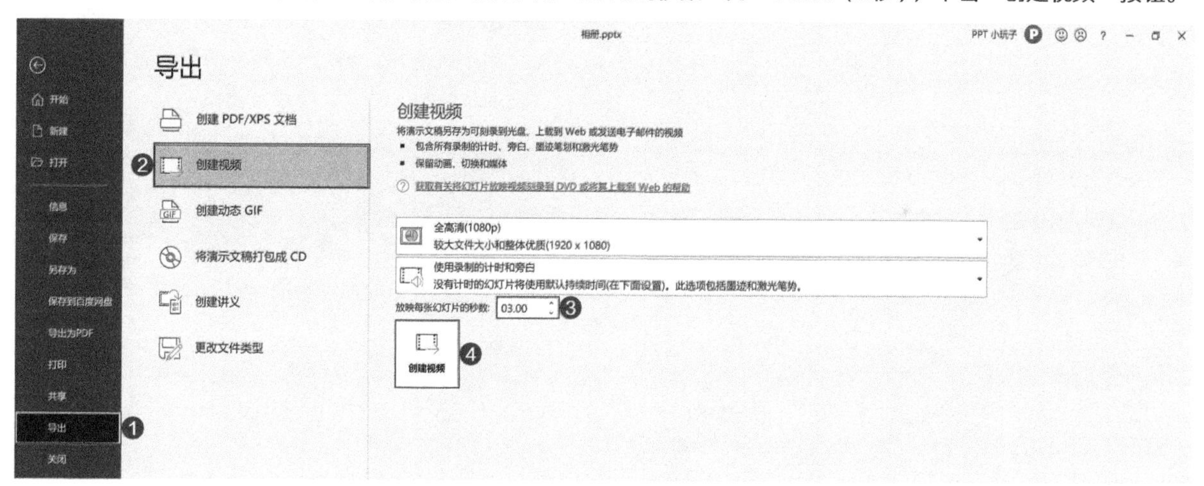

选择要保存视频的文件夹，等待视频导出即可。

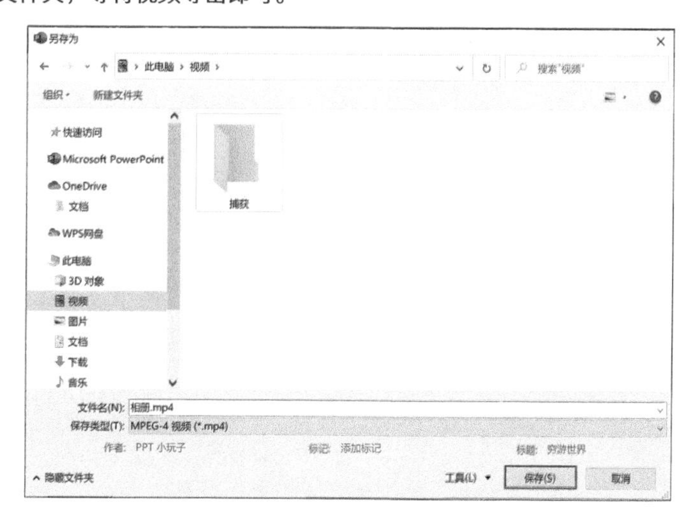

083 设置PPT尺寸、页码和日期

设置PPT尺寸、页码、日期看起来很简单，却常常“每到用时找不着”。下面就来介绍如何设置这些特殊内容。

设置尺寸

PPT默认尺寸的宽高之比是16：9，常见的计算机显示器、投影也大多是这个尺寸比例。但有时也需要一些其他尺寸比例，如为大型会场设置超宽荧幕，制作竖版的简历、名片等，这时就需要自定义幻灯片尺寸了。

执行“设计 > 自定义 > 幻灯片大小 > 自定义幻灯片大小”命令。

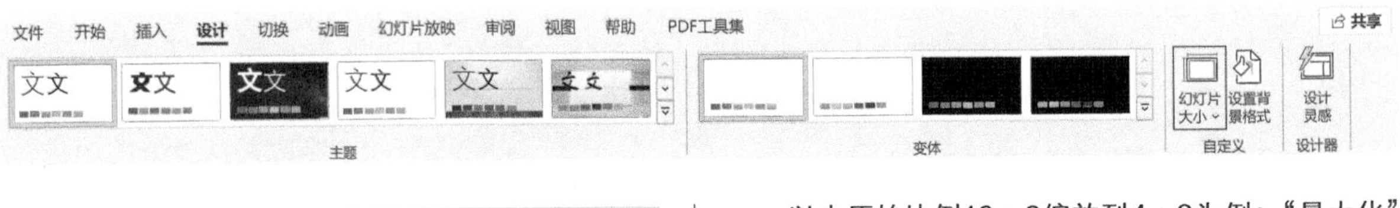

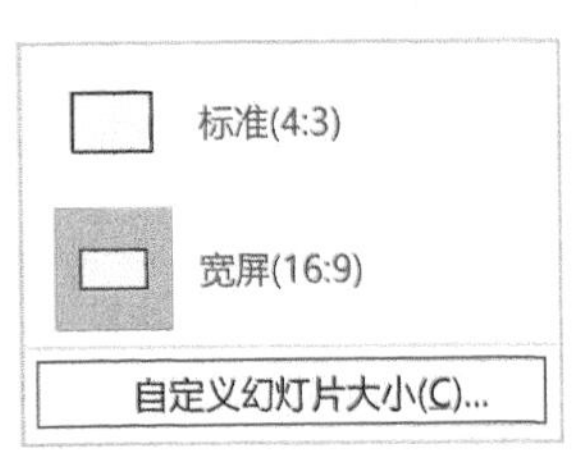

在弹出的“幻灯片大小”对话框中，可以在“幻灯片大小”下拉列表中选择预设好的尺寸。也可以直接在“宽度”和“高度”数值框输入数值，然后单击“确定”按钮。

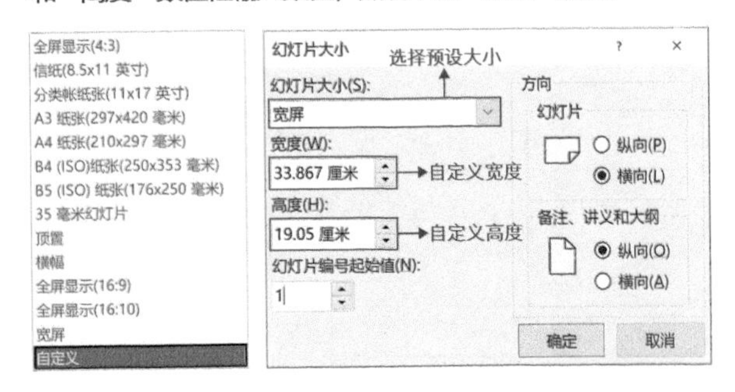

因为改变了画面比例，这时系统会提示大家选择缩放效果。

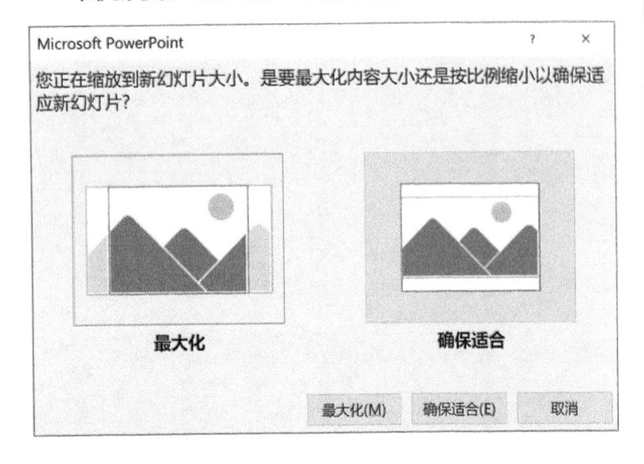

以由原始比例16：9缩放到4：3为例：“最大化”好比“放大填充”，会按照原始比例充满整个画面，但可能有部分内容因超出边界而无法显示；“确保合适”好比“缩小填充”，会按照原始比例保留所有的画面内容，出现留白的区域默认用背景色补齐。

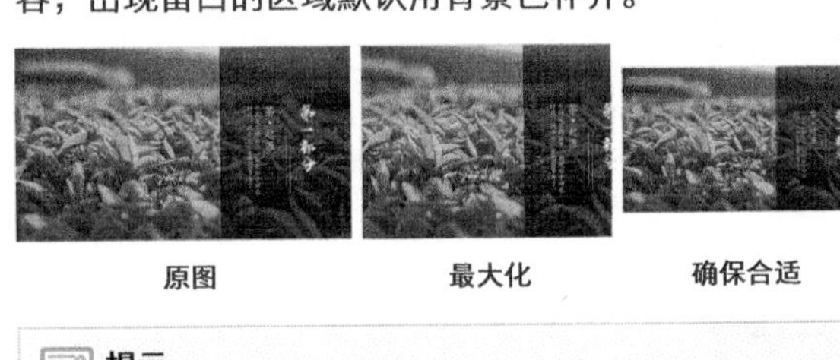

原图　　最大化　　确保合适

提示

改变尺寸后，PPT的字体和配色都会恢复默认状态，需要执行“设计 > 变体”命令或在“幻灯片母版”中重新设置！

设置页码

日常页数不多的PPT可能不需要页码，但对于一些比较正式的汇报演示或页数很多、需要打印成册的内容，设置页码就很有必要了。

执行“插入 > 文本 > 幻灯片编号”命令。

在弹出的“页眉和页脚”对话框中勾选“幻灯片编号”复选框，单击“全部应用”按钮，所有的幻灯片就都具备页码了。

设置好的页码，会出现在每张幻灯片的右下角。

但通常首页是不需要显示页码的，这时可以勾选“标题幻灯片中不显示”复选框，首页的页码就隐藏起来了。

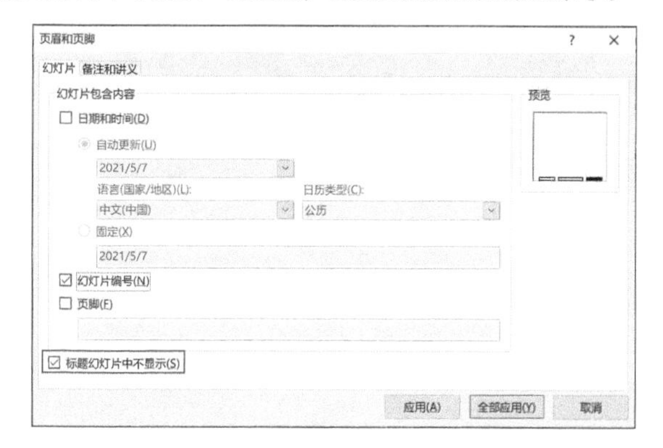

设置日期

通常来说不会给每张幻灯片都设置日期，而只会在首页设置。因为内容通常要修改很多次，而我们希望设置一次后，下次再打开幻灯片时，日期能够自动更新到当天。

定位到幻灯片首页，执行“插入 > 文本 > 日期和时间”命令。

在弹出的“页眉和页脚”对话框中勾选“日期和时间”复选框，单击“应用”按钮，这样幻灯片中就有日期和时间了。

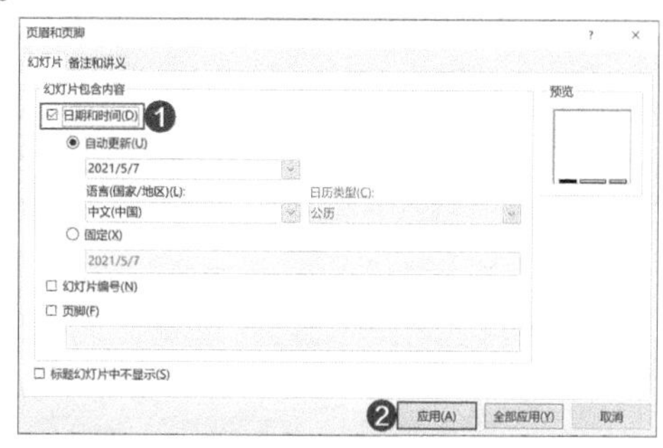

日期和时间默认位于幻灯片的左下角，示例如下。

084 将PPT转换为PDF/Word

有时给客户发送文件，为了方便客户用手机阅读，我们会将PPT文件保存为PDF格式；有时需要提取PPT中的文字内容作为其他文件的素材，又需把PPT转成Word……这些都需要用到格式转换功能。

PPT与PDF的转换

如果直接在手机上打开PPT文件，因为缺少字体和Office软件的支持，很可能会出现排版错位或字体无法正常显示（默认被替换成微软雅黑）的情况，所以通常在发送文件之前，人们会先将文件由PPT格式转换为PDF格式。而有些时候，客户发送过来的PDF文件，也需要转换为PPT格式用于提取其中的素材。

◎ PPT转PDF

执行“文件>导出”命令，在打开的“导出”窗口中选择“创建PDF/XPS文档”选项，然后单击“创建PDF/XPS”按钮，在弹出的“发布为PDF或XPS”对话框中选择保存到计算机的路径，单击“发布”按钮就可以了。

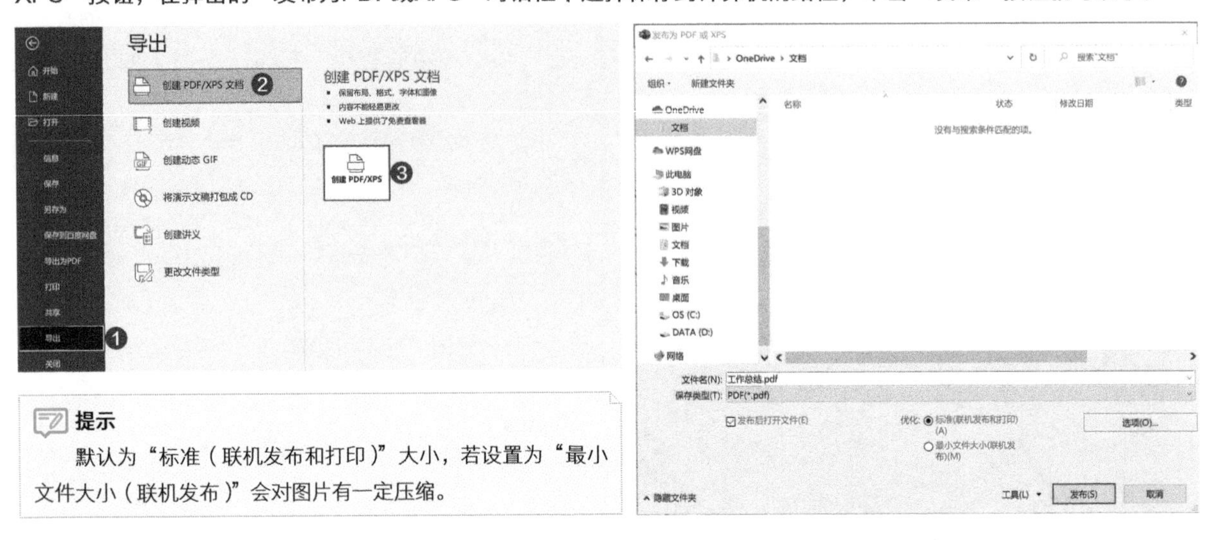

提示

默认为“标准（联机发布和打印）”大小，若设置为“最小文件大小（联机发布）”会对图片有一定压缩。

◎ PDF转PPT

下面分享一个工具网站——iLovePDF，它可以把PDF格式转换或拆分为多种其他文件格式。PDF转PPT非常简单，打开iLovePDF网站，单击“PDF to Powerpoint”选项即可。

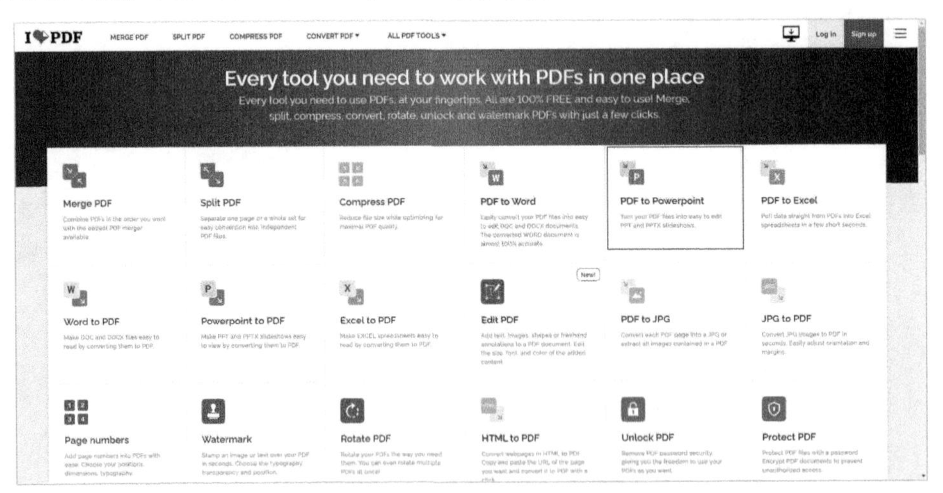

单击“Select PDF file”按钮，从计算机中选择需要上传处理的PDF文件。

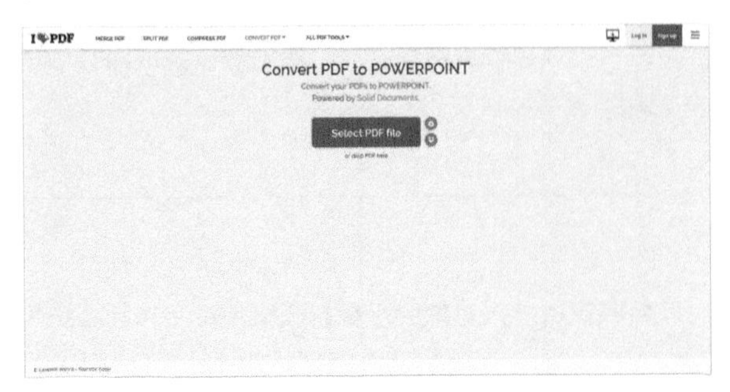

上传完毕后，单击“Convert to PPTX”按钮，待转换完成后下载到计算机就可以了。

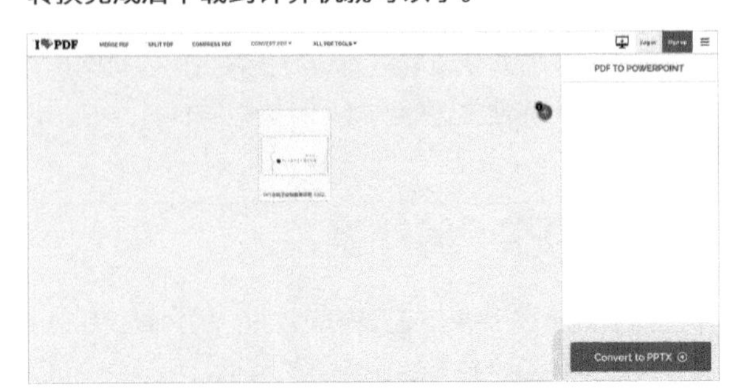

PPT与Word的转换

同属Office家族的一员，PPT与Word的转换也非常频繁。注意，这两者的转换只对使用了母版占位符的内容有效。

◎ PPT转Word

执行“文件>导出”命令，在打开的“导出”窗口中选择“创建讲义”选项，再单击“创建讲义”按钮。

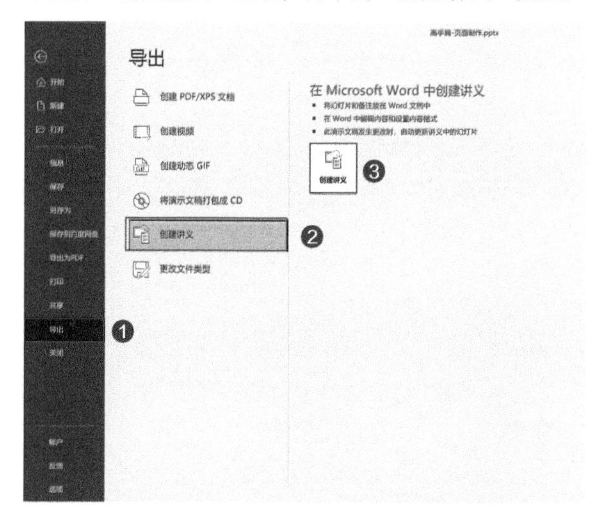

在弹出的对话框中选择“只使用大纲”选项，然后单击“确定”按钮，就可以只导出PPT中的文字内容了。

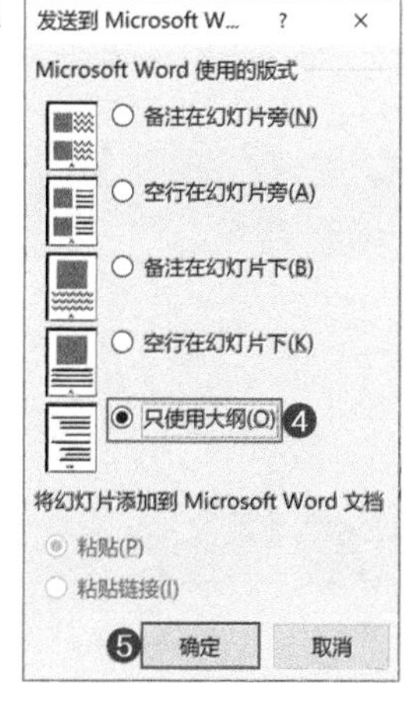

◎ Word转PPT

先对Word文档进行内容分级。执行“开始>段落>增加缩进量”命令，将章节标题和正文内容分级。

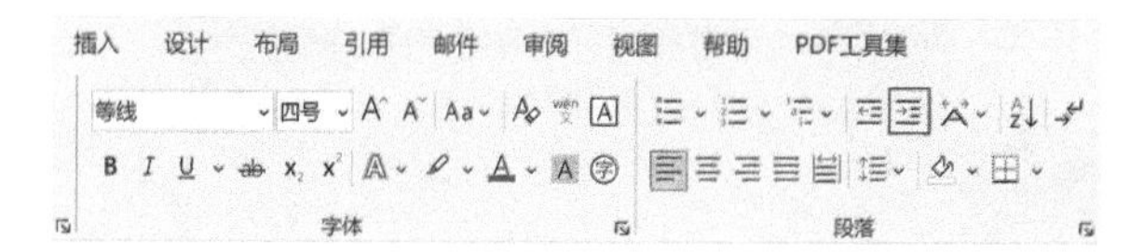

例如，下面的案例中，“一、年度回顾”为一级标题，“领导致辞”和“业绩总结”为二级标题，选中“领导致辞”和“业绩总结”这两行执行“增加缩进量”命令，以此类推。

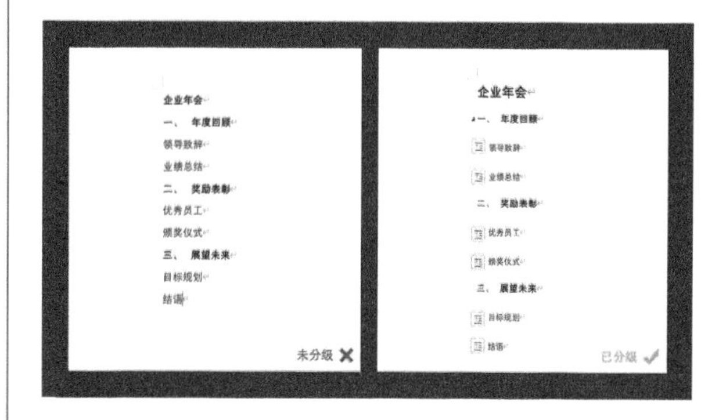

在“导航”窗格也可以看到分级后的内容结构。

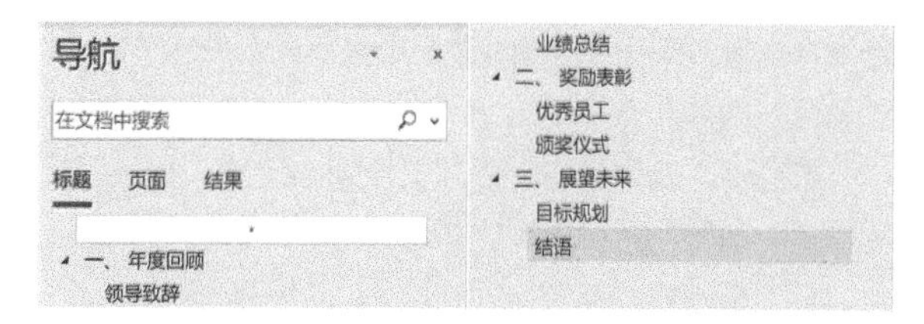

准备好文字内容后关闭Word文档，然后打开PPT，执行“开始>幻灯片>新建幻灯片>幻灯片（从大纲）”命令。

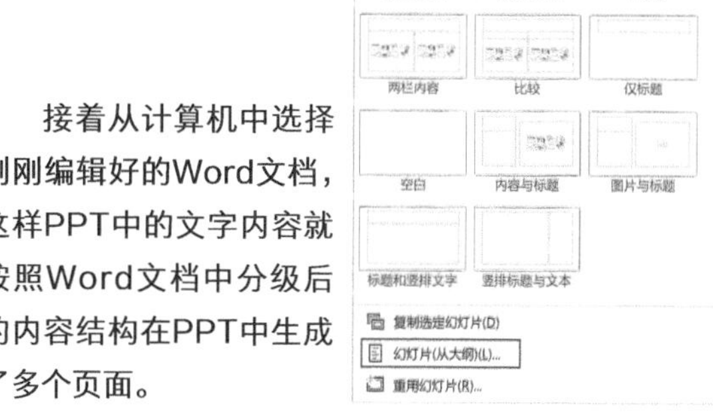

接着从计算机中选择刚刚编辑好的Word文档，这样PPT中的文字内容就按照Word文档中分级后的内容结构在PPT中生成了多个页面。

提示

如果是几十上百页的Word文档，在快速转换成PPT文稿后套用母版主题，几分钟就可以制作完成一个简洁的工作PPT文稿。

085 PPT文件太大怎么办

有时制作的项目汇报，PPT文件洋洋洒洒几十甚至上百页，加上贴了很多张效果图，文件大到使用微信根本发送不了，这时该怎么办呢?

压缩和删减无效内容

PPT中占用空间最多的就是图片和视频了，其次是无效版式和隐藏内容，清理它们可以帮助PPT快速“瘦身”。

◎ 压缩图片

在PPT中，图片占用空间很大，1000个文字只有2KB，一张图片却有2MB甚至更大，所以PPT“瘦身”必先压缩图片。

在PPT中任意选中一张需要压缩的图片，执行“图片格式＞调整＞压缩图片”命令。

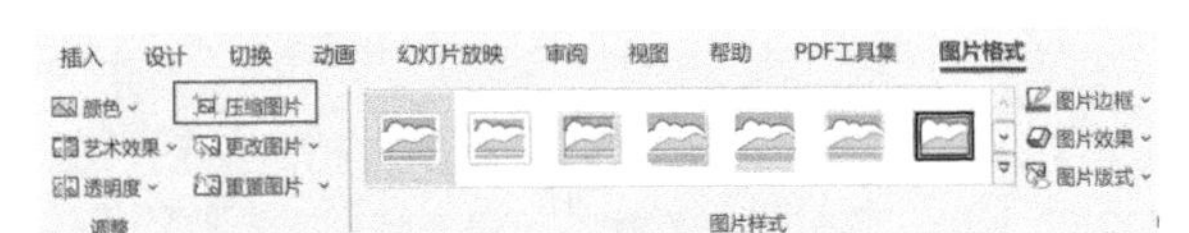

在弹出的“压缩图片”对话框中，取消“仅应用于此图片”复选框的勾选状态，然后选择合适的分辨率（投影演示建议150ppi），再单击“确定”按钮，整个PPT中的图片就全部压缩好了。如果是已经定稿不再修改的文件，可以同时勾选“删除图片的裁剪区域”复选框，这时文件会压缩得更小。

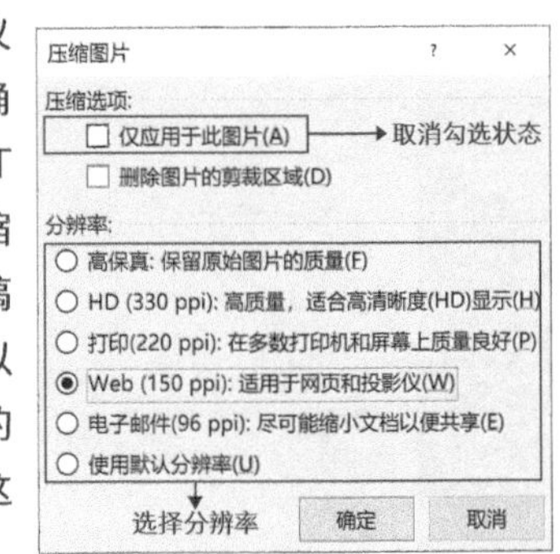

提示

分辨率越高，图片越大越清晰；分辨率越低，图片越小越模糊。

◎ 删除无用版式

有时套用PPT模板内容，粘贴时会附带原有的母版主题内容，不知不觉母版中就积攒了一堆无用的版式，清理掉它们也能节省不少空间。

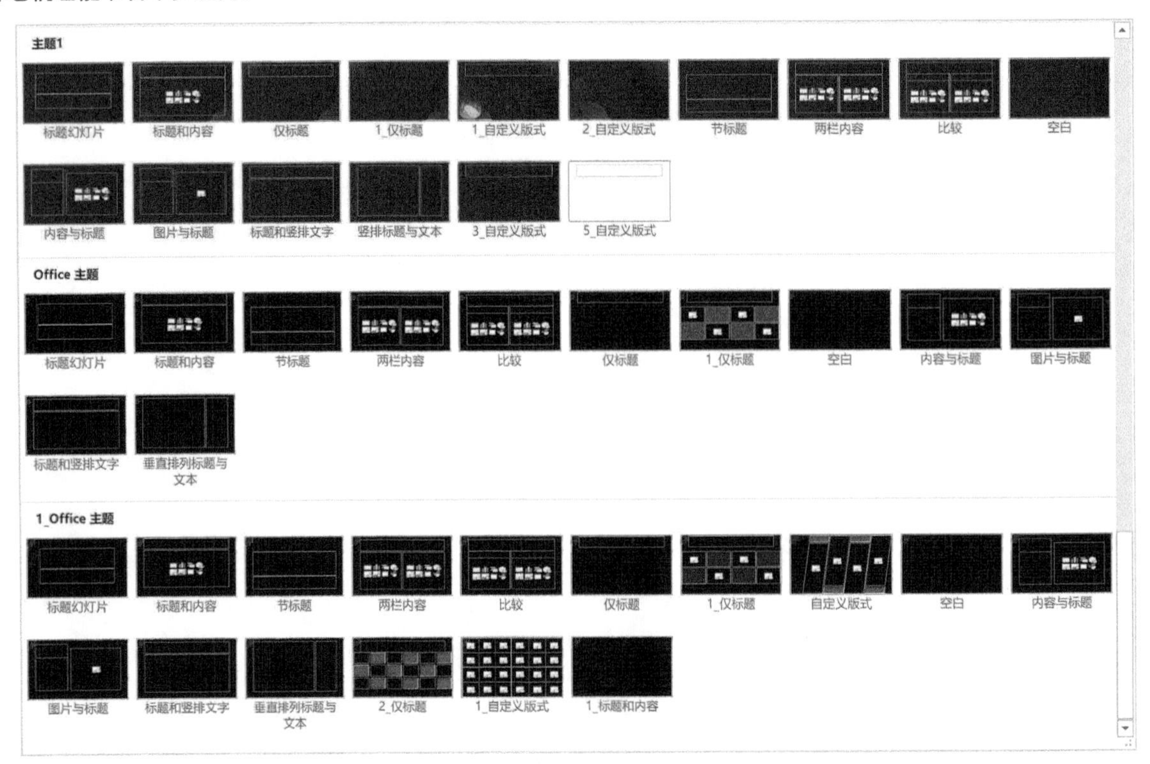

◎ 删除幻灯片外的内容

如果进行完前面两步,PPT文件还是很大，那就查找是否还有隐藏的内容。例如，有时在幻灯片编辑区以外区域粘贴了图片作为参考，后面却忘记删除这些图片了。通常在预览状态下，幻灯片编辑区的内容是铺满整个窗口的，这样就很难发现那些被忘记删除的图片。

缩放一下画面，找到那些无用的参考图，删除它们。

使用iSlide的“PPT瘦身”工具

使用iSlide的“PPT瘦身”工具，可以批量清理无用版式、动画、幻灯片外内容等，还能自定义图片压缩比例。

安装iSlide插件后，执行“iSlide＞工具＞PPT瘦身”命令。

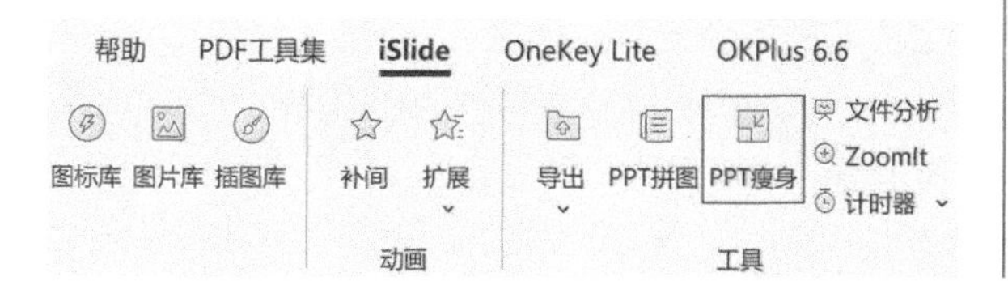

在弹出的“PPT瘦身”对话框中勾选需要删除的项目，然后设置图片压缩比例，再单击“另存为”按钮保存即可。可以把PPT文件另存一份，并保留源文件，以方便后期修改。

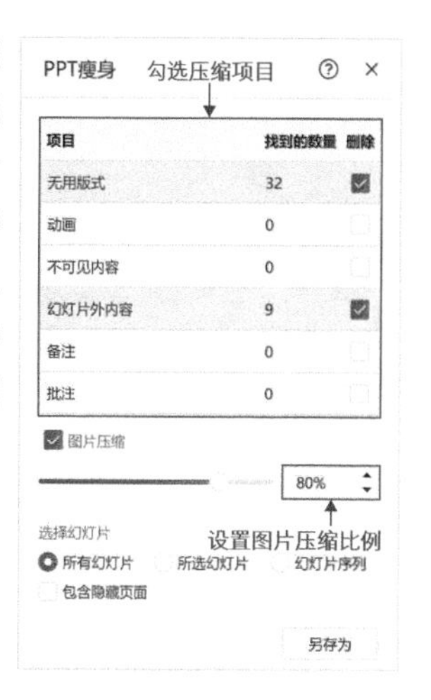

086 PPT忘记保存/没有预览图怎么办

在PPT的制作中，像忘记保存、预览图不见了等一些猝不及防的小问题，相信大家都遇到过。下面编者将介绍避免或解决这些问题应该采取的一些方法和措施。

忘记保存

首先，重要的事情说三遍，从新建PPT演示文稿的那一刻开始，一定要记得随手保存文件！后面万一遇到断电、宕机等特殊情况时，可以用下面介绍的应急方法恢复。

执行“文件>选项”命令。

在弹出的“PowerPoint选项”对话框中选择“保存”选项，勾选“保存自动恢复信息时间间隔”复选框并设置间隔时间（默认为10分钟，即每隔10分钟自动保存一次），设置好之后单击“确定”按钮。下次没保存的PPT就会自动保存在“自动恢复文件位置”了。

复制自动恢复文件地址“C:\Users\29670\AppData\Roaming\Microsoft\PowerPoint\”并将其粘贴到计算机中的地址栏，就能找到忘记保存的文件了。

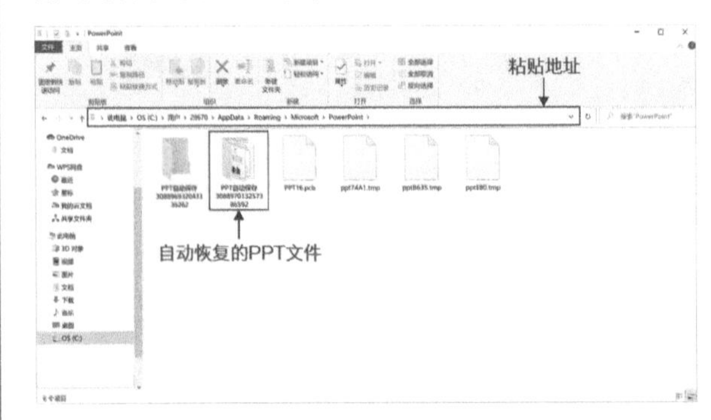

没有预览图

PPT文件很多时，如果看不到预览图，一个个标题逐个查找需要的文件，很不容易找到。

这时可以打开PPT，执行“文件>信息”命令，在打开的“信息”窗口中单击“属性”下拉按钮，选择“高级属性”选项。

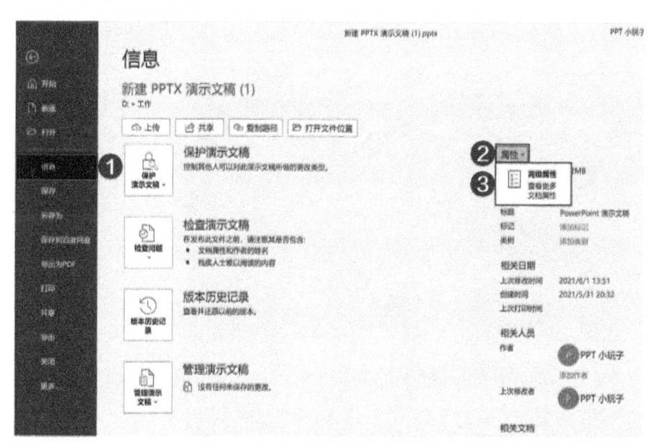

然后在弹出的“（文件名）属性”对话框中选择“摘要”选项卡，勾选“保存预览图片”复选框，单击“确定”按钮。

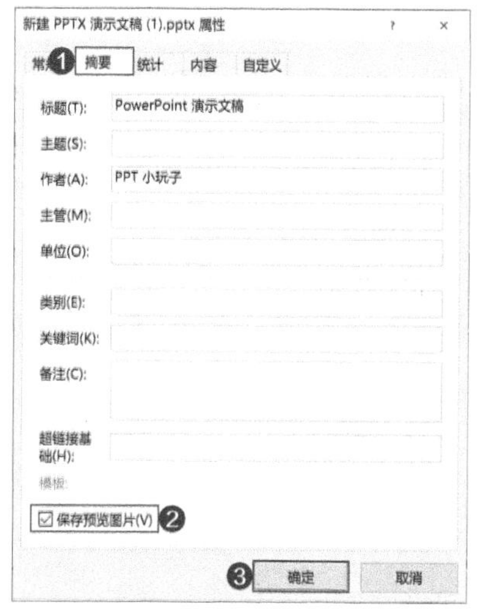

关闭PPT文件，这时会弹出提示对话框，提示是否保存对文件的更改，单击“保存”按钮即可。

回到文件夹中再看一下，这个PPT文件的预览图就出现了。

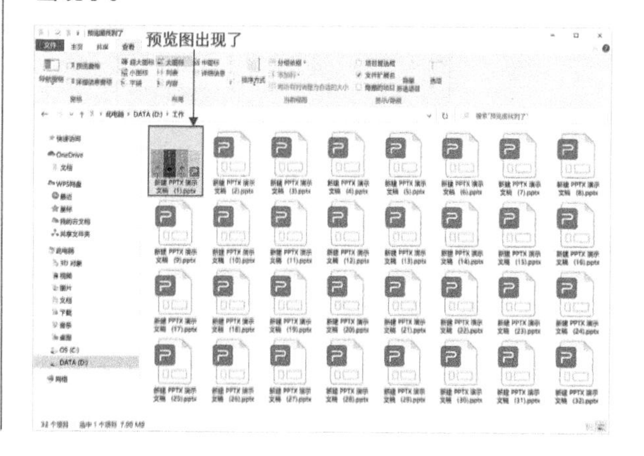

087 演示现场需要注意的问题

PPT是文稿演示工具，因此PPT的使用离不开现场环境的考量。通常，做大型汇报演示时会提前查看现场、彩排试播，确保实现最佳的汇报演示效果。

现场环境如何

有经验的设计师在制作PPT前，除了跟客户确认设计尺寸，还会询问演示现场的环境。例如，会场有多大？演示设备是高清大屏还是老式的幕布投影？演示地点在室内还是室外？演示时间是白天还是晚上？PPT软件是什么版本？

◎ 演示设备如何

为什么要询问这些内容呢？因为有时PPT在计算机屏幕上看起来效果很好，实际播放时却因为设备老旧、屏幕过小、光线太强等原因导致看不清内容，影响实际的演示效果。

下面介绍4种常见的PPT演示设备。

第1种：幕布投影。

幕布投影属于比较老式的播放设备，但很多学校、机关单位、传统企业仍在使用。如果使用这种设备，就要预防投影不清晰的问题。这时要谨慎使用深色背景、半透明效果，尽量使用无衬线体并加粗笔画，以“看清内容”为第一准则。

第2种：电视或计算机显示器。

显示器无须考虑投影不清晰的问题，只需考虑显示器的尺寸和会场的大小即可。如果屏幕较小，就加大字号，以保证后排观众在远距离条件下也能看到。

第3种：LED屏。

LED屏通常用于大型会议或者庆典活动，其清晰度和大小都不是问题，主要考虑现场环境布置，保证PPT风格和现场布景统一即可。

第4种：高清多屏。

高清多屏一般用于产品发布会、年会活动，会场的环境、灯光以暗色调为主,PPT也通常使用深色色调以更显高级且方便拍摄。会场通常有多块屏幕，屏幕尺寸也可能是超宽的异形屏，设计时就要综合考虑多块屏幕的内容和效果，并且与现场的灯光环境保持统一的色调，让整个会场浑然一体。进行这种设计时，可以预先拍摄会场的效果图，然后把PPT画面贴图进去，以便更直观地看到整体效果。

幕布投影

电视或计算机显示器

LED屏

高清多屏

提示

在制作深色背景PPT时，文字和形状不要选用纯白色，否则容易因颜色反差过大而让人感觉刺眼，可以考虑适当降低透明度！

◎ 演示软件是什么版本的

虽然Office软件已经更新到了Microsoft 365，但目前多数用户还在使用Office 2019或Office 2016，甚至Office 2007。尽管Office向下兼容，低版本软件也可以打开高版本的演示文稿，但许多效果会无法显示或部分内容无法修改。例如，最新的“平滑”动画效果，在2016以下版本中就播放不了，即便设置了“透明度”，在低版本中也显示不出来。

在制作前，最好先了解清楚演示软件的版本。如果版本较低，就不要使用最新的动画和图形效果。另外，保存时也要选择兼容格式“PowerPoint97-2003演示文稿（*.ppt）”。

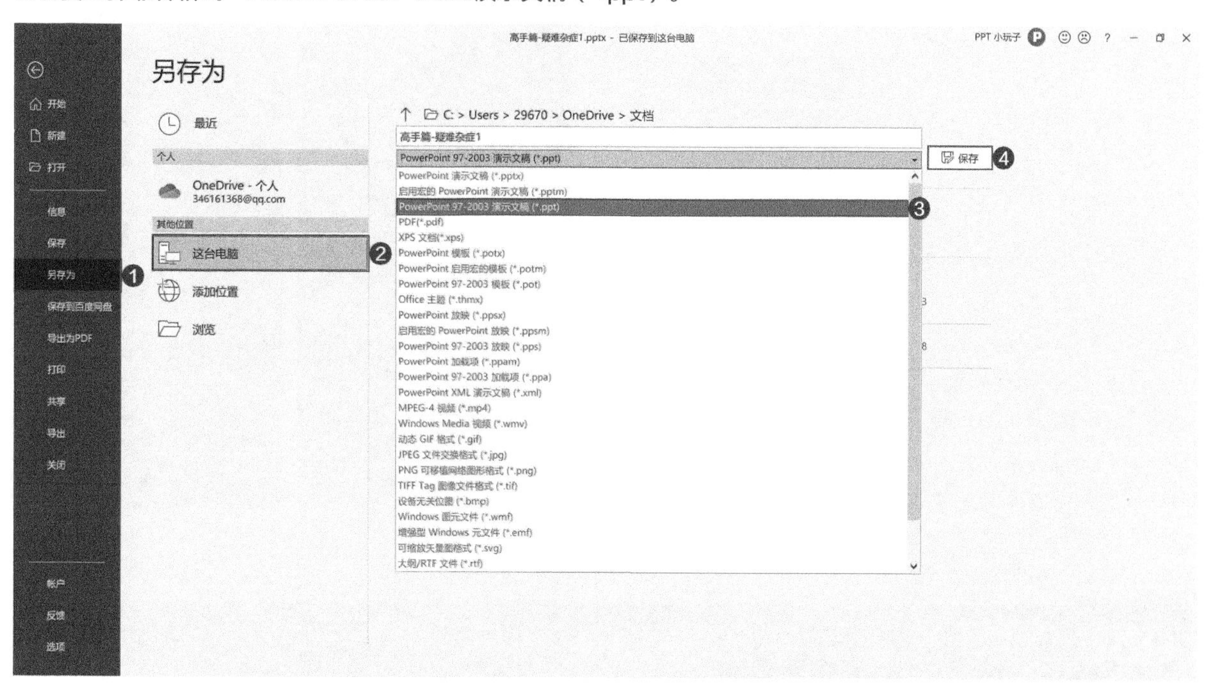

如果弹出兼容性问题提示信息，说明出现了低版本播放不了的内容，这时就要根据提示进行修改了。

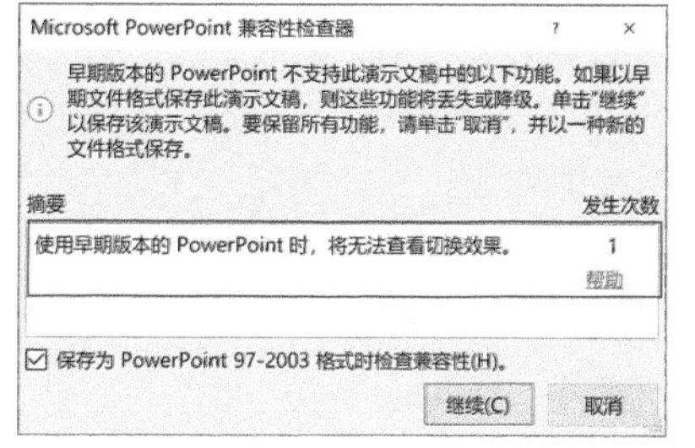

出发前要做的检查

就像学生考试前，要准备好纸和笔一样，演讲前也要仔细检查下列事项。

◎ PPT保存格式

如果不知道现场演示软件的版本，建议大家同时准备原版PPTX、兼容版PPT、PDF3种格式。

如果现场的Office软件版本高，能支持原版播放最好，如果不行，兼容版可以救场，万一没有Office软件或者字体、内容无法正常显示时，PDF也能派上用场。

◎ 附带文件资料

复制PPT文件时，不要只复制PPT文件，还要复制以下信息。

（1）字体。PPT中使用的字体（既要嵌入文档，又要复制字体文件备用）。

（2）视（音）频和链接。插入的视频、音频、链接文件等。

（3）备用软件。Office、视音频播放器等，U盘常备，有备无患。

上述资料最好在邮箱、U盘中各存储一份，以备不时之需。

◎ 携带物品

准备好文件资料后，再检查一下以下会议常备物品是否准备齐全。

（1）笔记本式计算机。

（2）翻页器。

（3）纸和笔。

（4）U 盘或硬盘。

（5）其他活动物品。

忘带翻页器怎么办

最后是会场演示时遇到的尴尬问题，万一忘带翻页器，又来不及临时去买怎么办？这里介绍一款简单好用的翻页器——百度的“袋鼠输入”软件，它可以代替鼠标，用手机控制计算机屏幕。

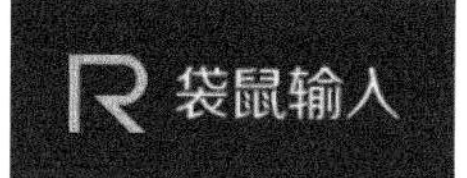

先在PC端和手机端分别下载“袋鼠输入”软件，然后用手机端扫码PC端建立连接。

然后在手机端单击“PPT遥控”按钮，再单击屏幕中间的“播放”图标▶，就可以控制PC端的PPT播放了。在手机屏幕上上下滑动翻页，按住屏幕激活激光笔，应急使用既简单又方便。

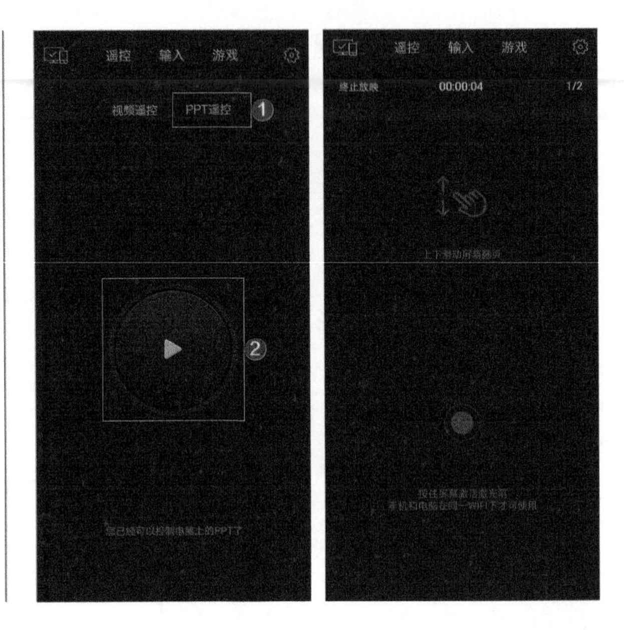

088 幻灯片演示中的实用小功能

在幻灯片演示中，有些小功能看似不起眼，偶尔用起来却很方便，多了解一点准没错！

排练计时

“排练计时”功能在“幻灯片放映”选项卡的“设置”组中。它有两大用途：一是排练演讲时间，让演讲者清楚自己用时多久；二是自定义每张幻灯片、每个单击动画的自动播放时间，可以用自定义的时间节点播放和导出视频。

◎ 排练计时的设置方法

“排练计时”功能的用法很简单，执行“幻灯片放映＞设置＞排练计时”命令，幻灯片会进入全屏放映视图，左上角出现“录制”窗格，其中有两个计时框，第1个记录当前页面的播放时长，第2个记录整个PPT的总播放时长。

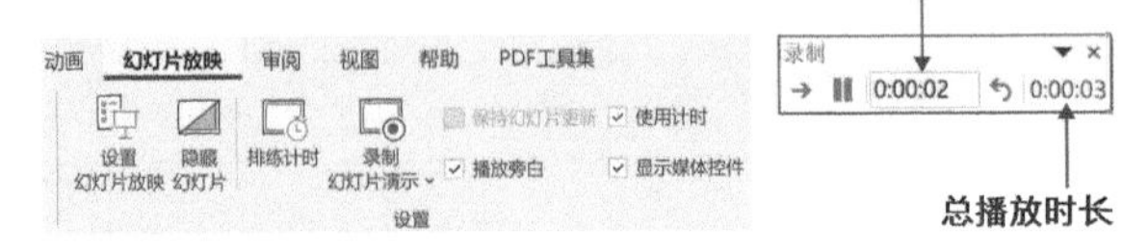

如果录制过程中想停顿一下，就单击“暂停录制”图标⏸，此时会提示“录制已暂停。”，单击“继续录制”按钮就可以继续播放PPT了。如果对这一页的录制效果不满意，单击“重复”图标↶就可以重录当前页了。

另外，如果录制完想微调某个页面的时长，在“切换”选项卡的“计时”组中更改“设置自动换片时间”数值框中的数值即可。

◎ 导出排练计时视频

导出视频时，也可以使用录制好的排练计时，只要在下图所示的下拉列表中选择“使用录制的计时和旁白”选项就可以了。

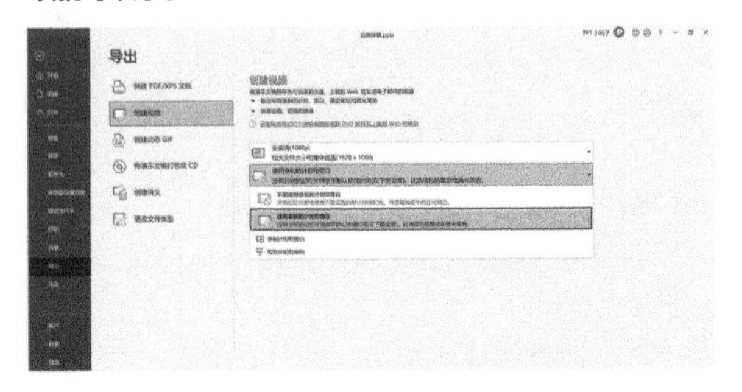

自定义幻灯片放映

有时不想播放PPT的全部内容，可以选择其中想播放的页面，或隐藏不想播放的页面。

◎ 选择想播放的幻灯片

执行“幻灯片放映＞开始放映幻灯片＞自定义幻灯片放映”命令，在弹出的“自定义放映”对话框中单击“新建”按钮。

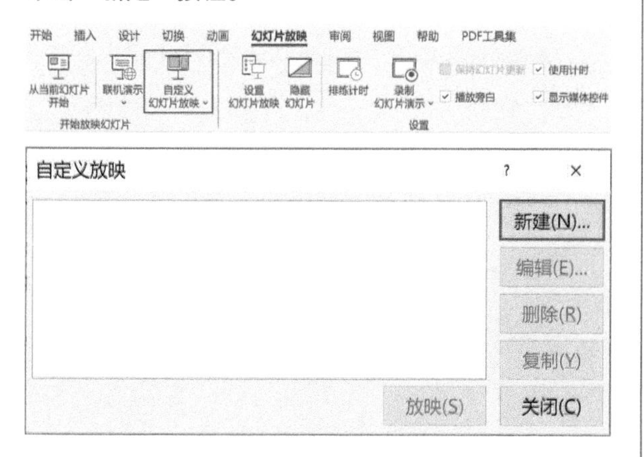

在弹出的“定义自定义放映”对话框中勾选需要放映的幻灯片，单击“添加”按钮，再单击“确定”按钮，即生成了“自定义放映1”。接着，单击“放映”按钮即可播放刚刚选定的幻灯片。

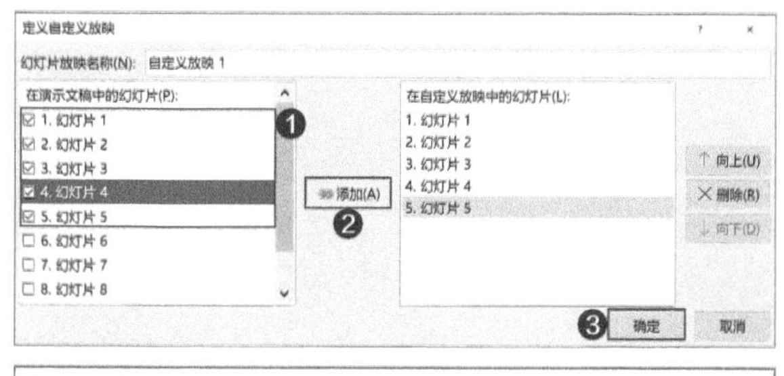

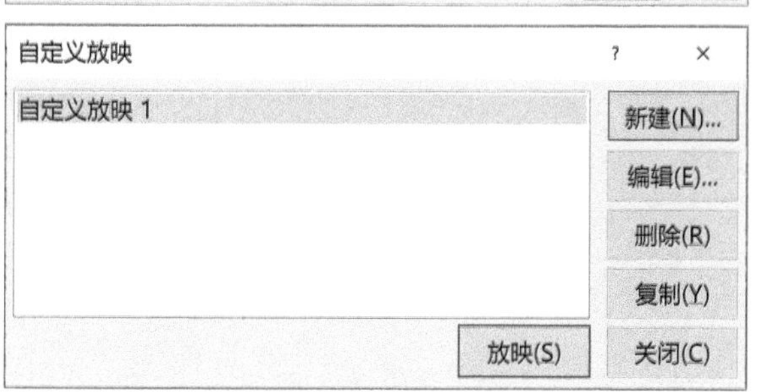

可以给同一张幻灯片同时设置多个自定义放映，使用时在“自定义幻灯片放映”下拉列表中选择对应的自定义放映就可以了。

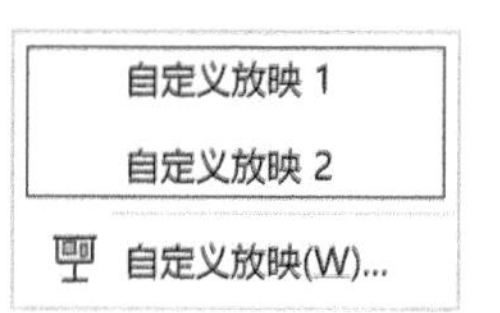

◎ 隐藏不想播放的幻灯片

如果只有一两张幻灯片不想播放，也可以直接将它们隐藏起来。例如，想要隐藏第2张幻灯片，就在它的幻灯片缩略图上右击，在弹出的快捷菜单中选择“隐藏幻灯片”选项，这样播放时第2张幻灯片就不会再显示了。被隐藏的幻灯片，其数字序号上会多出一条斜杠 2 ，其缩略图的颜色也比其他幻灯片的要浅一些。

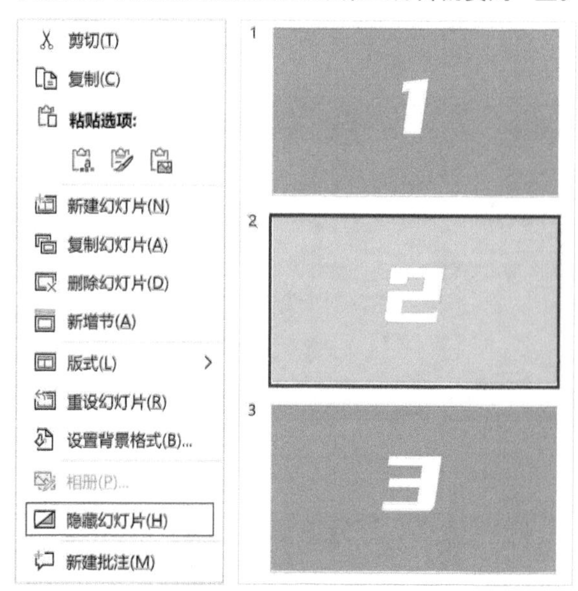

如果要取消隐藏，再次在幻灯片缩略图上右击，在弹出的快捷菜单中选择“隐藏幻灯片”选项即可。

演示小工具

全屏播放幻灯片时，界面左下角会显示一排演示小工具，下面将分别进行介绍。

◎ 上一页、下一页

单击这两个图标可以上下翻动PPT页面。

◎ 笔

笔有激光笔、笔、荧光笔3种。其中较常用的是激光笔，它会呈现一个红色光点，通常配合翻页器使用，可用于临时圈画PPT的重点内容；笔就是普通的画笔，可以任意画线；荧光笔的痕迹是半透明的粗线条，通常用于圈画重点。

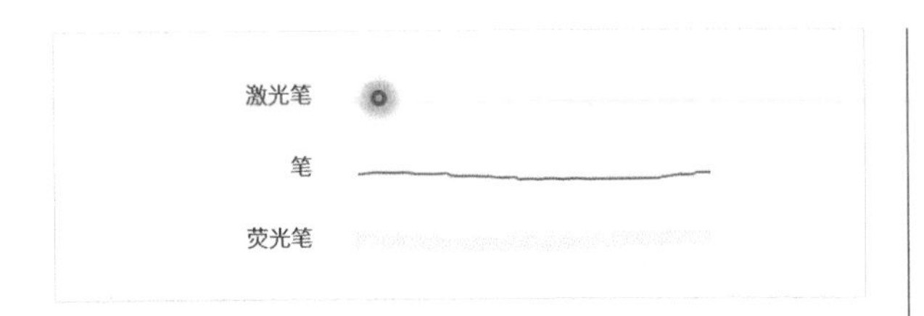

◎ 幻灯片浏览

想快速定位某张幻灯片时，不必退出全屏放映视图，直接在这里选择即可。

◎ 放大镜

框选页面的某个区域，可以放大到全屏查看这个部分，这样放大地图的某个小区域就很方便了。

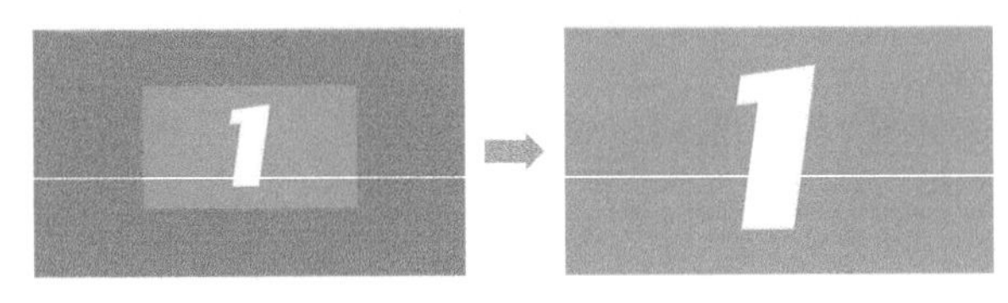

◎ 字幕

单击该图标启动“字幕”功能，计算机会监听演示者说的话，实时转换成字幕显示在页面上。

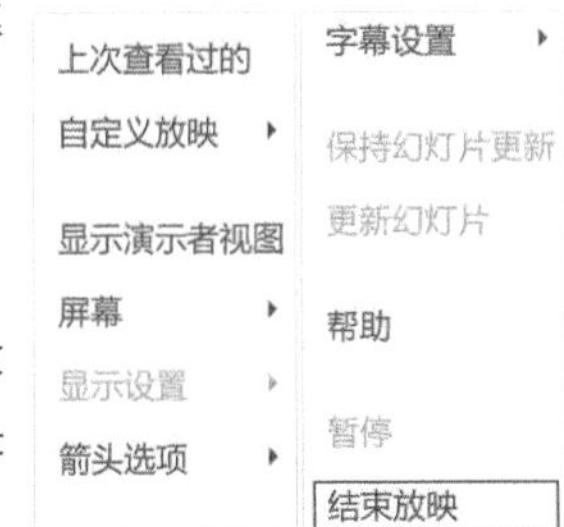

◎ 更多

一些不常用的选项设置，使用频率最高的大概是“结束放映”。

089 保护自己的版权

现场演讲结束后，有人索要PPT，给还是不给呢？客户预付款70%，让先把PPT发送过去看看效果，万一不付尾款了怎么办？涉密的PPT文件通过网络传输安全吗？在这里，编者将针对这些问题以及如何保护自己的作品和版权进行讲解。

给Microsoft Office设置用户名

先给自己的Office设置一个用户名，以明确这个文件是谁创建的。

执行“文件>选项”命令，在弹出的“PowerPoint选项”对话框中选择“常规”选项，输入用户名和缩写，单击“确定”按钮。

用户名设置完毕后，今后制作的PPT文件就会包含用户名信息了。在PPT文件上右击，在弹出的快捷菜单中选择“属性”选项，然后在弹出的“(文件名)属性”对话框中选择“详细信息”选项卡，在“来源”一栏中就可以看到设置好的用户名了。

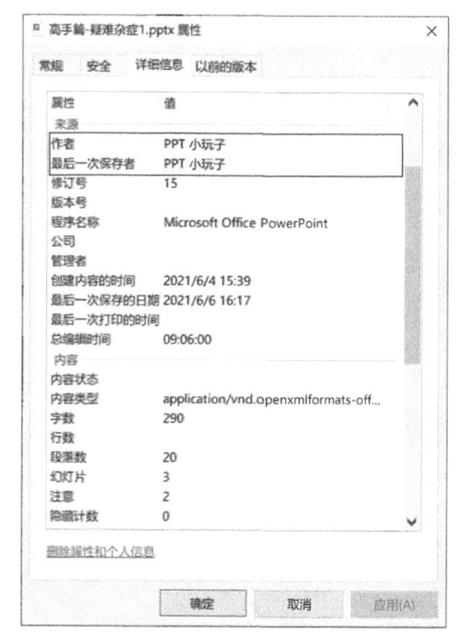

文件格式防盗

将文件另存为放映格式，或者给文件加上密码，就能防止文件被盗用或泄密。

◎ 另存为放映格式

演讲完毕后，如遇有人索要PPT，而又不方便给源文件时，可以这样操作。

执行“文件 > 另存为”命令，在打开的“另存为”窗口中选择保存在“这台电脑”中，并设置文件格式为“PowerPoint放映(*.ppsx)”，单击“保存”按钮，这样文件就被另存为一份只能放映的PPT了。这份PPT被打开后会直接进入全屏播放模式，只能供观看，不能被编辑。

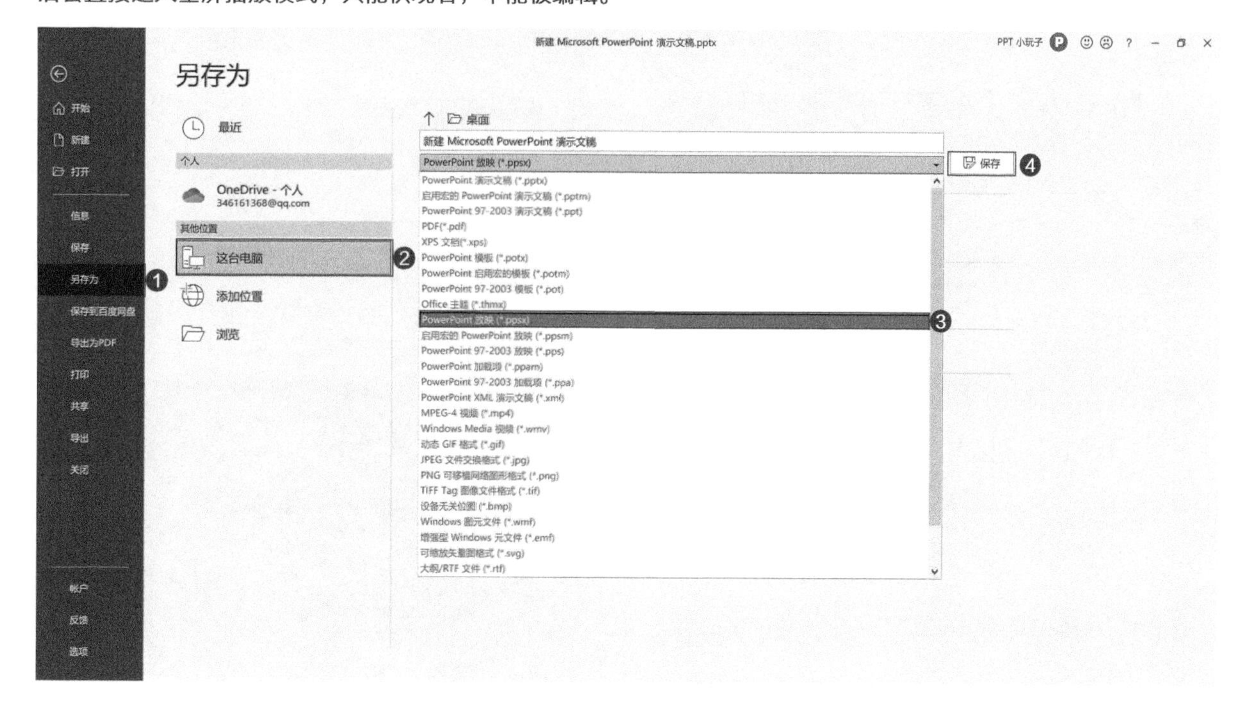

◎ PPT文件加密

如果担心网络传输不安全，怕文件泄密，可以执行“文件>信息”命令，在打开的“信息”窗口中单击“保护演示文稿”下拉按钮，选择“用密码进行加密”选项。

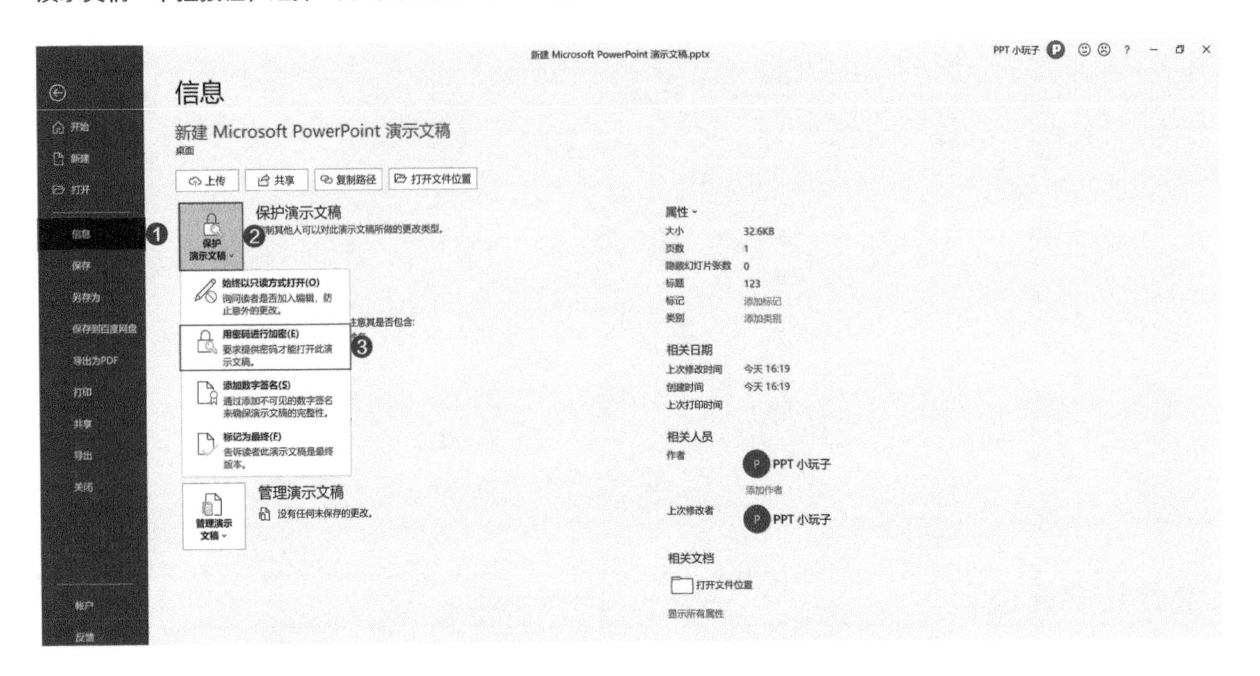

接下来，在弹出的“加密文档”对话框中根据提示输入密码，单击“确定”按钮。

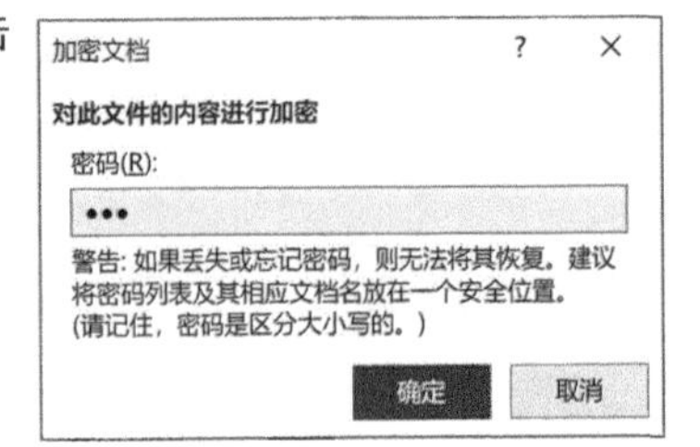

然后，在弹出的“确认密码”对话框中再输入一遍密码并单击“确定”按钮，文件密码就设置好了。

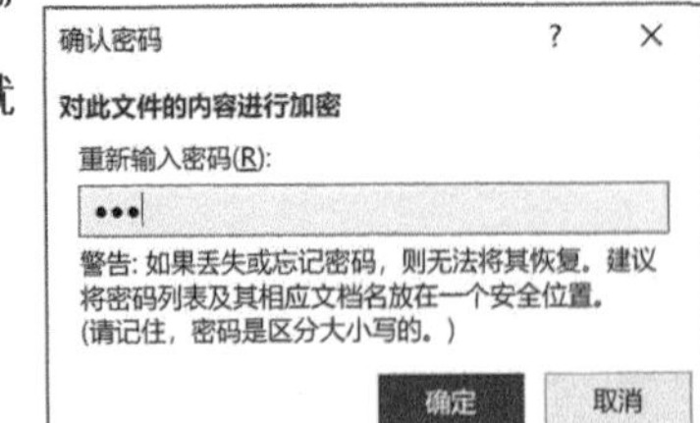

下次打开这个PPT文件时，便会提示需要输入密码才可以打开文件。

这样，就算别人拿到了文件，但没有密码是无法打开文件的。

水印防盗

PPT设计作品不是实物，只要通过网络传送给客户了，基本上无法追回。PPT设计费通常分为预付款和尾款两部分，在没有收到尾款之前，切记不要直接把PPT高清源文件发给客户，而是给他们发送添加了水印的小样文件，这是对自己劳动成果的保护。

◎ 正确添加水印

虽然要加水印，但水印不能过于抢眼，以免影响阅读和画面美观性。

- **错误水印**

字号超大、颜色过于鲜艳，直接破坏了整个画面的美感，且非常影响内容的阅读。

- **正确水印**

颜色选择符合画面内容色调，并且降低透明度，融入画面。

如果画面是古典风格，水印的字体最好与标题或正文的一样，尽量做到效果上协调统一。

◎ 转换为图片PPT

很多人以为PDF格式无法修改，其实现在有很多软件支持PDF格式转PPT格式，所以大家给的PDF文件别人随便转换一下就能直接使用了。真正有效的方法是，先转出图片PPT（文字与图片是一体的），再生成PDF文件，这样即便别人转回PPT格式，也没办法进行二次编辑和内容修改。

- **另存为图片演示文稿**

执行“文件＞另存为”命令，在打开的“另存为”窗口中选择存储路径后，选择保存为“PowerPoint图片演示文稿（*.pptx）”格式，单击“保存”按钮，就可以把PPT转换成图片PPT文件了。但是，这样转换的文件分辨率很低，比较影响预览效果。

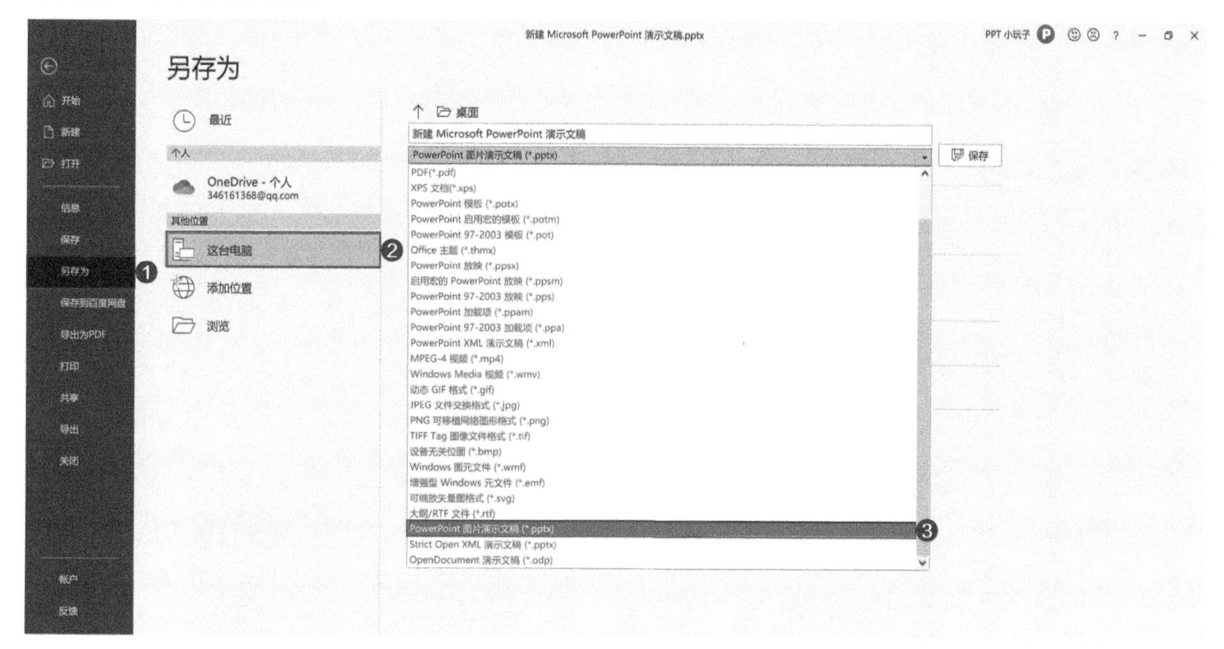

- **使用iSlide工具导出全图PPT**

执行“iSlide＞工具＞导出＞另存为全图PPT”命令。

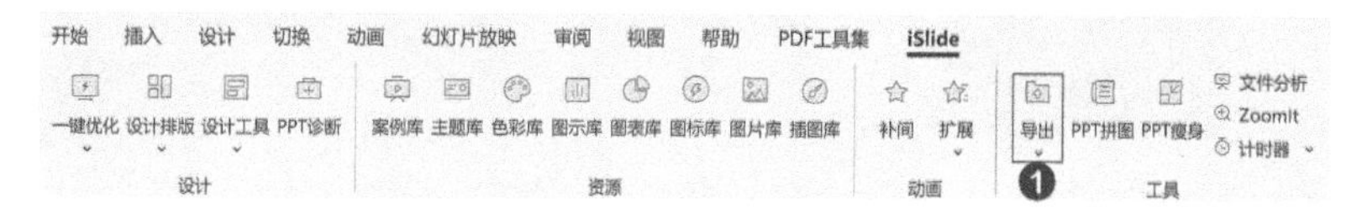

在弹出的“另存为全图PPT”对话框中单击“导出”按钮，就可以将文件保存为高清的图片PPT了。

另存为全图PPT
选择幻灯片
所有幻灯片　所选幻灯片　幻灯片序列
包含隐藏页面
导出后打开文件夹　导出

090 2016/2019/365版本的差异

就像手机App每一次更新都会修复Bug或添加新功能一样，Office软件也是如此。每一次大升级，Office软件都会新增更好用的功能，因此编者建议所有使用PPT的用户尽可能安装最新版软件。如果特殊情况下无法安装，也需要知道不同版本的主要差异，尽量寻找补救办法。

2016/2019/365版本的主要差异			
版本	2016	2019	365
设计灵感	×	×	√
平滑动画	×	√	√
图片透明度	×	×	√
SVG矢量图形	×	√	√
缩放定位	×	√	√
草绘	×	×	√
布尔运算	√	√	√

常用功能差异

以下4项都是使用较多和非常实用的功能，尤其是设计灵感和平滑动画，堪称“懒人福音”。

◎ 设计灵感

使用该功能，拖入文字和图片，系统就可以自动进行排版。

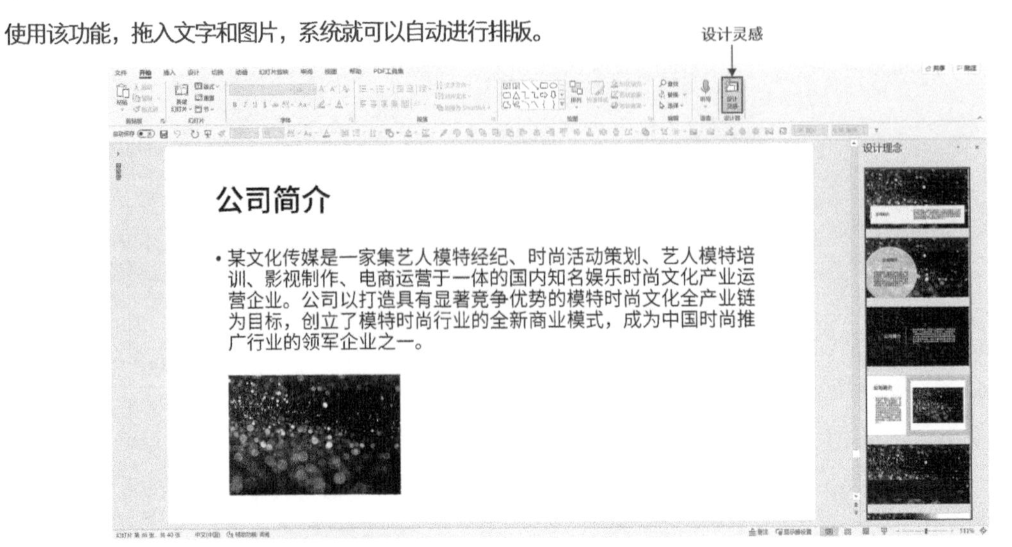

◎ 平滑动画

平滑动画Office 2019新增功能，能制作出很多有高级感的效果。低版本PPT可能无法显示这个切换效果，如果用其他动画模仿工作量巨大，最方便的处理方法是把用到“平滑”效果的页面录制成视频后，再插入PPT。

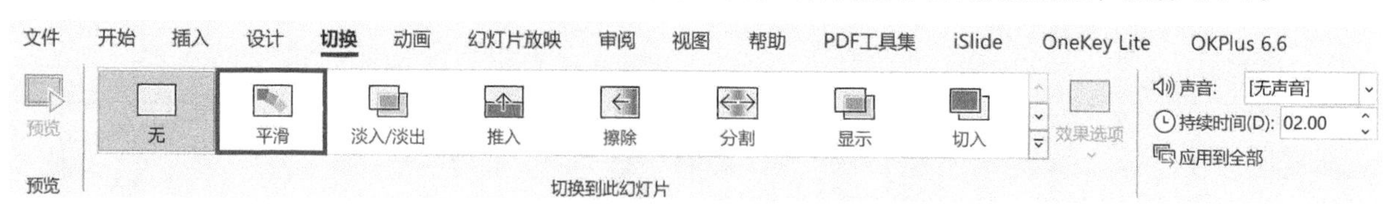

◎ 图片透明度

使用“图片透明度”功能制作背景纹理非常方便。当低版本PPT不支持“图片透明度”功能时，可以先插入形状，设置“填充”为“图片或纹理填充”，选择图片或纹理后，就可以在“设置形状格式”窗格中调节图片或纹理的透明度了。

下面以调整右图透明度为例进行讲解。

在PPT中插入一个矩形，替图片占位。

选中矩形并右击，在弹出的快捷菜单中选择“设置形状格式”选项，在打开的“设置形状格式”窗格中单击“形状选项”下的“填充与线条”图标，设置“填充”为“图片或纹理填充”，插入想要填充的图片或纹理后，调整透明度数值就可以了。

◎ SVG

Office中的SVG图形可以转换为形状，这也意味着它可以与Illustrator或Photoshop互通编辑，即既可以将PPT中的SVG图形导入Illustrator再编辑，也可以从Illustrator中导出SVG素材应用到PPT。

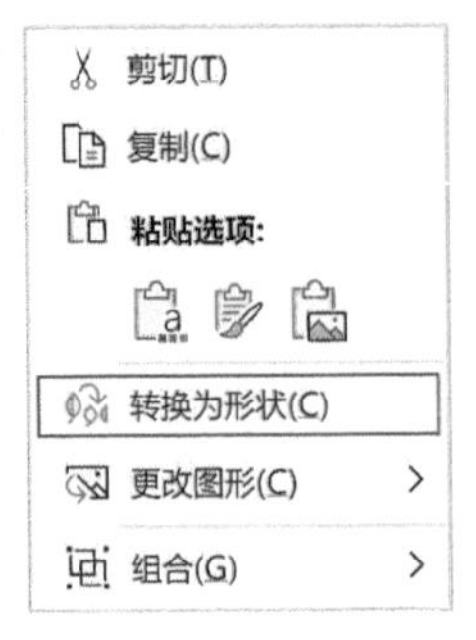

其他差异

下述功能使用频率相对较低，但也带来了很大的方便。

◎ 缩放定位

这是一个目录制作“神器”，使用起来相当方便。

◎ 草绘

如果没有该功能的话，就需要用“编辑顶点”功能来手动绘制了。用到该功能的场景不多。

例如，选中矩形并右击，在弹出的快捷菜单中选择“编辑顶点”选项，然后添加几个顶点并调整它们的位置。因为默认的顶点间线段都是直线，如果想要曲线，可以在顶点上右击，在弹出的快捷菜单中选择“平滑顶点”选项。

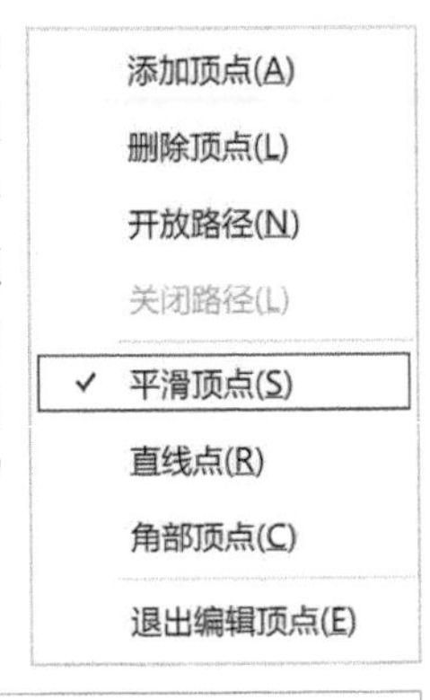

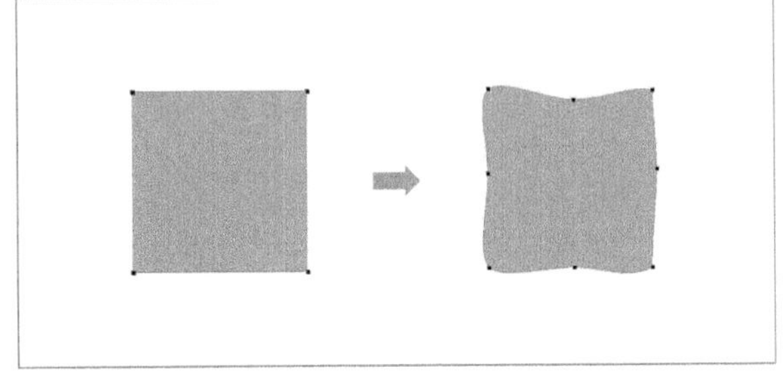

制作一个有填充色但无轮廓色的矩形，再制作一个有轮廓色但无填充色的矩形，把它们叠放到一起并稍稍错位，效果就出来了。

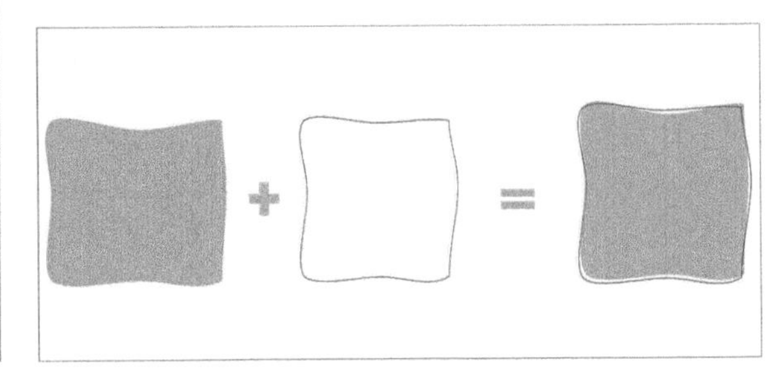

特别说明

虽然PPT 2016版中已经有了“布尔运算”，算不上新功能，但因为它应用极其广泛，所以在此再介绍一遍。如果大家的Office版本低于2013（没有这一功能），可以安装OKPlus插件，用“原生布尔”功能代替。在“OKPlus”选项卡的“批量组”组中可以找到“原生布尔”功能。

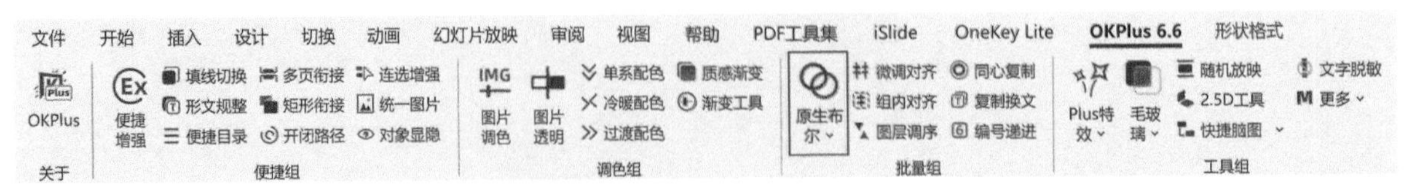

单击“原生布尔”下拉按钮，可以看到5项运算功能一个不少，可以替代PPT软件自带的“合并形状”功能。

CHAPTER 4

四

案例篇

来吧！你一定比我做得更好

091 企业简介

企业简介相当于一家公司的“个人简历”或“自我介绍”，制作企业简介PPT主要目的是让客户快速了解公司的业务范畴，以便在有需要时可以第一时间想到自己的公司。因此，好的企业介绍应该多展示客户想要了解的内容，而非一味地“自卖自夸”。

框架提纲

企业简介的信息展示有以下三点是必不可少的。

（1）关于我们（你是谁）。

（2）产品/业务介绍（做什么）。

（3）联系方式（怎么找到你）。

至于企业成绩、团队介绍等可以根据自身情况来考虑，如果有加分项可以突出一下，没有就简单介绍一下。

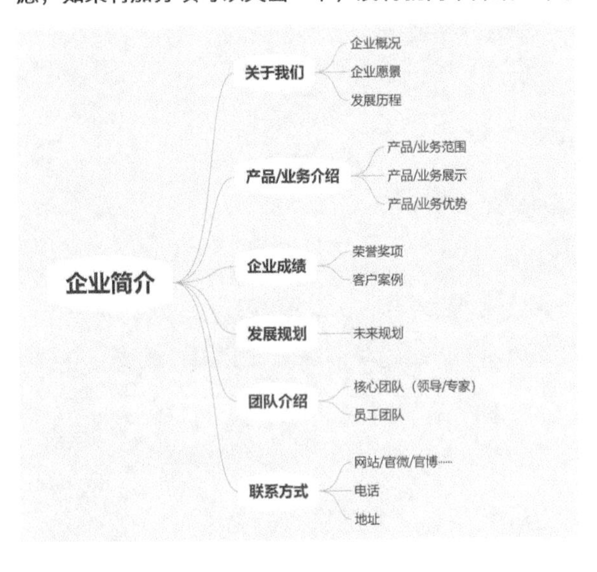

内容风格

本篇以一家环球旅行摄影公司“图行旅拍”(虚拟企业名）的企业简介PPT的制作为例进行讲解。其LOGO是飞机和相机图案的结合，可以参考确定设计风格。

◎ 字体

LOGO风格活泼、年轻化，整体是圆角造型，那么字体就可以选择有文艺感的汉仪圆简体。例如，标题使用“汉仪中圆简”，正文选择“汉仪细圆简”。

◎ 配色

配色应与LOGO风格统一，这里选择颜色“#FFE600”和“#51A8CB”，另外以“黑色”和“白色”作为辅助色。

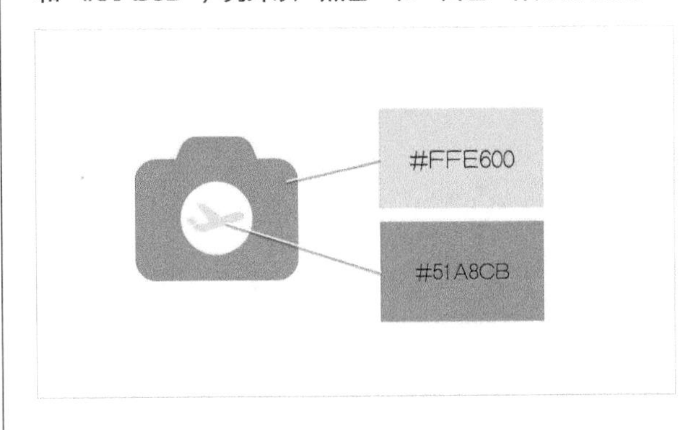

◎ 辅助元素

因为是旅拍风格，可以大量叠加半透明黑色蒙版图层，以及添加浅灰色的英文字母作为修饰。

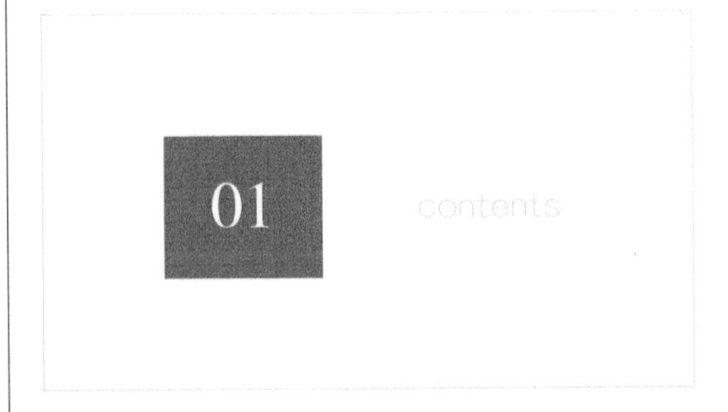

排版设计

既然是“旅拍”主题，那就少不了大量地使用照片作为背景，可以用“照片+50%透明度黑色蒙版+白色文字”来定调，用黄色和蓝色来突出重点即可。

◎ 封面页

封面页的必备内容是企业LOGO、企业名称和一句话宣传口号，背景选择旅行美照，起到与拍照相关联的目的。

◎ 目录页

与封面保持风格一致，所选图片中也有热气球元素，白色背景显得简洁干净。

◎ 过渡页

继续用热气球元素进行串联，让整个PPT有整体和系列感。章节内容过渡到这里，让半透明的数字“01”稍稍超出画面边缘，版式看起来会更活泼。

其他过渡页也保持同样的风格。

◎ 内容页

内容页的重点仍然是选图，然后根据图片特点进行版式设计。例如，下面这张背影图片，只有一个人物主体，留出人物部分，在其左右两边加上半透明蒙版，再用英文字母进行串联即可。

找一张有留白的图片，或者裁剪出留白的部分。

文字内容放在左侧空白区域，画面中人物的视线刚好看向文字，就把视觉焦点引到文字上了。

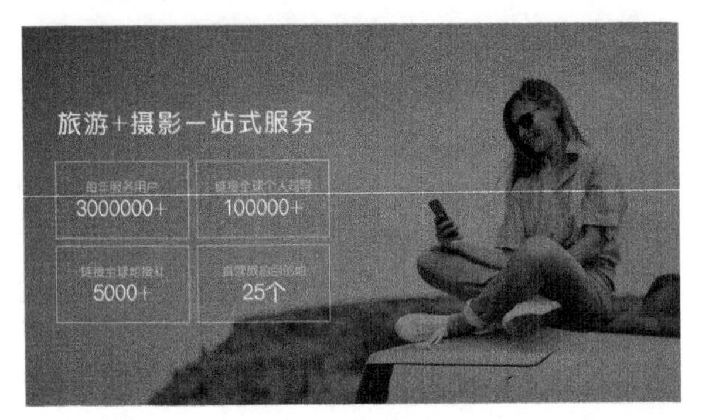

可以绘制一条直线作为时间轴，用圆点标记年份。热气球是纵向上升的，时间轴也是纵向竖直的，整个画面保持纵向统一的视觉效果。

延续前文风格，一定要记得在图片与文字两个图层之间添加蒙版层。

当大段文字集中在画面左侧时，记得要在画面右侧稍稍加点修饰（如英文字母）来平衡画面。

◎ 结尾页

结尾页留下宣传口号和官方网址，让感兴趣的客户可以继续了解更多信息。

092 产品介绍

做产品介绍的目的是让目标客户快速了解产品的功能和用途，知晓产品的优势和特色，从而做出购买行为。

框架提纲

无论是实物产品还是虚拟产品，对其做介绍的重点都是讲清产品的功能和用途。如果是新产品上市，可以增加预售时间介绍，老产品则加上市场反馈介绍。

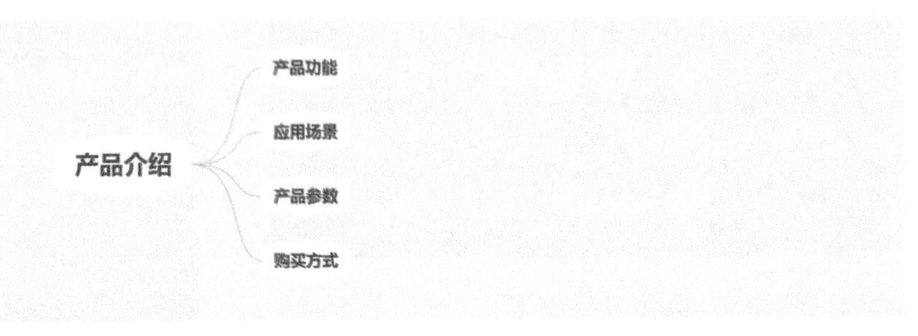

内容风格

本篇以实物产品“悦音牌”(虚拟品牌名)无线耳机的产品介绍PPT的制作为例进行讲解。有时，为了与产品发布周期同步，会提前制作产品介绍。这时很可能还没有最终定型的实物产品，只有模型图或者一两张样品图片。要充分利用仅有的资料让产品介绍出彩。

◎ 字体

耳机整体造型圆滑流畅，可选择现代简约的圆角字体，如“汉仪圆简体”。

◎ 配色

直接从图片中耳机机身吸取香槟金作为主色调，可以选择在高光、中间调、阴影部分取色，再搭配干净的黑色作为背景。

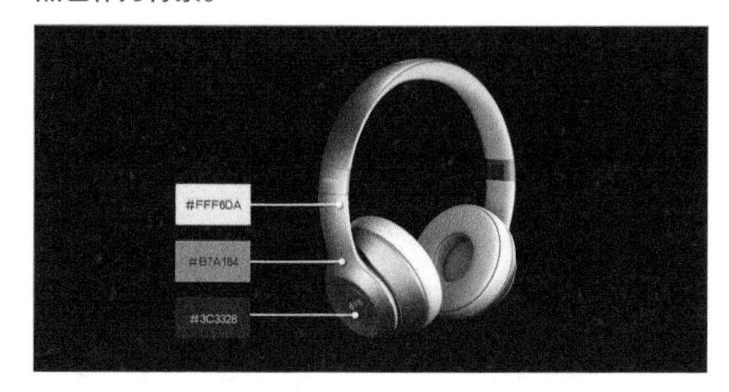

◎ 辅助元素

为突出产品，不需要过多修饰，只用金色光圈和曲线作为背景即可，这样既避免了单调又不喧宾夺主。

为金色光圈设置透明渐变效果，相关参数设置如下。

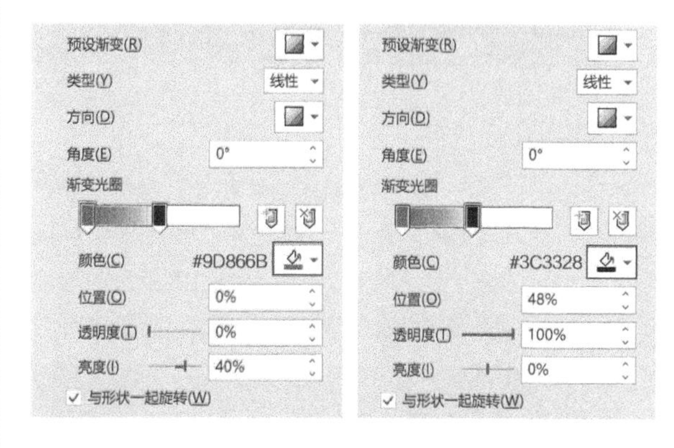

曲线只需绘制第一条，再复制多条就可以了。

> **提示**
>
> 可以绘制第一根线条，然后使用iSlide插件的“补间”功能快速复制多根。

排版设计

单个产品介绍的PPT页数不会太多，可多用图片进行表达，以排版简洁、干净为准则。

◎ 封面页

封面页必备元素有三：产品名称、产品图片和LOGO，另外还可以加上产品卖点的提炼文字。

◎ 目录页

模拟耳壳的圆弧轮廓，用金色光圈对页面进行布局和划分。

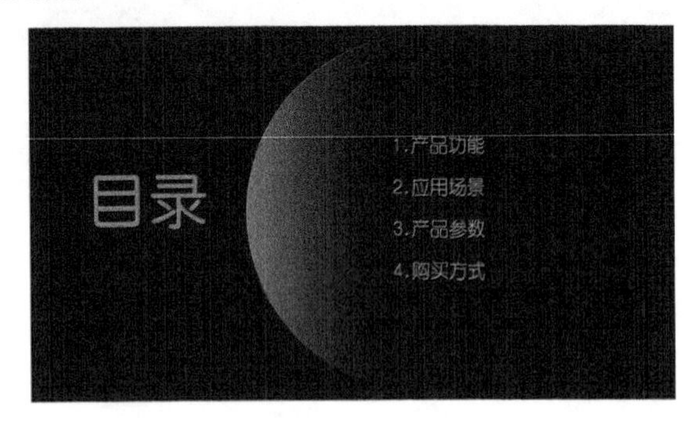

◎ 内容页

该页面主要用于介绍耳机的功能和产品参数，难点是只有一张产品图片。先放大耳机图片，截取图片的局部。这一页的重点是“降噪”，可以选用两组反向流动的音乐线作为装饰，代表声音的采样过滤和播放输出。

> **提示**
>
> 10页以内的PPT内容较少，可以不放过渡页，以每页统一的角标呼应目录页。

“内置天线”从外观是看不到的，也没有角度合适的产品图。好在耳机的侧面造型简单，绘制几个同心圆就能当简易结构图用了。

同样地，电池续航也可以用图标表现，可加点光圈修饰画面，避免画面单调。

多场景图片，除了整齐的矩形对齐，也可以使用“编辑顶点”功能稍微修改一下边角，让图片多点变化。因为整个画面是暗色调，实景照片也应适当降低透明度或叠加半透明黑色蒙版，避免明暗冲突过大。

若产品参数页中包含表格内容，应尽量去除内部框线，让画面干净整洁。

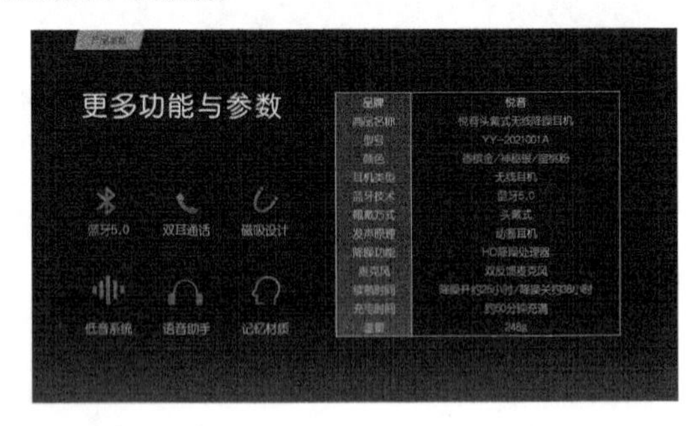

◎ 结尾页

结尾页应与封面页相呼应，再次出现产品，但又不能雷同。因此，这里将图片作为背景图片，并对其做局部放大和降低透明度处理。内容方面，可以添加未上市产品的预售价格和发售时间，还可以补充购买渠道和联系方式。

093 企业年会

举办企业年会，对内增强员工凝聚力，对外提高企业形象和知名度。无论大小企业，都非常注重企业年会的举办，其中就包括年会PPT的制作。近年来，各巨头公司的年会也经常流出火爆网络的节目，甚至演变成企业的形象公关活动。

框架提纲

年会活动总离不开三个关键词：回顾、表彰与展望。回顾过去一年的成绩与不足，表彰优秀员工，制定来年的目标及规划。当然，除此之外，年会活动可能还有文艺表演、幸运抽奖等娱乐环节。

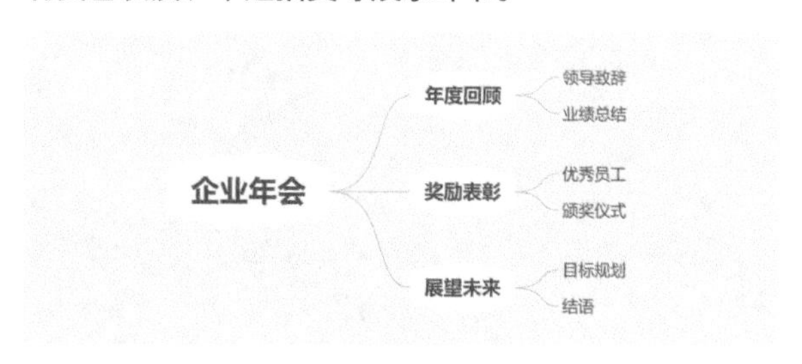

内容风格

年会活动属于庆典类，而红色、金色是喜庆的主色调。传统企业、机关单位大多倾向于喜庆的中国红；新潮的互联网企业、科技公司尽管酷爱“科技蓝”“深邃黑”等颜色，却也多少会加上一点红色元素，来点亮整个画面。

由于红色应用范围更广，这里就以“玩家实业集团”（虚拟集团名）为例，制作一套红、金色的企业年会PPT。

◎ 字体

该案例用到了3种字体，封面使用经典大气的毛笔字，内页标题使用典雅大气的“汉仪粗宋简”，正文则使用“汉仪细圆简”以方便阅读。所有文字都用烫金纹理素材填充，这样更有质感。

◎ 配色

饱和度过高的红色容易刺眼，可以将背景色调暗一些，这样更耐看。选择由亮红、暗红、金色三种颜色调和成的渐变色，其效果经典又大气。

◎ 辅助元素

庆典场面自然少不了各种光效素材，整体压暗，局部点亮，以细节取胜。

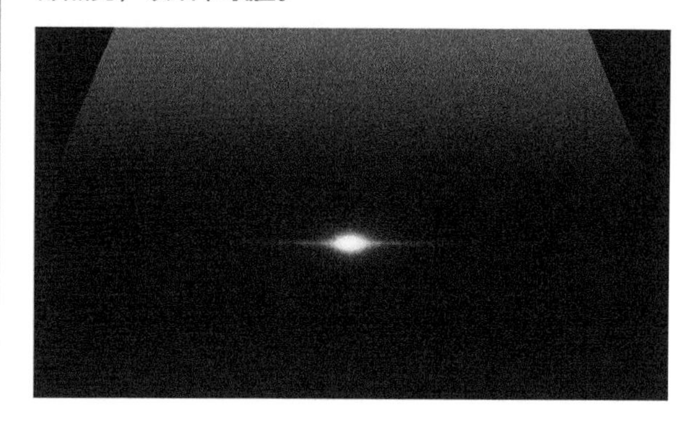

排版设计

年会PPT的设计的重点是突出大气、庄重的气质，因此应多用居中和对称排版方式，让视觉更集中。

◎ 封面页

封面页主标题的字体为毛笔字，文字填充烫金纹理。注意，根据标题文字数量逐个插入文本框并编辑，便于摆造型。上方的镂空文字使用渐变线作为文本轮廓。

◎ 过渡页

过渡页使用对称设计，本页难点在于“01”数字图标的效果呈现，这里使用了三维格式效果来制作。

用于参考的效果参数设置如下。

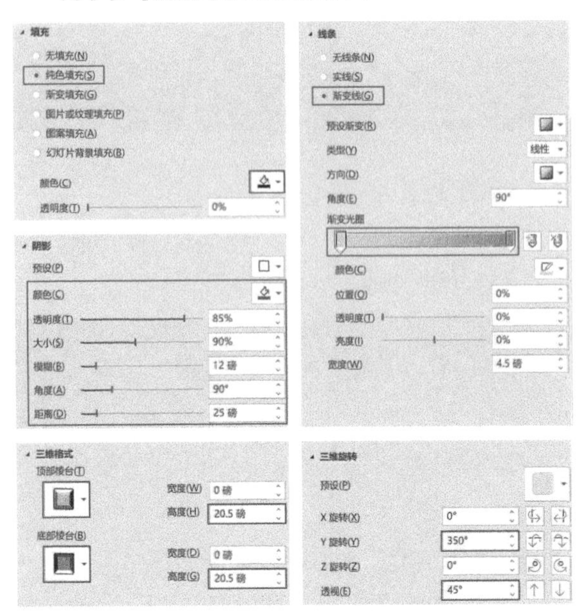

◎ 内容页

“新年致辞”文字错落排列，用平行四边形作为背景框，让画面多点变化。

业绩总结页采用了典型的居中对称版式，包括3个矩形的轮廓线也是中间亮两边暗。底层隐藏画框的金色渐变必不可少。

本页标题呼应“新年致辞”，所有背景框都是半透明的暗色，反衬使得文字内容更加突出。

为了与整体风格保持一致，图标也用了烫金纹理填充。

同样是光影的点缀，既是画框，又能修饰画面。

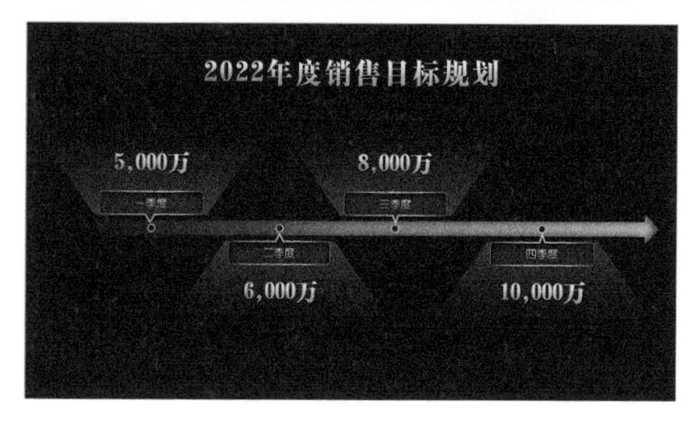

◎ 结尾页

结尾页风格上应与封面页相呼应，并展示来年的口号。中间的弧带用到了“布尔运算”，是将两个椭圆和全屏矩形一起“拆分”所得，寓意“圆满”。

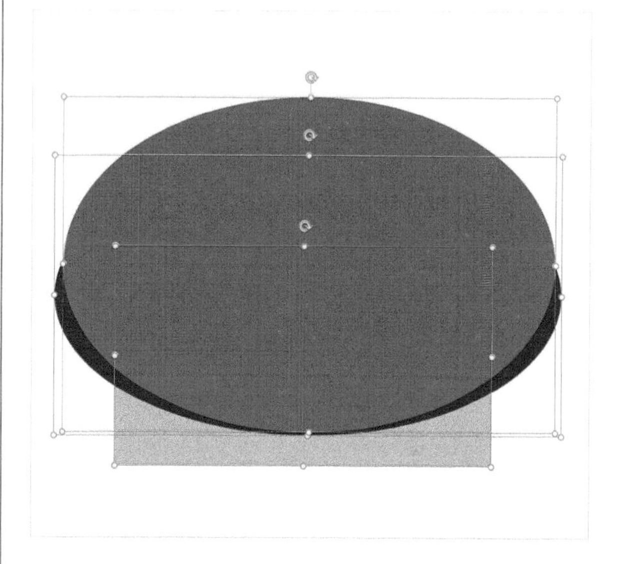

全选上图中三个图形，使用“布尔运算”“拆分”后只留下一条弧带，然后填充形状和轮廓渐变色。其最终效果如下。

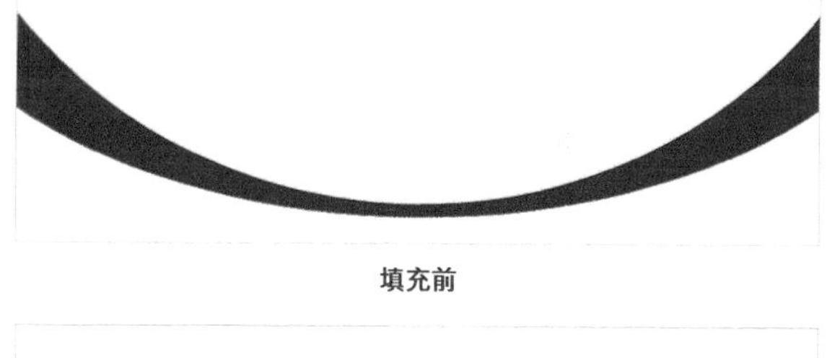

填充前

填充后

最终效果

094 求职简历

求职简历是找工作的“敲门砖”，好的简历能帮助大家提高面试的通过率。除了大家最常见的Word模板，也可以根据岗位性质来为自己定制一份特别的PPT简历。例如，营销策划、创意设计等岗位就可以尝试一下。

提示

要根据岗位性质来，如规则性较强的财务岗就不适合这样做了。

框架提纲

求职简历少不了几个固定的模块：基本信息、求职意向和教育经历。如果是刚从学校毕业，就侧重教育和实习经历，介绍一下技能特长和所获得的奖项；如果是有一定工作经验，可以加上项目经验和工作荣誉。

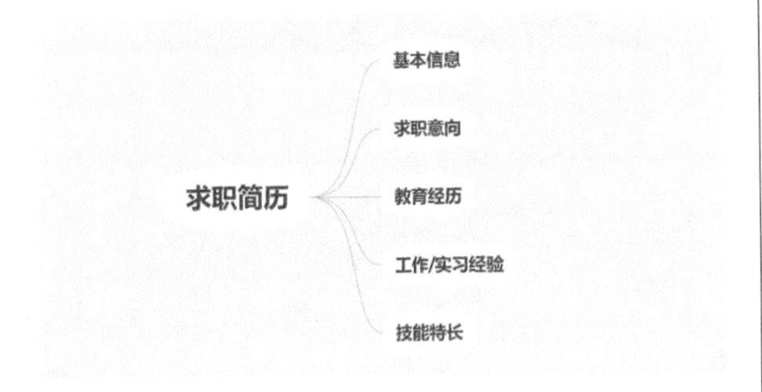

内容风格

本篇以一位交互设计实习生的求职简历PPT的制作为例进行讲解。

◎ 字体

工作类PPT字体简洁、容易辨识即可，这里选择较常规的“思源黑体 CN Bold”。

◎ 配色

为了体现设计感，选择了蓝紫渐变色作为背景色，文字则选用了带一点点阴影效果的白色。

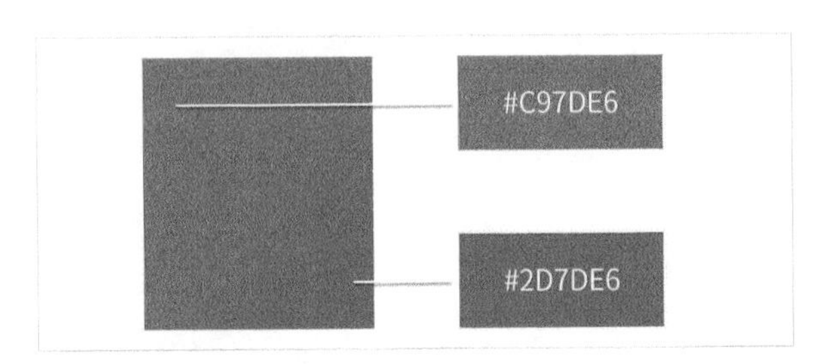

◎ 辅助元素

辅助图形选用圆角和半透明渐变效果，注意透明度的控制。

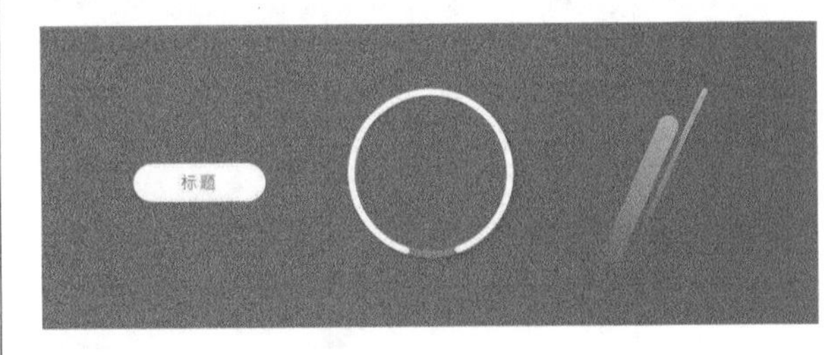

排版设计

因为求职者求取的职位是交互设计实习生,PPT设计可模仿UI效果，这样在介绍的同时展示了自己的设计能力。

◎ 封面页

封面页制作成App个人资料界面效果，与求职者的专业技能挂钩，手机外观原型图由圆形和圆角矩形拼接而成。

◎ 内容页

简历通常只有几页，目录可以直接融入内容页，布局效果类似网页的顶部导航。颜值高的求职人可以添加个人照片，还可以将照片放大并调高透明度，用于设置背景纹理，方法参考“074 进行人物介绍”。

“求职意向”页同样可以用手机原型图来展示自己的作品和专业技能水平。

“教育经历”页、“实习经验”页的文字较多，注意保持内容布局整齐，空白区域可以用渐变色的形状填补。

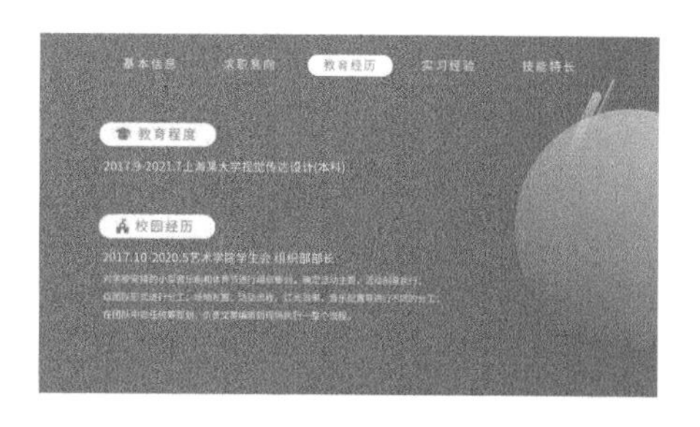

“技能特长”页用双圆弧图形来表示专业技能熟练度，半透明圆弧置于底层，白色不透明圆弧置于半透明圆弧上方，代表技能熟练度达到的百分比。

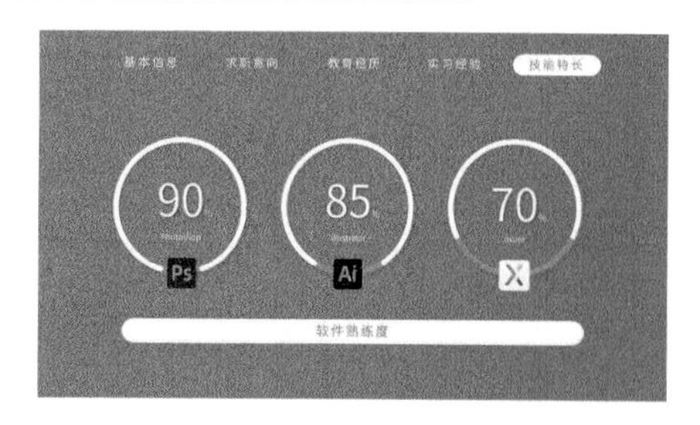

◎ 结尾页

结尾页应与封面页相呼应，用二维码展示更多作品，也表达“期待回复”的意愿。

095 竞聘述职

竞聘述职属于工作类PPT，遵循简单明了的原则。通常公司会有规定的PPT模板，如果不使用模板，至少会要求设计者在PPT页面中放上LOGO和使用企业标准色，我们要做的就是在给定的框架中突显个人优势。

框架提纲

述职汇报主要陈述自己本阶段主要从事什么工作，遇到哪些问题，问题是如何解决的，取得了哪些成绩，以及接下来的工作规划等。

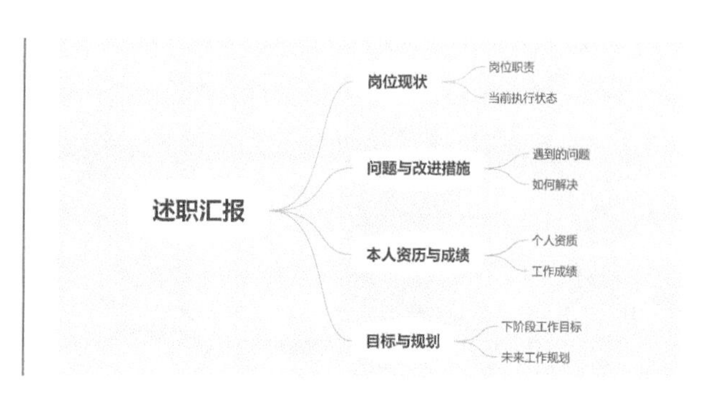

内容风格

本篇以一位管培生的述职报告PPT的制作为例进行讲解。她在一家名为“嗨购网”(虚拟企业名)的短视频购物公司工作，目前正轮岗从事视频审核业务。由于工作汇报类PPT需要遵从公司的VI规范，所以其设计风格应与企业风格一致。

◎ 字体

字体使用免费可商用的“思源黑体 CN Bold”，用不同的字号和颜色来区分标题和正文。

◎ 配色

配色使用企业标准色“#FF8567”和“#FF4664”，并且以渐变效果为主。

◎ 辅助元素

辅助图形以圆形、圆角矩形为主，以突显年轻、活力、时尚的感觉。

排版设计

工作类PPT讲究规范、简洁，只要画面干净、思路清晰即可。

◎ 封面页

公司名称、汇报名称、汇报人姓名和职位，左右分布排列。为了避免白色文字和图形被背景“吃掉”，加上一点阴影效果会更好。

阴影效果参数设置可参考右图。

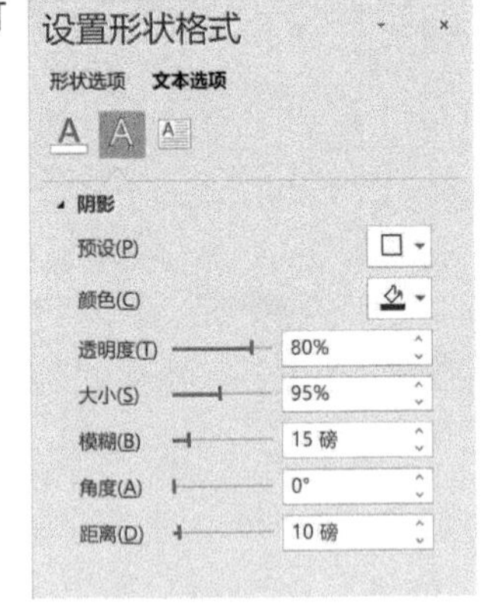

◎ 目录页

目录页的内容左右对称分布，镂空英文字母修饰了画面。

◎ 过渡页

过渡页采用圆形图案作为主体图案，数字也一样加上阴影效果。

◎ 内容页

在内容页中，应先描述当前的工作内容，重点工作可以用不同色块突出，并且适当加大其面积占比。

“遇到的问题”页和“改进措施”页用同样的版式相呼应，“遇到的问题”内容版块用灰色，“改进措施”内容版块用彩色。

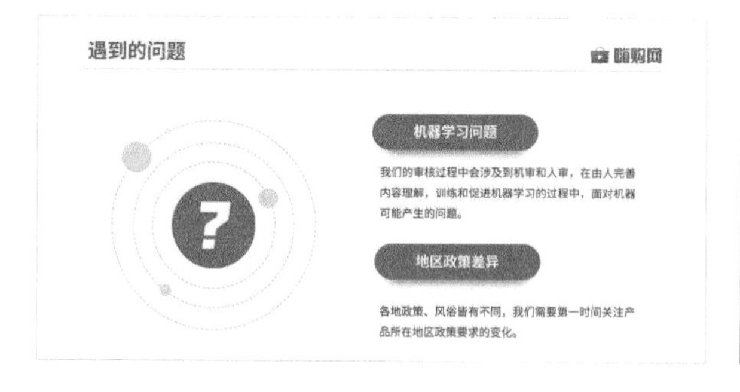

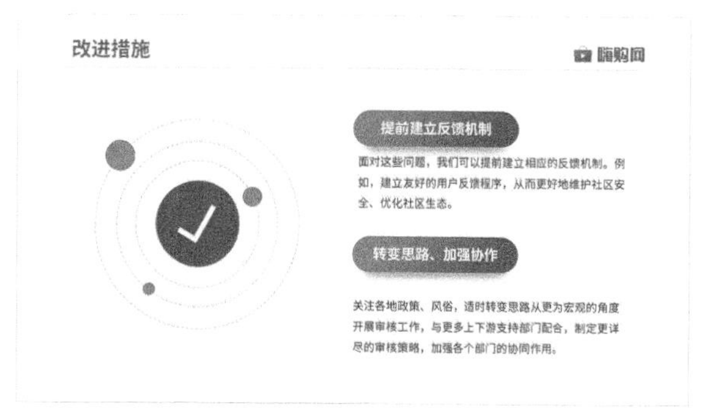

重点数据用企业标准色标示并放大，让观众一眼看清，画面空白区域可以适当用插图填补。

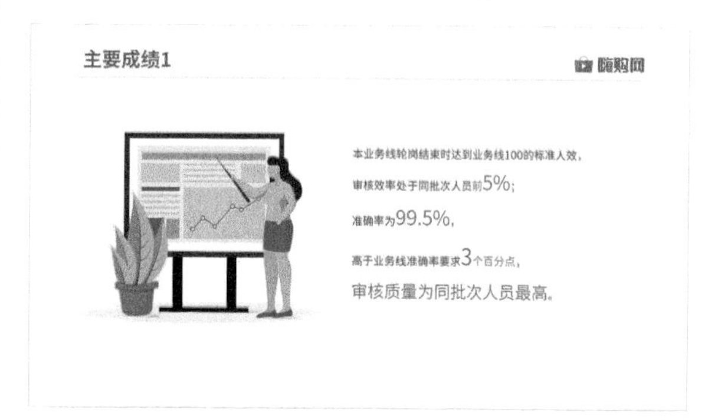

◎ 结尾页

结尾页在内容上记得感谢公司和同事，表达想和公司一起成长的愿望，风格应与封面页相呼应。

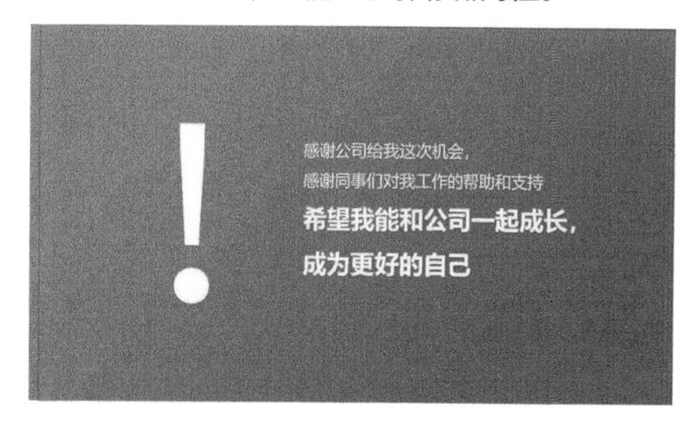

096 融资路演

近年来，我国一直鼓励创新型企业、小微企业发展。无论是大学生还是社会工作者，参与创新创业的热情也是一年高过一年。那么，怎样才能写好一份商业计划书，从而打动专业评审和投资人呢？

框架提纲

商业计划书也有常规的套路可循，核心是讲清楚“人”“事”“钱”。

人：你是谁（公司/团队简介）？

事：你要做什么（项目定位）？为什么做（市场分析）？怎么做（核心技术与产品）？

钱：需要多少钱（融资计划）？

每位融资人只有10~15分钟的演讲时间，因此PPT内容必须精简，要用外行都能听懂的语言来叙述，篇幅控制在10页PPT左右，最多不超过20页。

具体到内容板块划分和排序，可以套用模板格式，也可以根据项目自定义。不过总体而言，通常以下几点内容是必不可少的。

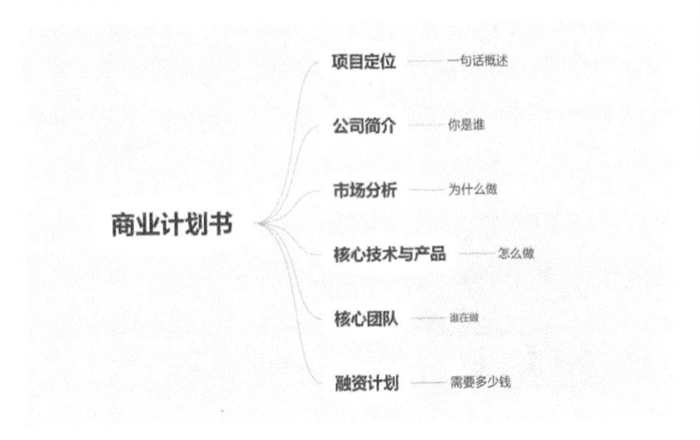

内容风格

本篇以一家蓝领用工平台“工约”(虚拟企业名)参加创意大赛的PPT的制作为例进行讲解。根据企业LOGO，可以定义画面主色调为蓝白色。

◎ 字体

蓝领工作多为体力劳动，因此标题字体可以选择稍稍倾斜、富有运动感的“优设标题黑”，正文字体可以选择百搭的“思源黑体 CN Normal”。

标题：优设标题黑

正文：思源黑体 CN Normal

◎ 配色

以蓝、白色为主色调，图形填充颜色可搭配少量渐变色，以丰富视觉效果。

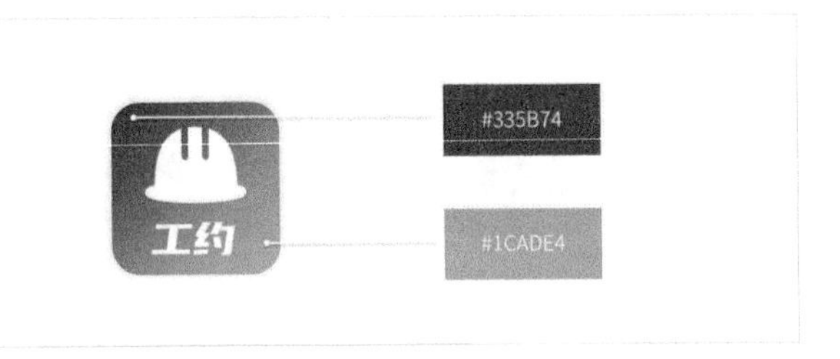

◎ 辅助元素

这份PPT中会大量用到蓝领工作场景图片，由于画面相对杂乱，可以进行去色和降低透明度处理，制作成浅浅的黑白底纹，这样既不干扰文字阅读，又能让白色背景不显单调。

排版设计

这是一份较为典型的全图型PPT演示文稿，其中运用了大量的黑白图片作为背景纹理，让杂乱的工作场景变得有质感。

◎ 封面页

封面页的重点是用一句话做项目概述，它告诉投资人这个项目“要干啥”。如果公司刚刚成立，不必另外单独制作公司介绍页，演讲重点落在项目本身即可。

◎ 内容页

先分析一下大的宏观环境，描述蓝领市场规模。内容左右分布，左侧背景图片进行变色处理，重点数据放大突出。

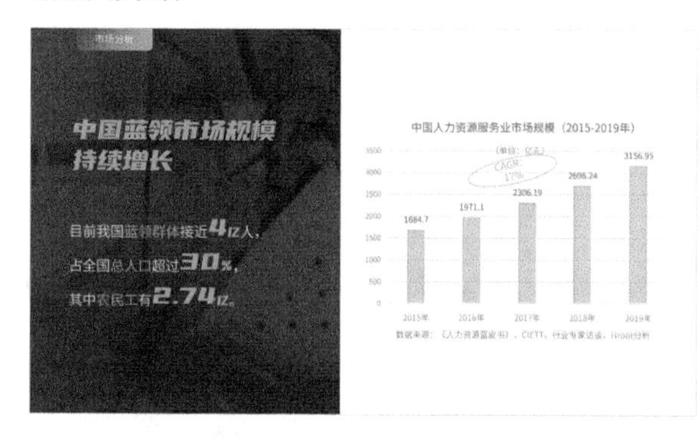

指出传统招工模式痛点，蓝领为就业问题发愁。这一页用到了图标云生成器，先列举多个痛点，然后生成环绕图，对中间的主题文字形成压迫感。

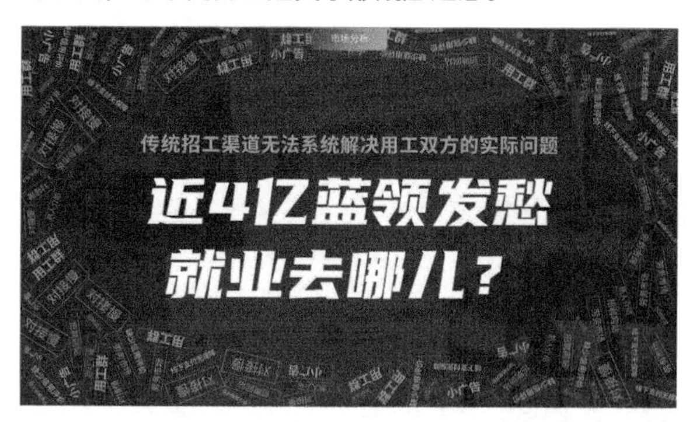

循着问题给出答案，“工约”App旨在解决工人与用工方之间的难题。这一页内容集中在中间的矩形区域，因此用了蓝色矩形划分版面，集中视觉。黑白图片降低透明度后填充为背景纹理。

与其他传统用工平台相比较，“工约”App更专注于蓝领群体，且拥有独特的技能和信用评估体系、双向竞价模式。使用表格进行内容对比，去除多余的框线已是常规处理方式。

平台	成立年份	融资情况	针对群体	优势比较
A平台	2015年7月	8000万美元	蓝领、基层白领	大数据+推荐算法提升批量招聘效率
B平台	2016年5月	3000万人民币	在校学生	给雇主提供完善管理系统，降低企业成本，使兼职招聘过程标准化
工约	2017年8月		蓝领	建立工人技能和信用评估体系，公正透明，双向竞价

核心产品为特有的评价累积体系、实时对接模式，且拥有相关的智能工具专利。这一页内容较少，文字内容左对齐之后，画面右侧出现大面积空白，可用局部抠图补足和平衡画面。

讲述项目目前进行到什么程度，运营情况如何。如果在画面局部使用了图片进行修饰，可以叠加半透明渐变蒙版，让画面过渡更自然。

团队介绍只需强调核心成员，呈现最重要创始人的色块在颜色和面积上应予以突出放大。

融资计划也就是需要多少钱，以及打算拿这些钱来做什么。出让股权的比例可以用饼图标示，用蓝色渐变色突出。

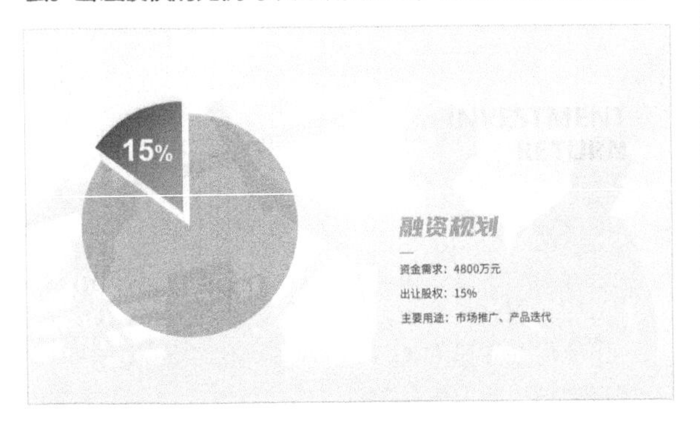

◎ 结尾页

结尾页应与封面页相呼应，再次描述“工约”App是做什么的。如果有企业订阅号、App下载二维码等信息，也可以放在这里。

097 教学课件

教师也是PPT的高频使用群体之一，特别是艺术、文学专业的许多教师，课件一般都制作得非常精美，可以让学生们耳濡目染地进行模仿和学习。

框架提纲

教学课件的提纲通常就是教材目录，按章节划分即可。

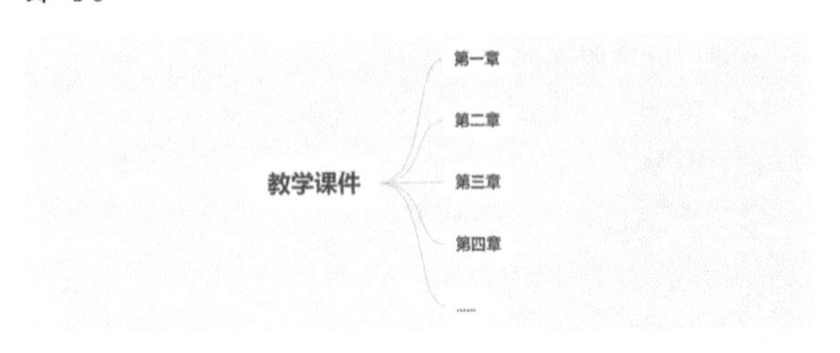

内容风格

这里以《广告修辞学》某节教学内容的PPT课件设计为例进行讲解。

◎ 字体

通常情况下字体采用Windows自带的“微软雅黑”即可，既省了课前安装特殊字体的麻烦，又可选较大字号，这样后排的同学也能看清楚。

◎ 配色

课件的配色简洁稳重就好，这里选择了具有发布会风格的蓝黑渐变色，文字颜色选用“#00B0F0”和“#FFFFFF”。

◎ 辅助元素

用一些半透明的圆角矩形制作角签和底框，透明度要稍微高一些（注意，透明度要保持在80%~90%，否则就看不清文字了）。

排版设计

教学课件的版式以醒目、简约、辨识度高为准则。

◎ 封面页

因为《广告修辞学》与语言文字相关，所以可以选择放满书的书架图片作为背景。

◎ 目录页

该页风格与封面页的应相互呼应，所以仍然选择插入一张放满书的书架照片。

◎ 内容页

教学课件PPT通常页数和章节较多，最好加上角标。另外，如果课件中有大量的文字，可以为文字部分添加统一的背景色块。

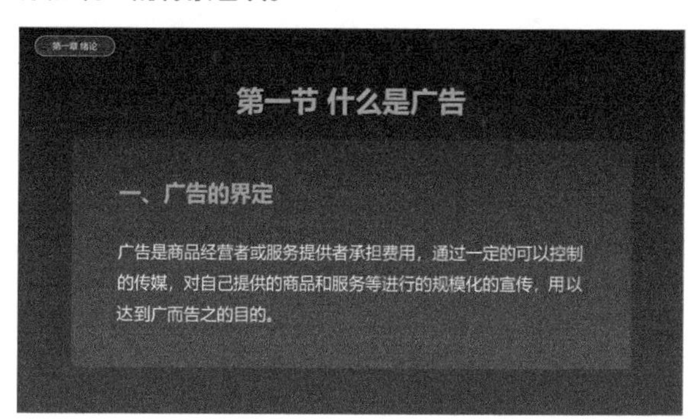

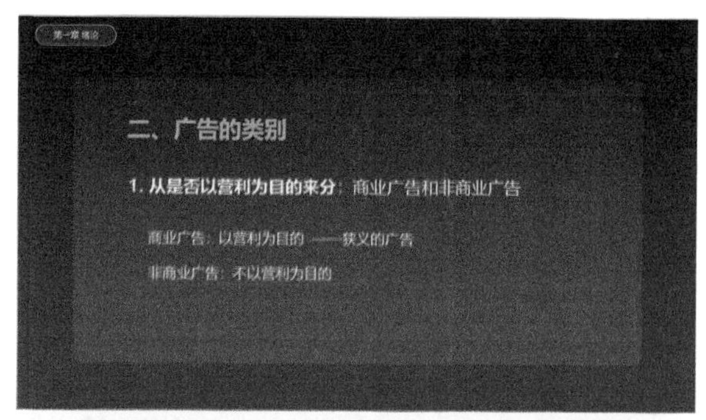

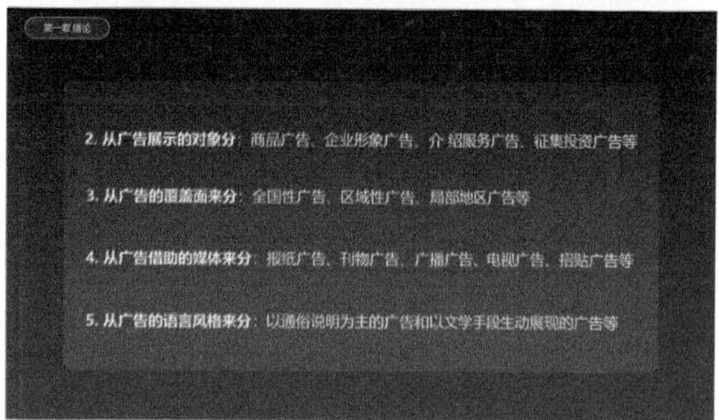

如果有图表，可选用同风格的半透明色块垫底，让版面清爽简洁。

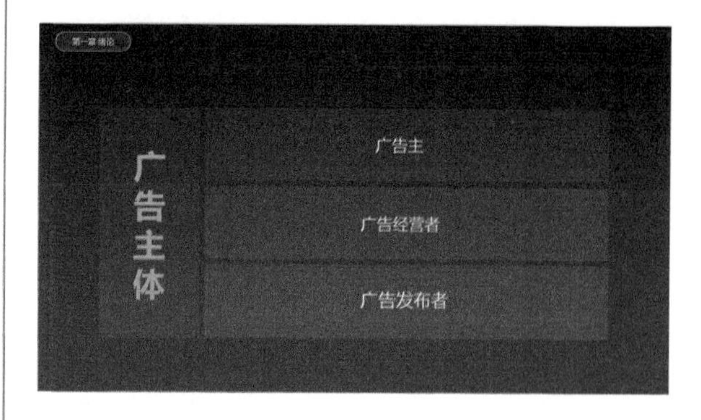

◎ 结尾页

每节课讲完，应当给学生留下提问和讨论的时间。另外，老师（讲师）也可以留下联系方式，方便课后收取作业和与学生沟通。

098 毕业答辩

毕业答辩是完成高校学业的最后一课，相对正式和严谨。这类PPT的特点是简洁和实用，要符合学校的气质风格，设计不要太过跳脱。

框架提纲

毕业论文有固定的框架结构，大致包含以下5个部分。

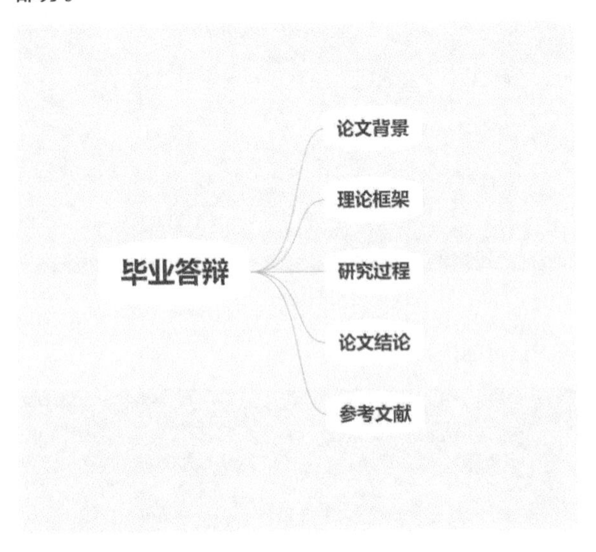

内容风格

可以参考学校属性、校徽颜色或所学专业来确定PPT的风格，多数学校会使用蓝色、绿色，少数使用红色、咖啡色等。这里以某经济贸易大学学生毕业答辩PPT的制作为例进行讲解，该校校徽为墨绿色风格。

◎ 字体

使用Windows系统自带的“微软雅黑”字体，避免更换计算机演示PPT时字体缺失，非商业用途可以放心使用。

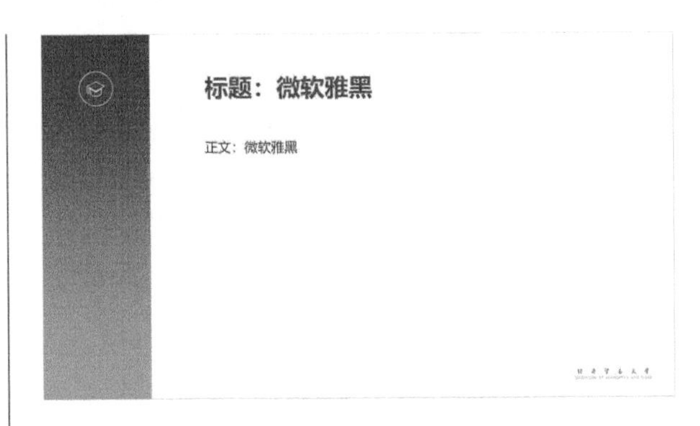

◎ 配色

颜色使用“校徽色”“#015955”(墨绿)，再搭配“#02AAA0”(浅绿)作为辅助色。

◎ 辅助元素

辅助图形可用常见的方形、圆形，简洁就好，不需要加阴影。

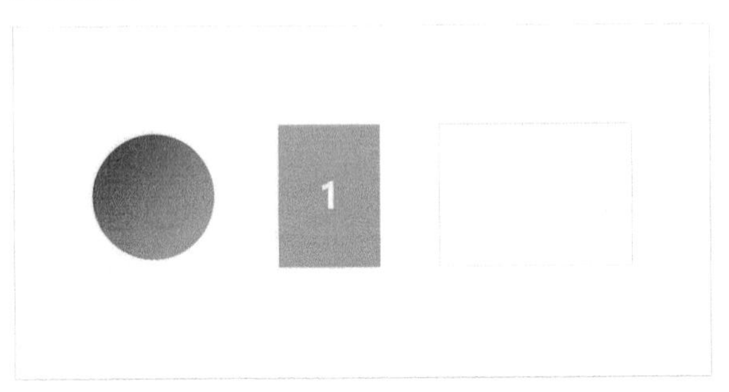

排版设计

整体保持简洁的学术风格，尽量让画面干净整齐。

◎ 封面页

封面图自然少不了学校的实景照片，构图居中对齐，显得稳重。

◎ 目录页

目录页按论文内容结构顺序整齐排列即可，无须过多修饰。

◎ 过渡页

过渡页应与封面页相呼应，采用渐变色背景，校徽放大设置为半透明阴影效果，在丰富画面的同时填补右侧空白。

◎ 内容页

在内容页的左侧设置论文内容结构导航，让审核老师可以清楚每个部分表达的内容。排版简洁清晰即可，记得加上校徽和学校名称。

分条的内容按顺序罗列，同时保持统一对齐方式。

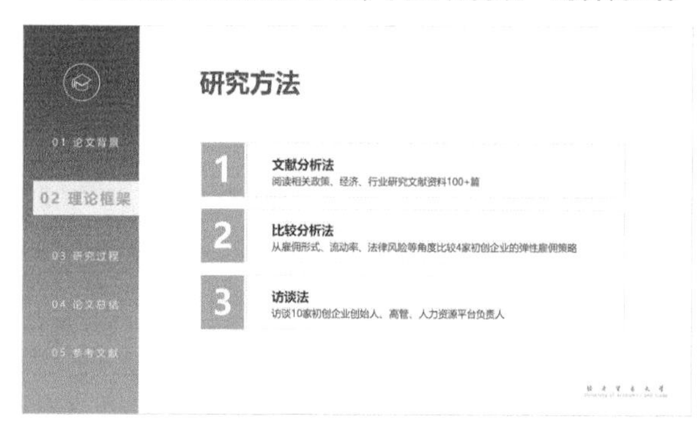

表格内容可以直接套用图表样式，去除内部边框线，让版面更简洁。

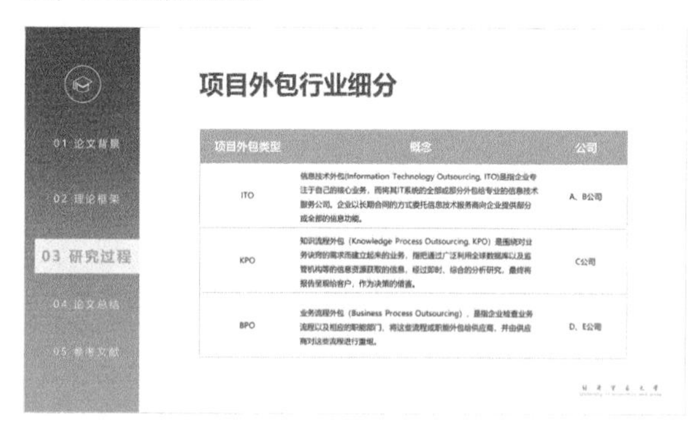

◎ 结尾页

结尾页应与封面页相呼应，并指明“汇报完毕 敬请指正”。

099 名片

名片尺寸特殊，只能用Photoshop或Illustrator制作吗？当然不是！设计软件只是实现工具，关键还在于使用它们的人。只要学会了PPT，大家都可以变成名片设计师，一起来试试吧！

名片内容

名片是推销和介绍自己的一种方式，交换名片也是商业交往中一个常见需求场景。通常，名片上会标示姓名、所属组织（单位）和联系方式。

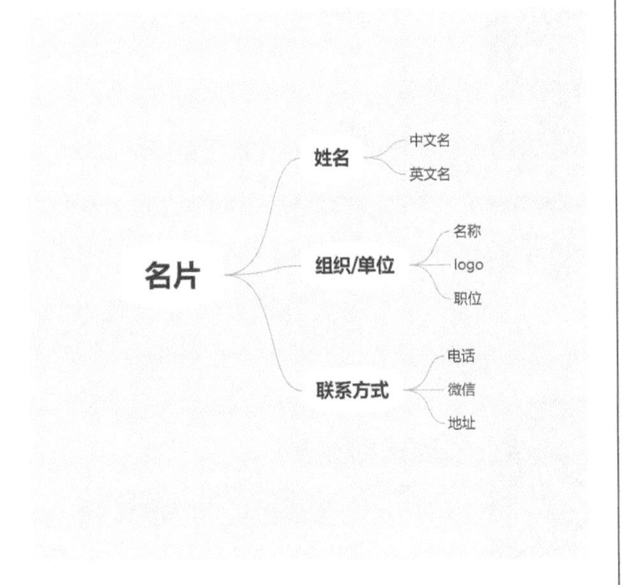

名片尺寸

常规默认的名片尺寸是9.0厘米×5.4厘米，有时设计师会采用更窄一点的尺寸，如9.0 厘米×5.0厘米，以显得更有设计感。当然，这些尺寸并不是固定的，我们也可以根据需要自定义尺寸。

下图为9.0 厘米×5.4厘米横版名片的示例效果。

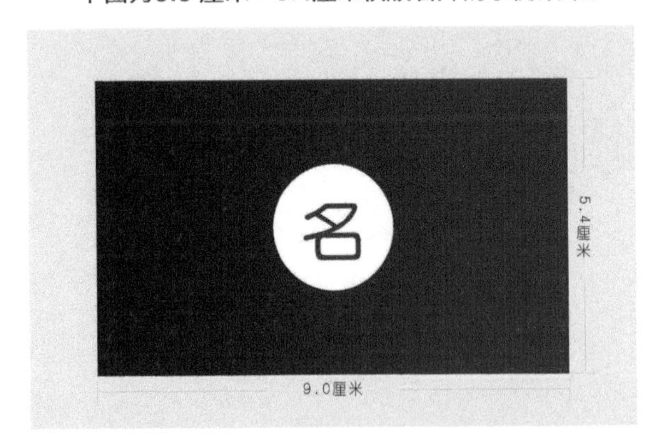

右图为5.0 厘米×9.0厘米竖版名片的示例效果。

排版设计

这里以常规的9.0厘米×5.4厘米横版名片和5.0厘米×9.0厘米竖版名片的制作为例进行讲解。

◎ 横版名片

先按需要制作的名片尺寸设置幻灯片大小，执行“设计>自定义>幻灯片大小>自定义幻灯片大小”命令。

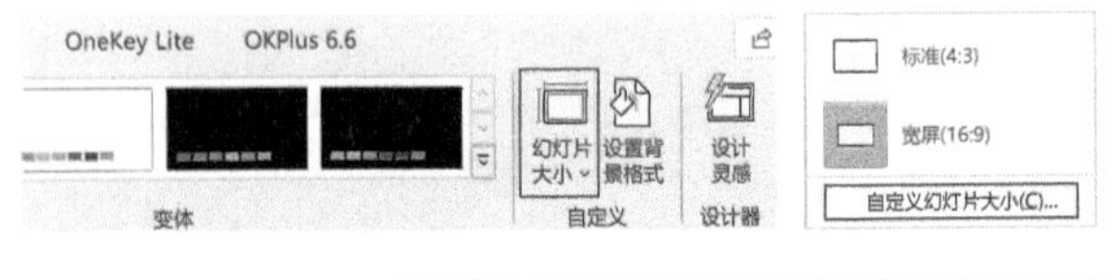

在弹出的“幻灯片大小”对话框中设置“宽度”为9厘米，“高度”为5.4厘米。

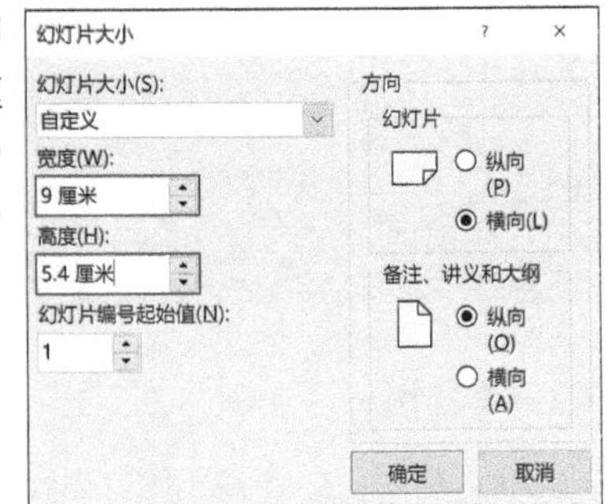

设置好尺寸，页面设计的方法与平时制作PPT页面类似。先在“名片的正面”添加单位名称、姓名、职务、联系方式等信息。

“名片的背面”主要放公司LOGO和公司及地址名称等信息。

◎ 竖版名片

同样的，先按需要制作的名片尺寸设置幻灯片大小，执行“设计 > 自定义 > 幻灯片大小 > 自定义幻灯片大小”命令。在弹出的“幻灯片大小”对话框中设置“宽度”为5厘米，“高度”为9厘米。

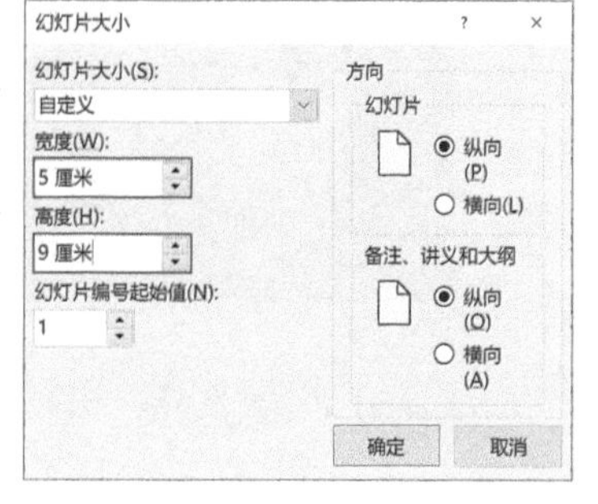

这里以“北极光运营管理有限公司”职工名片的制作为例进行讲解。该公司LOGO由“北”字变形设计而来，整体呈顶尖朝上指向北方的三角形效果，因此更适合用特殊的竖版设计来表现。

比较特别的是，在“名片背面”的竖版设计中，可以加入向上的线段标尺元素，以带来海拔、高峰、北方、向上等诸多意象。

100 平滑动画

在各种动画效果中，平滑动画较为简便，用法也较多。只要掌握好这一种动画效果的运用，就能表现出千变万化的效果。下面就以一份“DK冰淇淋”(虚拟品牌名）产品介绍PPT的制作为例讲解平滑动画效果的多种用法。

页面预览

先预览一下这份PPT的页面内容。

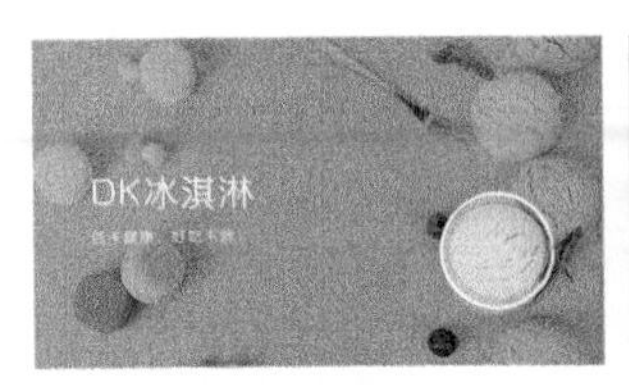

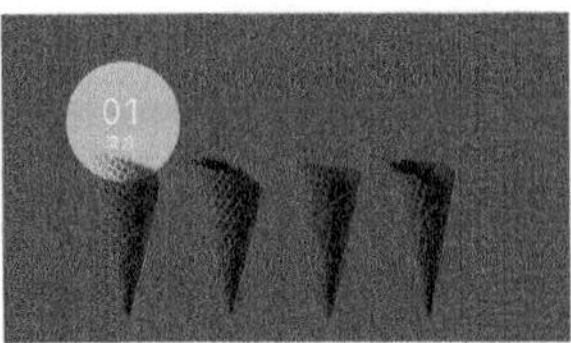

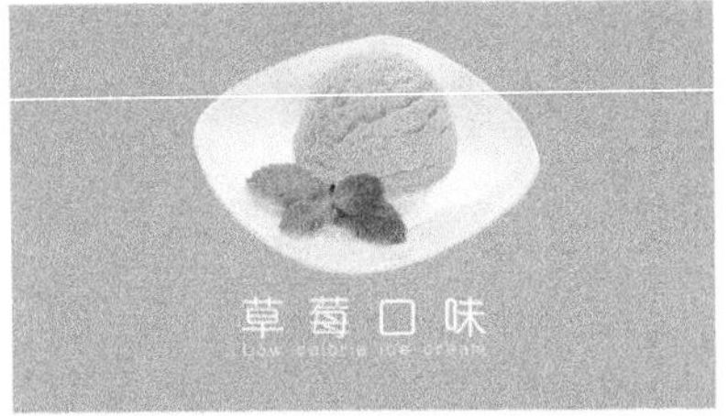

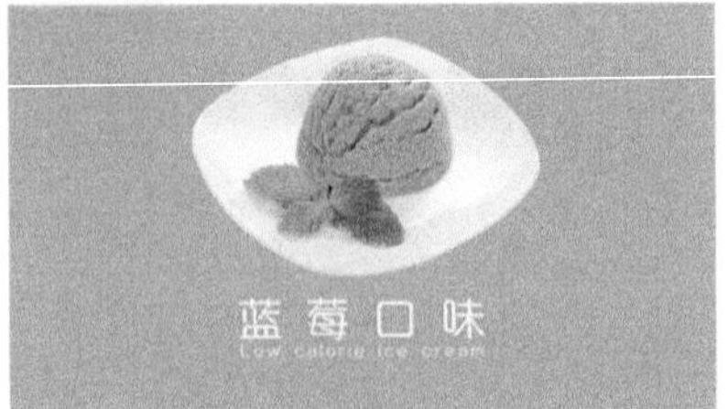

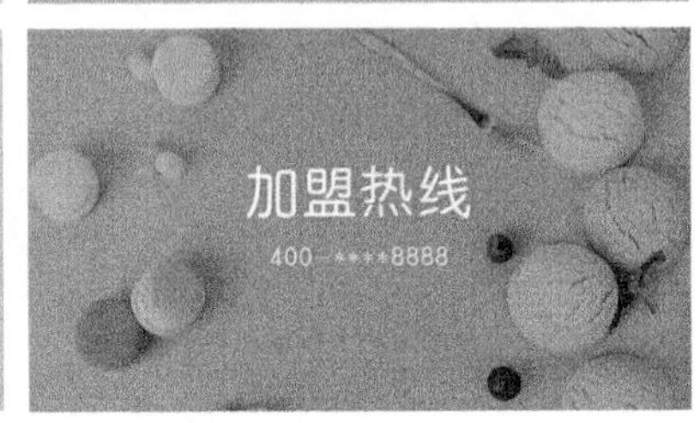

动画效果拆解

◎ 封面页：放大镜+图片缩放

封面页是由两页PPT组成的，在第1页中拉伸背景图片，使其超出幻灯片编辑区，文字也都拖到编辑区以外。

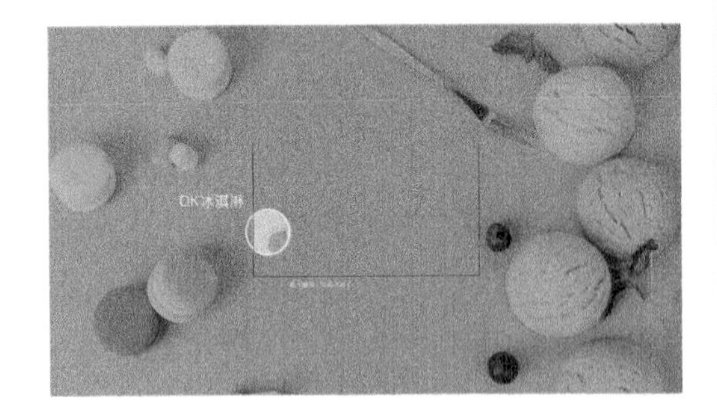

在第2页正常摆放背景图片和文字。

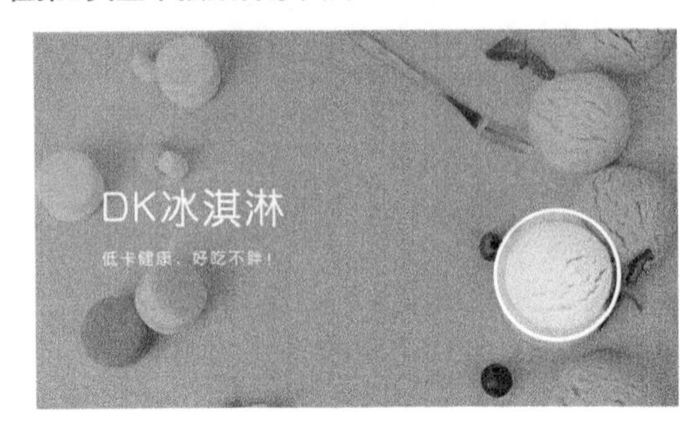

小圆放大效果，是通过在第1页中将背景图片复制并裁剪为1：1来实现的。

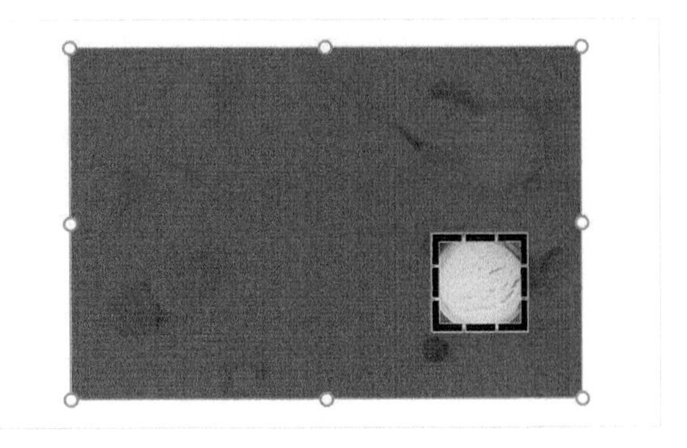

然后将其复制到第2页，并移动到裁剪位置。

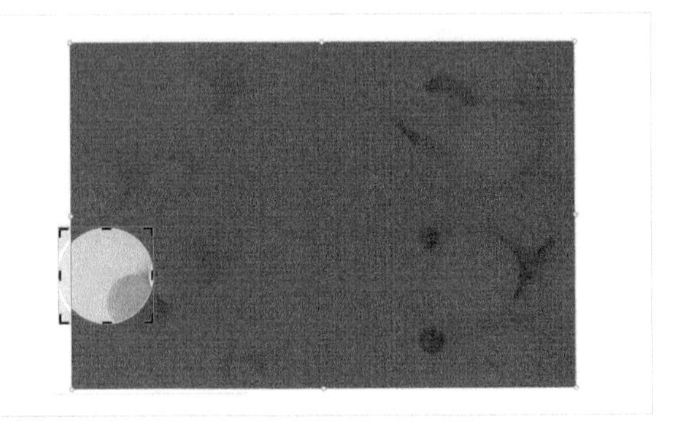

最后，将两页动画连起来播放，效果就制作好了。

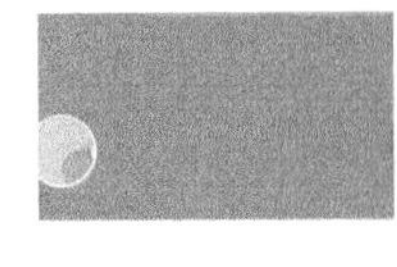

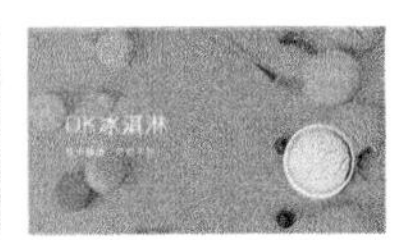

◎ 目录页：移动伸缩

目录页由4页PPT组成，当“01 简介”出现时，其他3页PPT的文字是藏在蛋筒后面的，另外几页PPT也是一样。

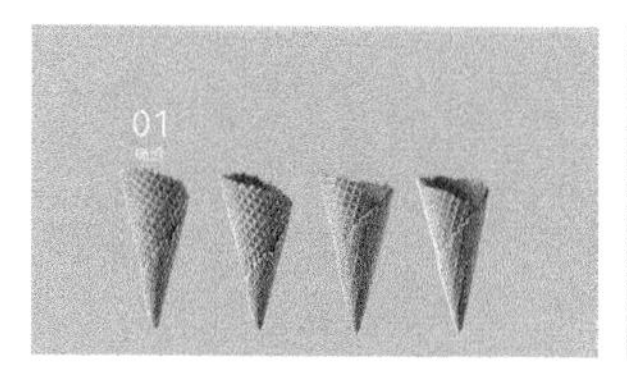

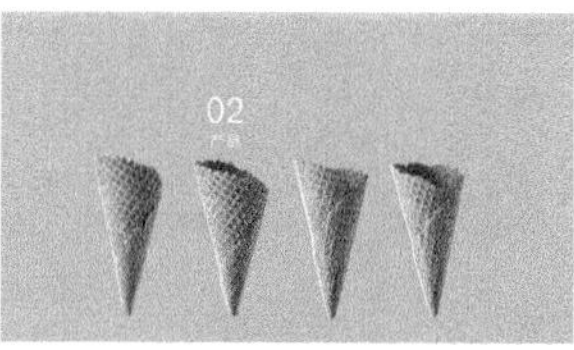

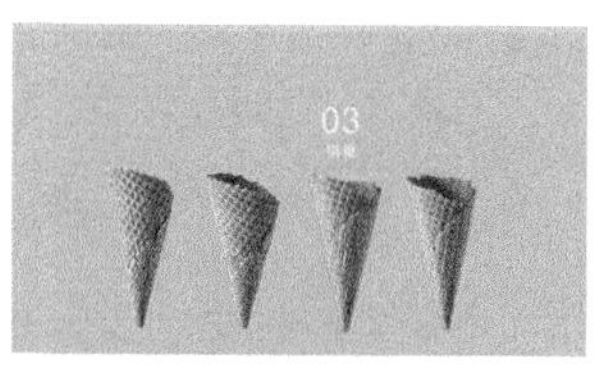

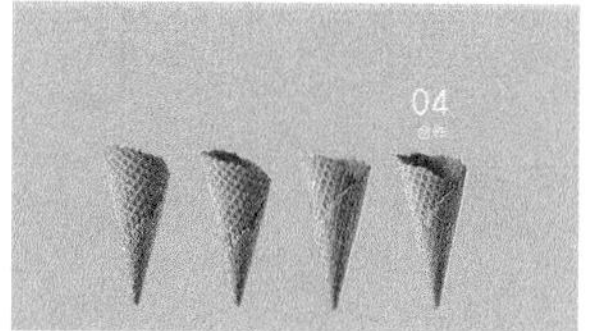

然后，绘制一个超大的矩形和一个小圆形，用矩形“剪除”圆形得到镂空蒙版层，并覆盖到每一页PPT中文字出现的位置。

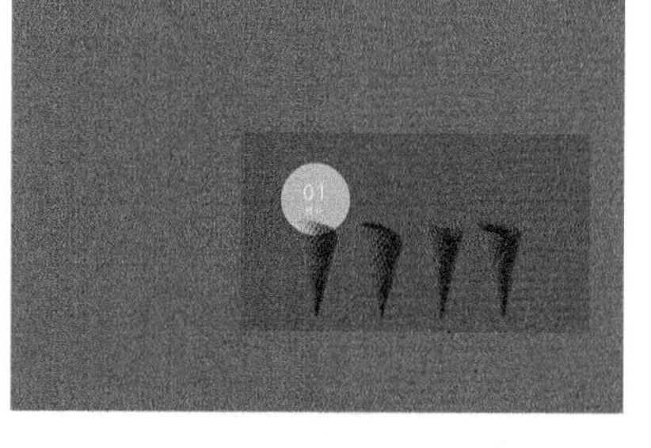

最后，将动画连起来播放，效果就出来了。

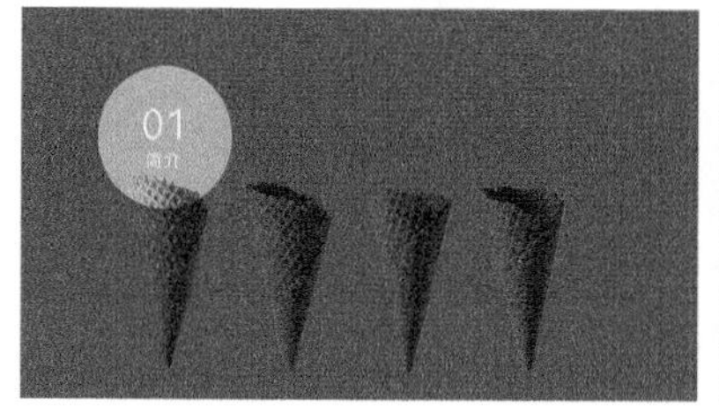

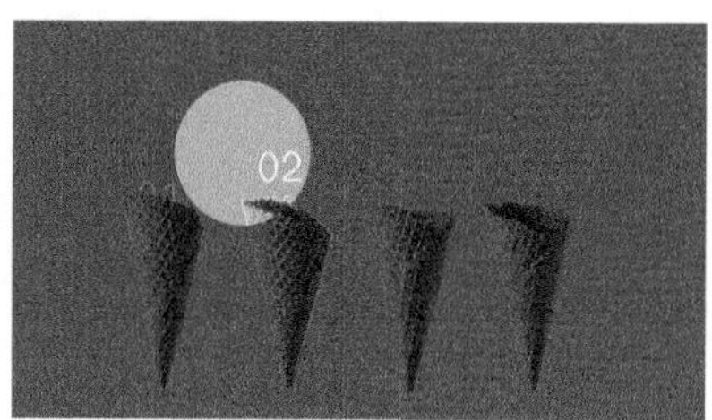

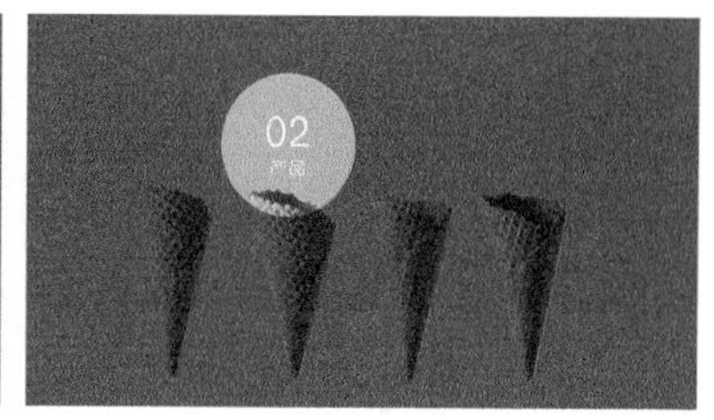

◎ 简介页：形状补间

简介页用了两页PPT，第1页中图片铺满屏幕，文字在编辑区以外。

第2页将图文归位，并且将矩形图片裁剪为1：1的圆形效果。

最后，将动画连起来播放，效果就出来了。

◎ 产品页：平滑缩放

在幻灯片编辑区以外，将下一页中要出现的产品图缩小放在编辑区左外侧，上一个出现过的产品图缩小放在编辑区右外侧，以此类推。

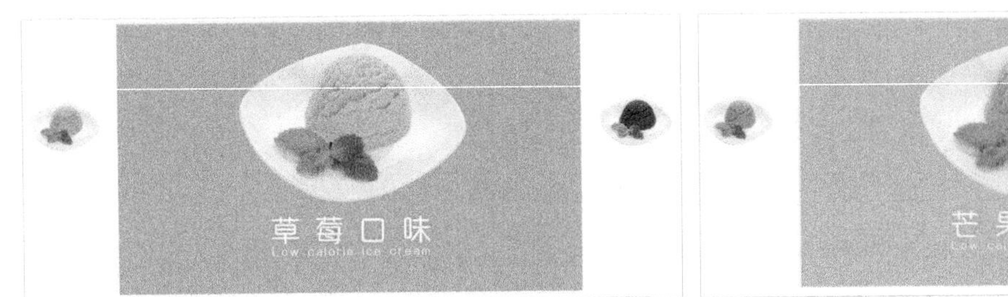

然后，将动画连起来播放，效果就出来了。

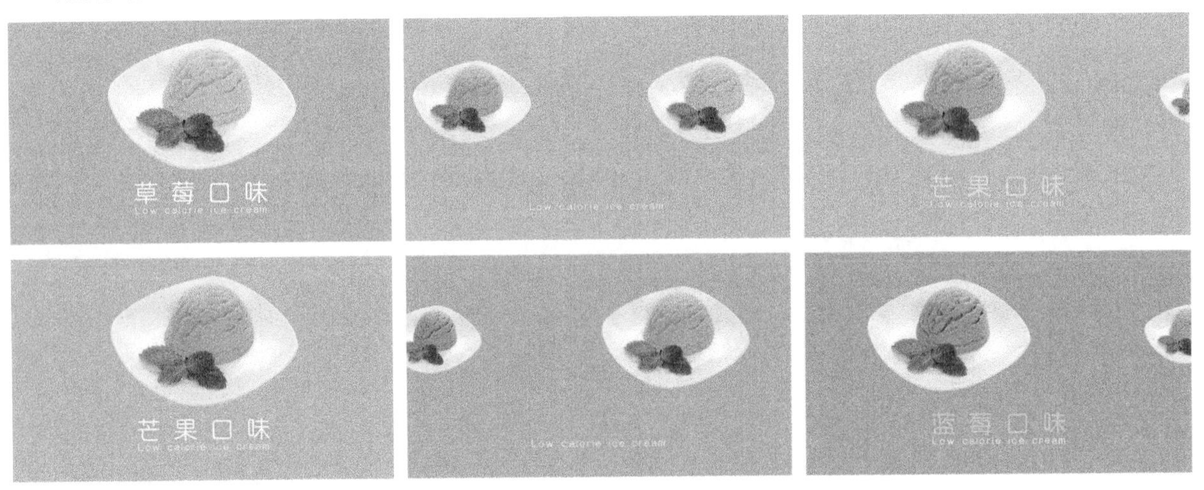

◎ 销量页：计数器

计数器也用到了两页PPT。第1页插入了5组纵列数字0~9，初始“00000”对齐到数字底框。

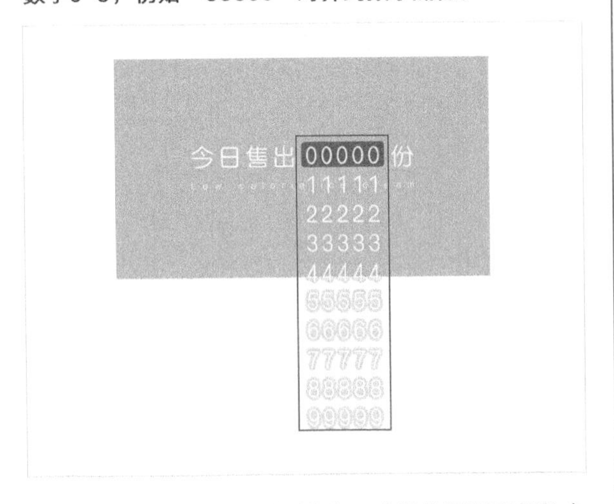

在第2页移动每组纵列数字，让最终要呈现的数字“25879”对齐到数字底框。

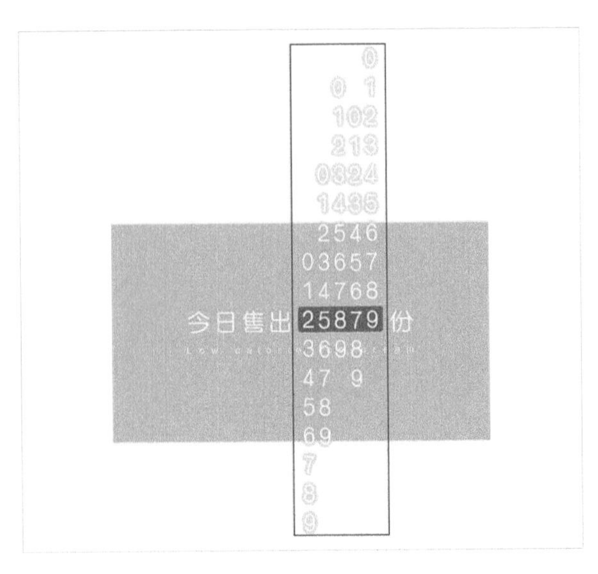

这时，画面中多出了许多不需要的数字，可以绘制两个矩形遮住它们。

 **提示**

如果背景比较“花”，可以给矩形设置“幻灯片背景填充”。

其最终效果如下。

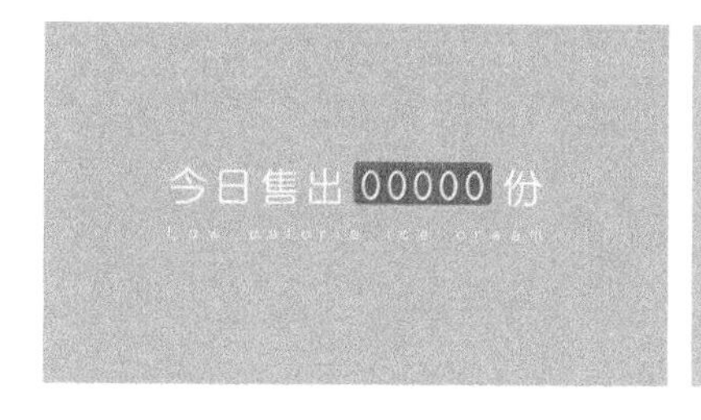

◎ 结尾页：图片缩放

结尾页与封面页相似，也用到了图片缩放。原本结尾页也是两页PPT，为了效果连贯，可以将第1页的内容粘贴到销量页，这样可以让过渡更加顺畅。

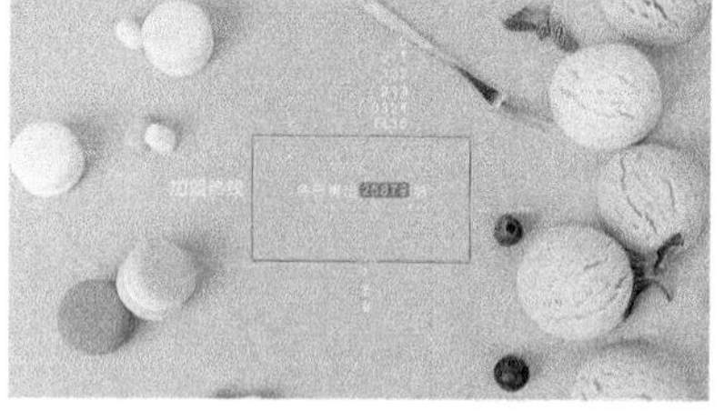

第2页也就是最终的结尾效果了，为使文字清晰，稍稍调低了透明度。

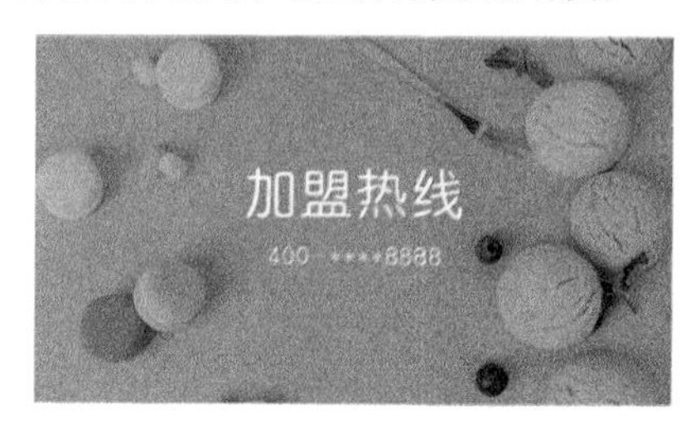

其最终效果如下。

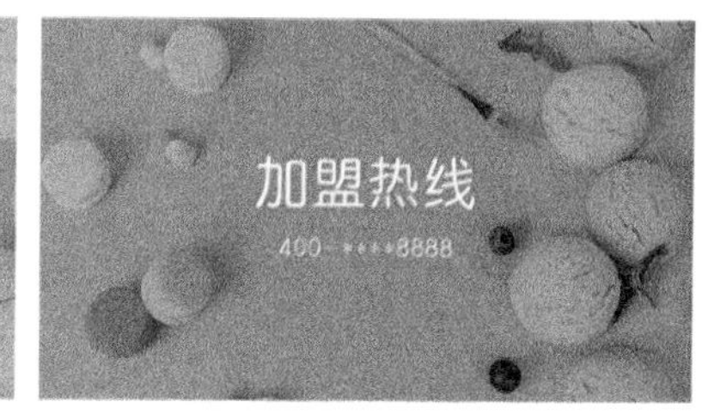

附录

常用快捷键速查

◎ 常用快捷键

Ctrl+N：新建一个演示文稿。

Ctrl+A：选中当前页或文本框的全部内容。

Ctrl+C：复制。

Ctrl+X：剪切。

Ctrl+V：粘贴。

Ctrl+S：保存。

Ctrl+Z：撤销上一步操作。

Ctrl+G：组合。

F4：重复上一步操作。

Alt+F10：打开“选择”窗格。

Ctrl+P：打开“打印”对话框。

Shift+Ctrl+Home：在激活的文本框中，选中光标之前的所有内容。

Shift+Ctrl+End：在激活的文本框中，选中光标之后的所有内容。

◎ 编辑快捷键

Ctrl+B：应用“粗体”格式。

Ctrl+U：应用下划线。

Ctrl+I：应用“斜体”格式。

Shift+F3：更改字母大小写。

Ctrl+]：增大字号。

Ctrl+ [：减小字号。

Ctrl+Shift+C：复制文本格式。

Ctrl+Shift+V：粘贴文本格式。

Ctrl+E：使段落居中对齐。

Ctrl+J：使段落两端对齐。

Ctrl+L：使段落左对齐。

Ctrl+R：使段落右对齐。

◎ 放映快捷键

F5：从头开始放映幻灯片。

Shift+F5：从当前幻灯片开始放映。

空格键/单击鼠标：切换到下一张幻灯片或者播放下一个动画。

S：暂停/继续播放。

Esc：退出幻灯片放映。

素材网站汇总

◎ 文字

字体天下。

求字体网。

方正字库。

汉仪字库。

字加：安装软件。

字由：安装软件。

iFonts：安装软件。

360查字体：一个查询字体是否侵权的网站。

◎ 图片/图标

Pexels。

Unsplash。

Pixabay。

Iconfont。

IconPark。

微图云：图标云生成工具。

◎ 配色

Coolors。

Adobe Color。

◎ 排版插件

iSlide。

OK(OneKey Lite) 插件。

OKPlus。

◎ 修图

Adobe Illustrator： 安装软件。

Adobe Photoshop： 安装软件。

Photopea： 网页版Photoshop。

凡科快图：AI抠图工具。

Bigjpg： 图片无损放大软件。

◎ 其他

XMind： 思维导图工具。

iLovePDF： PDF格式转换工具。

袋鼠输入：手机翻页工具。